高等院校素质教育通选课教材

数
思维方式与创新

丘维

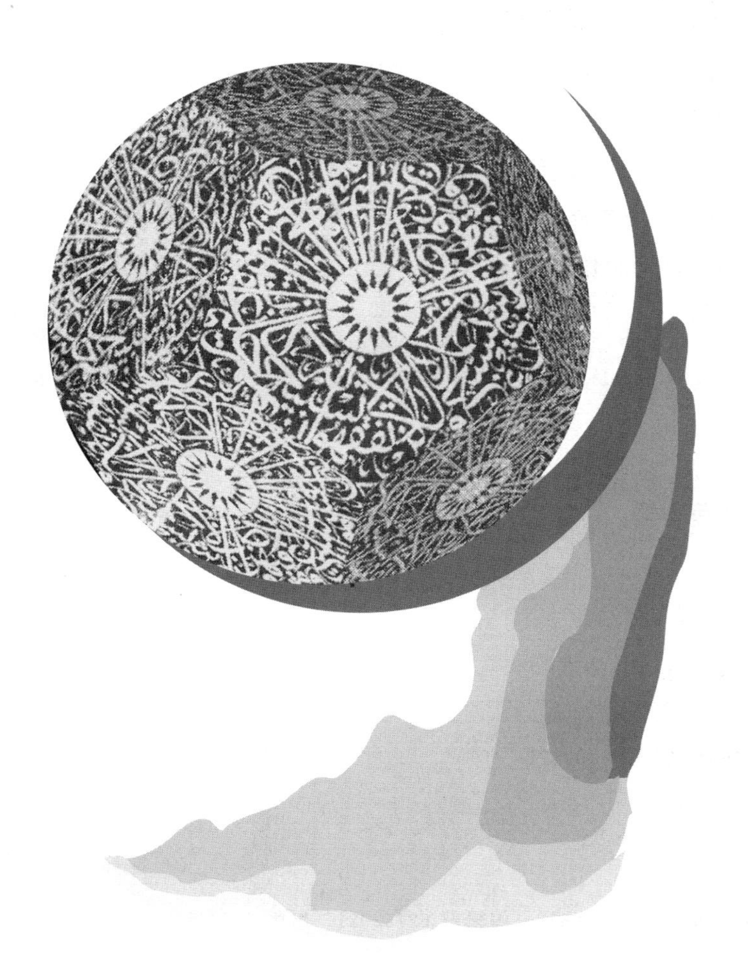

北京大学出版社
PEKING UNIVERSITY PRESS

图书在版编目(CIP)数据

数学的思维方式与创新/丘维声著. —北京：北京大学出版社，2011.3
(高等院校素质教育通选课教材)
ISBN 978-7-301-18391-5

Ⅰ. ①数… Ⅱ. ①丘… Ⅲ. ①数学-思维方法-高等学校-教材 Ⅳ. 01-0

中国版本图书馆 CIP 数据核字(2011)第 001786 号

书　　名：数学的思维方式与创新
著作责任者：丘维声　著
责 任 编 辑：刘　勇　潘丽娜
封 面 设 计：林胜利
标 准 书 号：ISBN 978-7-301-18391-5
出 版 发 行：北京大学出版社
地　　址：北京市海淀区成府路 205 号　100871
网　　址：http://www.pup.cn
新 浪 微 博：@北京大学出版社
电 子 信 箱：zpup@pup.cn
电　　话：邮购部 62752015　发行部 62750672　编辑部 62752021　出版部 62754962
印 刷 者：河北滦县鑫华书刊印刷厂
经 销 者：新华书店
787mm×960mm　16 开本　14.5 印张　300 千字
2011 年 3 月第 1 版　　2023 年 5 月第 5 次印刷
定　　价：39.00 元

内 容 简 介

本书是作者在北京大学多次给本科生讲授“数学的思维方式与创新”素质教育通选课的教材.什么是数学的思维方式?如何培养学生的数学思维能力?数学的思维方式包括哪几个环节?作者用通俗易懂的语言论述了数学思维方式的五个重要环节:观察—抽象—探索—猜测—论证.讲述了数学上的创新是如何推动数学的发展,而数学的思维方式在创新中是怎样起着重要作用的,使学生领略数学创新的风采,受到数学思维方式与创新的熏陶和训练,提高数学素质.

本书以现代数学和信息时代有重要应用的数学知识和数学发展史上若干重要创新为载体,从同学们熟悉的整数、多项式出发,讲述整数环、一元多项式环的结构;从“星期”这一司空见惯的现象引出集合的划分、等价关系和模 m 剩余类的概念,进而研究模 m 剩余类环的结构;从信息时代为了确保信息安全引出序列密码和公开密钥密码,以及数字签名;从数学发展史上选出三个重大创新进行阐述,它们是:从对运动的研究到微积分的创立和严密化,从平行公设到非欧几里得几何的诞生与实现;从方程的根式可解问题到伽罗瓦理论的创立和代数学的变革.全书共分四章,第一、二、三章每节配置了习题,书末给出了习题解答,供教师和学生参考.

本书的特点是运用数学的思维方式讲授数学知识,通过观察客观现象引出数学概念,提出要研究的问题,着重启发学生进行探索、猜测可能有的规律,然后进行严密论证,在论证中强调创新思想.对数学发展史上三个重大创新,不仅介绍了创新的历史进程,而且着重讲述这些创新的内容及给我们的启迪.

本书可作为高等院校本科生素质教育通选课的教材或教学参考书,也可作为数学工作者、中学数学教师、高中生和大学生课外阅读书.

作 者 简 介

丘维声　1966年毕业于北京大学数学力学系.现为北京大学数学科学学院教授、博士生导师,全国高等学校首届国家级教学名师,美国数学会*Mathematical Reviews*评论员,中国数学会组合数学与图论专业委员会首届常务理事,《数学通报》副主编,曾任"国家教委高等学校数学与力学教学指导委员会"(第一、二届)委员.

出版著作38部,发表教学研究论文22篇,译著(合译)6部.他编写的具有代表性的优秀教材有:《高等代数(上、下册)——大学高等代数课程创新教材》(清华大学出版社,2010),《高等代数(第二版)(上、下册)》(高等教育出版社,2003),《简明线性代数》(北京大学出版社,2002),《解析几何(第二版)》(北京大学出版社,1996),《抽象代数基础》(高等教育出版社,2003),《有限群和紧群的表示论》(北京大学出版社,1997)等.

作者的研究方向:代数组合论、群表示论、密码学,发表科学研究论文46篇.承担国家自然科学基金重点项目2项,主持国家自然科学基金面上项目3项.

丘维声教授获全国高等学校首届国家级教学名师奖,三次被评为北京大学最受学生爱戴的十佳教师,获宝钢教育奖优秀教师特等奖,北京市高等教育教学成果一等奖,被评为全国电视大学优秀主讲教师、北京市科学技术先进工作者,获北京大学杨芙清-王阳元院士教学科研特等奖,三次获北京大学教学优秀奖、北京大学科研成果奖等.

序　言

从 2007 年春季学期开始，每个学期我都在北京大学给全校本科生开设素质教育通选课："数学的思维方式与创新". 到这学期已经讲了八遍. 每讲一遍我都要对 2007 年写的讲义进行修改. 现在把经过多次修改后的讲义整理成本书出版.

每一个人都按照一定的思维方式处理工作和生活中遇到的事情. 具有科学的思维方式是一个人素质高的体现. 科学的思维方式是需要经过熏陶和训练才能具备的. 数学的思维方式是一种科学的思维方式，它是一个全过程：观察客观现象，提出要研究的问题，抓住主要特征，抽象出概念，或者建立模型；运用解剖麻雀、直觉、归纳、类比、联想、逻辑推理等进行探索，猜测可能有的规律；采用公理化的方法，即只使用公理、定义和已经证明了的定理进行逻辑推理来严密论证，揭示出事物的内在规律，从而使纷繁复杂的现象变得井然有序. "观察—抽象—探索—猜测—论证"是数学思维方式全过程的五个重要环节. 按照数学的思维方式学习数学是学好数学的正确途径，在学习数学过程中受到数学思维方式的熏陶和训练，对于学生今后从事任何工作都有帮助，终身受益.

不管做什么工作，进行创新都需要科学的思维方式. 从数学的发展历史可以看到：数学的思维方式在创新中起着重要作用. 一个重要的数学概念的提出，往往是数学创新迈出的第一步. 进行艰辛的探索是数学创新的必经之路. 在探索的基础上产生的想法(通常称之为猜想)是在创新旅程中迈上的一个新台阶. 寻求对于猜想的论证吸引着众多数学家呕心沥血. 最终取得的突破性进展是数学创新的一个标志. 在其他工作岗位上进行创新可以从数学的创新中受到启迪.

2006 年 4 月，北京大学数学科学学院的领导委托王长平副院长交给我一项教学任务：新开设一门全校素质教育通选课，课程的内容和名称由我自己确定. 我经过较长时间的酝酿和构思，决定开设"数学的思维方式与创新"这门通选课. 我觉得无论对于理科学生还是文科学生，受到数学思维方式的熏陶和训练，领略数学创新的风采，对于他们在大学的学习以及今后的工作都是有帮助的. 鉴于选这门课的学生来自全校各个院系，因此我在讲课中，作为载体的数学知识经过了精心挑选，以现代数学和信息时代有重要应用的数学知识，以及数学发展史上若干重大创新为载体. 从同学们熟悉的整数、多项式出发，讲述整数环的结构，一元多项式环的结构；从"星期"这一司空见惯的现象引出集合的划分、等价关系和模 m 剩余类的概念，进而研究模 m 剩余类环的结构. 从信息时代为了确保信息安全，引出序列密码和公开密钥密码，以及数字签名. 从数学发展史上挑选出三个重大创新进行阐述,它们分别属于分析学、几何学、代数学三个领域.它们是:从对运动的研究到微积分的创立和严密化;从平行公设到非欧几里得几何的诞生与实现;从方程的根式可解问题到伽罗瓦理论的创立和代数学的变革.我们不仅介绍了这些创新的历史进程,详细讲解了这些创新的内容,而且讲述了这些创新给我们的启迪.这门课的特点是运用数学的思维方式讲授数学知识,通过观察客观现象或熟悉的数学例子自然而然地引出概念,提出要研究的问题,着重启发学生进行探索,猜测可能有的规律,然后进行严密论证,在论证中突出想法,尤其是要指出其中的创新想法.

在阅读第四章§4.3的第4.3.4,4.3.5和4.3.6小节之前,请先阅读附录1和附录2.附录1是"研究群的结构的途径",附录2是"域扩张的途径及其性质".这两个附录也是按照数学的思维方式来写的,因此阅读这两个附录也可受到数学思维方式的熏陶和训练.

本书可作为大学本科生通选课教材.如果周学时为3学时,可以在课堂上讲授第一、二、三章,用楷体字排印的内容可不必讲;把第四章留给有兴趣的学生自己阅读.第一章讲授20学时,第二章讲授13学时,第三章讲授7学时.如果周学时为2学时,可以在课堂上讲授第一、三章,以及第四章的第1节(这一节讲授4学时);把第二章和第四章的第2,3节留给有兴趣的学生自己阅读.如果没有固定的周学时,而是开设讲座,那么可以从下述内容根据具体情况挑选一些来讲授:第一章的第1节(2学时),第2节(2学时);第8节(2～4学时);第三章的第1节(3学时);第四章的第1节(2～4学时);第四章的第2节(4～8学时);第四章的第3节(4～12学时).

本书的第一、二、三章的每一节都配备了习题.在书末附有习题解答.

本书可供大学本科生(包括理工科和文科)阅读(可阅读第一、二、三章和第四章的第4.1节),也可供高中生阅读(可阅读第一、二、三章).全书(包括附录1和附录2)可供大学数学系和物理系的学生阅读.

本门课程的教材于2007年获得北京大学教材建设立项,特此向北京大学教材建设委员会表示感谢.作者感谢本书的责任编辑刘勇和潘丽娜,他们为本书的编辑和出版付出了辛勤劳动.

作者欢迎广大读者对本书提出宝贵意见.

丘维声
2010年10月于北京大学
数学科学学院

目录

引　言

数学以公式之优美、理论之奇妙、论证之严密、应用之广泛令人惊叹不已！究其原因，数学的思维方式发挥着巨大的威力，数学的创新赋予数学旺盛的生命力.

数学的思维方式是一个全过程：观察客观现象，提出要研究的问题，抓住主要特征，抽象出概念，或者建立模型；运用解剖麻雀、直觉、归纳、类比、联想、逻辑推理等进行探索，猜测可能有的规律；采用公理化的方法，即只使用公理、定义和已经证明了的定理进行逻辑推理来严密论证，揭示出事物的内在规律，从而使纷繁复杂的现象变得井然有序.

按照“观察—抽象—探索—猜测—论证”这一数学的思维方式去学习数学，就使数学变得比较容易学，而且可以享受到学习数学的乐趣.

按照数学的思维方式讲授数学，不仅传授了数学知识，而且可以使同学们受到科学思维方式的训练，陶冶人文精神：客观、公正、讲理、严谨、勇于创新、坚韧不拔、灵活机动、谦虚谨慎，从而使同学们终身受益.

下面我们通过几个例子来感受数学的思维方式，领略数学的风采.

听这门课的同学走进教室都要找一个椅子坐下. 用 A 表示听这门课的所有同学组成的集合，用 B 表示这个教室的所有椅子组成的集合，同学找一个椅子坐下就是集合 A 到 B 的一个对应法则，使得集合 A 中的每一个同学，有集合 B 中唯一确定的一个椅子与他（她）对应.

当今信息时代，信息的传送实行数字化. 作为数字化的第一步，需要把 26 个英文字母分别对应于数. 自然可以把 a 对应到 0，b 对应到 1，c 对应到 2，…，z 对应到 25. 于是由 26 个英文字母组成的集合，到前 26 个自然数组成的集合有一个对应法则，使得每个英文字母有唯一的一个自然数与它对应.

上述两个例子的主要特征是：一个集合到另一个集合有一个对应法则，使得第一个集合的每一个元素，有第二个集合的唯一确定的一个元素与它对应. 我们抓住这个主要特征，抽象出下述概念：

定义 1　设 A 和 B 是两个集合，如果集合 A 到集合 B 有一个对应法则 f，使得 A 中每一个元素 a，都有 B 中唯一确定的一个元素 b 与它对应，那么称 f 是集合 A 到 B 的一个**映射**，记做

$$f: A \to B$$
$$a \mapsto b,$$

其中 b 称为 a 在 f 下的**像**，a 称为 b 在 f 下的**一个原像**. a 在 f 下的像用符号 $f(a)$ 表示，于是映射 f 也可以记成

$$f(a) = b, \quad a \in A.$$

事先给了两个集合 A 和 B，才能谈论 A 到 B 的映射. 设 f 是集合 A 到集合 B 的一个映射，则把 A 叫做 f 的**定义域**，把 B 叫做 f 的**陪域**. 一个映射 $f: A \to B$ 由定义域、陪域和对应法则组成. 因此，如果映射 f 与映射 g 的定义域相等、陪域也相等、并且对应法则相同，那么称 f 与 g **相等**，记做 $f=g$. 所谓 f 与 g 的对应法则相同，是指对于定义域中的每一个元素 a，有 $f(a)=g(a)$.

在上述第一个例子中，听课的每一个同学找一个椅子坐下，就是集合 A 到集合 B 的一个映射. 有同学坐着的椅子组成的集合称为这个映射的值域（或像集）.

一般地，设 f 是集合 A 到集合 B 的一个映射，A 的所有元素在 f 下的像组成的集合称为 f 的**值域**（或**像集**），记做 $f(A)$，即

$$f(A) := \{f(a) \mid a \in A\}.$$

容易看出，$f(A) \subseteq B$，即 f 的值域是 f 的陪域的子集.

在上述第一个例子中，如果教室里的每一个椅子都有同学坐着，那么自然可以说这个映射是满射，此时，这个映射的值域等于陪域.

一般地，设 f 是集合 A 到集合 B 的一个映射，如果 f 的值域 $f(A)$ 与 f 的陪域 B 相等，那么称 f 是**满射**.

在上述第一个例子中，显然，不同的同学坐在不同的椅子上，自然可以把这个映射称为单射.

一般地，设 f 是集合 A 到集合 B 的一个映射，如果 A 中不同的元素在 f 下的像不同，那么称 f 是**单射**.

在上述第二个例子中，26 个英文字母组成的集合到前 26 个自然数组成的集合有一个映射 f：

$$a \longmapsto 0, \quad b \longmapsto 1, \quad c \longmapsto 2, \quad \cdots, \quad z \longmapsto 25,$$

显然，f 既是满射，又是单射.

一般地，设 f 是集合 A 到集合 B 的一个映射，如果 f 既是满射，又是单射，那么称 f 是**双射**（或者称 f 是 A 到 B 的一个**一一对应**）.

上面我们通过观察具体例子，抓住其主要特征，抽象出了映射、满射、单射、双射的概念. 现在我们来探索双射的性质.

在上述第一个例子中，如果教室里的椅子都坐满了，并且不同的同学坐在不同的椅子上，那么同学坐在椅子上这个映射就是双射. 此时听课同学的数目等于教室里椅子的数目. 由此猜测有下述命题，并且进行论证.

命题 1 设 A 和 B 都是有限集，如果存在 A 到 B 的一个双射 f，那么 A 与 B 的元素个数相等，即 $|A|=|B|$.

证明 设 $A=\{a_1, a_2, \cdots, a_n\}$，由于 f 是单射，因此 $f(a_1), f(a_2), \cdots, f(a_n)$ 两两不等，从

而值域为

$$f(A)=\{f(a_1),f(a_2),\cdots,f(a_n)\}.$$

于是$|f(A)|=n=|A|$. 又由于 f 是满射，因此 $f(A)=B$. 从而$|f(A)|=|B|$. 所以$|A|=|B|$. □

命题 1 给出了判别两个有限集的元素个数是否相等的一种方法.

在上述第一个例子中，设已经知道听课同学的数目等于教室里椅子的数目. 如果椅子都坐满了(即坐在椅子上这个映射是满射)，那么不同的同学一定是坐在不同的椅子上(即这个映射一定是单射)，如果不同的同学坐在不同的椅子上(即单射)，那么椅子一定都坐满了(即满射). 由此猜测有下述命题，并且进行论证.

命题 2 设 A 和 B 都是有限集，且$|A|=|B|$，f 是 A 到 B 的一个映射.

(1) 若 f 是满射，则 f 必为单射.

(2) 若 f 是单射，则 f 必为满射.

证明 设 $A=\{a_1,a_2,\cdots,a_n\}$.

(1) 由于 f 是满射，因此 $f(A)=B$. 从而

$$|f(A)|=|B|=|A|=n.$$

于是 $f(a_1),f(a_2),\cdots,f(a_n)$一定两两不同(否则这些元素不够 n 个). 因此 f 是单射.

(2) 由于 f 是单射，因此 $f(a_1),f(a_2),\cdots,f(a_n)$两两不同. 从而$|f(A)|=n=|A|=|B|$. 又由于 $f(A)\subseteq B$，因此 $f(A)=B$. 于是 f 为满射. □

命题 2 使我们对于元素个数相等的两个有限集 A，B，如果有 A 到 B 的一个映射 f 可证它是满射，那么 f 也是单射，从而 f 是双射. 类似地，如果已证 f 是单射，那么 f 一定也是满射，从而 f 是双射. 这样起到了事半功倍的效果.

在上述第二个例子中，f 是 26 个英文字母组成的集合 C 到前 26 个自然数组成的集合 D 的一个双射. 考虑 D 到 C 的一个对应法则 g：

$$0\longmapsto a,\quad 1\longmapsto b,\quad 2\longmapsto c,\quad \cdots,\quad 25\longmapsto z,$$

显然 g 是 D 到 C 的一个映射. 观察：

$$g(0)=a,\quad g(1)=b,\quad g(2)=c,\quad \cdots,\quad g(25)=z;$$
$$f(a)=0,\quad f(b)=1,\quad f(c)=2,\quad \cdots,\quad f(z)=25.$$

g 与 f 的对应法则正好相反，自然可以把 g 叫做 f 的逆映射. 由此受到启发，引出下述概念：

定义 2 设 f 是集合 A 到集合 B 的一个映射，如果对于 B 中每一个元素 b，都有 A 中唯一的元素 a，使得 $f(a)=b$，那么把 b 对应到 a 的映射 g 称为 f 的**逆映射**，把 g 记做 f^{-1}，此时称 f 是**可逆的**.

从定义 2 看出：如果映射 f：$A\to B$ 有逆映射 g：$B\to A$，那么 f 的值域等于 B，并且 A 中不同的元素在 f 下的像不同. 从而 f 既是满射，又是单射，因此 f 是双射. 反之，如果 f 是 A 到 B 的双射，那么显然满足定义 2 中的条件，从而 f 有逆映射，因此 f 是可逆的. 这样我们证

明了下述结论：

定理 1 映射 $f: A \to B$ 是可逆的充分必要条件为 f 是双射. □

定理 1 给出了判别映射 $f: A \to B$ 是否为双射的一个方法：去探究 f 有没有逆映射. 这比起去探究 f 是否既为满射又为单射可能简捷一些.

两个无限集之间是否存在双射？下面我们来看一个例子.

指数函数 $y=2^x$ 的定义域是实数集 $\mathbf{R}$,值域是正实数集 $\mathbf{R}^+$. 于是指数函数 $y=2^x$ 是 $\mathbf{R}$ 到 $\mathbf{R}^+$ 的满射. 由于指数函数 $y=2^x$ 是增函数,因此不同的实数在这个映射下的像不同,从而指数函数 $y=2^x$ 是单射. 于是指数函数 $y=2^x$ 是 $\mathbf{R}$ 到 $\mathbf{R}^+$ 的一个双射. 即实数集 $\mathbf{R}$ 与正实数集 $\mathbf{R}^+$ 之间有一个一一对应：x 对应到 2^x. 注意到 $\mathbf{R}^+$ 是 $\mathbf{R}$ 的真子集,可是它们的元素竟然可以一一对应,这是多么地奇妙！

1905 年,爱因斯坦(A. Einstein)发表了狭义相对论,他揭示了质点的总能量 E 与质量 m 之间的关系：

$$E = mc^2, \tag{1}$$

其中 c 是真空中的光速,这就是著名的质能关系,这是一个多么优美的公式！这个公式为原子弹的制造和核动力的应用奠定了理论基础. 按照这个公式,如果使粒子系统的质量减少 Δm,那么这个系统就会释放出 $(\Delta m)c^2$ 的巨大能量,这就是原子弹爆炸时碎片动能的来源.

数学不仅在物理学中有大量的重要应用,而且在化学、生物、地理等自然科学,计算机科学,社会科学,人文学,经济学,医学,以及工程技术中都有应用.

数学的发展史上有许多重要的创新. 1637 年,笛卡儿(R. Descartes)创建了解析几何；1666 年,牛顿(I. Newton)和莱布尼茨(G. W. Leibniz)创立了微积分. 1776 年,瓦特(J. Watt)发明了蒸汽机. 正是有了解析几何和微积分作为理论基础,才有以蒸汽机的发明为标志的工业革命的兴起与成功.

1829 年,罗巴切夫斯基(N. I. Lobatchevsky)创立了非欧几里得几何. 他放弃了欧几里得几何的平行公设,而采用“过已知直线外一点可以至少作两条直线与已知直线平行”的假设.

1829～1831 年间,伽罗瓦(E. Galois)为了解决方程根式可解的判别准则问题创立了崭新的理论,后来被人们称为伽罗瓦理论,这引起了代数学发生革命性的变化,从以研究方程的根为中心转变为以研究各种代数系统的结构及其态射(保持运算的映射)为中心.

1847 年,布尔(G. Boole)创立了布尔代数. 1946 年,J. W. Mauchly 与 J. P. Eckert 制造出了数字计算机. 数字计算机的理论基础是布尔代数. 计算机的普及和互联网的出现,使得世界进入了信息时代.

1936 年,柯尔莫哥洛夫(A. H. Колмогоров)提出了概率论的公理系统. 概率论及以它为理论基础的数理统计在现代医学、经济学、信息安全与密码学等领域都有重要的应用.

数学的思维方式在数学创新中起着重要作用. 一个重要的新的数学概念的提出,往往是数学创新迈出的第一步.而数学的思维方式告诉我们,应当怎样通过观察客观现象,抓住主要特征,抽象出概念.数学的定理不是数学家脑子里蹦出来的,而是经过艰辛的探索,猜测可能有什么结论,然后进行严密的证明才得到的.在探索过程中,要运用解剖麻雀、直觉、归纳、类比、联想、逻辑推理等手段,其中联想是至关重要的.

本课程以现代数学和信息时代有重要应用的数学知识,以及数学发展史上若干重大创新为载体,按照数学的思维方式讲授这些知识,点评其中的创新点或创新的想法,使同学们受到数学思维方式的熏陶和训练,并且领略数学创新的风采.讲授深入浅出,通俗易懂,从同学们生活中熟悉的例子引出数学概念;引导同学们从具体的数学例子出发,进行探索,着重于创新的想法,猜测可能有的规律;然后通过深入分析、逻辑推理和计算等进行严密论证,揭示出事物的内在规律.

习　题

1. 在区间$\left[-\frac{\pi}{2},\frac{\pi}{2}\right]$与$[-1,1]$之间是否存在一个双射?如果存在,试举出一个例子.
2. 在区间$[0,\pi]$与$[-1,1]$之间是否存在一个双射?如果存在,试举出一个例子.
3. 在实数集$\mathbf{R}$与开区间$(0,1)$之间是否存在一个双射?如果存在,试举出一个例子.

第一章 从星期到模 m 剩余类环

星期一，星期二，……，星期日，周而复始．本章从人们最熟悉的这一现象，引出集合的划分与等价关系，提出模 m 剩余类的概念并且规定了它们的加法和乘法运算，进而抽象出模 m 剩余类环的概念．模 m 剩余类也可以进行加法和乘法，这是数学上的一个创新点，它开拓了人们的视野．从模 7 剩余类环的每个非零元都可逆，引出模 7 剩余类域的概念．当 m 为素数时，模 m 剩余类环是否一定是域？这需要研究素数的特性，为此研究了整数环的结构．模 p（p 是素数）剩余类域在当今信息时代有重要应用．模 m 剩余类环 $\mathbf{Z}_m$ 中可逆元的个数记做 $\varphi(m)$，称 $\varphi(m)$ 是欧拉函数．我们运用现代数学研究结构和态射（即保持运算的映射）的观点，探索和论证了欧拉函数 $\varphi(m)$ 的计算公式，并且简捷地证明了欧拉定理和费马小定理，在探索和论证 $\varphi(m)$ 的计算公式时，需要利用中国剩余定理．中国剩余定理和欧拉函数在公开密钥密码学中有重要应用．

在本章中我们介绍了素数分布的研究成果，特别是 2006 年获得菲尔兹奖的陶哲轩关于素数等差数列的出色工作．

我们按照数学的思维方式讲述本章内容，既使同学们容易学习本章的数学知识（它们是学习本书第二、三章的基础），又使同学们从中受到数学思维方式的熏陶和训练．我们强调研究各种数学结构，是因为从求解一类一类的数学问题，到研究各种各样的数学结构，这是数学的创新过程．

§1.1 集合的划分与等价关系

下表是 2010 年 3 月份的月历：

日	一	二	三	四	五	六
	1	2	3	4	5	6
7	8	9	10	11	12	13
14	15	16	17	18	19	20
21	22	23	24	25	26	27
28	29	30	31			

显然，星期一是由无穷多天组成的集合，星期二、……、星期日也是. 如何表示星期一这个集合呢？用列举法无法把属于星期一的无穷多天一一写出来，于是想到用描述法. 那么属于星期一的那些天的特征性质是什么呢？为此我们把 2010 年 3 月 1 日对应到 1，3 月 2 日对应到 2，……，3 月 31 日对应到 31，……；把 2010 年 2 月 28 日对应到 0，2 月 27 日对应到 -1，2 月 26 日对应到 -2，……. 这个对应法则就是时间长河中的所有日子组成的集合到整数集 $\mathbf{Z}$ 的一个一一对应. 此时星期一、星期二、……、星期六、星期日分别是由什么样的整数组成的子集呢？观察 2010 年 3 月份的月历可以看出：星期一是由被 7 除后余数为 1 的整数组成的子集，星期二是由被 7 除后余数为 2 的整数组成的子集，……，星期六是由被 7 除后余数为 6 的整数组成的子集，星期日是由被 7 除后余数为 0 的整数（即能被 7 整除的整数）组成的子集，把这些子集依次记成 $H_1, H_2, \cdots, H_6, H_0$. 即

$$
\begin{aligned}
H_1 &= \{7k+1 \mid k \in \mathbf{Z}\}, \\
H_2 &= \{7k+2 \mid k \in \mathbf{Z}\}, \\
\cdots & \qquad \cdots\cdots \\
H_6 &= \{7k+6 \mid k \in \mathbf{Z}\}, \\
H_0 &= \{7k \mid k \in \mathbf{Z}\}.
\end{aligned}
$$

于是 $\mathbf{Z}$ 被分成了 7 个子集，显然有

$$\mathbf{Z} = H_1 \cup H_2 \cup H_3 \cup H_4 \cup H_5 \cup H_6 \cup H_0, \quad H_i \cap H_j = \varnothing \text{ 当 } i \neq j.$$

从这个例子以及其他许多例子抽象出下述概念：

定义 1 如果集合 S 是它的一些非空子集的并集，其中每两个不相等的子集的交为空集（此时称它们**不相交**），那么把这些子集组成的集合称为 S 的一个**划分**.

在上述例子中，$\{H_1, H_2, H_3, H_4, H_5, H_6, H_0\}$ 是整数集 $\mathbf{Z}$ 的一个划分.

如何给出集合 S 的一个划分呢？

从上面的例子看到：两个整数 a 与 b 属于同一个子集当且仅当它们被 7 除后余数相同，此时称 a 与 b **模 7 同余**，记做 $a \equiv b \pmod 7$，读作"a 同余于 b 模 7"或"a 模 7 同余于 b". 任给两个整数 a 与 b，要么 a 与 b 模 7 同余，要么 a 与 b 模 7 不同余，二者必居其一且只居其一. 很自然地可以把模 7 同余称为整数集 $\mathbf{Z}$ 上的一个二元关系. 数学上如何给出集合 S 的二元关系的定义呢？从 $\mathbf{Z}$ 上的模 7 同余关系这个例子看到，既然要考察任意两个整数有没有这个关系，自然要考虑所有有序整数对组成的集合：

$$\{(a,b) \mid a,b \in \mathbf{Z}\}.$$

这类似于在平面笛卡儿直角坐标系中,点的坐标组成的集合. 于是很自然地把上述集合称为 $\mathbf{Z}$ 与自身的笛卡儿积,记做 $\mathbf{Z}\times\mathbf{Z}$. 一般地,设 S 和 M 是两个集合,下述集合

$$\{(a,b) \mid a \in S, b \in M\}$$

称为 S 与 M 的**笛卡儿积**. 记做 $S\times M$.

由于整数 a 与 b 模 7 同余当且仅当 a 与 b 被 7 除后余数或者是 0,或者是 1,……,或者是 6,因此

$$a \equiv b(\mathrm{mod}\ 7) \iff (a,b) \in \bigcup_{i=0}^{6} H_i \times H_i,$$

其中 $\bigcup_{i=0}^{6} H_i\times H_i=(H_0\times H_0)\cup(H_1\times H_1)\cup\cdots\cup(H_6\times H_6)$. 由于 $H_i\times H_i$ 是 $\mathbf{Z}\times\mathbf{Z}$ 的一个子集,$i=0,1,\cdots,6$,因此 $\bigcup_{i=0}^{6} H_i\times H_i$ 是 $\mathbf{Z}\times\mathbf{Z}$ 的一个子集. 由于 (a,b) 属于这个子集就表明 a 与 b 有模 7 同余关系,(a,b) 不属于这个子集就表明 a 与 b 没有模 7 同余关系,因此可以干脆把 $\mathbf{Z}\times\mathbf{Z}$ 的这个子集 $\bigcup_{i=0}^{6} H_i\times H_i$ 就叫做 $\mathbf{Z}$ 上的模 7 同余关系. 由此抽象出下述概念:

定义 2 设 S 是一个非空集合,我们把 $S\times S$ 的一个非空子集 W 叫做 S 上的一个**二元关系**. 如果 $(a,b)\in W$,那么称 a 与 b 有 W 关系,记做 aWb,或记做 $a\sim b$;如果 $(a,b)\notin W$,那么称 a 与 b 没有 W 关系.

$\mathbf{Z}$ 上的模 7 同余关系具有下列性质:

1° $a\equiv a(\mathrm{mod}\ 7)$, $\forall a\in\mathbf{Z}$[①],称为反身性;

2° 若 $a\equiv b(\mathrm{mod}\ 7)$,则 $b\equiv a(\mathrm{mod}\ 7)$,称为对称性;

3° 若 $a\equiv b(\mathrm{mod}\ 7)$ 且 $b\equiv c(\mathrm{mod}\ 7)$,则 $a\equiv c(\mathrm{mod}\ 7)$,称为传递性.

由此受到启发,引出下述概念:

定义 3 集合 S 上的一个二元关系 $\sim$ 如果具有下列性质:

1° $a\sim a$, $\forall a\in S$(反身性);

2° 若 $a\sim b$,则 $b\sim a$(对称性);

3° 若 $a\sim b$ 且 $b\sim c$,则 $a\sim c$(传递性),

那么称 $\sim$ 是 S 上的一个**等价关系**.

$\mathbf{Z}$ 上的模 7 同余关系就是 $\mathbf{Z}$ 上的一个等价关系. 星期一就是由与 1 模 7 同余的整数组成的子集,……,星期日是由与 0 模 7 同余的整数组成的子集. 由此受到启发,引出下述概念.

定义 4 设 $\sim$ 是集合 S 上的一个等价关系,任给 $a\in S$,S 的子集

$$\{x \in S \mid x \sim a\}$$

---

① 符号“$\forall$”表示“任给”或“对任给的”之意. 下同.

称为由 a 确定的**等价类**,记做 $\bar{a}$.

星期一、……、星期六、星期日就是 $\mathbf{Z}$ 在模 7 同余关系下的 7 个等价类：

$$\bar{1}=\{x\in\mathbf{Z}\mid x\equiv 1(\bmod 7)\}=\{7k+1\mid k\in\mathbf{Z}\},$$

$$\cdots\cdots$$

$$\bar{6}=\{x\in\mathbf{Z}\mid x\equiv 6(\bmod 7)\}=\{7k+6\mid k\in\mathbf{Z}\},$$

$$\bar{0}=\{x\in\mathbf{Z}\mid x\equiv 0(\bmod 7)\}=\{7k\mid k\in\mathbf{Z}\}.$$

这 7 个等价类都叫做**模 7 剩余类(或模 7 同余类)**.

下面我们来探索等价类的性质. 设 $\sim$ 是集合 S 上的一个等价关系.

性质 1 $a\in\bar{a}$, $\forall a\in S$.

证明 由于 $a\sim a$,因此 $a\in\bar{a}$. □

由于性质 1,可以把 a 称为等价类 $\bar{a}$ 的一个**代表**.

性质 2 $x\in\bar{a}\iff x\sim a$.

证明 由等价类的定义立即得到. □

性质 3 $\bar{x}=\bar{y}\iff x\sim y$.

证明 *必要性* 由于 $x\in\bar{x}$ 且 $\bar{x}=\bar{y}$,因此 $x\in\bar{y}$. 从而 $x\sim y$.

充分性 设 $x\sim y$. 任取 $c\in\bar{x}$,则 $c\sim x$. 又 $x\sim y$,于是 $c\sim y$. 从而 $c\in\bar{y}$. 因此 $\bar{x}\subseteq\bar{y}$.

由对称性得,$y\sim x$. 据上面刚证得的结论得 $\bar{y}\subseteq\bar{x}$. 因此 $\bar{x}=\bar{y}$. □

由性质 2 和性质 3 得,若 $x\in\bar{a}$,则 $x\sim a$,从而 $\bar{x}=\bar{a}$. 这表明 $\bar{a}$ 中任一元素 x 都可以作为等价类 $\bar{a}$ 的代表.

性质 4 任给 $a,b\in S$,则 $\bar{a}$ 与 $\bar{b}$ 或者相等,或者不相交.

证明 如果 $\bar{a}\neq\bar{b}$,我们来证 $\bar{a}\cap\bar{b}=\varnothing$. 假如 $c\in\bar{a}\cap\bar{b}$,则 $c\in\bar{a}$ 且 $c\in\bar{b}$. 于是 $c\sim a$ 且 $c\sim b$. 由对称性和传递性得 $a\sim b$. 据性质 3 得 $\bar{a}=\bar{b}$,矛盾. 因此 $\bar{a}\cap\bar{b}=\varnothing$. □

由性质 4 容易发现有下述结论：

定理 1 设 $\sim$ 是集合 S 上的一个等价关系,则所有等价类组成的集合是 S 的一个划分.

证明 由于 $\forall a\in S$ 有 $a\in\bar{a}$,因此 $S=\bigcup_{a\in S}\bar{a}$. 由性质 4 得,若 $\bar{a}\neq\bar{b}$,则 $\bar{a}$ 与 $\bar{b}$ 不相交. 因此所有等价类组成的集合是 S 的一个划分. □

点评 我们从星期一、……、星期六、星期日引出了等价类的概念. 通过探索等价类的性质,发现并证明了定理 1. 这是数学思维方式的一个体现. 定理 1 给出了集合划分的一个统一的常用的方法,即在集合 S 上建立一个二元关系,验证它是否为等价关系,如果是等价关系,那么所有等价类组成的集合是 S 的一个划分. 反之,如果给了集合 S 的一个划分,那么可以在 S 上建立一个等价关系,使得 S 的这个划分就是由所有等价类组成的.

与模 7 同余关系类似,给了一个大于 1 的整数 m,可以在整数集 $\mathbf{Z}$ 上建立一个模 m 同余关系：

$$a \equiv b(\bmod m) \iff a-b \text{ 是 } m \text{ 的整数倍}. \tag{1}$$

显然,这是 $\mathbf{Z}$ 上的一个等价关系.共有 m 个等价类:

$$\overline{0} = \{x \in \mathbf{Z} \mid x \equiv 0(\bmod m)\} = \{km \mid k \in \mathbf{Z}\},$$
$$\overline{1} = \{x \in \mathbf{Z} \mid x \equiv 1(\bmod m)\} = \{km+1 \mid k \in \mathbf{Z}\},$$
$$\cdots\cdots\cdots\cdots\cdots\cdots\cdots\cdots\cdots\cdots\cdots\cdots$$
$$\overline{m-1} = \{x \in \mathbf{Z} \mid x \equiv m-1(\bmod m)\} = \{km+(m-1) \mid k \in \mathbf{Z}\},$$

它们都称为**模 m 剩余类**(或**模 m 同余类**).集合

$$\{\overline{0},\overline{1},\cdots,\overline{m-1}\}$$

是 $\mathbf{Z}$ 的一个划分,把这个集合记做 $\mathbf{Z}_m$.

观察 $23\equiv2(\bmod 7)$,$10\equiv3(\bmod 7)$,

$$23+10 \equiv 2+3(\bmod 7), \quad 23\times10 \equiv 2\times3(\bmod 7).$$

由此受到启发,猜测模 m 同余关系有下述性质:

命题 1 设 m 是大于 1 的整数.如果

$$a \equiv b(\bmod m), \quad \text{且} \quad c \equiv d(\bmod m),$$

那么 $a+c\equiv b+d(\bmod m)$,且 $ac\equiv bd(\bmod m)$.

证明 由于 $a\equiv b(\bmod m)$,且 $c\equiv d(\bmod m)$,因此存在整数 k,l,使得 $a-b=km$,$c-d=lm$.从而

$$(a+c)-(b+d) = a-b+c-d = km+lm = (k+l)m,$$
$$ac-bd = ac-bc+bc-bd = (a-b)c+b(c-d)$$
$$= kmc+blm = (kc+bl)m.$$

因此

$$a+c \equiv b+d(\bmod m), \quad \text{且} \quad ac \equiv bd(\bmod m). \qquad \square$$

从命题 1 立即得到:若 $a\equiv b(\bmod m)$,则对任意整数 c 有 $ca\equiv cb(\bmod m)$.

注意 从 $ca\equiv cb(\bmod m)$,一般地推不出 $a\equiv b(\bmod m)$.例如,$2\times3\equiv2\times1(\bmod 4)$,但是 $3\not\equiv1(\bmod 4)$.

习 题 1.1

1. 实数集 $\mathbf{R}$ 上的小于或等于关系(即 $\leqslant$)是不是一个等价关系?

2. 在平面 S(点集)上定义一个二元关系:

$$P_1(x_1,y_1) \sim P_2(x_2,y_2) \iff x_1-x_2 \in \mathbf{Z} \text{ 且 } y_1-y_2 \in \mathbf{Z}.$$

证明:$\sim$ 是 S 上的一个等价关系.

3. 分别写出所有模 2 剩余类,模 3 剩余类,模 4 剩余类,模 5 剩余类,模 6 剩余类,即分别写出 $\mathbf{Z}_2,\mathbf{Z}_3,\mathbf{Z}_4,\mathbf{Z}_5,\mathbf{Z}_6$ 的所有元素.

4. 举一个例子说明:从 $ca\equiv cb(\bmod 6)$,推不出 $a\equiv b(\bmod 6)$.

§1.2 模 m 剩余类环 $\mathbf{Z}_m$,环和域的概念

今天是星期五,过了 181 天是星期几? 由于每经过 7 天又是星期五,$181\equiv 6 \pmod 7$,$5+6\equiv 4 \pmod 7$,因此,过了 181 天是星期四.

星期五是 $\mathbf{Z}$ 的一个子集 $\overline{5}$;又有 $\overline{181}=\overline{6}$,我们大胆地尝试如下计算:

$$\overline{5}+\overline{181}=\overline{5}+\overline{6}:=\overline{5+6}=\overline{4}. \tag{1}$$

也得出,过了 181 天是星期四.

由此受到启发,我们规定模 m 剩余类的加法:

$$\overline{a}+\overline{b}:=\overline{a+b}. \tag{2}$$

这样的规定是否合理呢? 由于 $\overline{a},\overline{b}$ 的代表不唯一,因此需要验证:若 $\overline{a}=\overline{c},\overline{b}=\overline{d}$,是否有

$$\overline{a+b}=\overline{c+d}?$$

由于 $\overline{a}=\overline{c},\overline{b}=\overline{d}$,因此据等价类的性质 3,得

$$a\equiv c \pmod m,\quad b\equiv d \pmod m.$$

据§1.1 的命题 1,得

$$a+b\equiv c+d \pmod m.$$

再用等价类的性质 3,得

$$\overline{a+b}=\overline{c+d}.$$

因此用(2)式规定的模 m 剩余类的加法是合理的.

既然模 m 剩余类可以做加法,自然要问:它们能否做乘法呢? 运用类比的方法,可以规定模 m 剩余类的乘法:

$$\overline{a}\,\overline{b}=\overline{ab}. \tag{3}$$

类似地可以证明:这个定义是合理的,即与代表的选择无关.

这样,我们在模 m 剩余类组成的集合

$$\mathbf{Z}_m=\{\overline{0},\overline{1},\overline{2},\cdots,\overline{m-1}\} \tag{4}$$

中,规定了加法和乘法两种运算.模 m 剩余类是 $\mathbf{Z}$ 的子集,它们也能做加法和乘法,这是数学上的一个创新点,它拓宽了人们的视野.$\mathbf{Z}_m$ 中的加法和乘法满足哪些运算法则呢? 由于模 m 剩余类的加法和乘法分别归结为它们的代表相加和相乘,因此直觉判断 $\mathbf{Z}_m$ 的加法和乘法满足整数的加法和乘法的运算法则,并且容易验证这一猜测是真的,即 $\mathbf{Z}_m$ 的加法满足:交换律、结合律;$\overline{0}$ 具有下述性质:

$$\overline{0}+\overline{a}=\overline{a}+\overline{0}=\overline{a},\quad \forall\, \overline{a}\in \mathbf{Z}_m, \tag{5}$$

$\overline{0}$ 称为 $\mathbf{Z}_m$ 的零元;对于 $\overline{a}\in \mathbf{Z}_m$,有 $\overline{-a}\in \mathbf{Z}_m$,使得

$$\overline{a}+\overline{-a}=\overline{-a}+\overline{a}=\overline{0}, \tag{6}$$

$\overline{-a}$ 称为 $\overline{a}$ 的负元,记做 $-\overline{a}$.

$\mathbf{Z}_m$ 的乘法满足交换律、结合律，以及对于加法的分配律，并且

$$\bar{1}\bar{a}=\bar{a}\bar{1}=\bar{a}, \quad \forall \bar{a}\in \mathbf{Z}_m, \tag{7}$$

$\bar{1}$ 称为 $\mathbf{Z}_m$ 的单位元.

$\mathbf{Z}_m$ 中还可以规定减法如下：

$$\bar{a}-\bar{b}:=\bar{a}+(-\bar{b}), \tag{8}$$

即减法通过加法来定义.

整数集 $\mathbf{Z}$，模 m 剩余类组成的集合 $\mathbf{Z}_m$，它们都有加法和乘法两种运算，并且满足上述运算法则.

所有偶数组成的集合记做 $2\mathbf{Z}$，由于两个偶数的和、积仍是偶数，因此 $2\mathbf{Z}$ 也有加法和乘法两种运算. $2\mathbf{Z}$ 中不存在一个偶数具有性质：与任一偶数的乘积等于那个偶数自身. 因此 $2\mathbf{Z}$ 中没有单位元. 上述其他运算法则在 $2\mathbf{Z}$ 中都成立.

整数集 $\mathbf{Z}$，模 m 剩余类集 $\mathbf{Z}_m$，偶数集 $2\mathbf{Z}$ 有共同的特征：有加法和乘法两种运算，并且满足加法的 4 条运算法则，以及乘法的交换律、结合律，乘法对于加法的分配律. 我们想由此抽象出现代数学的一个重要概念. 为此首先对于什么是集合上的运算，加以分析.

例如，$\mathbf{Z}$ 中的加法运算：$3+2=5$，实质上是有序整数对 $(3,2)$ 对应于整数 5. 因此 $\mathbf{Z}$ 上的加法运算是 $\mathbf{Z}\times\mathbf{Z}$ 到 $\mathbf{Z}$ 的一个映射. 抓住这个主要特征，抽象出运算的概念：

集合 S 上的一个**二元代数运算**是指 $S\times S$ 到 S 的一个映射.

定义 1 设 R 是一个非空集合，如果 R 上定义了两个代数运算，一个叫做加法，另一个叫做乘法，并且满足下列 6 条运算法则：

1° $a+b=b+a$，$\forall a,b\in R$（加法交换律）；

2° $(a+b)+c=a+(b+c)$，$\forall a,b,c\in R$（加法结合律）；

3° R 中有一个元素，记做 0，它具有下述性质：

$$a+0=0+a=a, \quad \forall a\in R, \tag{9}$$

称 0 是 R 的**零元**[①]；

4° 任给 $a\in R$，都有 $b\in R$，使得

$$a+b=b+a=0, \tag{10}$$

把 b 称为 a 的**负元**[②]，记做 $-a$；

5° $(ab)c=a(bc)$，$\forall a,b,c\in R$（乘法结合律）；

6° $a(b+c)=ab+ac$，$\forall a,b,c\in R$（左分配律），

$(b+c)a=ba+ca$，$\forall a,b,c\in R$（右分配律），

那么称 R 是一个**环**(ring).

---

① 可以证明 R 中具有性质(9)的元素是唯一的，即 R 的零元唯一.

② 可以证明：a 的负元唯一.

显然,$\mathbf{Z}$,$\mathbf{Z}_m$,$2\mathbf{Z}$ 都是环. 称 $\mathbf{Z}$ 是**整数环**,称 $\mathbf{Z}_m$ 是**模 m 剩余类环**,称 $2\mathbf{Z}$ 是**偶数环**.

环 R 中可以定义减法运算如下:

$$a-b := a+(-b). \tag{11}$$

如果环 R 的乘法满足交换律,那么称 R 是**交换环**.

$\mathbf{Z}$,$\mathbf{Z}_m$,$2\mathbf{Z}$ 都是交换环.

如果环 R 中有一个元素 e 具有下述性质:

$$ea = ae = a, \quad \forall a \in R, \tag{12}$$

那么称 e 是 R 的**单位元**①,此时称 R 是**有单位元的环**.

环 R 中,零元是对于加法运算具有性质(9)的元素,试问:$0a$ 等于什么? 其中 $a\in R$.

命题 1 在环 R 中,$0a=a0=0$,$\forall a\in R$.

证明 需要利用沟通加法和乘法的桥梁:乘法对于加法的左、右分配律.

$$0a = (0+0)a = 0a+0a, \tag{13}$$

(13)式两边加上 $0a$ 的负元 $-0a$,得

$$0a+(-0a) = (0a+0a)+(-0a). \tag{14}$$

(14)式左边等于 0,右边等于 $0a+0=0a$,因此

$$0a = 0. \tag{15}$$

同理可证:$a0=0$. □

考虑模 4 剩余类环 $\mathbf{Z}_4=\{\overline{0},\overline{1},\overline{2},\overline{3}\}$,显然,$\overline{1}$ 是 $\mathbf{Z}_4$ 的单位元. 我们有

$$\overline{3}\,\overline{3} = \overline{9} = \overline{1}.$$

由此受到启发,引出下述概念.

定义 2 设 R 是有单位元 $e(\neq 0)$ 的环,对于 $a\in R$,如果存在 $b\in R$,使得

$$ab = ba = e, \tag{16}$$

那么称 a 是 R 的一个**可逆元**(或**单位**),把 b 叫做 a 的**逆元**②,记做 a^{-1}.

在 $\mathbf{Z}_4$ 中,$\overline{2}\,\overline{2}=\overline{4}=\overline{0}$. 由此受到启发,引出下述概念:

定义 3 设 R 是一个环,对于 $a\in R$,如果存在 $c\in R$,且 $c\neq 0$,使得 $ac=0$(或 $ca=0$),那么称 a 是 R 的一个**左零因子**(或**右零因子**). 左、右零因子统称为**零因子**.

据命题 1 得,环 R 中,0 是零因子.

$\mathbf{Z}_4$ 中,$\overline{2}$ 是零因子,由于

$$\overline{2}\,\overline{0}=\overline{0}, \quad \overline{2}\,\overline{1}=\overline{2}, \quad \overline{2}\,\overline{2}=\overline{0}, \quad \overline{2}\,\overline{3}=\overline{6}=\overline{2},$$

因此 $\overline{2}$ 不是可逆元. 猜测并且可以证明下述结论:

命题 2 设 R 是有单位元 $e(\neq 0)$ 的环,则 R 的零因子不是可逆元.

---

① 可以证明:R 的单位元唯一.

② 可以证明:环 R 中如果 a 是可逆元,那么 a 的逆元唯一.

证明 设 a 是左零因子,据定义 3,存在 $c\in R$ 且 $c\neq 0$,使得

$$ac=0. \tag{17}$$

假如 a 是可逆元,则在(17)式两边左乘 a^{-1},得

$$a^{-1}(ac)=a^{-1}0. \tag{18}$$

(18)式左边等于 $ec=c$,右边等于 0. 于是 $c=0$. 矛盾. 因此 a 不是可逆元.

当 a 是右零因子时,同理可证: a 不是可逆元. □

命题 2 的逆否命题是: 设 R 是有单位元 $e(\neq 0)$ 的环,则 R 的可逆元不是零因子.

模 m 剩余类环中,可能存在非零的零因子(例如,$\mathbf{Z}_4$ 中的 $\overline{2}$),这拓宽了我们的眼界,数学真奇妙!

下面我们来求 $\mathbf{Z}_2,\mathbf{Z}_3,\mathbf{Z}_4,\mathbf{Z}_5,\mathbf{Z}_6,\mathbf{Z}_7$ 以及 $\mathbf{Z}$ 中的可逆元和零因子,见表 1.1. 从表 1.1 看到,$\mathbf{Z}_2,\mathbf{Z}_3,\mathbf{Z}_4,\mathbf{Z}_5,\mathbf{Z}_6,\mathbf{Z}_7$ 中的每一个元素或者是可逆元,或者是零因子. 而 $\mathbf{Z}$ 中,存在无穷多

表 1.1

环	可逆元	不可逆元		理由
		零因子	不是零因子	
$\mathbf{Z}_2$	$\overline{1}$	$\overline{0}$		
$\mathbf{Z}_3$	$\overline{1},\overline{2}$	$\overline{0}$		$\overline{2}\,\overline{2}=\overline{4}=\overline{1}$.
$\mathbf{Z}_4$	$\overline{1},\overline{3}$	$\overline{0},\overline{2}$		见上述
$\mathbf{Z}_5$	$\overline{1},\overline{2},\overline{3},\overline{4}$	$\overline{0}$		$\overline{2}\,\overline{3}=\overline{6}=\overline{1}$, $\overline{4}\,\overline{4}=\overline{16}=\overline{1}$.
$\mathbf{Z}_6$	$\overline{1},\overline{5}$	$\overline{0},\overline{2},\overline{3},\overline{4}$		$\overline{2}\,\overline{3}=\overline{6}=\overline{0}$, $\overline{4}\,\overline{3}=\overline{12}=\overline{0}$, $\overline{5}\,\overline{5}=\overline{25}=\overline{1}$.
$\mathbf{Z}_7$	$\overline{1},\overline{2},\overline{3},\overline{4},\overline{5},\overline{6}$	$\overline{0}$		$\overline{2}\,\overline{4}=\overline{8}=\overline{1}$, $\overline{3}\,\overline{5}=\overline{15}=\overline{1}$, $\overline{6}\,\overline{6}=\overline{36}=\overline{1}$.
$\mathbf{Z}$	$1,-1$	0	$n\neq 0,n\neq\pm 1$	$(-1)(-1)=1$.

个整数,既不是可逆元,也不是零因子. 由此猜测有下述命题:

命题 3 对于任意整数 $m>1$,模 m 剩余类环 $\mathbf{Z}_m$ 中每一个元素或者是可逆元,或者是零因子,二者必居其一,且只居其一.

我们将在 §1.4 中证明命题 3 为真.

从上面的表格中看到: $\mathbf{Z}_2,\mathbf{Z}_3,\mathbf{Z}_5,\mathbf{Z}_7$ 的非零元都是可逆元. 由此抽象出又一个重要的概念:

定义 4 设 F 是一个有单位元 $e(\neq 0)$ 的交换环,如果 F 中每一个非零元都是可逆元,那么称 F 是一个**域**(field).

例如，$\mathbf{Z}_2$，$\mathbf{Z}_3$，$\mathbf{Z}_5$，$\mathbf{Z}_7$ 都是域；$\mathbf{Z}_4$，$\mathbf{Z}_6$ 不是域.

又如，有理数集 **Q**，实数集 **R**，复数集 **C** 都是域，分别称它们为**有理数域**，**实数域**，**复数域**. 而整数环 **Z** 不是域.

如果域 F 中的元素都属于复数集，那么称 F 是**数域**. 可以证明：最小的数域是有理数域. 显然，最大的数域是复数域.

定义 5 设 m 是大于 1 的整数，如果 m 的正因数只有 1 和 m 自身，那么称 m 是一个**素数**（**或质数**）；否则称 m 是**合数**.

例如，2，3，5，7，11，13 都是素数，4，6，8，10 都是合数.

从 $\mathbf{Z}_4$，$\mathbf{Z}_6$ 不是域，猜测并且可以证明有下述结论：

命题 4 若 m 是合数，则 $\mathbf{Z}_m$ 不是域.

证明 由于 m 是合数，因此有

$$m = m_1 m_2, \quad 1 < m_1 < m, \quad 1 < m_2 < m. \tag{19}$$

由此得出，在 $\mathbf{Z}_m$ 中，$\overline{0}=\overline{m}=\overline{m}_1\overline{m}_2$，$\overline{m}_1\neq\overline{0}$，$\overline{m}_2\neq\overline{0}$. 因此 $\overline{m}_1$ 是非零的零因子. 据命题 2 得，$\overline{m}_1$ 不是可逆元. 从而 $\mathbf{Z}_m$ 不是域. □

从 $\mathbf{Z}_2$，$\mathbf{Z}_3$，$\mathbf{Z}_5$，$\mathbf{Z}_7$ 都是域，我们猜测有下述命题：

命题 5 若 p 是素数，则 $\mathbf{Z}_p$ 是一个域，称它为**模 p 剩余类域**.

为了证明命题 5，需要知道素数的特性. 为此需要研究整数环的结构，我们在下一节来讨论.

习 题 1.2

1. 今天是星期五，过了 102 天是星期几？过了 365 天呢？
2. 今天是星期三，过了 368 天是星期几？
3. 在 $\mathbf{Z}_{10}$ 中，计算：$\overline{6}+\overline{9}$，$\overline{2}\,\overline{5}$，$\overline{3}\,\overline{7}$，$\overline{9}\,\overline{9}$.
4. 分别计算 $\mathbf{Z}_7$，$\mathbf{Z}_{11}$，$\mathbf{Z}_{13}$ 中每个非零元的平方.
5. 在 $\mathbf{Z}_7$ 中，计算：

$$\overline{1}-\overline{2},\quad \overline{1}-\overline{4},\quad \overline{2}-\overline{1},\quad \overline{2}-\overline{4},\quad \overline{4}-\overline{1},\quad \overline{4}-\overline{2}.$$

你发现了什么？

6. 对于 $\mathbf{Z}_{11}$ 的子集 $D=\{\overline{1},\overline{3},\overline{4},\overline{5},\overline{9}\}$，计算 D 中每两个不同元素的差，你发现了什么？
7. $\mathbf{Z}_8$，$\mathbf{Z}_9$，$\mathbf{Z}_{10}$，$\mathbf{Z}_{11}$，$\mathbf{Z}_{12}$，$\mathbf{Z}_{13}$ 哪些不是域？哪些是域？

§1.3 整数环的结构

虽然同学们从幼儿园开始就学习了整数，但是还没有系统地学习过整数环的结构. 研究整数环的结构其突破口是什么？由于整数集 **Z** 中没有除法运算，因此突破口是带余除法. 例

如,对于 37 和 4,有 $37=9\times4+1$;对于 -37 和 4,有 $-37=(-10)\times4+3$;对于 37 和 -4,有 $37=(-9)\times(-4)+1$;对于 -37 和 -4,有 $-37=10\times(-4)+3$. 一般地,可以证明下述定理 1:

定理 1(带余除法) 任给 $a,b\in\mathbf{Z}$,且 $b\neq0$,则存在唯一的一对整数 q,r,使得

$$a=qb+r,\quad 0\leqslant r<|b|. \tag{1}$$

(1)式中的 q 和 r 分别称为 a 被 b 除所得的**商**和**余数**. 当 $r=0$ 时,a 被 b 除得尽,由此引出整除的概念:

定义 1 对于整数 a,b,如果存在整数 c,使得

$$a=cb, \tag{2}$$

那么称 b **整除** a,记做 $b|a$;否则,称 b **不能整除** a,记做 $b\nmid a$. 当 b 整除 a 时,b 称为 a 的一个**因数**(或**约数**),a 称为 b 的一个**倍数**.

任给 $a\in\mathbf{Z}$,由于 $0=0a$,因此 $a|0$. 特别地,$0|0$.

任给一对有序整数 (a,b),b 要么整除 a,要么不能整除 a,因此整除是 $\mathbf{Z}$ 上的一个二元关系. 由于 $\forall a\in\mathbf{Z}$,有 $a=1a$,因此 $a|a$,即整除关系具有反身性. 容易证明整除关系也具有传递性,即若 $c|b$ 且 $b|a$,则 $c|a$. 显然整除关系不具有对称性,例如,$2|4$,但是 $4\nmid2$.

命题 1 在 $\mathbf{Z}$ 中,若 $b|a_i$,$i=1,2,\cdots,s$,则对任意整数 $u_1,u_2,\cdots,u_s$,有

$$b\mid u_1a_1+u_2a_2+\cdots+u_sa_s.$$

证明 由于 $b|a_i$,因此有 $c_i\in\mathbf{Z}$ 使得 $a_i=c_ib$,$i=1,2,\cdots,s$. 从而

$$\begin{aligned}u_1a_1+u_2a_2+\cdots+u_sa_s&=u_1c_1b+u_2c_2b+\cdots+u_sc_sb\\&=(u_1c_1+u_2c_2+\cdots+u_sc_s)b.\end{aligned}$$

于是

$$b|u_1a_1+u_2a_2+\cdots+u_sa_s.$$ □

如果 $c|a$ 且 $c|b$,那么称 c 是 a 与 b 的一个**公因数**(或**公约数**).

定义 2 整数 a 与 b 的一个公因数 d 如果具有下述性质:a 与 b 的任一公因数都能整除 d,那么称 d 是 a 与 b 的一个**最大公因数**(或**最大公约数**).

任给 $a\in\mathbf{Z}$,由于 $a|a$ 且 $a|0$,因此 a 是 a 与 0 的一个公因数. 任取 a 与 0 的一个公因数 c,显然 $c|a$,因此 a 是 a 与 0 的一个最大公因数. 特别地,0 是 0 与 0 的最大公因数.

同学们在小学学过求正整数 a 与 b 的最大公约数的方法,这需要不断地试找出两个整数的公约数. 当给的两个正整数很大时,找出它们的公约数不容易. 因此我们需要探索求两个整数的最大公因数的统一的、容易操作的方法. 我们从带余除法入手,探讨被除数与除数的最大公因数和除数与余数的最大公因数之间的关系. 为此考虑下述引理:

引理 1 在 $\mathbf{Z}$ 中如果有等式

$$a=qb+r \tag{3}$$

成立,那么 d 是 a 与 b 的最大公因数当且仅当 d 是 b 与 r 的最大公因数.

证明 由(3)式和命题 1 得到:

$$c \mid a \text{ 且 } c \mid b \iff c \mid b \text{ 且 } c \mid r. \tag{4}$$

设 d 是 a 与 b 的一个最大公因数，则由(4)得，$d|b$ 且 $d|r$. 任取 b 与 r 的一个公因数 c，仍由(4)得，$c|a$ 且 $c|b$. 于是 $c|d$. 因此 d 也是 b 与 r 的一个最大公因数.

同理，若 d 是 b 与 r 的一个最大公因数，则 d 也是 a 与 b 的一个最大公因数. □

由引理 1 结合带余除法可得出求两个整数的最大公因数的方法，即有下述定理：

定理 2 任给两个整数 a, b，都存在它们的一个最大公因数 d，并且 d 可以表示成 a 与 b 的倍数和，即存在整数 u, v，使得

$$ua + vb = d. \tag{5}$$

证明 如果 $b=0$，那么 a 是 a 与 0 的一个最大公因数. 下面设 $b \neq 0$. 容易看出，a 与 b 的最大公因数是 a 与 $-b$ 的最大公因数，反之亦然. 于是不妨设 $b>0$. 据带余除法，有整数 q_1，r_1，使得

$$a = q_1 b + r_1, \quad 0 \leqslant r_1 < b.$$

如果 $r_1 \neq 0$，那么用 r_1 去除 b，有整数 q_2, r_2，使得

$$b = q_2 r_1 + r_2, \quad 0 \leqslant r_2 < r_1.$$

如果 $r_2 \neq 0$，再用 r_2 去除 r_1. 如此辗转相除下去，所得余数(正整数)不断减小，因此在有限步以后，必然有余数为 0. 设最后三步为：

$$\begin{aligned} r_{s-3} &= q_{s-1} r_{s-2} + r_{s-1}, \quad 0 \leqslant r_{s-1} < r_{s-2}, \\ r_{s-2} &= q_s r_{s-1} + r_s, \quad 0 \leqslant r_s < r_{s-1}, \\ r_{s-1} &= q_{s+1} r_s + 0. \end{aligned}$$

由于 r_s 是 r_s 与 0 的一个最大公因数，因此从最后一个等式得出，r_s 是 r_{s-1} 与 r_s 的一个最大公因数. 再从倒数第二个等式得出，r_s 是 r_{s-2} 与 r_{s-1} 的一个最大公因数. 依次往上看，最后得出，r_s 是 a 与 b 的一个最大公因数.

从倒数第二个等式得出

$$r_s = r_{s-2} - q_s r_{s-1}. \tag{6}$$

用倒数第三个等式可消去(6)式中的 r_{s-1}. 依次利用上面的等式可逐步消去 $r_{s-2}, \cdots, r_2, r_1$，最后得出

$$r_s = ua + vb,$$

其中 u, v 都是整数. □

定理 2 的证明给出了求两个整数的最大公因数的统一的、机械的方法，称它为**辗转相除法**. 它是一种非常重要的算法，有广泛应用. 我国南宋的秦九韶(约公元 1202—1261)著的《数书九章》卷一提出了“大衍求一术”的方法，其中就用到了辗转相除.

例 1 求 68 与 24 的一个最大公因数，并且把它表示成 68 与 24 的倍数和.

解 $68=2\times24+20$，$24=1\times20+4$，$20=5\times4+0$. 因此 4 是 68 与 24 的一个最大公因数. 从倒数第二式得

$$4 = 24 - 1 \times 20.$$

从第一式得出 20 的表达式，代入上式得

$$4 = 24 - 1 \times (68 - 2 \times 24) = (-1) \times 68 + 3 \times 24.$$

对于两个不全为 0 的整数 a,b，若 d_1 和 d_2 都是它们的最大公因数，则由定义 2 得出，$d_2 \mid d_1$，且 $d_1 \mid d_2$. 从而 $d_2 = \pm d_1$. 因此 a 与 b 的最大公因数有两个，相差一个正负号，我们约定用 (a,b) 表示正的那个最大公因数.

定义 3 设 $a,b \in \mathbf{Z}$，如果 $(a,b)=1$，那么称 a 与 b **互素**.

由定义 3 立即得出，两个整数互素当且仅当它们的公因数只有 ± 1.

定理 3 两个整数 a 与 b 互素的充分必要条件是：存在整数 u,v，使得

$$ua + vb = 1. \tag{7}$$

证明 *必要性* 从定理 2 立即得出.

充分性 设(7)式成立. 任取 a 与 b 的一个公因数 c，由于 $c \mid a$ 且 $c \mid b$，因此 $c \mid 1$. 从而 $c = \pm 1$. 所以 a 与 b 互素. □

用等式(7)来刻画两个整数互素的特征，非常有用.

利用定理 3 可以推导出互素的整数的一些重要性质.

性质 1 在 $\mathbf{Z}$ 中，如果 $a \mid bc$，且 $(a,b)=1$，那么 $a \mid c$.

证明 若 $c=0$，则 $a \mid c$. 下面设 $c \neq 0$. 由于 $(a,b)=1$，因此存在整数 u,v，使得

$$ua + vb = 1.$$

两边乘以 c 得，$uac + vbc = c$. 由于 $a \mid a$，且 $a \mid bc$，因此 $a \mid c$. □

性质 2 在 $\mathbf{Z}$ 中，如果 $a \mid c, b \mid c$，且 $(a,b)=1$，那么 $ab \mid c$.

证明 由于 $a \mid c$，因此有整数 h 使得 $c = ha$. 由于 $b \mid c$，因此 $b \mid ha$. 又由于 $(a,b)=1$，因此由性质 1 得 $b \mid h$. 从而有整数 g 使得，$h = gb$. 由此得出，$c = gba$. 因此 $ab \mid c$. □

性质 3 在 $\mathbf{Z}$ 中，如果 $(a,c)=1$，且 $(b,c)=1$，那么 $(ab,c)=1$.

证明 由于 $(a,c)=1$，且 $(b,c)=1$，因此有整数 $u_i, v_i, i=1,2$，使得

$$u_1 a + v_1 c = 1, \quad 且 \quad u_2 b + v_2 c = 1.$$

将上面两个等式相乘，得

$$(u_1 u_2) ab + (u_1 a v_2 + v_1 u_2 b + v_1 v_2 c) c = 1.$$

据定理 3 得 $(ab,c)=1$. □

运用数学归纳法可以把性质 3 推广为：在 $\mathbf{Z}$ 中，如果 $(a_i,c)=1, i=1,2,\cdots,s$，那么

$$(a_1 a_2 \cdots a_s, c) = 1.$$

运用数学归纳法并且利用性质 3 的推广，可以把性质 2 推广为：在 $\mathbf{Z}$ 中，如果 $a_i \mid c, i=1,2,\cdots,s$，且 $a_1, a_2, \cdots, a_s$ 两两互素，那么 $a_1 a_2 \cdots a_s \mid c$.

素数在整数环的结构中起着基本建筑块的作用. 下面分别从几个不同的角度来刻画素数的特征：

定理 4 设 p 是大于 1 的整数,则下列命题等价:

(1) p 是素数;

(2) 对任意整数 a,都有 $p|a$ 或 $(p,a)=1$;

(3) 对于整数 a,b,从 $p|ab$ 可以推出 $p|a$ 或 $p|b$;

(4) p 不能分解成两个比 p 小的正整数的乘积.

证明 我们采用下述轮回证法.

(1)$\Longrightarrow$(2) 由于 p 是素数,因此对任一整数 a,有

$$(p,a)=1 \quad 或 \quad (p,a)=p.$$

由后者得出 $p|a$. 因此 $(p,a)=1$ 或 $p|a$.

(2)$\Longrightarrow$(3) 设 $p|ab$. 如果 $p\nmid a$,那么由(2)得,$(p,a)=1$. 据互素的性质 1 得,$p|b$.

(3)$\Longrightarrow$(4) 假如 $p=p_1p_2$,$0<p_1<p$,$0<p_2<p$,则由整除的反身性得,$p|p_1p_2$. 由(3)得,$p|p_1$ 或 $p|p_2$. 矛盾. 因此 p 不能分解成两个比 p 小的正整数的乘积.

(4)$\Longrightarrow$(1) 任取 p 的一个正因数 a,则存在正整数 b,使得 $p=ba$. 由(4)得,$b=p$ 或 $a=p$. 当 $b=p$ 时,有 $a=1$. 因此 p 的正因数只有 1 和 p. 从而 p 是素数. □

从素数的等价条件(3),运用数学归纳法可证得:如果素数 $p|a_1a_2\cdots a_s$,那么 $p|a_j$,对于某个 $j\in\{1,2,\cdots,s\}$.

从素数的等价条件(4)得,大于 1 的整数 a 是合数当且仅当 a 能分解成两个比 a 小的正整数的乘积. 于是对于任一大于 1 的整数 a,若 a 不是素数,则 $a=a_1a_2$,$0<a_i<a$,$i=1,2$. 若 a_i($i=1$ 或 2)不是素数,则 $a_i=a_{i1}a_{i2}$,如此下去,在有限步后必终止,即 a 能分解成有限多个素数的乘积. 于是有下述定理 5 的前半部分. 为了把刚才这段议论讲得更清晰起见,我们采用第二数学归纳法写出证明.

定理 5(算术基本定理) 任一大于 1 的整数 a 都能唯一地分解成有限多个素数的乘积. 所谓唯一性是说,如果 a 有两个这样的分解式:

$$a=p_1p_2\cdots p_s=q_1q_2\cdots q_t, \tag{8}$$

那么一定有 $s=t$,并且适当排列因数的次序后,有

$$p_i=q_i, \quad i=1,2,\cdots,s.$$

证明 可分解性 对大于 1 的整数 n 用第二数学归纳法.

当 $n=2$ 时,2 是素数,因此命题为真.

假设对大于 1 且小于 n 的整数,命题为真. 现在来看大于 1 的整数 n,如果 n 是素数,那么 $n=n$,命题为真. 如果 n 是合数,那么存在小于 n 的正整数 n_1,n_2,使得 $n=n_1n_2$. 于是 $n_1>1$,$n_2>1$. 对 n_1,n_2 用归纳假设得,n_1 和 n_2 分别能分解成有限多个素数的乘积. 从而 n 能分解成有限多个素数的乘积.

据第二数学归纳法原理,可分解性得证.

唯一性 对 a 的第一个分解式中素数的个数 s 作数学归纳法.

当 $s=1$ 时，$a=p_1$. 于是 $p_1=q_1q_2\cdots q_t$. 从而 $q_1\mid p_1$. 由于 p_1 是素数，因此 $q_1=p_1$. 从而 $a=p_1=q_1$. 命题为真.

假设 $s-1$ 时命题为真，来看 s 的情形.

由(8)式得，$p_1\mid q_1q_2\cdots q_t$. 由于 p_1 是素数，因此 $p_1\mid q_j$，对于某个 $j\in\{1,2,\cdots,t\}$. 不妨设 $p_1\mid q_1$. 由于 q_1 是素数，因此 $p_1=q_1$. 于是(8)式两边可消去 p_1，得

$$p_2\cdots p_s=q_2\cdots q_t.$$

据归纳假设得 $s-1=t-1$，且适当排列因数的次序后，有 $p_i=q_i$，$i=2,\cdots,s$. 因此 $s=t$，且 $p_i=q_i$，$i=1,2,\cdots,s$.

据数学归纳法原理，唯一性得证. □

算术基本定理刻画了整数环的结构：任一大于 1 的整数 a 能唯一地(除了因数的排列次序外)写成

$$a=p_1^{r_1}p_2^{r_2}\cdots p_m^{r_m},\tag{9}$$

其中 $p_1,p_2,\cdots,p_m$ 是两两不等的素数，r_i 是正整数，$i=1,2,\cdots,m$. (9)式称为 a 的**标准分解式**.

例如，$84=2^2\times3\times7$，$180=2^2\times3^2\times5$.

如果求出了大于 1 的整数 a 与 b 的标准分解式，那么取它们的公共的素因数，且相应指数取最小的，其乘积就是(a,b). 例如，$(84,180)=2^2\times3=12$.

习 题 1.3

1. 证明整除关系具有传递性.

2. 证明：对一切正整数 n，都有 $8\mid 9^n-1$.

3. 证明：对一切正整数 n，都有 $3\mid n(n+1)(n+2)$.

4. 分别求下列各组中两个整数的正的最大公因数，并且把它表示成这两个整数的倍数和：

(1) 126 与 99； (2) 183 与 567；

(3) 1023 与 31； (4) 127 与 2047.

5. 证明：如果 a 与 b 是不全为 0 的整数，那么

$$\left(\frac{a}{(a,b)},\frac{b}{(a,b)}\right)=1.$$

6. 证明：在 $\mathbf{Z}$ 中，若$(a,b)=1$，则$(a,a+b)=1$，且$(ab,a+b)=1$.

7. 写出下列各个整数的标准分解式：

$$234,\quad 678,\quad 2345.$$

8. 形如 2^n-1 的数称为 **Mersenne 数**. 当 n 取 2,3,4,5,6,7,8,9,10,11 时，计算 2^n-1，并指出其中哪些是素数？哪些不是素数？由此受到启发，你能猜出 $2^n-1(n>1)$为素数的必

要条件是什么吗？你能证明这个猜测是真的吗？

§1.4 $\mathbf{Z}_m$ 的可逆元的判定,模 p 剩余类域,域的特征,费马小定理

观察表 1.2.你能否从表 1.2 中猜测：在模 m 剩余类环 $\mathbf{Z}_m$ 中,当 a 与 m 有什么关系时,$\bar{a}$ 是 $\mathbf{Z}_m$ 的可逆元？当 a 与 m 有什么关系时,$\bar{a}$ 是 $\mathbf{Z}_m$ 的零因子？

表 1.2

环	可逆元	零因子
$\mathbf{Z}_4$	$\bar{1},\bar{3}$	$\bar{0},\bar{2}$
$\mathbf{Z}_5$	$\bar{1},\bar{2},\bar{3},\bar{4}$	$\bar{0}$
$\mathbf{Z}_6$	$\bar{1},\bar{5}$	$\bar{0},\bar{2},\bar{3},\bar{4}$
$\mathbf{Z}_7$	$\bar{1},\bar{2},\bar{3},\bar{4},\bar{5},\bar{6}$	$\bar{0}$
$\mathbf{Z}_8$	$\bar{1},\bar{3},\bar{5},\bar{7}$	$\bar{0},\bar{2},\bar{4},\bar{6}$

$\mathbf{Z}_4$ 中,$\bar{1}$ 和 $\bar{3}$ 都是可逆元,1 和 3 都与 4 互素;$\bar{2}$ 是零因子,2 与 4 不互素.

$\mathbf{Z}_8$ 中,$\bar{3},\bar{5},\bar{7}$ 都是可逆元,3,5,7 都分别与 8 互素;$\bar{2},\bar{4},\bar{6}$ 都是零因子,2,4,6 都分别与 8 不互素.

由于在有单位元的环中,零因子不是可逆元,因此从上述例子我们猜测并且可以证明有下述命题：

定理 1 在模 m 剩余类环 $\mathbf{Z}_m$ 中,$\bar{a}$ 是可逆元当且仅当 a 与 m 互素.

证明 *充分性* 设 a 与 m 互素,则存在 $u,v\in\mathbf{Z}$,使得

$$ua+vm=1.$$

于是在 $\mathbf{Z}_m$ 中,有

$$\bar{1}=\overline{ua+vm}=\bar{u}\,\bar{a}+\bar{v}\,\bar{m}=\bar{u}\,\bar{a}+\bar{0}=\bar{u}\,\bar{a}.$$

因此 $\bar{a}$ 是可逆元.

必要性 设 $\bar{a}$ 是 $\mathbf{Z}_m$ 的可逆元,其中 $0<a<m$.假如 a 与 m 不互素,则 $(a,m)=d\neq1$.于是存在 $a_1,m_1\in\mathbf{N}^*$,使得

$$a=a_1d,\quad m=m_1d.$$

从而

$$am_1=a_1dm_1=a_1m.$$

于是在 $\mathbf{Z}_m$ 中,有

$$\bar{a}\,\bar{m}_1=\bar{a}_1\bar{m}=\bar{0}.$$

由于 $\bar{m}_1\neq\bar{0}$,因此 $\bar{a}$ 是零因子.这与 $\bar{a}$ 是可逆元矛盾,所以 a 与 m 互素. □

从定理 1 的充分性的证明看到：若 a 与 m 互素,则 $\bar{a}$ 是可逆元.从定理 1 的必要性的证明看到：设 $0<a<m$,若 a 与 m 不互素,则 $\bar{a}$ 是零因子.于是立即得到：

定理 2 $\mathbf{Z}_m$ 的每一个元素或者是可逆元，或者是零因子，二者必居其一，且只居其一. □

设 p 是素数，则对于 $0<k<p$，有 $p\nmid k$，从而 k 与 p 互素. 于是在 $\mathbf{Z}_p$ 中，每个非零元 $\bar{k}$ 都可逆，因此我们证明了下述定理 3.

定理 3 设 p 是素数，则 $\mathbf{Z}_p$ 是域. □

定理 2 和定理 3 分别证明了本章第 2 节提出的两个猜测(即命题 3 和命题 5)都是真的.

定理 1 的充分性的证明给出了当 a 与 m 互素时，求 $\bar{a}$ 的逆元的方法：对 a 和 m 用辗转相除法求出它们的正的最大公因数 1，然后把 1 表示成 a 与 m 的倍数和，由此可得到 $\bar{a}$ 的逆元.

例 1 在 $\mathbf{Z}_{91}$ 中，$\overline{34}$是不是可逆元？如果是，求 $\overline{34}$的逆元.

解 对 91 和 34 作辗转相除法：

$$
\begin{aligned}
91 &= 2\times 34+23,\\
34 &= 1\times 23+11,\\
23 &= 2\times 11+1.
\end{aligned}
$$

因此$(91,34)=1$，从而在 $\mathbf{Z}_{91}$ 中，$\overline{34}$是可逆元. 把 1 表示成 91 和 34 的倍数和：

$$
\begin{aligned}
1 &= 23-2\times 11 = 23-2\times(34-1\times 23)\\
&= (-2)\times 34+3\times 23 = (-2)\times 34+3\times(91-2\times 34)\\
&= 3\times 91-8\times 34.
\end{aligned}
$$

于是在 $\mathbf{Z}_{91}$ 中，有

$$\overline{1}=\overline{-8}\times\overline{34}=\overline{83}\times\overline{34}.$$

因此 $\overline{34}$的逆元是 $\overline{83}$，即 $\overline{34}^{-1}=\overline{83}$.

在环 R 中有加法运算，自然可以定义一个元素 a 的正整数倍. 对于任一正整数 n，规定 a 的 n 倍为：

$$na := \underbrace{a+a+\cdots+a}_{n\text{个}}. \tag{1}$$

由这个定义容易推导出：设 $a\in R, n,m\in\mathbf{N}^*$，有

$$(n+m)a = na+ma,\quad (nm)a = n(ma), \tag{2}$$

$$n(a+b) = na+nb, \tag{3}$$

$$n(ab) = (na)b = a(nb). \tag{4}$$

对于自然数 0，可以定义 a 的 0 倍为：$0a=0$，其中等号右边的 0 是环 R 中的零元素.

显然，对于 $n,m\in\mathbf{N}$，(2)，(3)，(4)式仍成立.

模 p 剩余类域 $\mathbf{Z}_p$ 与数域有什么不同点呢？下面来讨论.

在 $\mathbf{Z}_2$ 中，$2\overline{1}=\overline{1}+\overline{1}=\overline{2}=\overline{0}$.

在 $\mathbf{Z}_3$ 中，$3\overline{1}=\overline{1}+\overline{1}+\overline{1}=\overline{3}=\overline{0}$；$2\overline{1}=\overline{2}\neq\overline{0}$.

设 p 是素数，则在 $\mathbf{Z}_p$ 中，有

$$p\bar{1} = \underbrace{\bar{1}+\bar{1}+\cdots+\bar{1}}_{p\text{个}} = \bar{p} = \bar{0},$$

$$l\bar{1} = \bar{l} \neq \bar{0}, \quad \text{当 } 0<l<p.$$

在数域 K 中，对于任意正整数 n，都有 $n1=n\neq 0$. 只有 1 的 0 倍等于 0.

任一域 F，它的单位元 e 的正整数倍是否等于零元？有什么规律？

情形 1 对任意正整数 n，都有 $ne\neq 0$.

情形 2 存在正整数 n，使得 $ne=0$. 设 n 是使 $ne=0$ 成立的最小正整数. 假如 n 不是素数，则

$$n = n_1 n_2, \quad 1<n_1<n, \quad 1<n_2<n. \tag{5}$$

于是据(4)式和(5)式，得

$$\begin{aligned}(n_1e)(n_2e) &= n_1[e(n_2e)] = n_1[n_2(ee)] = n_1(n_2e) = (n_1n_2)e \\ &= ne = 0.\end{aligned} \tag{6}$$

根据 n 的选择得，$n_1e\neq 0$ 且 $n_2e\neq 0$. 于是 n_1e 是零因子，从而 n_1e 不是可逆元，这与 F 是域矛盾. 因此，n 是素数. 于是我们证明了下述定理：

定理 4 设域 F 的单位元为 e，则或者对于任意正整数 n，都有 $ne\neq 0$；或者存在一个素数 p，使得 $pe=0$，而对于 $0<l<p$，有 $le\neq 0$. □

从定理 4 受到启发，引出下述重要概念：

定义 1 设域 F 的单位元为 e. 如果对于任意正整数 n，都有 $ne\neq 0$，那么称域 F 的**特征为** 0；如果存在一个素数 p，使得 $pe=0$，而对于 $0<l<p$，有 $le\neq 0$，那么称域 F 的**特征为** p. 域 F 的特征记做 $\mathrm{char}F$.

根据定理 4 得，任一域 F 的特征或者为 0，或者为一个素数.

例如，模素数 p 剩余类域 $\mathbf{Z}_p$ 的特征为 p；任一数域的特征为 0. 这就是 $\mathbf{Z}_p$ 与数域的本质区别.

在特征为素数 p 的域 F 中，既然单位元 e 的 p 倍等于零元，那么自然要问：任一元素 a 的 p 倍也等于零元吗？

命题 1 设域 F 的特征为素数 p，则对于 F 中任一元素 a，都有 $pa=0$.

证明 设 F 的单位元为 e，则

$$pa = p(ea) = (pe)a = 0a = 0. \qquad \square$$

在特征为素数 p 的域 F 中，由于任一元素的 p 倍都等于 0，因此可以简化计算. 先看下面的例子：

在 $\mathbf{Z}_3$ 中，由于任一元素的 3 倍都等于 $\bar{0}$，因此有

$$(\bar{a}+\bar{b})^3 = \bar{a}^3 + 3\bar{a}^2\bar{b} + 3\bar{a}\bar{b}^2 + \bar{b}^3 = \bar{a}^3 + \bar{b}^3.$$

一般地，有下面的结论：

命题 2 设域 F 的特征为素数 p，则对于任意 $a,b\in F$，有

$$(a+b)^p = a^p + b^p. \tag{7}$$

证明 由于域 F 具有与实数域同样的运算法则，因此在域 F 中也有二项式定理：

$$(a+b)^p = a^p + C_p^1 a^{p-1} b + \cdots + C_p^k a^{p-k} b^k + \cdots + C_p^{p-1} a b^{p-1} + b^p. \tag{8}$$

组合数 C_p^k 的公式为

$$C_p^k = \frac{p(p-1)\cdots(p-k+1)}{k!}, \quad 1 \leqslant k < p. \tag{9}$$

当 $1\leqslant k<p$ 时，$p\nmid k$，从而 $(k,p)=1$. 于是有 $(k!,p)=1$. 由于 $k!\mid p(p-1)\cdots(p-k+1)$，因此

$$k! \mid (p-1)\cdots(p-k+1), \quad 1 \leqslant k < p. \tag{10}$$

从而存在正整数 s_k，使得 $(p-1)\cdots(p-k+1)=s_k k!$. 由此得出，$C_p^k=ps_k$，$1\leqslant k<p$，即

$$p \mid C_p^k, \quad 1 \leqslant k < p. \tag{11}$$

利用命题 1，得

$$C_p^k a^{p-k} b^k = p(s_k a^{p-k} b^k) = 0, \quad 1 \leqslant k < p. \tag{12}$$

把(12)式代入(8)式得

$$(a+b)^p = a^p + b^p.$$ □

运用数学归纳法可以把命题 2 推广为：设域 F 的特征为素数 p，则对任意 $a_1,a_2,\cdots,a_s\in F$，有

$$(a_1+a_2+\cdots+a_s)^p = a_1^p + a_2^p + \cdots + a_s^p. \tag{13}$$

例 2 2^{97} 模 97 同余于几？90^{97} 模 97 同余于几？

解 97 是素数，于是域 $\mathbf{Z}_{97}$ 的特征为 97. 从而在 $\mathbf{Z}_{97}$ 中有

$$\overline{2^{97}} = \overline{2}^{97} = (\overline{1}+\overline{1})^{97} = \overline{1}^{97} + \overline{1}^{97} = \overline{1}+\overline{1} = \overline{2},$$

$$\overline{90^{97}} = \overline{90}^{97} = (\underbrace{\overline{1}+\overline{1}+\cdots+\overline{1}}_{90\text{个}})^{97} = \underbrace{\overline{1}^{97}+\overline{1}^{97}+\cdots+\overline{1}^{97}}_{90\text{个}} = \overline{90}.$$

由此得出，

$$2^{97} \equiv 2 \pmod{97}, \quad 90^{97} \equiv 90 \pmod{97}.$$

从例 2 受到启发，猜测并且可以证明有下述结论：

定理 5(费马(Fermat)小定理) 设 p 是素数，则对于任意整数 a，都有

$$a^p \equiv a \pmod{p}.$$

证明 若 $p\mid a$，则 $a\equiv 0 \pmod{p}$ 且 $a^p\equiv 0\pmod{p}$，从而 $a^p\equiv a\pmod{p}$. 下面设 $p\nmid a$. 作带余除法：

$$a = hp + r, \quad 0 < r < p.$$

在 $\mathbf{Z}_p$ 中，有

$$\overline{a} = \overline{hp+r} = \overline{h}\,\overline{p} + \overline{r} = \overline{r}.$$

由于 $\mathbf{Z}_p$ 的特征为 p，因此有

$$\overline{a^p}=\bar{a}^p=\bar{r}^p=(\underbrace{\bar{1}+\bar{1}+\cdots+\bar{1}}_{r\text{个}})^p=\underbrace{\bar{1}^p+\bar{1}^p+\cdots+\bar{1}^p}_{r\text{个}}$$
$$=\underbrace{\bar{1}+\bar{1}+\cdots+\bar{1}}_{r\text{个}}=\bar{r}=\bar{a}.$$

因此

$$a^p\equiv a\ (\mathrm{mod}\ p).\qquad\square$$

我们利用 $\mathbf{Z}_p$ 的特征为 p,运用命题 2 的推广,证明了费马小定理.这样的证法是一个创新点.

注意:若 m 不是素数,则 $a^m\not\equiv a(\mathrm{mod}\ m)$.例如,$3^4\equiv1(\mathrm{mod}\ 4)$.

习 题 1.4

1. 分别写出 $\mathbf{Z}_{18}$,$\mathbf{Z}_{36}$ 的所有可逆元和所有零因子.
2. 在 $\mathbf{Z}_{86}$ 中,$\bar{3}$,$\overline{35}$是不是可逆元?如果是,分别求它们的逆元.
3. 在 $\mathbf{Z}_{89}$ 中,求 $\bar{2}$,$\overline{86}$的逆元.
4. 在 $\mathbf{Z}_{113}$ 中,求 $\overline{36}$,$\overline{48}$的逆元.
5. 设 F 是特征为 2 的域,任给 $a,b\in F$,计算:

$$(a+b)^2,\quad (a+b)^4,\quad (a+b)^8.$$

由此你能猜测$(a+b)^{2^r}$等于多少吗?你能证明这个猜测是真的吗?

6. 2^{113}模 113 同余于几?100^{113}模 113 同余于几?2^{118}模 113 同余于几?
7. 2010^{79}模 79 同余于几(小于 79 的哪个正整数)?2010^{127}模 127 同余于几(小于 127 的哪个正整数)?

§1.5 中国剩余定理

一个连的战士在操场上训练,如何知道这个连共有多少名战士呢?

可以让这个连的战士先按三路纵队站好,最后一排只有两名战士;然后按五路纵队站好,最后一排有四名战士;再按七路纵队站好,最后一排有两名战士.有了这些数据,就可以计算出这个连有多少名战士了.怎么计算呢?

设这个连有 x 名战士,按照上述已知条件,得

$$\begin{cases}x\equiv2\ (\mathrm{mod}\ 3),\\x\equiv4\ (\mathrm{mod}\ 5),\\x\equiv2\ (\mathrm{mod}\ 7).\end{cases}\tag{1}$$

这样的方程组叫做一次同余方程组.如何解这种一次同余方程组呢?它有多少解呢?

一般地,设 $m_1,m_2,\cdots,m_s$ 是两两互素的大于 1 的整数,$b_1,b_2,\cdots,b_s$ 是任意给定的整数,

考虑一次同余方程组：

$$\begin{cases} x \equiv b_1 \pmod{m_1}, \\ x \equiv b_2 \pmod{m_2}, \\ \cdots\cdots\cdots\cdots\cdots\cdots \\ x \equiv b_s \pmod{m_s}. \end{cases} \tag{2}$$

我们来探索如何求同余方程组(2)的解？它有多少解？

由于 $m_1, m_2, \cdots, m_s$ 两两互素，因此对于 $i \in \{1, 2, \cdots, s\}$，有

$$\left(m_i, \prod_{j \neq i} m_j\right) = 1, \tag{3}$$

从而存在 $u_i, v_i \in \mathbf{Z}$，使得

$$u_i m_i + v_i \prod_{j \neq i} m_j = 1. \tag{4}$$

由(4)式得

$$v_i \prod_{j \neq i} m_j = 1 - u_i m_i, \tag{5}$$

从而有

$$\begin{cases} v_i \prod_{j \neq i} m_j \equiv 1 \pmod{m_i}, \\ v_i \prod_{j \neq i} m_j \equiv 0 \pmod{m_k}, \quad k \neq i. \end{cases} \tag{6}$$

由于同余方程组(2)的解应当满足模 m_i 同余于 $b_i (i=1, 2, \cdots, s)$，因此，令

$$c = b_1 v_1 \prod_{j \neq 1} m_j + \cdots + b_i v_i \prod_{j \neq i} m_j + \cdots + b_s v_s \prod_{j \neq s} m_j, \tag{7}$$

则

$$c \equiv b_1 0 + \cdots + b_i 1 + \cdots + b_s 0 \equiv b_i \pmod{m_i}, \tag{8}$$

其中 $i=1, 2, \cdots, s$. 因此，由(7)式定义的 c 是同余方程组(2)的一个解.

若 d 也是同余方程组(2)的一个解，则

$$c \equiv d \pmod{m_i}, \quad i = 1, 2, \cdots, s. \tag{9}$$

从而

$$m_i \mid c - d, \quad i = 1, 2, \cdots, s. \tag{10}$$

由于 $m_1, m_2, \cdots, m_s$ 两两互素，因此

$$m_1 m_2 \cdots m_s \mid c - d, \tag{11}$$

由此得出

$$c \equiv d \pmod{m_1 m_2 \cdots m_s}.$$

上述的探索过程发现并且证明了下述定理：

定理 1(中国剩余定理) 设 $m_1, m_2, \cdots, m_s$ 是两两互素的大于 1 的整数，则对于任意给定的整数 $b_1, b_2, \cdots, b_s$，一次同余方程组

$$\begin{cases} x \equiv b_1 \pmod{m_1}, \\ x \equiv b_2 \pmod{m_2}, \\ \cdots\cdots\cdots\cdots\cdots\cdots \\ x \equiv b_s \pmod{m_s} \end{cases} \tag{12}$$

在 $\mathbf{Z}$ 中有解，它的全部解是

$$c + km_1 m_2 \cdots m_s, \quad k \in \mathbf{Z}, \tag{13}$$

其中

$$c = b_1 v_1 \prod_{j \neq 1} m_j + b_2 v_2 \prod_{j \neq 2} m_j + \cdots + b_s v_s \prod_{j \neq s} m_j, \tag{14}$$

v_i 满足 $u_i m_i + v_i \prod_{j \neq i} m_j = 1, i = 1, 2, \cdots, s$. □

从定理1看出，为了求一次同余方程组(12)的全部解，需要先求出 $v_i (i=1,2,\cdots,s)$，而这只要对 m_i 和 $\prod_{j \neq i} m_j$ 作辗转相除法，并且把它们的最大公因数1表示成它们的倍数和，此时 $\prod_{j \neq i} m_j$ 的倍数就是 v_i.

现在我们来解一次同余方程组(1)，以便计算出这个连有多少名战士.

对于3和5×7作辗转相除法：

$$35 = 11 \times 3 + 2, \quad 3 = 1 \times 2 + 1.$$

于是 $$1 = 3 - 1 \times 2 = 3 - 1 \times (35 - 11 \times 3) = (-1) \times 35 + 12 \times 3.$$

从而 $v_1 = -1$.

对5和3×7作辗转相除法，并且把1表示成21和5的倍数和：

$$21 = 4 \times 5 + 1, \quad 1 = 1 \times 21 - 4 \times 5.$$

从而 $v_2 = 1$.

对7和3×5作辗转相除法，并且把1表示成15和7的倍数和：

$$15 = 2 \times 7 + 1, \quad 1 = 1 \times 15 - 2 \times 7.$$

从而 $v_3 = 1$. 令

$$c = 2 \times (-1) \times 35 + 4 \times 1 \times 21 + 2 \times 1 \times 15 = 44.$$

因此，同余方程组(1)的全部解是

$$44 + 105k, \quad k \in \mathbf{Z}.$$

由于一个连大约有一百多名战士，因此取 $k=1$，得出这个连有149名战士.

我国南宋数学家秦九韶在他的著作《数书九章》卷一“大衍总数术”中，系统地叙述了求解一次同余方程组的一般方法，其关键部分就是求(14)式中的 $v_i (i=1,2,\cdots,s)$. 秦九韶把他自己发现的求 v_i 的方法称为“大衍求一术”，实际上就是做辗转相除法. 秦九韶的算法是正确的，但他本人没有给出证明. 到18、19世纪，欧拉(L. Euler)和高斯(C. F. Gauss)分别在1743年、1801年对一次同余方程组进行了详细研究，重新独立地获得与秦九韶“大衍求一

术”相同的定理,并对模数两两互素的情形作出了严格证明. 1876 年德国人马蒂生首先指出秦九韶的方法与高斯算法是一致的,因此,关于一次同余方程组求解的剩余定理常常被称为“中国剩余定理”.

秦九韶的大衍总数术,是《孙子算经》中“物不知数”题算法的推广.《孙子算经》的作者不详,大约是公元 4 世纪时的作品,其中最著名的是“物不知数”问题:

“今有物不知其数,三三数之剩二,五五数之剩三,七七数之剩二,问物几何?”

这相当于求解同余方程组

$$\begin{cases} x \equiv 2 \pmod 3, \\ x \equiv 3 \pmod 5, \\ x \equiv 2 \pmod 7. \end{cases} \tag{15}$$

由于孙子问题引导了南宋秦九韶求解一次同余方程组的一般算法,因此也把“中国剩余定理”称为**“孙子定理”**.

习　题　1.5

1. 求出“物不知数”问题中同余方程组(15)的全部解.

2. 韩信点兵问题:“有一队士兵,三三数余二,五五数余一,七七数余四,问:这队士兵有多少人?”

3. 有一个连的士兵,三三数余一,五五数余二,七七数余三,问:这个连的士兵有多少人?

4. 有一个连的士兵,三三数余一,四四数余三,五五数余二,问:这个连的士兵有多少人?

5. 设 m_1 和 m_2 是互素的大于 1 的整数,b 是任意给定的一个整数. 证明:整数 a 满足

$$\begin{cases} a \equiv b \pmod{m_1}, \\ a \equiv b \pmod{m_2} \end{cases}$$

的充分必要条件是 $a \equiv b \pmod{m_1 m_2}$.

§1.6　$\mathbf{Z}_m$ 的可逆元的个数,欧拉函数

在本章§1.4 的定理 1 中,我们证明了下述结论:

定理 1　在模 m 剩余类环 $\mathbf{Z}_m$ 中,$\bar{a}$ 是可逆元当且仅当 a 与 m 互素.

把 $\mathbf{Z}_m$ 中所有可逆元组成的集合记做 $\mathbf{Z}_m^*$. 我们首先要问:$\mathbf{Z}_m^*$ 有多少个元素?

定义 1　把 $\mathbf{Z}_m$ 中可逆元的个数记做 $\varphi(m)$,称 $\varphi(m)$ 为**欧拉函数**.

由定理 1 立即得到:

命题 1　$\varphi(m)$ 等于集合 $\Omega_m = \{1,2,3,\cdots,m\}$ 中与 m 互素的整数的个数.

利用命题 1 可以很容易求出 m 较小时 $\varphi(m)$的值（见表 1.3）. 观察表 1.3，当 m 为素数

表 1.3

m	Ω_m 中与 m 互素的整数	$\varphi(m)$
2	1	1
3	1,2	2
4	1,3	2
5	1,2,3,4	4
6	1,5	2
7	1,2,3,4,5,6	6
8	1,3,5,7	4
9	1,2,4,5,7,8	6
12	1,5,7,11	4
15	1,2,4,7,8,11,13,14	8
24	1,5,7,11,13,17,19,23	8

2,3,5,7 时，$\varphi(m)$的值有什么规律？由此受到启发，猜测且容易证明下述命题：

命题 2 若 p 是素数，则 $\varphi(p)=p-1$.

证明 由于 p 是素数，因此 $\mathbf{Z}_p$ 是一个域. 从而

$$\mathbf{Z}_p^* = \{\overline{1},\overline{2},\overline{3},\cdots,\overline{p-1}\}.$$

于是 $\varphi(p)=p-1$. □

命题 2 也可以利用命题 1 来证明，请同学们思考.

观察上表中，$\varphi(4)=2$，$\varphi(8)=4$，$\varphi(9)=6$，你能作出什么猜测？

$$\varphi(4) = \varphi(2^2) = 2 = 2^1 \times (2-1) = 2^{2-1} \times (2-1),$$

$$\varphi(8) = \varphi(2^3) = 4 = 2^2 \times (2-1) = 2^{3-1} \times (2-1),$$

$$\varphi(9) = \varphi(3^2) = 6 = 3 \times 2 = 3^1 \times (3-1) = 3^{2-1} \times (3-1).$$

由此猜测有下述结论：

定理 2 设 p 是素数，则对于任一正整数 r，有

$$\varphi(p^r) = p^{r-1}(p-1). \tag{1}$$

证明 先计算集合 $\Omega_{p^r}=\{1,2,3,\cdots,p^r\}$中与 p^r 不互素的整数的个数. 对于 $a\in\Omega_{p^r}$，有 $(a,p)=1\Longrightarrow(a,p^r)=1$. 若$(a,p)\neq1$，则 $p\mid a$，从而$(a,p^r)\neq1$. 因此

$$(a,p^r) \neq 1 \Longleftrightarrow (a,p) \neq 1 \Longleftrightarrow p \mid a$$
$$\Longleftrightarrow a = p,2p,3p,\cdots,p^{r-1}p.$$

从而 Ω_{p^r} 中与 p^r 不互素的整数的个数为 p^{r-1}. 于是

$$\varphi(p^r) = p^r - p^{r-1} = p^{r-1}(p-1).$$ □

观察表 1.3 中，$\varphi(6)=2$，$\varphi(12)=4$，$\varphi(15)=8$，$\varphi(24)=8$，你能作出什么猜测？

$$\varphi(6)=\varphi(2\times 3)=2=1\times 2=\varphi(2)\times\varphi(3),$$
$$\varphi(12)=\varphi(3\times 4)=4=2\times 2=\varphi(3)\times\varphi(4),$$
$$\varphi(12)=\varphi(2\times 6)=4\neq\varphi(2)\times\varphi(6),$$
$$\varphi(15)=\varphi(3\times 5)=8=2\times 4=\varphi(3)\times\varphi(5),$$
$$\varphi(24)=\varphi(8\times 3)=8=4\times 2=\varphi(8)\times\varphi(3),$$
$$\varphi(24)=\varphi(4\times 6)=8\neq\varphi(4)\times\varphi(6).$$

由此猜测有下述结论：

设 $m=m_1m_2$，且 m_1 与 m_2 是互素的大于 1 的整数，则

$$\varphi(m)=\varphi(m_1)\varphi(m_2). \tag{2}$$

这个猜测是真还是假？我们来探索.

(2)式右边的 $\varphi(m_1)$ 是 $\mathbf{Z}_{m_1}$ 中可逆元的个数，$\varphi(m_2)$ 是 $\mathbf{Z}_{m_2}$ 中可逆元的个数. $\varphi(m_1)\varphi(m_2)$ 是什么呢？一个创新的想法是考虑集合 $\mathbf{Z}_{m_1}$ 与 $\mathbf{Z}_{m_2}$ 的笛卡儿积：

$$\mathbf{Z}_{m_1}\times\mathbf{Z}_{m_2}=\{(\tilde{a}_1,\tilde{\tilde{a}}_2)\mid\tilde{a}_1\in\mathbf{Z}_{m_1},\tilde{\tilde{a}}_2\in\mathbf{Z}_{m_2}\},$$

并且规定它的加法和乘法运算如下：

$$(\tilde{a}_1,\tilde{\tilde{a}}_2)+(\tilde{b}_1,\tilde{\tilde{b}}_2):=(\tilde{a}_1+\tilde{b}_1,\tilde{\tilde{a}}_2+\tilde{\tilde{b}}_2),$$
$$(\tilde{a}_1,\tilde{\tilde{a}}_2)(\tilde{b}_1,\tilde{\tilde{b}}_2):=(\tilde{a}_1\tilde{b}_1,\tilde{\tilde{a}}_2\tilde{\tilde{b}}_2).$$

容易验证 $\mathbf{Z}_{m_1}\times\mathbf{Z}_{m_2}$ 成为一个有单位元 $(\tilde{1},\tilde{\tilde{1}})$ 的交换环，把这个环叫做环 $\mathbf{Z}_{m_1}$ 与 $\mathbf{Z}_{m_2}$ 的**直和**，记做 $\mathbf{Z}_{m_1}\oplus\mathbf{Z}_{m_2}$.

$(\tilde{a}_1,\tilde{\tilde{a}}_2)$ 是 $\mathbf{Z}_{m_1}\oplus\mathbf{Z}_{m_2}$ 的可逆元

$\Longleftrightarrow$ 存在 $(\tilde{b}_1,\tilde{\tilde{b}}_2)\in\mathbf{Z}_{m_1}\oplus\mathbf{Z}_{m_2}$，使得

$(\tilde{a}_1,\tilde{\tilde{a}}_2)(\tilde{b}_1,\tilde{\tilde{b}}_2)=(\tilde{1},\tilde{\tilde{1}})$，

即 $(\tilde{a}_1\tilde{b}_1,\tilde{\tilde{a}}_2\tilde{\tilde{b}}_2)=(\tilde{1},\tilde{\tilde{1}})$

$\Longleftrightarrow$ 存在 $\tilde{b}_1\in\mathbf{Z}_{m_1}$，$\tilde{\tilde{b}}_2\in\mathbf{Z}_{m_2}$，使得

$\tilde{a}_1\tilde{b}_1=\tilde{1}$，且 $\tilde{\tilde{a}}_2\tilde{\tilde{b}}_2=\tilde{\tilde{1}}$

$\Longleftrightarrow\tilde{a}_1$ 是 $\mathbf{Z}_{m_1}$ 的可逆元，且 $\tilde{\tilde{a}}_2$ 是 $\mathbf{Z}_{m_2}$ 的可逆元.

于是我们证明了：

命题 3 $(\tilde{a}_1,\tilde{\tilde{a}}_2)$ 是 $\mathbf{Z}_{m_1}\oplus\mathbf{Z}_{m_2}$ 的可逆元当且仅当 $\tilde{a}_1,\tilde{\tilde{a}}_2$ 分别是 $\mathbf{Z}_{m_1},\mathbf{Z}_{m_2}$ 的可逆元. □

由命题 3 立即得到：

推论 1 $\mathbf{Z}_{m_1}\oplus\mathbf{Z}_{m_2}$ 的可逆元的个数等于 $\varphi(m_1)\varphi(m_2)$. □

推论 1 给出了 $\varphi(m_1)\varphi(m_2)$一个结构性解释,这是一个创新点.

既然(2)式的右端是 $\mathbf{Z}_{m_1}\oplus\mathbf{Z}_{m_2}$ 的可逆元的个数,左端是 $\mathbf{Z}_m$ 的可逆元的个数,为了探索(2)式是否为真,自然应当研究环 $\mathbf{Z}_{m_1}\oplus\mathbf{Z}_{m_2}$ 与环 $\mathbf{Z}_m$ 的关系. 首先建立 $\mathbf{Z}_m$ 的元素与 $\mathbf{Z}_{m_1}\oplus\mathbf{Z}_{m_2}$ 的元素之间的对应关系. 容易想到,令

$$\begin{aligned}\sigma:\quad &\mathbf{Z}_m\longrightarrow\mathbf{Z}_{m_1}\oplus\mathbf{Z}_{m_2}\\ &\bar{x}\longmapsto(\tilde{x},\tilde{\tilde{x}}).\end{aligned}\tag{3}$$

容易验证 σ 是 $\mathbf{Z}_m$ 到 $\mathbf{Z}_{m_1}\oplus\mathbf{Z}_{m_2}$ 的一个映射. σ 是不是满射?

σ 是满射

$\Longleftrightarrow$任给$(\tilde{b}_1,\tilde{\tilde{b}}_2)\in\mathbf{Z}_{m_1}\oplus\mathbf{Z}_{m_2}$,存在 $\bar{x}\in\mathbf{Z}_m$,使得

$$(\tilde{x},\tilde{\tilde{x}})=(\tilde{b}_1,\tilde{\tilde{b}}_2),$$

即 $\quad\tilde{x}=\tilde{b}_1\quad$ 且 $\quad\tilde{\tilde{x}}=\tilde{\tilde{b}}_2$

$\Longleftrightarrow$任给 $b_1,b_2\in\mathbf{Z}$,一次同余方程组

$$\begin{cases}x\equiv b_1 \pmod{m_1},\\ x\equiv b_2 \pmod{m_2}\end{cases}\tag{4}$$

有整数解.

由于 m_1 与 m_2 是互素的大于 1 的整数,因此据中国剩余定理得,一次同余方程组(4)一定有整数解,从而 σ 是满射.

由于$|\mathbf{Z}_m|=m=m_1m_2=|\mathbf{Z}_{m_1}\oplus\mathbf{Z}_{m_2}|$,因此从 σ 是满射可以推出 σ 是单射. 于是 σ 是双射. 由于

$$\begin{aligned}\sigma(\bar{x}+\bar{y})&=\sigma(\overline{x+y})=(\widetilde{x+y},\widetilde{\widetilde{x+y}})=(\tilde{x}+\tilde{y},\tilde{\tilde{x}}+\tilde{\tilde{y}})\\&=(\tilde{x},\tilde{\tilde{x}})+(\tilde{y},\tilde{\tilde{y}})=\sigma(\bar{x})+\sigma(\bar{y}),\\ \sigma(\bar{x}\,\bar{y})&=\sigma(\overline{xy})=(\widetilde{xy},\widetilde{\widetilde{xy}})=(\tilde{x}\,\tilde{y},\tilde{\tilde{x}}\,\tilde{\tilde{y}})\\&=(\tilde{x},\tilde{\tilde{x}})(\tilde{y},\tilde{\tilde{y}})=\sigma(\bar{x})\sigma(\bar{y}),\end{aligned}$$

因此 σ 保持加法和乘法运算.

定义 2 如果环 R 到环 R'有一个双射 σ,且 σ 保持加法和乘法运算,那么称 σ 是环 R 到 R'的一个**同构映射**,此时称环 R 与环 R'是**同构的**,记做 $R\cong R'$.

从上面的讨论得出:

定理 3 设 $m=m_1m_2$,且 m_1 与 m_2 是互素的大于 1 的整数,则 $\sigma:\bar{x}\longmapsto(\tilde{x},\tilde{\tilde{x}})$是环 $\mathbf{Z}_m$ 到 $\mathbf{Z}_{m_1}\oplus\mathbf{Z}_{m_2}$ 的一个同构映射,从而环 $\mathbf{Z}_m$ 与 $\mathbf{Z}_{m_1}\oplus\mathbf{Z}_{m_2}$ 同构. □

利用环 $\mathbf{Z}_m$ 到 $\mathbf{Z}_{m_1}\oplus\mathbf{Z}_{m_2}$ 的同构映射 σ 可以探讨 $\mathbf{Z}_m$ 的可逆元与 $\mathbf{Z}_{m_1}\oplus\mathbf{Z}_{m_2}$ 的可逆元之间的关系.

$$\begin{aligned}
&\bar{a}\text{ 是 }\mathbf{Z}_m\text{ 的可逆元}\\
\Longleftrightarrow\ &\text{存在 }\bar{b}\in\mathbf{Z}_m,\text{使得 }\bar{a}\bar{b}=\bar{1}\\
\Longleftrightarrow\ &\text{存在 }\bar{b}\in\mathbf{Z}_m,\text{使得 }\sigma(\bar{1})=\sigma(\bar{a}\bar{b})=\sigma(\bar{a})\sigma(\bar{b})\\
\Longleftrightarrow\ &\sigma(\bar{a})\text{是 }\mathbf{Z}_{m_1}\oplus\mathbf{Z}_{m_2}\text{ 的可逆元.}
\end{aligned}$$

在上述推导过程的第二个$\Longleftrightarrow$的充分性用到 σ 是单射和 σ 保持乘法运算；第三个$\Longleftrightarrow$的必要性用到 $\sigma(\bar{1})=(\tilde{1},\tilde{\tilde{1}})$是 $\mathbf{Z}_{m_1}\oplus\mathbf{Z}_{m_2}$ 的单位元，充分性用到 σ 是满射，具体说来如下：

设 $\sigma(\bar{a})$是 $\mathbf{Z}_{m_1}\oplus\mathbf{Z}_{m_2}$ 的可逆元，则存在 $\mathbf{Z}_{m_1}\oplus\mathbf{Z}_{m_2}$ 的一个元素与 $\sigma(\bar{a})$的乘积等于 $\sigma(\bar{1})$. 由于 σ 是满射，因此存在 $\bar{b}\in\mathbf{Z}_m$，使得 $\sigma(\bar{b})$是 $\mathbf{Z}_{m_1}\oplus\mathbf{Z}_{m_2}$ 的这个元素. 从而

$$\sigma(\bar{a})\sigma(\bar{b})=\sigma(\bar{1}).$$

上述表明：σ 诱导了 $\mathbf{Z}_m^*$ 到$(\mathbf{Z}_{m_1}\oplus\mathbf{Z}_{m_2})^*$的一个双射. 于是$|\mathbf{Z}_m^*|=|(\mathbf{Z}_{m_1}\oplus\mathbf{Z}_{m_2})^*|$. 因此，$\varphi(m)=\varphi(m_1)\varphi(m_2)$. 这样我们证明了前面作出的猜测是真的，即

定理 4 设 $m=m_1m_2$，且 m_1 与 m_2 是互素的大于 1 的整数，则

$$\varphi(m)=\varphi(m_1)\varphi(m_2). \tag{5}$$

我们证明定理 4 的方法是运用现代数学研究结构和态射(即保持运算的映射)的观点，第一步证明 $\varphi(m_1)\varphi(m_2)$是环 $\mathbf{Z}_{m_1}\oplus\mathbf{Z}_{m_2}$ 的可逆元的个数；第二步建立环 $\mathbf{Z}_m$ 到 $\mathbf{Z}_{m_1}\oplus\mathbf{Z}_{m_2}$ 的一个映射 σ: $\bar{x}\longmapsto(\tilde{x},\tilde{\tilde{x}})$，证明 σ 是满射，从而 σ 是单射，于是 σ 是双射；且证明 σ 保持加法和乘法运算，因此 σ 是环 $\mathbf{Z}_m$ 到 $\mathbf{Z}_{m_1}\oplus\mathbf{Z}_{m_2}$ 的一个同构映射. 由此得出，$\bar{a}$ 是 $\mathbf{Z}_m$ 的可逆元当且仅当 $\sigma(\bar{a})$是 $\mathbf{Z}_{m_1}\oplus\mathbf{Z}_{m_2}$ 的可逆元.

运用 §1.3 中算术基本定理和定理 4 以及定理 2，可以对于任意大于 1 的整数 m，求出 $\varphi(m)$：

推论 2 设 $m=p_1^{r_1}p_2^{r_2}\cdots p_s^{r_s}$，其中 $p_1,p_2,\cdots,p_s$ 是两两不等的素数，则

$$\begin{aligned}
\varphi(m)&=\varphi(p_1^{r_1})\varphi(p_2^{r_2})\cdots\varphi(p_s^{r_s})\\
&=p_1^{r_1-1}(p_1-1)p_2^{r_2-1}(p_2-1)\cdots p^{r_s-1}(p_s-1).
\end{aligned}$$ □

例如，$360=2^3\times3^2\times5$，于是

$$\varphi(360)=\varphi(2^3)\varphi(3^2)\varphi(5)=2^2(2-1)3(3-1)4=96.$$

环 $\mathbf{Z}_m$ 到 $\mathbf{Z}_{m_1}\oplus\mathbf{Z}_{m_2}$ 的同构映射 σ: $\bar{x}\longmapsto(\tilde{x},\tilde{\tilde{x}})$不仅在证明定理 4 中起着关键作用，而且还有其他应用，看下面的例 1 和例 2.

在 $\mathbf{Z}_5$ 中，有下表：

$\overline{x}$	$\overline{0}$	$\overline{1}$	$\overline{2}$	$\overline{3}$	$\overline{4}$
$\overline{x}^2$	$\overline{0}$	$\overline{1}$	$\overline{4}$	$\overline{4}$	$\overline{1}$

一般地，在 $\mathbf{Z}_m$ 中，对于 $\overline{a}$，如果存在 $\overline{x}$，使得

$$\overline{x}^2=\overline{a},$$

那么称 $\overline{a}$ 是**平方元**，$\overline{x}$ 称为 $\overline{a}$ 的一个**平方根**；否则称 $\overline{a}$ 是**非平方元**.

在 $\mathbf{Z}_5$ 中，$\overline{0},\overline{1},\overline{4}$ 都是平方元. $\overline{0}$ 的平方根是 $\overline{0}$，$\overline{1}$ 的平方根恰有两个：$\overline{1},\overline{4}$（即 $-\overline{1}$）. $\overline{4}$ 的平方根恰有两个：$\overline{2},\overline{3}$（即 $-\overline{2}$）. 在 $\mathbf{Z}_5$ 中，$\overline{2},\overline{3}$ 都是非平方元，它们没有平方根.

若 p 是素数，则 $\mathbf{Z}_p$ 是域. 我们在第二章的第 5 节将证明：域 F 上的 n 次多项式 $f(x)$ 在 F 中至多有 n 个根（重根按重数计算）. 因此域 $\mathbf{Z}_p$ 上的 2 次多项式 $x^2-\overline{a}$ 在 $\mathbf{Z}_p$ 中至多有两个根. 从而若 $\overline{a}$ 是非零平方元，且 $p>2$ 时，则 $\overline{a}$ 恰有两个平方根：$\pm\overline{r}$，其中 $\overline{r}^2=\overline{a}$；若 $\overline{a}$ 是非平方元，则 $\overline{a}$ 没有平方根.

当 m 为合数时，$\mathbf{Z}_m$ 的非零平方元是否也恰有两个平方根呢？看下面的例 1 便知道，对于这个问题的回答是否定的.

例 1 在 $\mathbf{Z}_{85}$ 中，求 $\overline{4}$ 的全部平方根.

解 $85=5\times17$. 于是 σ：$\overline{x}\longmapsto(\tilde{x},\tilde{\tilde{x}})$ 是 $\mathbf{Z}_{85}$ 到 $\mathbf{Z}_5\oplus\mathbf{Z}_{17}$ 的一个同构映射. 又由于 $\mathbf{Z}_5$ 和 $\mathbf{Z}_{17}$ 都是域，因此

$$\begin{aligned}
\overline{x}^2=\overline{4} &\iff (\tilde{x},\tilde{\tilde{x}})^2=(\tilde{4},\tilde{\tilde{4}})\\
&\iff \tilde{x}^2=\tilde{4} \text{ 且 } \tilde{\tilde{x}}^2=\tilde{\tilde{4}}\\
&\iff \tilde{x}=\pm\tilde{2} \text{ 且 } \tilde{\tilde{x}}=\pm\tilde{\tilde{2}}\\
&\iff \begin{cases}x\equiv2 \pmod 5,\\ x\equiv2 \pmod{17};\end{cases} \text{或} \begin{cases}x\equiv2 \pmod 5,\\ x\equiv-2 \pmod{17};\end{cases}\\
&\quad\ \text{或}\begin{cases}x\equiv-2 \pmod 5,\\ x\equiv2 \pmod{17};\end{cases} \text{或} \begin{cases}x\equiv-2 \pmod 5,\\ x\equiv-2 \pmod{17}.\end{cases}
\end{aligned}$$

由于 $17=3\times5+2$，$5=2\times2+1$，因此

$$1=5-2\times2=5-2\times(17-3\times5)=(-2)\times17+7\times5.$$

于是上述四个同余方程组的一个解分别是

$$\begin{aligned}
c_1&=2\times(-2)\times17+2\times7\times5=-68+70=2,\\
c_2&=2\times(-2)\times17+(-2)\times7\times5=-138,\\
c_3&=(-2)\times(-2)\times17+2\times7\times5=138,\\
c_4&=(-2)\times(-2)\times17+(-2)\times7\times5=-2.
\end{aligned}$$

从而在 $\mathbf{Z}_{85}$ 中 $\overline{4}$ 的全部平方根为

$$\overline{2},\quad \overline{-138}=\overline{32},\quad \overline{138}=\overline{53},\quad \overline{-2}=\overline{83}.$$

从例 1 看到，环 $\mathbf{Z}_{85}$ 中，$\overline{4}$ 的平方根恰有四个，这与域 $\mathbf{Z}_p$ 的情形不一样.

例 2 在 $\mathbf{Z}_{85}$ 中，$\overline{2}$ 的平方根存在吗？

解 利用 $\mathbf{Z}_{85}$ 到 $\mathbf{Z}_5\oplus\mathbf{Z}_{17}$ 的同构映射 σ: $\overline{x}\longmapsto(\widetilde{x},\widetilde{\widetilde{x}})$，得

$$\overline{x}^2=\overline{2}\iff \widetilde{x}^2=\widetilde{2}\ 且\ \widetilde{\widetilde{x}}^2=\widetilde{\widetilde{2}}.$$

在 $\mathbf{Z}_5$ 中，$\widetilde{2}$ 的平方根不存在，从而在 $\mathbf{Z}_{85}$ 中 $\overline{2}$ 的平方根不存在.

习 题 1.6

1. 求 $\varphi(2^5),\varphi(3^4),\varphi(5^3)$.
2. 写出 $\mathbf{Z}_4\oplus\mathbf{Z}_9$ 的所有可逆元.
3. $\mathbf{Z}_8\oplus\mathbf{Z}_{25}$ 的可逆元有多少个？
4. $\mathbf{Z}_{27}\oplus\mathbf{Z}_{49}$ 的可逆元有多少个？
5. 设 σ: $\overline{x}\longmapsto(\widetilde{x},\widetilde{\widetilde{x}})$是 $\mathbf{Z}_{100}$ 到 $\mathbf{Z}_4\oplus\mathbf{Z}_{25}$ 的一个映射. 求 $\mathbf{Z}_4\oplus\mathbf{Z}_{25}$ 中的元素$(\widetilde{3},\widetilde{\widetilde{7}})$在 σ 下的原像.
6. 求 $\varphi(100),\varphi(225),\varphi(56)$.
7. 求 $\varphi(60),\varphi(1360),\varphi(420)$.
8. 设大于 1 的正整数 $m=p_1^{r_1}p_2^{r_2}\cdots p_s^{r_s}$，其中 $p_1,p_2,\cdots,p_s$ 是两两不等的素数. 证明：
$$\varphi(m)=m\left(1-\frac{1}{p_1}\right)\left(1-\frac{1}{p_2}\right)\cdots\left(1-\frac{1}{p_s}\right).$$
9. 设 σ: $\overline{x}\longmapsto(\widetilde{x},\widetilde{\widetilde{x}})$是 $\mathbf{Z}_{15}$ 到 $\mathbf{Z}_3\oplus\mathbf{Z}_5$ 的一个映射，写出 $\mathbf{Z}_{15}$ 的每个元素在 σ 下的像.
10. 在 $\mathbf{Z}_{13}$ 中，$\overline{3}$ 的平方根存在吗？如果存在，求出 $\overline{3}$ 的平方根.
11. 在 $\mathbf{Z}_{91}$ 中，分别求 $\overline{1}$ 的平方根和 $\overline{4}$ 的平方根；$\overline{3}$ 的平方根存在吗？
12. 在 $\mathbf{Z}_{100}$ 中，求 $\overline{4}$ 的所有平方根；$\overline{5}$ 的平方根存在吗？

§1.7 $\mathbf{Z}_m$ 的单位群 $\mathbf{Z}_m^*$，欧拉定理，循环群及其判定

1.7.1 $\mathbf{Z}_m^*$ 的结构，群

这一节我们来研究 $\mathbf{Z}_m$ 的可逆元组成的集合 $\mathbf{Z}_m^*$ 的结构.

先看一个例子：$\mathbf{Z}_{12}^*=\{\overline{1},\overline{5},\overline{7},\overline{11}\}$. 由于 $\overline{1}+\overline{5}=\overline{6}\notin\mathbf{Z}_{12}^*$，因此 $\mathbf{Z}_{12}$ 的加法不是 $\mathbf{Z}_{12}^*$ 的运算. 由于

$$\overline{1}\,\overline{a}=\overline{a},\quad \overline{5}\,\overline{7}=\overline{35}=\overline{11},\quad \overline{5}\,\overline{11}=\overline{7},\quad \overline{7}\,\overline{11}=\overline{77}=\overline{5},$$
$$\overline{5}\,\overline{5}=\overline{1},\quad \overline{7}\,\overline{7}=\overline{1},\quad \overline{11}\,\overline{11}=\overline{1},$$

因此 $\mathbf{Z}_{12}$ 的乘法是 $\mathbf{Z}_{12}^*$ 的运算.

一般地，对于 $\bar{a},\bar{b}\in\mathbf{Z}_m^*$，由于

$$(\bar{a}\bar{b})(\bar{b}^{-1}\bar{a}^{-1})=\bar{a}(\bar{b}\,\bar{b}^{-1})\bar{a}^{-1}=\bar{a}\bar{1}\bar{a}^{-1}=\bar{1},$$

因此 $\bar{a}\bar{b}\in\mathbf{Z}_m^*$. 这表明 $\mathbf{Z}_m^*$ 对于模 m 剩余类的乘法封闭，从而模 m 剩余类的乘法是 $\mathbf{Z}_m^*$ 的一种运算. 显然 $\mathbf{Z}_m^*$ 的这个乘法运算满足结合律和交换律，且 $\bar{1}\in\mathbf{Z}_m^*$；若 $\bar{a}\in\mathbf{Z}_m^*$，则 $\bar{a}\bar{a}^{-1}=\bar{1}$，从而 $\bar{a}^{-1}\in\mathbf{Z}_m^*$，即 $\mathbf{Z}_m^*$ 中每一个元素都可逆.

$\mathbf{Z}_m^*$ 只有一种运算，这使我们抽象出下述概念：

定义 1 设 G 是一个非空集合. 如果在 G 上定义了一种代数运算(即 $G\times G$ 到 G 的一个映射)，通常称为乘法，并且它满足下列条件：

(i) $(ab)c=a(bc)$, $\forall\, a,b,c\in G$(结合律)；

(ii) G 中有一个元素 e 使得 $ea=ae=a$, $\forall\, a\in G$，称 e 是 G 的**单位元**；

(iii) 对于 $a\in G$，存在 $b\in G$，使得 $ab=ba=e$，称 a **可逆**，此时称 b 是 a 的**逆元**，记做 a^{-1}，

那么称 G 是一个**群**(group).

群是认识现实世界中对称性的有力武器. 例如，一个平面图形 E 的对称性，可以用平面上保持图形 E 不变的正交变换(旋转、轴反射和它们的合成)组成的集合对于映射的乘法形成的群来刻画，这个群称为图形 E 的**对称(性)群**.

如果群 G 的运算还满足交换律，那么称 G 是**交换群**(或**阿贝尔(Abel)群**).

如果群 G 只含有限多个元素，那么称 G 是**有限群**；否则称 G 是**无限群**. 有限群 G 所含元素的个数称为 G 的**阶**，记做 $|G|$.

在群 G 中，规定

$$a^n:=\underbrace{aa\cdots a}_{n\text{个}},\quad n\in\mathbf{N}^*,$$

$$a^0:=e,$$

$$a^{-n}:=(a^{-1})^n,\quad n\in\mathbf{N}^*.$$

容易验证

$$a^na^m=a^{n+m},\quad (a^n)^m=a^{nm},$$

其中 n,m 是任意整数. 在交换群 G 中，

$$(ab)^n=a^nb^n,\quad n\in\mathbf{Z}.$$

在非交换群中上面这个式子不成立.

由上面的讨论知道，$\mathbf{Z}_m^*$ 是有限交换群，称它为 $\mathbf{Z}_m$ 的**单位群**(注：$\mathbf{Z}_m$ 的可逆元也称为**单位**). $\mathbf{Z}_m^*$ 的阶为 $\varphi(m)$.

例如，$\mathbf{Z}_{12}^*$ 的阶为 4，$\mathbf{Z}_9^*$ 的阶为 $\varphi(9)=6$. 在 $\mathbf{Z}_9^*$ 中，我们来计算每个元素的 r 次幂(见表

1.4)，其中 $r=1,2,3,4,5,6$.

表 1.4

$\bar{a}$	$\bar{a}^2$	$\bar{a}^3$	$\bar{a}^4$	$\bar{a}^5$	$\bar{a}^6$
$\bar{1}$	$\bar{1}$	$\bar{1}$	$\bar{1}$	$\bar{1}$	$\bar{1}$
$\bar{2}$	$\bar{4}$	$\bar{8}$	$\bar{7}$	$\bar{5}$	$\bar{1}$
$\bar{4}$	$\bar{7}$	$\bar{1}$	$\bar{4}$	$\bar{7}$	$\bar{1}$
$\bar{5}$	$\bar{7}$	$\bar{8}$	$\bar{4}$	$\bar{2}$	$\bar{1}$
$\bar{7}$	$\bar{4}$	$\bar{1}$	$\bar{7}$	$\bar{4}$	$\bar{1}$
$\bar{8}$	$\bar{1}$	$\bar{8}$	$\bar{1}$	$\bar{8}$	$\bar{1}$

由表 1.4 看出，$\mathbf{Z}_9^*$ 中每个元素的 6 次方都等于 $\bar{1}$. 由此受到启发，猜想有下述结论：

命题 1 设 G 是 n 阶交换群，则对于任意 $a\in G$，有

$$a^n = e,$$

其中 e 是 G 的单位元.

证明 设 $G=\{g_1,g_2,\cdots,g_n\}$，其中 $g_1=e$. 任意取定 G 的一个元素 g_l. 为了出现 g_l^n，用 g_l 乘 G 的每个元素得

$$g_lg_1,g_lg_2,\cdots,g_lg_n\in G.$$

对于 $i\neq j$，假如 $g_lg_i=g_lg_j$，则

$$g_l^{-1}(g_lg_i) = g_l^{-1}(g_lg_j),$$

从而 $(g_l^{-1}g_l)g_i=(g_l^{-1}g_l)g_j$. 于是 $eg_i=eg_j$. 由此得出，$g_i=g_j$，矛盾. 因此当 $i\neq j$ 时，$g_lg_i\neq g_lg_j$. 令 $S=\{g_lg_1,g_lg_2,\cdots,g_lg_n\}$. 于是 $|S|=n$. 由于 $S\subseteq G$，因此 $S=G$. 由于 G 是交换群，因此

$$(g_lg_1)(g_lg_2)\cdots(g_lg_n) = g_1g_2\cdots g_n,$$

且上式可写成

$$g_l^ng_1g_2\cdots g_n = g_1g_2\cdots g_n.$$

两边右乘 $(g_1g_2\cdots g_n)^{-1}$，得 $g_l^ne=e$. 从而

$$g_l^n = e.$$

□

命题 1 的证明中用到 G 是交换群这一条件. 但这不等于说：当 G 是非交换群时，命题 1 的结论一定不成立. 事实上，采用其他的方法可以证明对于非交换群，命题 1 的结论也成立. 证明方法可参看本书附录 1 §1.1 的推论 1.

1.7.2 欧拉定理

利用命题 1 可以立即得到著名的欧拉定理：

定理 1(欧拉定理) 设 m 是大于 1 的正整数，如果整数 a 与 m 互素，那么

$$a^{\varphi(m)} \equiv 1 \pmod{m}.$$

证明 由于$(a,m)=1$，因此 $\bar{a}\in\mathbf{Z}_m^*$. 由于$|\mathbf{Z}_m^*|=\varphi(m)$，因此 $\bar{a}^{\varphi(m)}=\bar{1}$. 从而 $\overline{a^{\varphi(m)}}=\bar{1}$. 于是

$$a^{\varphi(m)}\equiv 1 \pmod{m}. \qquad \square$$

由欧拉定理可给出费马小定理的另一种证法.

定理 2(费马小定理) 设 p 是素数，则对于任意整数 a，有

$$a^p\equiv a \pmod{p}.$$

证明 若$(a,p)=1$，则据欧拉定理得

$$a^{p-1}\equiv 1 \pmod{p}.$$

又有 $a\equiv a(\mathrm{mod}\ p)$，因此 $a^p\equiv a(\mathrm{mod}\ p)$.

若$(a,p)\neq 1$，则 $p|a$. 于是 $p|a^p$. 从而 $a^p\equiv a(\mathrm{mod}\ p)$. $\square$

我们证明欧拉定理的方法是利用 $\mathbf{Z}_m^*$ 是一个群，从而运用有限群的结构的知识，简捷地证得了结论.

1.7.3 群的元素的阶

从本节的表 1.4 中看到：在 $\mathbf{Z}_9^*$ 中，

$$\bar{2}^6=\bar{1},\quad \bar{2}^l\neq\bar{1},\quad 当\ 1\leqslant l<6;$$
$$\bar{4}^3=\bar{1},\quad \bar{4}^l\neq\bar{1},\quad 当\ 1\leqslant l<3.$$

由此受到启发，引出下述概念：

定义 2 设 G 是一个群，对于 $a\in G$，如果存在正整数 n 使得 $a^n=e$，那么称 a 是**有限阶元素**，使 $a^n=e$ 成立的最小正整数 n 称为 a 的**阶**，记做$|a|$；如果对于任意正整数 n 都有 $a^n\neq e$，那么称 a 是**无限阶元素**.

根据定义 2，从表 1.4 得出表 1.5.

表 1.5

$\mathbf{Z}_9^*$ 的元素	$\bar{1}$	$\bar{2}$	$\bar{4}$	$\bar{5}$	$\bar{7}$	$\bar{8}$
阶	1	6	3	6	3	2

当 G 是交换群时，常常把 G 的运算记成加法. 此时 G 的单位元也称为零元，记成 0；元素 a 的逆元称为 a 的负元，记成 $-a$；元素 a 的 n 次幂成为 a 的 n 倍，记成 na，即 $na:=\underbrace{a+a+\cdots+a}_{n个}$，$n\in\mathbf{N}^*$，$a$ 的 0 倍规定为零元，$(-n)a:=n(-a)$，$n\in\mathbf{N}^*$.

整数集 $\mathbf{Z}$ 对于加法成为一个交换群. 由于对于任意正整数 n，都有 1 的 n 倍为 $n1=n\neq 0$，因此 1 是无限阶元素. 整数集 $\mathbf{Z}$ 对于乘法不成为一个群，这是因为 0 不可逆(当 $a\neq\pm 1$ 时，a 都不可逆).

$\mathbf{Z}_m$ 对于加法成为一个交换群. 由于 $m\overline{1}=\overline{m}=\overline{0}$，而当 $1\leqslant l<m$ 时，$l\overline{1}=\overline{l}\neq\overline{0}$，因此 $\overline{1}$ 的阶为 m. $\mathbf{Z}_m$ 对于乘法不成为一个群，这是因为 $\overline{0}$ 不可逆.

从本节的 $\mathbf{Z}_9^*$ 的元素的方幂的表 1.4 中看到：

$\overline{4}$ 的阶为 3，$\overline{4}^6=\overline{1}$，$\overline{4}^2\neq\overline{1}$，$\overline{4}^4\neq\overline{1}$，$\overline{4}^5\neq\overline{1}$；

$\overline{8}$ 的阶为 2，$\overline{8}^4=\overline{1}$，$\overline{8}^6=\overline{1}$，$\overline{8}^3\neq\overline{1}$，$\overline{8}^5\neq\overline{1}$.

由此猜测有下述结论：

命题 2 群 G 中，如果元素 a 的阶为 n，那么

$$a^m=e \iff n\mid m.$$

证明 充分性 设 $n|m$，则 $m=kn$，对某个 $k\in\mathbf{Z}$. 于是

$$a^m=a^{kn}=(a^n)^k=e^k=e.$$

必要性 设 $a^m=e$. 对于 m 和 n 作带余除法：

$$m=kn+r,\quad 0\leqslant r<n,$$

则

$$e=a^m=a^{kn+r}=a^{kn}a^r=ea^r=a^r.$$

由于 a 的阶为 n，因此 $r=0$. 从而 $n|m$. □

在 $\mathbf{Z}_9^*$ 中，$\overline{2}^3=\overline{8}$，$\overline{2}$ 的阶为 6，$\overline{8}$ 的阶为 2，注意

$$|\overline{2}^3|=|\overline{8}|=2=\frac{6}{3}=\frac{6}{(6,3)},$$

由此受到启发，猜测有下述结论：

命题 3 群 G 中，如果元素 a 的阶为 n，那么对于任意整数 k，有

$$|a^k|=\frac{n}{(n,k)}.$$

证明 设 $n_1=\dfrac{n}{(n,k)}$，$k_1=\dfrac{k}{(n,k)}$，则 $(n_1,k_1)=1$，由于

$$(a^k)^{n_1}=a^{k_1(n,k)n_1}=a^{k_1n}=e,$$

因此 a^k 是有限阶元素. 设 a^k 的阶为 s，则从上式得 $s|n_1$；并且有 $e=(a^k)^s=a^{ks}$. 由于 a 的阶为 n，因此 $n|ks$，即 $n_1(n,k)|k_1(n,k)s$. 从而 $n_1|k_1s$. 由于 $(n_1,k_1)=1$，因此 $n_1|s$. 于是

$$s=n_1=\frac{n}{(n,k)}.$$ □

在 $\mathbf{Z}_9^*$ 中，$\overline{4}\,\overline{8}=\overline{32}=\overline{5}$，$|\overline{4}|=3$，$|\overline{8}|=2$，$|\overline{5}|=6=3\times2=|\overline{4}||\overline{8}|$；$\overline{2}\,\overline{4}=\overline{8}$，$|\overline{8}|=2\neq6\times3=|\overline{2}||\overline{4}|$. 由此猜测有下述结论：

命题 4 群 G 中，设 a,b 的阶分别为 n,m. 如果 $ab=ba$，且 $(n,m)=1$，那么 ab 的阶等于 nm.

证明 由于 $ab=ba$，因此

$$(ab)^{nm}=a^{nm}b^{nm}=ee=e.$$

由此得出，ab 是有限阶元素. 设 ab 的阶为 s，则从上式得 $s|nm$；并且有

$$e=(ab)^{sn}=a^{sn}b^{sn}=eb^{sn}=b^{sn}.$$

由于 b 的阶为 m，因此从上式得，$m|sn$. 由于 $(m,n)=1$，因此 $m|s$. 同理可证，$n|s$. 由于 $(m,n)=1$，因此 $nm|s$. 从而 $s=nm$. □

从本节的表 1.5 看到：$\mathbf{Z}_9^*$ 中，$\overline{2}$ 的阶为 6，其他元素的阶都是 6 的因数. 由此猜测有下述结论：

命题 5 设 G 为有限交换群，则 G 中有一个元素的阶是其他元素的阶的倍数.

证明 设 a 是 G 中阶最大的一个元素，a 的阶为 n. 假如 G 中有一个元素 b 的阶 m 不是 n 的因数，那么存在一个素数 p 满足：$p^r|m$，但是 $p^r\nmid n$. 设

$$m=lp^r,\quad n=kp^s,\quad (k,p)=1,\quad 0\leqslant s<r,$$

我们有

$$|b^l|=\frac{m}{(m,l)}=\frac{lp^r}{l}=p^r,\qquad |a^{p^s}|=\frac{n}{(n,p^s)}=\frac{kp^s}{p^s}=k.$$

由于 $ab=ba$，且 $(p^r,k)=1$，因此据命题 4 得

$$|b^la^{p^s}|=p^rk>p^sk=n.$$

这与 a 是最大阶元素矛盾. 所以 G 中每个元素的阶都是 a 的阶 n 的因数. □

1.7.4 循环群及其判定

从本节的表 1.4 看到：在 $\mathbf{Z}_9^*$ 中，$\overline{2}^2=\overline{4}$，$\overline{2}^3=\overline{8}$，$\overline{2}^4=\overline{7}$，$\overline{2}^5=\overline{5}$，$\overline{2}^6=\overline{1}$，因此 $\mathbf{Z}_9^*=\{\overline{2},\overline{2}^2,\overline{2}^3,\overline{2}^4,\overline{2}^5,\overline{2}^6\}$. 由此受到启发，引出下述概念：

定义 3 如果群 G 中有一个元素 a，使得 G 的每一个元素都能写成 a 的整数指数幂的形式，那么称 G 是**循环群**，把 a 叫做 G 的一个**生成元**，此时可以把 G 记成 $\langle a\rangle$.

从定义 3 立即得到下述结论：

(1) 设 G 是有限群，如果 G 中有一个元素 a，使得 a 的阶等于 $|G|$，那么 G 是循环群，a 是 G 的一个生成元；

(2) 设 G 是有限循环群，则 a 是 G 的生成元当且仅当 a 的阶等于 $|G|$.

$\mathbf{Z}_9^*$ 是循环群，$\overline{2}$ 是它的一个生成元，$\overline{5}$ 也是它的一个生成元.

当交换群 G 的运算记成加法时，如果 G 中有一个元素 a，使得 G 的每一个元素都能写成 a 的整数倍的形式，那么 G 是循环群，a 是 G 的一个生成元.

$\mathbf{Z}_m$ 对于加法成的交换群，由于 $\overline{l}=l\overline{1}$，$1\leqslant l\leqslant m$，因此加法群 $\mathbf{Z}_m$ 是循环群，$\overline{1}$ 是它的一个生成元.

$\mathbf{Z}$ 对于加法成的交换群，由于 $l=l1$，$\forall\, l\in\mathbf{Z}$，因此加法群 $\mathbf{Z}$ 是循环群，1 是它的一个生成元. 加法群 $\mathbf{Z}$ 是无限循环群.

显然，循环群一定是交换群. 反之，交换群不一定是循环群. 例如，$\mathbf{Z}_8^*=\{\overline{1},\overline{3},\overline{5},\overline{7}\}$，由于 $\overline{3}^2=\overline{1}$，$\overline{5}^2=\overline{1}$，$\overline{7}^2=\overline{1}$，因此 $\mathbf{Z}_8^*$ 不是循环群. 有限交换群 G 需要满足什么条件才是循环群呢?

$\mathbf{Z}_8^*$ 中,方程 $x^2=\overline{1}$ 有四个解:$\overline{1},\overline{3},\overline{5},\overline{7}$.而在循环群 $\mathbf{Z}_9^*$ 中,$x^2=\overline{1}$ 的解恰有两个:$\overline{1},\overline{8}$;$x^3=\overline{1}$ 的解恰有三个:$\overline{1},\overline{4},\overline{7}$;$x^4=\overline{1}$ 的解恰有两个:$\overline{1},\overline{8}$;$x^5=\overline{1}$ 的解恰有一个:$\overline{1}$;$x^6=\overline{1}$ 的解恰有六个;$x^7=\overline{1}$ 即 $x=\overline{1}$,它的解恰有一个:$\overline{1}$;$x^8=\overline{1}$ 即 $x^2=\overline{1}$,它的解恰有两个:$\overline{1},\overline{8}$;……由此受到启发,猜测有下述结论:

定理 3 设 G 为有限交换群.如果对于任意正整数 m,方程 $x^m=e$ 在 G 中的解的个数不超过 m,那么 G 是循环群.

证明 据命题 5 得,G 中有一个元素 a 的阶 n 是其他元素的阶的倍数,因此 G 中每一个元素都是方程 $x^n=e$ 的解.由已知条件得,$|G|\leqslant n$.由于 a 的阶为 n,因此,$e,a,a^2,\cdots,a^{n-1}$ 两两不等.从而 $|G|\geqslant n$.于是 $|G|=n$.因此 a 的阶等于 $|G|$.从而 G 是循环群. □

利用定理 3 可以得到下述结论:

定理 4 设 F 是有限域,则 F 的所有非零元组成的集合 F^* 对于乘法成为一个循环群.

证明 容易验证,F^* 对于乘法成为一个有限交换群.对于任意正整数 m,由于域 F 上的 m 次多项式在 F 中至多有 m 个根(重根按重数计算),因此方程 $x^m=e$ 在 F^* 中的解的个数不超过 m.据定理 3 得,F^* 是循环群. □

由于当 p 是素数时,$\mathbf{Z}_p$ 是一个域,因此从定理 4 立即得到下述结论:

推论 1 设 p 是素数,则 $\mathbf{Z}_p^*$ 是循环群. □

例 1 求循环群 $\mathbf{Z}_5^*$ 的所有生成元.

解 在 $\mathbf{Z}_5^*$ 中,$\overline{2}^2=\overline{4},\overline{2}^3=\overline{3},\overline{2}^4=(\overline{4})^2=\overline{1}$.因此,$|\overline{2}|=4=\varphi(5)=|\mathbf{Z}_5^*|$.于是 $\overline{2}$ 是 $\mathbf{Z}_5^*$ 的一个生成元.对于 $1\leqslant k\leqslant 4$,$|\overline{2}^k|=\dfrac{4}{(4,k)}$.因此

$$\overline{2}^k \text{ 是 } \mathbf{Z}_5^* \text{ 的生成元} \Longleftrightarrow |\overline{2}^k|=4 \Longleftrightarrow (4,k)=1 \Longleftrightarrow k=1,3.$$

于是 $\mathbf{Z}_5^*$ 的生成元恰有两个:$\overline{2},\overline{2}^3=\overline{3}$.

当 m 是合数时,什么条件下,$\mathbf{Z}_m^*$ 才是循环群呢?

$\mathbf{Z}_4^*=\{\overline{1},\overline{3}\}$ 是循环群(因为 $\overline{3}^2=1$).$\mathbf{Z}_6^*=\{\overline{1},\overline{5}\}$ 是循环群(因为 $\overline{5}^2=\overline{1}$).$\mathbf{Z}_8^*$ 不是循环群.$\mathbf{Z}_9^*$ 是循环群.$\mathbf{Z}_{12}^*$ 不是循环群.$\mathbf{Z}_{18}^*=\{\overline{1},\overline{5},\overline{7},\overline{11},\overline{13},\overline{17}\}$,在 $\mathbf{Z}_{18}^*$ 中,有

$$\overline{5}^2=\overline{25}=\overline{7},\quad \overline{5}^3=\overline{7}\,\overline{5}=\overline{17},\quad \overline{5}^4=\overline{17}\,\overline{5}=\overline{13},$$
$$\overline{5}^5=\overline{13}\,\overline{5}=\overline{11},\quad \overline{5}^6=\overline{11}\,\overline{5}=\overline{1}.$$

因此 $\mathbf{Z}_{18}^*$ 是循环群,$\overline{5}$ 是它的一个生成元.注意到:

$$6=2\times3,\quad 9=3^2,\quad 18=2\times3^2,\quad 8=2^3,\quad 12=2^2\times3,$$

我们猜测有下述结论:

定理 5 设 p 是奇素数,则 $\mathbf{Z}_{p^r}^*,\mathbf{Z}_{2p^r}^*(r\in\mathbf{N}^*)$ 都是循环群.

如何证明 $\mathbf{Z}_{p^r}^*$ 是循环群呢?需要找一个元素 $\overline{a}$,使得 $\overline{a}$ 的阶等于 $|\mathbf{Z}_{p^r}^*|=\varphi(p^r)$.以 $\mathbf{Z}_9^*$ 为例,$\overline{2}$ 是它的一个生成元.而在 $\mathbf{Z}_3^*$ 中,$\overline{2}$ 也是生成元.由此受到启发,在循环群 $\mathbf{Z}_p^*$ 中取一个

生成元 $\bar{a}$,想使得在 $\mathbf{Z}_{p^r}^*$ 中 $\bar{a}$ 的阶等于 $\varphi(p^r)$. 我们来探索这样的元素 $\bar{a}$ 应当满足哪些必要条件. 设在 $\mathbf{Z}_{p^r}^*$ 中 $\bar{a}$ 的阶等于 $\varphi(p^r)=p^{r-1}(p-1)=p\varphi(p^{r-1})$,则在 $\mathbf{Z}_{p^r}^*$ 中,$\bar{a}^{\varphi(p^{r-1})}\neq\bar{1}$. 特别地,当 $r=2$ 时,在 $\mathbf{Z}_{p^2}^*$ 中,$\bar{a}^{p-1}\neq\bar{1}$. 这些必要条件相互之间有没有联系呢? 设在 $\mathbf{Z}_{p^2}^*$ 中,$\bar{a}^{p-1}\neq\bar{1}$. 由欧拉定理得,$a^{p-1}\equiv1(\bmod p)$. 于是可设 $a^{p-1}=1+kp$. 由于 $a^{p-1}\not\equiv1(\bmod p^2)$,因此 $p\nmid k$. 我们有

$$a^{\varphi(p^2)}=a^{p(p-1)}=(1+kp)^p=1+C_p^1kp+C_p^2(kp)^2+\cdots+(kp)^p.$$

由于 $p\mid C_p^l(1\leqslant l<p)$,因此从上式得

$$a^{\varphi(p^2)}\equiv1+kp^2\pmod{p^3}.$$

由于 $p\nmid k$,因此 $a^{\varphi(p^2)}\not\equiv1\pmod{p^3}$. 从而在 $\mathbf{Z}_{p^3}^*$ 中,$\bar{a}^{\varphi(p^2)}\neq\bar{1}$. 这启发我们可以用数学归纳法证明下述结论:

引理 设 p 是奇素数,$\bar{a}$ 是 $\mathbf{Z}_p^*$ 的一个生成元. 如果在 $\mathbf{Z}_{p^2}^*$ 中,$\bar{a}^{p-1}\neq\bar{1}$,那么在 $\mathbf{Z}_{p^r}^*(r\geqslant2)$ 中,$\bar{a}^{\varphi(p^{r-1})}\neq\bar{1}$.

证明 由已知条件得,$r=2$ 时命题为真. 假设当 $r-1$ 时命题为真,即在 $\mathbf{Z}_{p^{r-1}}^*$ 中,$\bar{a}^{\varphi(p^{r-2})}\neq\bar{1}$. 现在来看 $r(r\geqslant3)$ 的情形. 据欧拉定理,$a^{\varphi(p^{r-2})}\equiv1(\bmod p^{r-2})$. 于是可设 $a^{\varphi(p^{r-2})}=1+kp^{r-2}$. 由归纳假设得,$p\nmid k$. 我们有

$$a^{\varphi(p^{r-1})}=(1+kp^{r-2})^p=1+C_p^1kp^{r-2}+C_p^2(kp^{r-2})^2+\cdots+(kp^{r-2})^p.$$

由于 $p\mid C_p^2$,因此上式第 3 项 p 的指数为 $2r-3\geqslant r$. 从而

$$a^{\varphi(p^{r-1})}\equiv1+kp^{r-1}\pmod{p^r}.$$

由于 $p\nmid k$,因此 $a^{\varphi(p^{r-1})}\not\equiv1(\bmod p^r)$. 即在 $\mathbf{Z}_{p^r}^*$ 中,$\bar{a}^{\varphi(p^{r-1})}\neq\bar{1}$.

由数学归纳法原理,对于 $r\geqslant2$,命题为真. □

从引理知道,上面讨论的在 $\mathbf{Z}_{p^r}^*$ 中,$\bar{a}$ 的阶等于 $\varphi(p^r)$ 的必要条件之间有内在联系,归结为在 $\mathbf{Z}_{p^2}^*$ 中,$\bar{a}^{p-1}\neq\bar{1}$. 由此受到启发,如下来证明定理 5.

定理 5 的证明 由于 p 是素数,因此 $\mathbf{Z}_p^*$ 是循环群. 取 $\mathbf{Z}_p^*$ 的一个生成元 $\bar{a}$.

情形 1 在 $\mathbf{Z}_{p^2}^*$ 中,$\bar{a}^{p-1}\neq\bar{1}$. 据引理得,在 $\mathbf{Z}_{p^r}^*$ 中,$\bar{a}^{\varphi(p^{r-1})}\neq\bar{1}$. 设在 $\mathbf{Z}_{p^r}^*$ 中,$\bar{a}$ 的阶为 t,则 $\bar{a}^t=\bar{1}$. 于是 $a^t\equiv1(\bmod p^r)$,从而也有 $a^t\equiv1(\bmod p)$. 于是在 $\mathbf{Z}_p^*$ 中,$\bar{a}^t=\bar{1}$. 因此 $t=k(p-1)$,对某个 $k\in\mathbf{N}^*$. 由于在 $\mathbf{Z}_{p^r}^*$ 中,$\bar{a}^{\varphi(p^r)}=\bar{1}$. 因此 $t\mid\varphi(p^r)$,即 $k(p-1)\mid p^{r-1}(p-1)$,从而 $k\mid p^{r-1}$. 设 $k=p^s$,其中 $s\leqslant r-1$. 假如 $s<r-1$,由于 $t=p^s(p-1)$,因此 $t\mid p^{r-2}(p-1)$,即 $t\mid\varphi(p^{r-1})$. 于是在 $\mathbf{Z}_{p^r}^*$ 中,$\bar{a}^{\varphi(p^{r-1})}=\bar{1}$,矛盾. 由此得出,$s=r-1$,即 $t=p^{r-1}(p-1)=\varphi(p^r)$. 于是在 $\mathbf{Z}_{p^r}^*$ 中,$\bar{a}$ 的阶为 $\varphi(p^r)$. 又 $|\mathbf{Z}_{p^r}^*|=\varphi(p^r)$,因此 $\mathbf{Z}_{p^r}^*$ 是循环群,$\bar{a}$ 是它的一个生成元.

情形 2 在 $\mathbf{Z}_{p^2}^*$ 中,$\bar{a}^{p-1}=\bar{1}$. 取 $b=a+p$,则在 $\mathbf{Z}_p^*$ 中,$\bar{b}=\bar{a}$,从而 $\bar{b}$ 也是 $\mathbf{Z}_p^*$ 的一个生成

元. 我们有

$$b^{p-1}-1=(a+p)^{p-1}-1=a^{p-1}+C_{p-1}^{1}a^{p-2}p+\cdots+p^{p-1}-1.$$
$$\equiv -pa^{p-2}\ (\mathrm{mod}\ p^2).$$

由于$(a,p)=1$,因此$(a^{p-2},p)=1$,从而 $p\nmid a^{p-2}$. 于是

$$b^{p-1}-1\not\equiv 0\ (\mathrm{mod}\ p^2).$$

从而在 $\mathbf{Z}_{p^2}^*$ 中,$\bar{b}^{p-1}\neq\bar{1}$. 据情形 1 的结论得,$\mathbf{Z}_{p^r}^*$ 是循环群,$\bar{b}$ 是它的一个生成元.

综上所述,$\mathbf{Z}_{p^r}^*$ 是循环群.

现在来证 $\mathbf{Z}_{2p^r}^*$ 是循环群. 取 $\mathbf{Z}_{p^r}^*$ 的一个生成元 $\bar{a}$.

情形 1 a 是奇数. 由于$(a,p^r)=1$,$(a,2)=1$,因此$(a,2p^r)=1$. 从而 $\bar{a}\in\mathbf{Z}_{2p^r}^*$,于是 $\bar{a}^{\varphi(2p^r)}=\bar{1}$. 设在 $\mathbf{Z}_{2p^r}^*$ 中,$\bar{a}$ 的阶为 s,则 $s\mid\varphi(2p^r)$,从而 $s\mid\varphi(p^r)$. 由于在 $\mathbf{Z}_{2p^r}^*$ 中,$\bar{a}^s=\bar{1}$,因此 $a^s\equiv 1(\mathrm{mod}\ 2p^r)$,从而 $a^s\equiv 1(\mathrm{mod}\ p^r)$. 于是在 $\mathbf{Z}_{p^r}^*$ 中,$\bar{a}^s=\bar{1}$,由此得出,$\varphi(p^r)\mid s$. 因此 $s=\varphi(p^r)=\varphi(2p^r)$. 于是 $\mathbf{Z}_{2p^r}^*$ 是循环群,$\bar{a}$ 是它的一个生成元.

情形 2 a 是偶数. 令 $b=a+p^r$,则 b 是奇数,且在 $\mathbf{Z}_{p^r}^*$ 中,$\bar{b}=\overline{(a+p^r)}=\bar{a}$. 因此 $\bar{b}$ 是 $\mathbf{Z}_{p^r}^*$ 的一个生成元. 由情形 1 的结论得,$\mathbf{Z}_{2p^r}^*$ 是循环群,$\bar{b}$ 是它的一个生成元. □

现在我们知道了 $\mathbf{Z}_2^*$,$\mathbf{Z}_4^*$,$\mathbf{Z}_{p^r}^*$,$\mathbf{Z}_{2p^r}^*$(p 是奇素数)都是循环群. 除了它们以外,$\mathbf{Z}_m^*$ 还有没有循环群呢? 回答是: 没有. 下面来证明这点.

定理 6 设 $m>1$,如果 $\mathbf{Z}_m^*$ 是循环群,那么 m 必为下列情形之一: $2,4,p^r,2p^r$(p 是奇素数,$r\in\mathbf{N}^*$).

证明 设 $\mathbf{Z}_m^*$ 是循环群,$\bar{a}$ 是它的一个生成元,则 $\bar{a}$ 的阶为 $\varphi(m)$. 设 $m=p_1^{r_1}p_2^{r_2}\cdots p_s^{r_s}$,其中 $p_1,p_2,\cdots,p_s$ 是两两不等的素数,$s\geqslant 1$. 由于$(a,m)=1$,因此$(a,p_i^{r_i})=1$,$i=1,2,\cdots,s$. 从而据欧拉定理得,$a^{\varphi(p_i^{r_i})}\equiv 1(\mathrm{mod}\ p_i^{r_i})$,$i=1,2,\cdots,s$. 令 $n=[\varphi(p_1^{r_1}),\varphi(p_2^{r_2}),\cdots,\varphi(p_s^{r_s})]$. 由于在 $\mathbf{Z}_{p_i^{r_i}}^*$ 中,$\bar{a}^{\varphi(p_i^{r_i})}=\bar{1}$,因此 $\bar{a}^n=\bar{1}$,即 $a^n\equiv 1\ (\mathrm{mod}\ p_i^{r_i})$,$i=1,2,\cdots,s$. 从而 $p_i^{r_i}\mid a^n-1$,$i=1,2,\cdots,s$. 由于 $p_1^{r_1},\cdots,p_s^{r_s}$ 两两互素,因此 $p_1^{r_1}p_2^{r_2}\cdots p_s^{r_s}\mid a^n-1$. 于是 $a^n\equiv 1(\mathrm{mod}\ m)$. 即在 $\mathbf{Z}_m^*$ 中,$\bar{a}^n=\bar{1}$. 由于 $\bar{a}$ 的阶为 $\varphi(m)$,因此 $\varphi(m)\mid n$. 由于

$$n=[\varphi(p_1^{r_1}),\cdots,\varphi(p_s^{r_s})]\leqslant\varphi(p_1^{r_1})\cdots\varphi(p_s^{r_s})=\varphi(m),$$

因此 $n=\varphi(m)$. 由此推出 $\varphi(p_1^{r_1}),\cdots,\varphi(p_s^{r_s})$两两互素. 由于对奇素数 p 有 $\varphi(p^r)=p^{r-1}(p-1)$为偶数,因此 m 的标准分解式中至多只能有一个奇素数的方幂. 于是 m 必为 $2^l,p^r,2^tp^r$(p 是奇素数,$l,t,r\in\mathbf{N}^*$)三种形式之一. 若 $t>1$,则 $\varphi(2^t)=2^{t-1}$与 $\varphi(p^r)$不互素,因此 $t=1$. 若 $l\geqslant 3$,由于 $\bar{a}\in\mathbf{Z}_{2^l}^*$,因此$(a,2^l)=1$,从而$(a,8)=1$. 于是 $\bar{a}\in\mathbf{Z}_8^*$. 由于 $\mathbf{Z}_8^*$ 中每个元素的平方都等于 $\bar{1}$,因此 $\bar{a}^2=\bar{1}$,即 $a^2\equiv 1(\mathrm{mod}\ 2^3)$. 假设 $a^{2^{l-3}}\equiv 1(\mathrm{mod}\ 2^{l-1})$,则可设 $a^{2^{l-3}}=1+k2^{l-1}$,对某个 $k\in\mathbf{Z}$. 于是

$$a^{2^{l-2}} = (a^{2^{l-3}})^2 = (1+k2^{l-1})^2 = 1+k2^l+k^2 2^{2l-2} \equiv 1 \pmod{2^l}.$$

从而在 $\mathbf{Z}_{2^l}^*$ 中，$\bar{a}^{2^{l-2}}=\bar{1}$. 这与 $\bar{a}$ 的阶为 $\varphi(2^l)=2^{l-1}$ 矛盾. 因此 $l=1$ 或 2. 这证明了：如果 $\mathbf{Z}_m^*$ 是循环群，那么 m 必为下列情形之一：$2,4,p^r,2p^r$（p 是奇素数，$r\in\mathbf{N}^*$）. □

把定理 5 与定理 6 结合起来便得到：

定理 7 设 $m>1$，则 $\mathbf{Z}_m^*$ 为循环群当且仅当 m 为下列情形之一：$2,4,p^r,2p^r$（p 是奇素数，$r\in\mathbf{N}^*$）. □

现在我们对于 $\mathbf{Z}_m^*$ 的结构的认识更深入了一步. 从上面的探索和论证过程体会到：数学的思维方式在揭示事物的内在规律中的威力.

$\mathbf{Z}_9^*$ 是循环群，它的生成元有两个：$\bar{2},\bar{5}$. 从本节的表 1.4 中看到 $\bar{5}=\bar{2}^5$. 而 $\bar{4}=\bar{2}^2,\bar{7}=\bar{2}^4$，$\bar{8}=\bar{2}^3$ 都不是 $\mathbf{Z}_9^*$ 的生成元. 注意到 $\varphi(9)=6,(5,6)=1$，而 $2,3,4$ 都与 6 不互素. 由此猜想有下述结论：

定理 8 如果 $\mathbf{Z}_m^*$ 是循环群，$\bar{a}$ 是它的一个生成元，那么 $\bar{a}^k(1\leqslant k\leqslant\varphi(m))$ 是 $\mathbf{Z}_m^*$ 的生成元当且仅当 $(k,\varphi(m))=1$. 从而 $\mathbf{Z}_m^*$ 的生成元的个数等于 $\varphi(\varphi(m))$.

证明 据命题 3 得，$|\bar{a}^k|=\dfrac{\varphi(m)}{(\varphi(m),k)}$. 于是在循环群 $\mathbf{Z}_m^*$ 中

$$\bar{a}^k \text{ 是 } \mathbf{Z}_m^* \text{ 的生成元} \Longleftrightarrow |\bar{a}^k| = \varphi(m) \Longleftrightarrow (\varphi(m),k) = 1.$$

由于在集合 $\{1,2,\cdots,\varphi(m)\}$ 中与 $\varphi(m)$ 互素的整数的个数等于 $\varphi(\varphi(m))$，因此 $\mathbf{Z}_m^*$ 的生成元的个数等于 $\varphi(\varphi(m))$. □

例如，在 $\mathbf{Z}_{18}^*$ 中，已证 $\bar{5}$ 是它的一个生成元. 由于 $\varphi(18)=\varphi(2\times9)=\varphi(9)=6$，在集合 $\{1,2,3,4,5,6\}$ 中与 6 互素的整数为 5，因此 $\bar{5}^5=\overline{11}$ 也是 $\mathbf{Z}_{18}^*$ 的生成元. $\mathbf{Z}_{18}^*$ 恰有两个生成元：$\bar{5},\overline{11}$.

习 题 1.7

1. 写出 $\mathbf{Z}_{18}^*$ 的所有元素，并且计算每两个元素的乘积.
2. 分别计算 $\mathbf{Z}_{15}^*,\mathbf{Z}_{24}^*$ 的每个元素的 l 次方，$1\leqslant l\leqslant 8$，并且说出每个元素的阶是多少？
3. 设 $n=17\times23,a=3$，求正整数 $b(b<n)$，使得
$$ab \equiv 1 \pmod{\varphi(n)}.$$
4. 在第 3 题中，设 $\bar{x}\in\mathbf{Z}_n^*$，证明：$\bar{x}^{ab}=\bar{x}$.
5. 分别求出循环群 $\mathbf{Z}_7^*,\mathbf{Z}_{11}^*$ 的所有生成元.
6. 分别求出循环群 $\mathbf{Z}_{13}^*,\mathbf{Z}_{17}^*,\mathbf{Z}_{19}^*$ 的生成元的个数.
7. 从第 5,6 题的结果你能猜测循环群 $\mathbf{Z}_p^*$（p 是素数）的生成元的个数的计算公式吗？你能证明这个猜测是真的吗？
8. $\mathbf{Z}_{18}^*$ 是不是循环群？如果是，它的一个生成元是什么？求 $\mathbf{Z}_{18}^*$ 的每个元素的阶，并且写出它的所有生成元.

9. $\mathbf{Z}_{27}^*$ 是不是循环群？如果是，求出它的所有生成元.

§1.8 筛法，威尔逊定理，素数的分布

1.8.1 筛法，威尔逊定理

如何寻找素数？我们知道 2,3,5,7 都是素数；小于 10 的素数只有这四个. 大于 10 且小于 100 的素数有哪些呢？把合数排除掉，剩下的就是素数了. 大于 1 的整数 m 是合数当且仅当它能分解成两个比 m 小的正整数的乘积. 由于 $m=\sqrt{m}\sqrt{m}$，因此 m 是合数当且仅当它有一个素因数不超过 $\sqrt{m}$. 于是小于 100 的合数 m 必有一个素因数不超过 $\sqrt{100}=10$. 因此大于 10 且小于 100 的整数如果不是 2,3,5,7 的倍数，那么它就是素数. 为此我们先把大于 10 且小于 100 的奇数列举出来，然后划去 3 的倍数（它的各位数字之和能被 3 整除），划去 5 的倍数（它的个位数字是 5），划去 7 的倍数，最后剩下的就都是素数.

2 3 5 7

11 13 ~~15~~ 17 19 ~~21~~ 23 ~~25~~ ~~27~~ 29

31 ~~33~~ ~~35~~ 37 ~~39~~ 41 43 ~~45~~ 47 ~~49~~

~~51~~ 53 ~~55~~ ~~57~~ 59 61 ~~63~~ ~~65~~ 67 ~~69~~

71 73 ~~75~~ ~~77~~ 79 ~~81~~ 83 ~~85~~ ~~87~~ 89

~~91~~ ~~93~~ ~~95~~ 97 ~~99~~

类似地，对于大于 100 且小于 100^2 的奇数，划去小于 100 的每个素数的倍数，剩下的就都是素数. 依次做下去，这种寻找素数的方法称为 Eratoschenes **筛法**.

还有没有其他方法把合数排除掉呢？我们来分析素数的特点. 素数 3,5,7 有下述特点：

$(3-1)!=1\cdot 2\equiv -1 \pmod 3$，　$(5-1)!=1\cdot 2\cdot 3\cdot 4=24\equiv -1 \pmod 5$，

$(7-1)!=1\cdot 2\cdot 3\cdot 4\cdot 5\cdot 6=720\equiv -1 \pmod 7$.

由此受到启发，猜测有下述结论：

定理 1（威尔逊（Wilson）定理） 设 p 是素数，则

$$(p-1)!\equiv -1 \pmod p. \tag{1}$$

证明 若 $p=2$，则 $(2-1)!=1\equiv -1 \pmod 2$. 下设 p 是奇素数. 我们知道，$\mathbf{Z}_p^*$ 是循环群，设 $\bar{a}$ 是它的一个生成元. 则

$$\mathbf{Z}_p^*=\{\bar{a},\bar{a}^2,\cdots,\bar{a}^{p-1}\}=\{\bar{1},\bar{2},\cdots,\overline{p-1}\}.$$

于是

$$\bar{1}\,\bar{2}\cdots\overline{p-1}=\bar{a}\,\bar{a}^2\cdots\bar{a}^{p-1}=\bar{a}^{\frac{p(p-1)}{2}}. \tag{2}$$

由于 $\bar{1},\bar{2},\cdots,\overline{p-1}$ 的逆元仍在 $\mathbf{Z}_p^*$ 里，且两两不等，因此 $\bar{1},\bar{2},\cdots,\overline{p-1}$ 的逆元的乘积为 $\bar{a}\,\bar{a}^2\cdots\bar{a}^{p-1}=\bar{a}^{\frac{p(p-1)}{2}}$. 在(2)式两边乘 $\bar{1}\,\bar{2}\cdots\overline{p-1}$ 的逆元，得

$$\bar{1}=(\bar{a}^{\frac{p(p-1)}{2}})^2. \tag{3}$$

由于 $\overline{1}$ 的平方根恰有两个：$\overline{1}$，$-\overline{1}$，因此从(3)式得

$$\bar{a}^{\frac{p(p-1)}{2}}=\pm\overline{1}. \tag{4}$$

假如 $\bar{a}^{\frac{p(p-1)}{2}}=\overline{1}$，则由于 $\bar{a}$ 的阶为 $p-1$，因此 $p-1\left|\frac{p(p-1)}{2}\right.$. 由此得出 $2|p$，这与 p 是奇数矛盾. 因此 $\bar{a}^{\frac{p(p-1)}{2}}=-\overline{1}$. 再由(2)式得，$\overline{1}\,\overline{2}\cdots\overline{p-1}=\overline{-1}$. 于是 $(p-1)!\equiv-1(\bmod p)$. □

威尔逊定理表明，对于大于 1 的整数 m，如果 $(m-1)!\not\equiv-1(\bmod m)$，那么 m 不是素数. 如果 $(m-1)!\equiv-1(\bmod m)$，m 是不是素数，需要做进一步的检测：用小于 $\sqrt{m}$ 的每一个素数去检测 m 是不是它的倍数，如果 m 都不是它们的倍数，那么 m 是素数.

1.8.2 素数的分布

素数有多少个？

定理 2(欧几里得(Euclid)) 素数有无穷多个.

证明 用反证法. 假如素数只有有限多个，则把它们从小到大地排成 $p_1,p_2,\cdots,p_s$. 令

$$a=p_1p_2\cdots p_s+1,$$

则 $a>p_s$. 从而 a 是合数. 于是有某个素数 $p_j|a$. 因此，$p_j|p_1p_2\cdots p_s+1$. 由此推出 $p_j|1$. 矛盾. 因此素数有无穷多个. □

在 1.8.1 小节已列出小于 100 的所有素数. 像(3,5)，(5,7)，(11,13)，(17,19)，(29,31)，(41,43)，(71,73)这样的素数对，有共同特点：后者比前者大 2. 由此引出下述概念：

定义 1 若 p 和 $p+2$ 都是素数，则称$(p,p+2)$是一对**孪生素数**.

孪生素数猜想(欧几里得) 存在无穷多个素数 p 使得 $p+2$ 也为素数.

孪生素数猜想尚未得到证明. 但是人们找到了很大的孪生素数. 例如，$107570463\times10^{2250}\pm1$ 是一对孪生素数.

在小于 100 的素数序列中还看到：从 24 到 28 连续 5 个数中没有素数，从 90 到 96 连续 7 个数中没有素数. 事实上，任给一个正整数 N，无论 N 有多大，都有连续 N 个正整数中没有素数，例如

$$(N+1)!+2,\quad (N+1)!+3,\quad \cdots,\quad (N+1)!+N+1$$

中就没有素数，这构成了一个"黑洞". 理由如下：由于

$$(N+1)!=1\cdot2\cdot3\cdot\cdots\cdot(N+1),$$

因此

$$2\mid(N+1)!+2,\quad 3\mid(N+1)!+3,\quad \cdots,\quad (N+1)\mid(N+1)!+N+1.$$

从而 $(N+1)!+2,(N+1)!+3,\cdots,(N+1)!+N+1$ 都不是素数.

例如，当 $N=8$，则$(N+1)!=9!=362880$. 于是

362882，362883，362884，362885，
362886，362887，362888，362889

都不是素数.

从小于 100 的素数中,我们看到一些等差数列(见表 1.6). 从表 1.6 中,你能发现素数等差数列的公差的素因数与长度有什么关系吗?

表　1.6

素数等差数列	长度	公差	公差的素因数
(3,5,7)	3	2	2
(3,7,11)	3	4	2
(7,13,19)	3	6	2,3
(5,17,29)	3	12	2,3
(5,23,41)	3	18	2,3
(5,17,29,41)	4	12	2,3
(5,23,41,59)	4	18	2,3
(7,37,67,97)	4	30	2,3,5
(5,17,29,41,53)	5	12	2,3
(5,11,17,23,29)	5	6	2,3

拉格朗日(J. L. Lagrange, 1736—1813)和华林(E. Waring, 1734—1798)于 1770 年证明了下述结果:

定理 3　长度为 k 的素数等差数列的公差能够被小于 k 的所有素数整除.

推论 1　不存在无穷长的素数等差数列.

证明　假如存在无穷长的素数等差数列

$$p_1, p_2, p_3, \cdots,$$

设它的公差为 d,则在上述数列中存在一个素数 $p_j > d$. 令 $k = p_j + 1$,取上述数列的前 k 项,它是长度为 k 且公差为 d 的素数等差数列. 由于 $p_j < k$,因此据定理 3 得,$p_j \mid d$. 于是 $p_j \leqslant d$. 矛盾. 因此不存在无穷长素数等差数列. □

定理 3 为我们寻找素数等差数列提供了帮助. 例如,要找一个长度为 6 的素数等差数列,它的公差 d 应当能被小于 6 的素数 2,3,5 整除. 从而 d 至少应等于 $2 \cdot 3 \cdot 5 = 30$.

在前面我们已经写出了几个长度分别为 3,4,5 的素数等差数列. 长度为 3 的素数等差数列有多少个? 长度为 4 的素数等差数列有多少个? 在本节习题中让同学们找出一个长度为 6 的素数等差数列. 长度为 7,8,…的素数等差数列存在吗?

范德科普(Van der Corput)于 **1939** 年证明了:存在无穷多个长度为 3 的素数等差数列.

希斯(Heath)和**布朗**(Brown)于 **1981** 年证明了:有无穷多个长度为 4 的等差数列,其中 3 个数为素数,另外一个数为素数或两个素数的乘积.

通过计算机搜索,很早就找到了长度分别为 7,8,…,21 的素数等差数列. 直到 1995 年

才找到长度为 22 的素数等差数列.而到 2004 年才找到长度为 23 的素数等差数列,它是

$$56211383760397 + 44546738095860k, \quad k = 0,1,\cdots,22.$$

2006 年 Frnd 也找到了长度为 23 的素数等差数列,它是从 100308707032367 到 869507044019447.

正当人们在用计算机艰难地搜索长度为 23 的素数等差数列时,2004 年格林(Green)与陶哲轩(Terence Tao)出色地证明了下述结果:

格林与陶哲轩定理 存在任意长度的素数等差数列.任给正整数 k,在小于

$$2^{2^{2^{2^{2^{2^{2^{100k}}}}}}}$$

的数中一定存在一个长度为 k 的素数等差数列.

格林与陶哲轩定理是数学创新的最近的范例之一.陶哲轩因此获得了 2006 年的菲尔兹奖.如果想了解陶哲轩是经过怎样艰辛的探索和运用已有的理论从浩瀚的整数大海中找到素数等差数列的,请看陶哲轩于 2006 年 3 月 24 日在爱多士(P. Erdös)纪念讲座上的演讲提纲的中文译稿:“素数中的等差数列”(《数学译林》2006 年第 3 期 196~203 页).

1.8.3 素数的计数

素数的计数一直是研究素数分布的重要研究方向.任给一个数 x,不超过 x 的素数有多少个?

用 $\pi(x)$ 表示不超过 x 的素数个数.

我们先来观察小于 100 的素数序列,计算当 x 依次取 10,20,…,100 时,$\pi(x)$ 的值,见表 1.7.观察这张表,发现 x 与 $\pi(x)$ 的比值从 2.5 基本上逐渐增大至 4,增长比较缓慢,联想到自然对数 $\ln x$,把 $\frac{x}{\pi(x)}$ 与 $\ln x$ 作一比较,见表 1.8.表 1.8 中的 $\frac{x}{\pi(x)}$ 与 $\ln x$ 接近.换句话说,$\pi(x)$ 与 $\frac{x}{\ln x}$ 接近,即 $\dfrac{\pi(x)}{\frac{x}{\ln x}}$ 与 1 接近,见表 1.9.

表 1.7

x	10	20	30	40	50	60	70	80	90	100
$\pi(x)$	4	8	10	12	15	17	19	22	24	25

表 1.8

x	10	20	30	40	50	60	70	80	90	100
$\frac{x}{\pi(x)}$	2.5	2.5	3	3.3	3.3	3.5	3.7	3.6	3.8	4
$\ln x$	2.3	3.0	3.4	3.7	3.9	4.1	4.2	4.4	4.5	4.6

表 1.9

x	10^2	10^3	10^4	10^5	10^6
$\pi(x)$	25	168	1229	9592	78498
$\frac{\pi(x)}{\frac{x}{\ln x}}-1$	0.152	0.160	0.132	0.104	0.084

欧拉，勒让德(A. M. Legendre，1752—1833)，高斯猜测

$$\lim_{x\to+\infty}\frac{\pi(x)}{\frac{x}{\ln x}}=1, \tag{5}$$

但他们都未能给予证明. 最先在这方面作出贡献的是俄国数学家切比雪夫(П. Л. Чебышев)，他在 1850 年证明了：当 x 充分大时，不等式

$$A_1<\frac{\pi(x)}{\frac{x}{\ln x}}<A_2 \tag{6}$$

成立，其中 $0.922<A_1<1$，$1<A_2<1.105$.

直到 1896 年，法国数学家阿达玛(J. Hadamard)和比利时数学家德拉瓦布桑(de la Vallée Poussin)利用复变函数的理论独立地证明了(5)式成立. 这就是著名的素数定理：

素数定理 $\pi(x)\sim\frac{x}{\ln x}$，当 $x\to+\infty$. 即(5)式成立.

直到 1949 年，挪威数学家赛尔伯格(A. Selberg)与匈牙利数学家爱多士才独立地给出了素数定理的初等证明. 赛尔伯格因此获得了 1950 年的菲尔兹奖.

阿达玛和德拉瓦布桑证明素数定理是根据德国数学家黎曼(B. Riemann，1826—1866)的方法和结果.

黎曼于 1859 年发表了"论不大于一个给定值的素数个数"的文章. 他是怎样研究素数的计数问题呢？他是在欧拉的工作的基础上进行了创新. 我们先来介绍欧拉的一个著名的公式.

欧几里得证明了素数有无穷多个. 因此不可能把素数一一列举出来. 但是有没有可能通过一个公式展示所有的素数与所有正整数的关系呢？

据算术基本定理，任一大于 1 的整数 a 能唯一地表示成 $a=p_1^{r_1}p_2^{r_2}\cdots p_t^{r_t}$，其中 $p_1,p_2,\cdots$，

p_t 是两两不等的素数. 对于给定的这 t 个素数 $p_1, p_2, \cdots, p_t$，它们的方幂的乘积显然不止能表示 a，还能表示其他的正整数. 为了利用 $p_1, p_2, \cdots, p_t$ 的方幂表示尽可能多的正整数，我们首先把 a 的分解式写成倒数的形式：

$$\frac{1}{a} = \frac{1}{p_1^{r_1}} \cdot \frac{1}{p_2^{r_2}} \cdot \cdots \cdot \frac{1}{p_t^{r_t}}. \tag{7}$$

对每个$\frac{1}{p_i^{r_i}}$拓展成一个数列的前 r_i+1 项的和，然后考虑 t 个数列的前若干项和的乘积：

$$\left(1+\frac{1}{p_1}+\frac{1}{p_1^2}+\cdots+\frac{1}{p_1^{r_1}}\right)\left(1+\frac{1}{p_2}+\cdots\frac{1}{p_2^{r_2}}\right)\cdots\left(1+\frac{1}{p_t}+\cdots+\frac{1}{p_t^{r_t}}\right). \tag{8}$$

$\frac{1}{a}$是上述乘积展开后的最后一项. 把(8)式展开后还能得到其他一些正整数的倒数.

为了得到更多的正整数的倒数，把(8)式的每一个括号内有限项的和改成无穷多项的和，例如，把第一个括号内改成

$$1+\frac{1}{p_1}+\frac{1}{p_1^2}+\cdots+\frac{1}{p_1^{r_1}}+\cdots. \tag{9}$$

(9)式是等比数列的无穷多项的和，由于它的公比$\frac{1}{p_1}<1$，因此

$$1+\frac{1}{p_1}+\frac{1}{p_1^2}+\cdots+\frac{1}{p_1^{r_1}}+\cdots = \frac{1}{1-\frac{1}{p_1}} = \left(1-\frac{1}{p_1}\right)^{-1}. \tag{10}$$

为了得到所有正整数的倒数，自然会想到考虑无穷乘积：

$$\prod_p\left(1+\frac{1}{p}+\frac{1}{p^2}+\cdots\right) = \prod_p\left(1-\frac{1}{p}\right)^{-1}, \tag{11}$$

其中 $\prod_p$ 表示对所有的素数 p 求连乘积. 对于任一大于 1 的正整数 n，$\frac{1}{n}$是一些素数方幂的倒数的乘积，因此$\frac{1}{n}$是(11)式中若干个无穷等比数列的和的乘积展开后的某一项. 于是猜测：

$$\prod_p\left(1-\frac{1}{p}\right)^{-1} = \sum_{n=1}^{+\infty}\frac{1}{n}. \tag{12}$$

由于级数 $\sum_{n=1}^{+\infty}\frac{1}{n}$ 发散，因此(12)式没有意义. 我们知道，当 $s>1$ 时，级数 $\sum_{n=1}^{+\infty}\frac{1}{n^s}$ 收敛，因此对每一个素数 p，考虑下述等比数列的和：

$$1+\frac{1}{p^s}+\frac{1}{(p^s)^2}+\cdots+\frac{1}{(p^s)^r}+\cdots = \left(1-\frac{1}{p^s}\right)^{-1}, \tag{13}$$

然后对所有素数 p 求连乘积：

$$\prod_{p}\left(1+\frac{1}{p^{s}}+\frac{1}{p^{2s}}+\cdots\right)=\prod_{p}\left(1-\frac{1}{p^{s}}\right)^{-1}. \tag{14}$$

显然(14)式中任取有限多个等比数列,它们的和的乘积展开后,每一项是某个正整数 n 的 s 次幂 n^s 的倒数.反之,任一大于 1 的正整数 n 的 s 次幂 n^s 的倒数一定是(14)式中某些等比数列的和的乘积展开后的一项.由此猜测:

$$\prod_{p}\left(1-\frac{1}{p^{s}}\right)^{-1}=\sum_{n=1}^{+\infty}\frac{1}{n^{s}},\quad s>1. \tag{15}$$

欧拉于 1737 年证明了(15)式成立.后来把(15)式称为**欧拉恒等式**.欧拉还利用这个恒等式证明了素数的个数无穷.欧拉恒等式展示了所有素数,并且把所有素数与级数

$$\sum_{n=1}^{+\infty}\frac{1}{n^{s}}\quad(s>1)$$

联系起来,这是一个创新.这就在数论与分析之间架起了桥梁,是解析数论(用分析的方法研究数论的一个数学分支)的萌芽.这一想法是把离散问题连续化.

黎曼在研究不大于一个给定值的素数个数问题时,敏锐地觉察到展示了所有素数的欧拉恒等式有可能有助于解决这个问题.但是如果只停留在欧拉恒等式上,那么解决不了素数计数的问题.黎曼大胆地把欧拉恒等式右端级数中出现的实数 s 推广到复数 $s=\sigma+\mathrm{i}\tau$,引进了一个复变函数:

$$\zeta(s)=\sum_{n=1}^{+\infty}\frac{1}{n^{s}},\quad s=\sigma+\mathrm{i}\tau. \tag{16}$$

黎曼把这个复变函数 $\zeta(s)$ 称为 zeta 函数,后来人们把它称为**黎曼 zeta 函数**.黎曼利用 zeta 函数来研究素数的计数.考虑到大多数同学目前还没有学复变函数,因此我们先介绍一下当 s 是复数时,n^s 等于什么?更一般地,对任一正实数 $a(a\neq 1)$,复数 $z=x+\mathrm{i}y$,要问 a^z 等于什么?首先回答 e^z 等于什么?其中 e 是自然对数的底.

把 e 的实数指数幂推广到复数指数幂,关键的想法是应当使复数指数幂也具有实数指数幂的运算法则,其中最重要的一条运算法则是:$\mathrm{e}^{z_1}\mathrm{e}^{z_2}=\mathrm{e}^{z_1+z_2}$.于是应当有

$$\mathrm{e}^{z}=\mathrm{e}^{x+\mathrm{i}y}=\mathrm{e}^{x}\mathrm{e}^{\mathrm{i}y}. \tag{17}$$

(17)式右端的 e^x 是 e 的实数指数幂,已经熟悉;剩下的要回答 $\mathrm{e}^{\mathrm{i}y}$ 等于什么?它应当满足

$$\mathrm{e}^{\mathrm{i}y_1}\mathrm{e}^{\mathrm{i}y_2}=\mathrm{e}^{\mathrm{i}y_1+\mathrm{i}y_2}. \tag{18}$$

(18)式左端是两个复数指数幂相乘,右端是把它的指数相加.复数的什么形式可以使复数的乘法跟复数的某个量的加法相联系?同学们知道复数的三角形式有这个规律:

$$(\cos\alpha+\mathrm{i}\sin\alpha)(\cos\beta+\mathrm{i}\sin\beta)=\cos(\alpha+\beta)+\mathrm{i}\sin(\alpha+\beta). \tag{19}$$

由此受到启发,应当规定

$$\mathrm{e}^{\mathrm{i}y}:=\cos y+\mathrm{i}\sin y. \tag{20}$$

这样规定后就有

$$\begin{aligned} e^{iy_1}e^{iy_2} &= (\cos y_1 + i\sin y_1)(\cos y_2 + i\sin y_2) \\ &= \cos(y_1+y_2) + i\sin(y_1+y_2) \\ &= e^{i(y_1+y_2)} \\ &= e^{iy_1+iy_2}, \end{aligned} \tag{21}$$

即满足(18)式. 规定了 e^{iy} 以后,接着由(17)式受到启发,对于 $z=x+iy$,应当规定

$$e^z := e^x(\cos y + i\sin y). \tag{22}$$

这样规定后,对于 $z_1=x_1+iy_1, z_2=x_2+iy_2$,有

$$\begin{aligned} e^{z_1}e^{z_2} &= e^{x_1}(\cos y_1 + i\sin y_1)e^{x_2}(\cos y_2 + i\sin y_2) \\ &= e^{x_1+x_2}[\cos(y_1+y_2) + i\sin(y_1+y_2)] \\ &= e^{(x_1+x_2)+i(y_1+y_2)} \\ &= e^{(x_1+iy_1)+(x_2+iy_2)} \\ &= e^{z_1+z_2}. \end{aligned} \tag{23}$$

即,对于 e 的复数指数幂也满足 $e^{z_1}e^{z_2}=e^{z_1+z_2}$.

公式(20)称为**欧拉公式**. 利用欧拉公式可以给出复数的第三种表示方式: 设 $z=r(\cos\theta+i\sin\theta)$,则

$$z = re^{i\theta}. \tag{24}$$

(24)式称为复数 z 的**指数形式**.

有了 e 的复数指数幂的定义后,现在考虑任一正实数 $a(a\neq 1)$,对于复数 z,应当规定 a^z 等于什么? 从指数与对数的关系式

$$e^{\ln N} = N \tag{25}$$

受到启发,规定

$$a^z := e^{z\ln a}, \tag{26}$$

直接计算可得

$$a^{z_1}a^{z_2} = a^{z_1+z_2}, \quad z_1, z_2 \in \mathbf{C}. \tag{27}$$

这表明: 我们用(26)式规定 a^z 就使得 a 的复数指数幂也满足

$$a^{z_1}a^{z_2} = a^{z_1+z_2}.$$

定义了 a^z 后,黎曼 zeta 函数 $\zeta(s)$ 的表达式中级数 $\sum_{n=1}^{+\infty}\frac{1}{n^s}$ 的每一项 $\frac{1}{n^s}$ 都有了意义. 紧接着要问这个级数的意义是什么? 这需要在复变函数(从复数集 **C** 到自身的一个映射称为一个**复变函数**)中也引进极限概念,它类似于高等数学(或数学分析)中实变量函数的极限概念. 对于级数 $\sum_{n=1}^{+\infty}\frac{1}{n^s}$,如果它的前 m 项的和当 $m\to+\infty$ 时其极限存在,那么称这个级数收敛,

并且把极限值作为这个级数的值. 可以证明：当 s 的实部 $\sigma>1$ 时，级数 $\sum\limits_{n=1}^{+\infty}\frac{1}{n^s}$ 收敛. 从而 $\zeta(s)$ 在 $\sigma>1$ 的区域有定义.

对于复变函数可以像实变函数那样定义导数的概念. 如果一个复变函数 $w=f(z)$ 在平面的一个区域 D 内都有导数存在，那么称 $f(z)$ 在 D 内**解析**. 设平面区域 $E\supsetneqq D$，如果能把 $f(z)$ 的定义域扩展到 E 上，且使所得到的函数（仍记做 $f(z)$）在 E 内解析，那么称 $f(z)$ 可以**解析开拓**到 E.

可以证明：黎曼 zeta 函数 $\zeta(s)$ 在 $\sigma>1$ 的区域内解析. 黎曼把 $\zeta(s)$ 解析开拓到整个复平面上，除了 $s=1$ 以外（$\zeta(1)=+\infty$）.

若 $s=\rho$ 时，$\zeta(\rho)=0$，则称 ρ 是 $\zeta(s)$ 的一个**零点**.

黎曼在 1859 年发表的文章中证明了：对于 $x>2$，有

$$\begin{aligned}\pi(x)+\frac{1}{2}\pi(\sqrt{x})+\frac{1}{3}\pi(\sqrt[3]{x})+\frac{1}{4}\pi(\sqrt[4]{x})+\cdots\\=\int_2^x\frac{\mathrm{d}t}{\ln t}-\sum_{\rho}\int_2^{x^\rho}\frac{\mathrm{d}t}{\ln t}-\ln 2\\+\int_x^{+\infty}\frac{\mathrm{d}t}{t(t^2-1)\ln t},\end{aligned}\tag{28}$$

其中 ρ 是 $\zeta(s)$ 在带状区域 $0<\sigma<1$ 内的零点. 公式(28)揭示了素数的计数与 $\zeta(s)$ 的零点有关. 黎曼的这一工作开辟了研究素数计数问题的新途径：去研究 $\zeta(s)$ 的零点. 这开创了解析数论的新时期，使复分析成为这一领域的重要工具. 黎曼的工作堪称数学创新的一个典范. 阿达玛和德拉瓦布桑正是根据黎曼指出的方向利用复变函数理论于 1896 年相互独立地证明了素数定理.

关于 $\zeta(s)$ 的零点，黎曼提出了一个猜想，这就是著名的黎曼假设：

黎曼假设　$\zeta(s)$ 的所有非平凡的零点（即，不是实数的零点）都位于直线 $\sigma=\frac{1}{2}$ 上.

黎曼假设联系着数论与函数论领域一系列重要难题与猜想的解决. 如果黎曼假设是真的，那么意味着其他上千个定理都是成立的. 但是黎曼假设至今未被证明，它位于 Clay 数学促进会悬赏百万美元求解的七大难题之首.

黎曼假设与 $\pi(x)$ 的计算密切相关. 1901 年瑞典数学家 Helge von Koch 证明了：如果黎曼假设成立，那么

$$\pi(x)=\mathrm{Li}(x)+O(\sqrt{x}\ln x),\tag{29}$$

即

$$|\pi(x)-\mathrm{Li}(x)|\leqslant M(\sqrt{x}\ln x),\quad 当\ x\to+\infty,\tag{30}$$

其中 M 是一个正的常数，且

$$\mathrm{Li}(x)=\int_2^x \frac{\mathrm{d}t}{\ln t}. \tag{31}$$

(29)式大大改进了素数定理对 $\pi(x)$ 的估计，即，用 $\mathrm{Li}(x)$ 估计 $\pi(x)$ 比用 $\frac{x}{\ln x}$ 估计 $\pi(x)$ 所得的误差小得多，参看表 1.10.

表 1.10

x	$\pi(x)$	$\pi(x)-\frac{x}{\ln x}$(精确到个位)	$\mathrm{Li}(x)-\pi(x)$(精确到个位)
10	4	0	2
10^2	25	3	5
10^3	168	23	10
10^4	1229	143	17
10^5	9592	906	58
10^6	78498	6116	130

关于素数分布的另一个重要结果是：1837 年，狄利克雷(L. Dirichlet)证明了欧拉和勒让德早先提出的一个猜想：对于任意两个互素的正整数 a 与 b，在首项为 a、公差为 b 的等差数列

$$a,\quad a+b,\quad a+2b,\quad \cdots,\quad a+nb,\quad \cdots \tag{32}$$

中一定存在无穷多个素数. 这个结果称为**狄利克雷算术级数定理**. 这个结果比欧几里得证明的素数有无穷多个要深刻得多. 狄利克雷是用分析方法证明这个结果的. 至今仍没有初等方法证明这个定理. 解析数论正是从狄利克雷开始的.

有关解析数论和黎曼猜想的介绍可以参看参考文献[6]第 204～205，262～263，361～362 页；以及参考文献[10]第 46～51 页.

习 题 1.8

1. 用筛法求出大于 100 且小于 200 的所有素数.

2. 在大于 100 且小于 200 的素数中，找出所有孪生素数.

3. 分别写出 5 个长度为 3 的素数等差数列，2 个长度为 4 的素数等差数列，1 个长度为 5 的素数等差数列.

4. 找出一个长度为 6 的素数等差数列，它的公差能被哪些素数整除？

5. 是否存在下述素数等差数列？如果存在，请写出一个数列；如果不存在，请说出理由：

(1) 长度为 3 且公差为 2；

(2) 长度大于 3 且公差为 2.

6. 长度为 8 的素数等差数列，其公差至少应当是多少？

7. 写出大于 100 且小于 150 的素数，然后填写下表：

x	110	120	130	140	150
$\pi(x)$					
$\frac{x}{\pi(x)}$					
$\ln x$					

8. 在首项为 5、公差为 3 的等差数列中，写出前 15 个素数.

9. 分别对于 $n=10,10^2,10^3,10^4,10^5,10^6$ 计算 $\frac{\pi(n)}{n}$. 由此猜测 $\lim\limits_{n\to+\infty}\frac{\pi(n)}{n}$ 等于什么？你能证明吗？

第二章 从解方程到一元多项式环

同学们从初中一年级开始就体会到：用字母 x（或 y）表示未知数，通过列方程和解方程，求出未知数的值，对于解决实际问题非常有用．解方程（或者说求方程的根）是古典代数学研究的中心问题．同学们在初中一年级已经会解一元一次方程 $ax+b=0(a\neq 0)$，解为 $x=-\dfrac{b}{a}$．在初中三年级会解一元二次方程 $ax^2+bx+c=0(a\neq 0)$，解为 $x=\dfrac{-b\pm\sqrt{b^2-4ac}}{2a}$．这个求根公式是通过把方程左端的一元二次多项式先配方，然后因式分解得出的．解三次或三次以上的方程的基本方法仍然是把方程左端的多项式因式分解．例如，在复数域中解四次方程：$x^4+1=0$．先把方程左端的多项式因式分解：

$$\begin{aligned}x^4+1&=x^4+2x^2+1-2x^2=(x^2+1)^2-(\sqrt{2}x)^2\\&=(x^2+\sqrt{2}x+1)(x^2-\sqrt{2}x+1),\end{aligned}$$

于是 $x^4+1=0$ 的全部解是：

$$x_1=\frac{\sqrt{2}}{2}(-1+\mathrm{i}),\quad x_2=-\frac{\sqrt{2}}{2}(1+\mathrm{i}),$$

$$x_3=\frac{\sqrt{2}}{2}(1+\mathrm{i}),\qquad x_4=\frac{\sqrt{2}}{2}(1-\mathrm{i}).$$

为了把多项式因式分解，就需要研究多项式组成的集合，对于加法和乘法运算，它的结构是怎样的？本章就来解决这个问题．

§2.1 一元多项式环的概念

同学们熟悉的多项式，它们的系数是实数．例如

$$x^4+1,\quad x^2+\sqrt{2}x+1,\quad x^2-2x+1,\quad \cdots$$

同学们还知道：在多项式的等式中，x 可以用任一实数代入. 例如

$$(x-1)^2 = x^2 - 2x + 1,$$

x 用 200 代入，从上式得

$$(200-1)^2 = 200^2 - 2 \cdot 200 + 1.$$

由此简便地计算出 $199^2 = 40000 - 400 + 1 = 39601$.

为了使多项式的应用更广泛，我们来考虑系数属于任一数域 K（或任一域 F）的多项式，并且使得在多项式的等式中，x 不仅可以用数域 K 中的数（或域 F 中的元素）代入，而且还可以用数域 K（或域 F）上的 m 级矩阵 $\mathbf{A}$ 等代入. 为此对于多项式的概念作如下的定义：

定义 1 设 F 是一个域，x 是一个不属于 F 的符号. **域 F 上的一个一元多项式**是指形如下述的表达式：

$$a_n x^n + a_{n-1} x^{n-1} + \cdots + a_1 x + a_0, \tag{1}$$

其中 $n \in \mathbf{N}$，$a_i \in F$，$i=0,1,\cdots,n$，称 $a_i\,(i=0,1,\cdots,n)$ 是**系数**；两个这种形式的表达式相等规定为它们除去系数为零的项外含有完全相同的项（系数为零的项允许任意删去和添进来）. 此时，符号 x 称为**不定元**.

在多项式(1)中，$a_i x^i$ 称为 **i 次项**，$i=1,2,\cdots,n$；a_0 称为**零次项**，也称为**常数项**. 系数全为 0 的多项式称为**零多项式**，记为 0.

从定义 1 知道，域 F 上两个一元多项式相等当且仅当它们的同次项的系数相等.

通常用 $f(x)$，$g(x)$，$\cdots$ 表示一元多项式.

设 $f(x)$ 表示一元多项式(1)，如果 $a_n \neq 0$，那么称 $a_n x^n$ 为 $f(x)$ 的**首项**，称 n 为 $f(x)$ 的**次数**，记做 $\deg f(x)$.

零多项式的次数定义为 $-\infty$，并且规定：

$$-\infty < n, \quad (-\infty) + n = -\infty, \quad (-\infty) + (-\infty) = -\infty,$$

其中 n 是任意非负整数.

零次多项式形如：a，其中 $a \in F$ 且 $a \neq 0$（即 $a \in F^*$）. 可以把零次多项式 a 与 F 中的非零元 a 等同看待.

域 F 上的所有一元多项式组成的集合记做 $F[x]$.

类似于初中数学讲的多项式的加法和乘法，在 $F[x]$ 中规定加法和乘法运算如下：设 $f(x) = \sum\limits_{i=0}^{n} a_i x^i$，$g(x) = \sum\limits_{i=0}^{m} b_i x^i$，不妨设 $n \geqslant m$，则

$$f(x) + g(x) := \sum_{i=0}^{n} (a_i + b_i) x^i, \tag{2}$$

$$f(x) g(x) := \sum_{s=0}^{n+m} \Big(\sum_{i+j=s} a_i b_j \Big) x^s. \tag{3}$$

容易验证上面所定义的多项式的加法与乘法满足下列运算法则：对任意 $f(x)$，$g(x)$，$h(x) \in F[x]$，有

1° $f(x)+g(x)=g(x)+f(x)$ (加法交换律);

2° $(f(x)+g(x))+h(x)=f(x)+(g(x)+h(x))$ (加法结合律);

3° $0+f(x)=f(x)+0=f(x)$;

4° 设 $f(x)=\sum_{i=0}^{n}a_ix^i$,定义 $-f(x)=\sum_{i=0}^{n}(-a_i)x^i$,则

$$f(x)+(-f(x))=(-f(x))+f(x)=0,$$

称 $-f(x)$ 是 $f(x)$ 的负元素;

5° $f(x)g(x)=g(x)f(x)$ (乘法交换律);

6° $(f(x)g(x))h(x)=f(x)(g(x)h(x))$ (乘法结合律);

7° $1f(x)=f(x)1=f(x)$,其中 1 是域 F 的单位元;

8° $f(x)(g(x)+h(x))=f(x)g(x)+f(x)h(x)$ (左分配律),

$(g(x)+h(x))f(x)=g(x)f(x)+h(x)f(x)$ (右分配律).

因此,$F[x]$ 成为一个有单位元的交换环,称它为**域 F 上的一元多项式环**.

一元多项式的减法运算规定如下:

$$f(x)-g(x):=f(x)+(-g(x)).$$

一元多项式的重要特点是它有次数的概念. 多项式的运算与次数的关系如下:

命题 1 设 $f(x),g(x)\in F[x]$,则

$$\deg(f(x)\pm g(x))\leqslant\max\{\deg f(x),\deg g(x)\};\tag{4}$$

$$\deg(f(x)g(x))=\deg f(x)+\deg g(x).\tag{5}$$

证明 如果 $f(x)$ 或 $g(x)$ 是零多项式,那么(4)式和(5)式显然成立. 下面设 $f(x)$ 和 $g(x)$ 都不是零多项式. 设 $f(x)=\sum_{i=0}^{n}a_ix^i$, $g(x)=\sum_{i=0}^{m}b_ix^i$,其中 $a_n\neq 0,b_m\neq 0$. 于是 $\deg f(x)=n$, $\deg g(x)=m$,不妨设 $n\geqslant m$. 由于

$$f(x)\pm g(x)=\sum_{i=0}^{n}(a_i\pm b_i)x^i,$$

因此 $\deg(f(x)\pm g(x))\leqslant n=\max\{f(x),g(x)\}$.

由于 $a_nb_m\neq 0$,因此 $a_nb_mx^{n+m}$ 是 $f(x)g(x)$ 的首项,从而

$$\deg(f(x)g(x))=n+m=\deg f(x)+\deg g(x).$$ □

从命题 1 的证明过程可看出:如果 $f(x)\neq 0,g(x)\neq 0$,那么 $f(x)g(x)\neq 0$. 因此 $F[x]$ 没有非平凡的零因子,并且可以得出:一元多项式的乘法还满足消去律,即

9° 若 $f(x)g(x)=f(x)h(x)$,且 $f(x)\neq 0$,则 $g(x)=h(x)$.

证明 从 $f(x)g(x)=f(x)h(x)$ 可得出:$f(x)(g(x)-h(x))=0$. 由于 $f(x)\neq 0$,因此 $g(x)-h(x)=0$. 从而 $g(x)=h(x)$. □

在 $F[x]$ 中,$(x-1)^2=x^2-2x+1$. 设 $\boldsymbol{A}$ 是域 F 上的 r 级矩阵,$\boldsymbol{I}$ 是域 F 上的 r 级单位矩

阵,则

$$(\boldsymbol{A}-\boldsymbol{I})^2=(\boldsymbol{A}-\boldsymbol{I})(\boldsymbol{A}-\boldsymbol{I})=\boldsymbol{A}^2-\boldsymbol{A}\boldsymbol{I}-\boldsymbol{I}\boldsymbol{A}+\boldsymbol{I}^2=\boldsymbol{A}^2-2\boldsymbol{A}+\boldsymbol{I}.$$

由此看出,在$(x-1)^2=x^2-2x+1$中,不定元x可以用域F上的r级矩阵$\boldsymbol{A}$代入,得出$(\boldsymbol{A}-\boldsymbol{I})^2=\boldsymbol{A}^2-2\boldsymbol{A}+\boldsymbol{I}$.一般地,有下述结论:

命题 2 设$\boldsymbol{A}$是域F上的任一r级矩阵.如果在$F[x]$中有下列等式成立:

$$f(x)+g(x)=h(x),\quad f(x)g(x)=p(x),\tag{6}$$

那么x可以用矩阵$\boldsymbol{A}$代入,从(6)式得出

$$f(\boldsymbol{A})+g(\boldsymbol{A})=h(\boldsymbol{A}),\quad f(\boldsymbol{A})g(\boldsymbol{A})=p(\boldsymbol{A}).\tag{7}$$

证明 设$f(x)=\sum_{i=0}^{n}a_ix^i$,$g(x)=\sum_{i=0}^{m}b_ix^i$,不妨设$n\geqslant m$,则

$$h(x)=\sum_{i=0}^{n}(a_i+b_i)x^i,\quad p(x)=\sum_{s=0}^{n+m}\Big(\sum_{i+j=s}a_ib_j\Big)x^s.$$

$$f(\boldsymbol{A})=\sum_{i=0}^{n}a_i\boldsymbol{A}^i,\quad g(\boldsymbol{A})=\sum_{i=0}^{m}b_i\boldsymbol{A}^i.$$

$$h(\boldsymbol{A})=\sum_{i=0}^{n}(a_i+b_i)\boldsymbol{A}^i,\quad p(\boldsymbol{A})=\sum_{s=0}^{n+m}\Big(\sum_{i+j=s}a_ib_j\Big)\boldsymbol{A}^s.$$

根据矩阵的加法、数量乘法和乘法法则得

$$f(\boldsymbol{A})+g(\boldsymbol{A})=\sum_{i=0}^{n}(a_i+b_i)\boldsymbol{A}^i=h(\boldsymbol{A}),$$

$$f(\boldsymbol{A})g(\boldsymbol{A})=\Big(\sum_{i=0}^{n}a_i\boldsymbol{A}^i\Big)\Big(\sum_{j=0}^{m}b_j\boldsymbol{A}^j\Big)=\sum_{i=0}^{n}\sum_{j=0}^{m}a_ib_j\boldsymbol{A}^{i+j}$$

$$=\sum_{s=0}^{n+m}\Big(\sum_{i+j=s}a_ib_j\Big)\boldsymbol{A}^s=p(\boldsymbol{A}).\qquad\square$$

类似地可以证明:在$F[x]$中若有等式(6)成立,则x可以用$x+c$代入,从(6)式得出:

$$f(x+c)+g(x+c)=h(x+c),\quad f(x+c)g(x+c)=p(x+c).\tag{8}$$

x还可以用x^m代入,从(6)式得出:

$$f(x^m)+g(x^m)=h(x^m),\quad f(x^m)g(x^m)=p(x^m).\tag{9}$$

x还可以用$F[x]$中任一多项式$q(x)$代入,从(6)式得出:

$$f(q(x))+g(q(x))=h(q(x)),\quad f(q(x))g(q(x))=p(q(x)).\tag{10}$$

在$F[x]$的有关加法和乘法的等式中,x可以用任一r级矩阵$\boldsymbol{A}$代入,也可以用$F[x]$中任一多项式$q(x)$代入,得到相应的等式,这种性质是一元多项式环$F[x]$的**通用性质**(参看参考文献[1]下册第6~7页或参考文献[4]下册第5~7页).

习　题　2.1

1. 在$F[x]$中,如果$f(x)=cg(x)$,其中$c\in F^*$,试问:$f(x)$与$g(x)$的次数有什么关系?

2. 在 $F[x]$ 中,如果 $f(x)g(x)=c$,其中 $c\in F^*$,试问:$f(x)$ 与 $g(x)$ 的次数有什么关系?

3. 在 $F[x]$ 中,如果 $f(x)$ 与 $g(x)$ 的次数都是 3,试问:$f(x)+g(x)$ 的次数一定是 3 吗?

4. 证明:$F[x]$ 中一个元素 $f(x)$ 是可逆元当且仅当 $f(x)$ 是零次多项式,即 $f(x)=a$,其中 $a\in F^*$.

5. 在复数域中解下列方程:

(1) $x^4-4=0$; (2) $x^3+1=0$.

6. 在 $\mathbf{Z}_2[x]$ 中,计算:

(1) $(x+\bar{1})^2$; (2) $x(x+\bar{1})(x^2+x+\bar{1})$.

7. 在 $\mathbf{Z}_2[x]$ 中,把下列多项式因式分解:

(1) $x^2+\bar{1}$; (2) x^4+x; (3) $x^3+x^2+x+\bar{1}$.

§2.2 带余除法,整除关系

在域 F 上的一元多项式环 $F[x]$ 中,可以做加法、减法、乘法运算,但不能做除法. 例如,在实数域 $\mathbf{R}$ 上的一元多项式环 $\mathbf{R}[x]$ 中,用 $g(x)=x^2+2x-1$ 去除 $f(x)=2x^3+3x^2+5$,除不尽:

$$\begin{array}{r|rrrr|l}
x^2+2x-1 & 2x^3 & +3x^2 & & +5 & 2x-1 \\
 & 2x^3 & +4x^2 & -2x & & \\ \hline
 & & -x^2 & +2x & +5 & \\
 & & -x^2 & -2x & +1 & \\ \hline
 & & & 4x & +4 &
\end{array}$$

于是得到

$$2x^3+3x^2+5=(2x-1)(x^2+2x-1)+(4x+4).$$

从这个例子受到启发,猜想有下述结论:

定理 1(带余除法) 设 $f(x),g(x)\in F[x]$,且 $g(x)\neq 0$,则在 $F[x]$ 中存在唯一的一对多项式 $h(x),r(x)$,使得

$$f(x)=h(x)g(x)+r(x),\quad \deg r(x)<\deg g(x). \tag{1}$$

证明可看参考文献[1]下册第 10 页或参考文献[4]下册第 13 页.

(1)式中的 $h(x),r(x)$ 分别称为 $g(x)$ 除 $f(x)$ 的**商式**,**余式**.

既然域 F 上一元多项式环 $F[x]$ 也有带余除法,这使我们凭直觉判断 $F[x]$ 与整数环 $\mathbf{Z}$ 有类似的结构. 下面我们运用类比推理研究 $F[x]$ 的结构. 类比推理在日常生活中经常运用. 而数学的思维方式告诉我们,类比推理的结果是真是假,必须进行论证.

在(1)式中,若余式 $r(x)=0$,则称 $g(x)$ 整除 $f(x)$. 为了更一般的用处,对于整除这个概

念定义如下：

定义 1 设 $f(x), g(x) \in F[x]$，如果存在 $h(x) \in F[x]$，使得

$$f(x) = h(x)g(x), \tag{2}$$

那么称 $g(x)$ **整除** $f(x)$，记做 $g(x) \mid f(x)$；否则，称 $g(x)$ **不能整除** $f(x)$，记做 $g(x) \nmid f(x)$. 当 $g(x) \mid f(x)$ 时，称 $g(x)$ 是 $f(x)$ 的一个**因式**，称 $f(x)$ 是 $g(x)$ 的一个**倍式**.

例如，由于 $0 = 0f(x)$，因此 $f(x) \mid 0, \forall f(x) \in F[x]$. 特别地，$0 \mid 0$. 由于对任意 $b \in F^*$，有 $f(x) = (b^{-1}f(x))b$，因此 $b \mid f(x), \forall f(x) \in F[x]$，即任意一个零次多项式是任一多项式的因式.

由于 $f(x) = 1f(x)$，因此 $f(x) \mid f(x), \forall f(x) \in F[x]$，即整除关系具有反身性. 可以证明整除关系具有传递性，即

$$h(x) \mid g(x)，且\ g(x) \mid f(x) \Longrightarrow h(x) \mid f(x).$$

但是整除关系不具有对称性，即从 $g(x) \mid f(x)$ 推不出 $f(x) \mid g(x)$.

定义 2 在 $F[x]$ 中，如果 $g(x) \mid f(x)$ 且 $f(x) \mid g(x)$，那么称 $f(x)$ 与 $g(x)$ **相伴**，记做 $f(x) \sim g(x)$.

$F[x]$ 中，什么样的两个多项式才相伴呢？首先探索 $f(x)$ 与 $g(x)$ 相伴的必要条件. 设 $f(x) \sim g(x)$，则

$$g(x) \mid f(x) \quad 且 \quad f(x) \mid g(x).$$

于是存在 $h_1(x), h_2(x) \in F[x]$，使得

$$f(x) = h_1(x)g(x), \quad g(x) = h_2(x)f(x).$$

由此得出，$f(x) = h_1(x)h_2(x)f(x)$. 若 $f(x) \neq 0$，则两边消去 $f(x)$ 得

$$1 = h_1(x)h_2(x).$$

于是

$$0 = \deg h_1(x) + \deg h_2(x).$$

从而 $\deg h_1(x) = \deg h_2(x) = 0$. 因此 $h_1(x) = c$，对某个 $c \in F^*$，于是

$$f(x) = cg(x), \quad c \in F^*. \tag{3}$$

若 $f(x) = 0$，则 $g(x) = 0$. 从而(3)式也成立. 因此(3)式是 $f(x)$ 与 $g(x)$ 相伴的必要条件.

显然，(3)式也是 $f(x)$ 与 $g(x)$ 相伴的充分条件. 于是我们证明了下述命题：

命题 1 在 $F[x]$ 中，$f(x) \sim g(x)$ 的充分必要条件是：存在 $c \in F^*$，使得 $f(x) = cg(x)$.

□

类似于整数环的情形，在 $F[x]$ 中，整除关系还具有下述性质：

命题 2 在 $F[x]$ 中，如果 $g(x) \mid f_i(x), i = 1, 2, \cdots, s$，那么对于任意 $u_i(x) \in F[x], i = 1, 2, \cdots, s$，有

$$g(x) \mid u_1(x)f_1(x) + u_2(x)f_2(x) + \cdots + u_s(x)f_s(x). \tag{4}$$

命题 2 的证明留作习题.

本节开始举的例子，在 $\mathbf{R}[x]$ 中，$g(x) \nmid f(x)$. 试问：在 $\mathbf{C}[x]$ 中，$g(x)$ 能否整除 $f(x)$ 呢？

假如在 $\mathbf{C}[x]$ 中,$g(x)\mid f(x)$,则 $g(x)$ 去除 $f(x)$ 得到的余式为 0. 在本节开头已经知道,在 $\mathbf{R}[x]$ 中,

$$f(x)=(2x-1)g(x)+(4x+4). \tag{5}$$

由于 $f(x),g(x),2x-1,4x+4\in\mathbf{C}[x]$. 因此(5)式也可看成是在 $\mathbf{C}[x]$ 中做的带余除法,余式为 $4x+4$. 这与带余除法中余式唯一矛盾. 因此在 $\mathbf{C}[x]$ 中,仍有 $g(x)\nmid f(x)$. 与这一推理过程一样,可证得下述命题:

命题 3 设 $f(x),g(x)\in F[x]$,域 $E\supseteq F$,则

$$\text{在 } F[x] \text{ 中},g(x)\mid f(x)\Longleftrightarrow \text{在 } E[x] \text{ 中},g(x)\mid f(x).$$

这一性质称为整除关系不随域的扩大而改变.

例 1 在 $\mathbf{Z}_2[x]$ 中,用 $g(x)=x^4+x^3+\bar{1}$ 去除 $f(x)=x^6+x^4+x^2+\bar{1}$,求商式和余式.

解

$$\begin{array}{r|l|l}
x^4+x^3+\bar{1} & x^6 \quad +x^4 \quad +x^2 \quad\quad +\bar{1} & x^2+x \\
 & x^6+x^5 \quad\quad\; +x^2 & \\
\hline
 & \quad x^5+x^4 \quad\quad\quad\quad +\bar{1} & \\
 & \quad x^5+x^4 \quad\quad\quad +x & \\
\hline
 & \quad\quad\quad\quad\quad\quad\quad x+\bar{1} &
\end{array}$$

因此 $$x^6+x^4+x^2+\bar{1}=(x^2+x)(x^4+x^3+\bar{1})+(x+\bar{1}).$$

即用 $g(x)$ 去除 $f(x)$ 得,商式是 x^2+x,余式是 $x+\bar{1}$.

设 K 是数域,在 $K[x]$ 中作带余除法,如果除式是一次多项式 $x+b$,那么可以采用如下述所示的综合除法.

例 2 在 $K[x]$ 中,用 $x-2$ 去除 $f(x)=2x^4-6x^3+3x^2-2x+5$,求商式和余式.

解

$$\begin{array}{rrrrr|r}
2 & -6 & 3 & -2 & 5 & 2 \\
 & 4 & -4 & -2 & -8 & \\
\hline
2 & -2 & -1 & -4 & -3 &
\end{array}$$

因此 $$f(x)=(2x^3-2x^2-x-4)(x-2)-3.$$

即用 $x-2$ 去除 $f(x)$ 得,商式为 $2x^3-2x^2-x-4$,余式是 -3.

关于综合除法的理论根据,可参看参考文献[4]下册的第 14~15 页.

习 题 2.2

1. 在 $\mathbf{R}[x]$ 中,用 $g(x)=x^2-2x+5$ 去除 $f(x)=x^4-3x^2-2x-1$,求商式和余式.
2. 在 $\mathbf{Z}_2[x]$ 中,用 $g(x)=x^4+x^2+\bar{1}$ 去除 $f(x)=x^{10}+x^5+\bar{1}$,求商式和余式.
3. 证明 $F[x]$ 中整除关系的传递性,即若 $h(x)\mid g(x)$,且 $g(x)\mid f(x)$,则 $h(x)\mid f(x)$.
4. 证明本节的命题 2.
5. 用综合除法求一次多项式 $g(x)$ 除 $f(x)$ 所得的商式和余式.

(1) $f(x)=3x^4-5x^2+2x-1$, $g(x)=x-4$；

(2) $f(x)=5x^3-3x+4$, $g(x)=x+2$.

§2.3 最大公因式

2.3.1 最大公因式

与整数环类似,在 $F[x]$中有最大公因式的概念.

定义 1 设 $f(x),g(x)\in F[x]$,如果存在 $d(x)\in F[x]$具有下述两条性质:

(i) $d(x)\mid f(x)$且 $d(x)\mid g(x)$(此时称 $d(x)$是 $f(x)$与 $g(x)$的一个**公因式**);

(ii) 对于 $f(x)$与 $g(x)$的任一公因式 $c(x)$,都有 $c(x)\mid d(x)$,

那么称 $d(x)$是 $f(x)$与 $g(x)$的一个**最大公因式**.

例如,设 $f(x)\in F[x]$,对于 $f(x)$与 0,由于 $f(x)\mid f(x)$,且 $f(x)\mid 0$,因此 $f(x)$是 $f(x)$与 0 的一个公因式,显然,$f(x)$与 0 的任一公因式 $c(x)\mid f(x)$,因此 $f(x)$是 $f(x)$与 0 的一个最大公因式.特别地,0 是 0 与 0 的最大公因式.

对于 $F[x]$中任意两个非零多项式 $f(x)$与 $g(x)$,它们的最大公因式是否存在?如果存在,如何求出来?是否唯一?解决这些问题的出发点是带余除法.从带余除法的算式受到启发,在 $F[x]$中,如果有下式成立:

$$f(x)=h(x)g(x)+r(x), \tag{1}$$

那么据上一节的命题 2,容易得出下述结论:

$$c(x)\mid f(x)\text{ 且 }c(x)\mid g(x)\iff c(x)\mid g(x)\text{ 且 }c(x)\mid r(x),$$

从而得出:

$$d(x)\text{ 是 }f(x)\text{ 与 }g(x)\text{ 的最大公因式}\iff d(x)\text{ 是 }g(x)\text{ 与 }r(x)\text{ 的最大公因式}.$$

这表明:利用带余除法可以把求被除式与除式的最大公因式转化为求除式与余式的最大公因式.沿着这一思路,对于 $F[x]$中任意两个多项式 $f(x),g(x)$,且 $g(x)\neq 0$,有

$$f(x)=h_1(x)g(x)+r_1(x),\quad \deg r_1(x)<\deg g(x);$$

若 $r_1(x)\neq 0$,则有

$$g(x)=h_2(x)r_1(x)+r_2(x),\quad \deg r_2(x)<\deg r_1(x);$$

若 $r_2(x)\neq 0$,则有

$$r_1(x)=h_3(x)r_2(x)+r_3(x),\quad \deg r_3(x)<\deg r_2(x),$$

只要余式不为 0,就可以用余式去除除式,作带余除法.注意到每作一次带余除法,余式的次数在降低.由于非零多项式的次数是自然数,因此在有限步之后,必有余式为 0.于是最后几步为

$$r_{s-3}(x)=h_{s-1}(x)r_{s-2}(x)+r_{s-1}(x),\quad \deg r_{s-1}(x)<\deg r_{s-2}(x);$$

$$r_{s-2}(x)=h_s(x)r_{s-1}(x)+r_s(x),\qquad \deg r_s(x)<\deg r_{s-1}(x);$$
$$r_{s-1}(x)=h_{s+1}(x)r_s(x)+0.$$

由于 $r_s(x)$ 是 $r_s(x)$ 与 0 的一个最大公因式，因此 $r_s(x)$ 是 $r_{s-1}(x)$ 与 $r_s(x)$ 的一个最大公因式，依次往上推，最后得，$r_s(x)$ 是 $f(x)$ 与 $g(x)$ 的一个最大公因式. 这样我们不仅证明了 $f(x)$ 与 $g(x)$ 的最大公因式一定存在，而且给出了求最大公因式的一个统一的、机械的方法：先用 $g(x)$ 去除 $f(x)$，然后每一次都用上一次的余式去除上一次的除式，当余式为 0 时的除式就是 $f(x)$ 与 $g(x)$ 的一个最大公因式. 称这种方法为**辗转相除法**.

从上述一系列等式中的倒数第二个等式开始可得

$$\begin{aligned}r_s(x)&=r_{s-2}(x)-h_s(x)r_{s-1}(x)\\&=r_{s-2}(x)-h_s(x)(r_{s-3}(x)-h_{s-1}(x)r_{s-2}(x))\\&=-h_s(x)r_{s-3}(x)+(1+h_s(x)h_{s-1}(x))r_{s-2}(x)\\&=\cdots\cdots\\&=u(x)f(x)+v(x)g(x),\end{aligned}$$

其中 $u(x),v(x)\in F[x]$.

从上述推导过程得到下述重要定理：

定理 1 对于 $F[x]$ 中任意两个多项式 $f(x),g(x)$，存在它们的一个最大公因式 $d(x)$，并且 $d(x)$ 可以表示成 $f(x)$ 与 $g(x)$ 的倍式和，即存在 $u(x),v(x)\in F[x]$，使得

$$u(x)f(x)+v(x)g(x)=d(x).\tag{2}$$

证明 若 $g(x)=0$，则 $f(x)$ 是 $f(x)$ 与 $g(x)$ 的一个最大公因式，并且

$$f(x)=1\cdot f(x)+1\cdot 0.$$

若 $g(x)\neq 0$，则用 $g(x)$ 去除 $f(x)$，作带余除法. 上面的推导过程已证明了定理 1 的结论. □

若 $d_1(x)$ 和 $d_2(x)$ 都是 $f(x)$ 与 $g(x)$ 的最大公因式，则

$$d_1(x)\mid d_2(x)\quad 且\quad d_2(x)\mid d_1(x),$$

因此 $d_1(x)\sim d_2(x)$. 这表明：$f(x)$ 与 $g(x)$ 的最大公因式不唯一，但是在相伴的意义下是唯一的.

设 $f(x)$ 与 $g(x)$ 不全为 0，则它们的最大公因式一定是非零多项式，用 $(f(x),g(x))$ 表示首项系数为 1 的那个最大公因式，简称为首一最大公因式.

例 1 设

$$f(x)=x^3+x^2-7x+2,\quad g(x)=3x^2-5x-2,$$

求 $(f(x),g(x))$，并且把它表示成 $f(x)$ 与 $g(x)$ 的倍式和.

解 在作辗转相除法时，可以用适当的非零数去乘被除式或者除式，以便使计算简单一些. 具体的算式如下：

	$g(x)$	$3f(x)$	
$h_2(x)=3x+1$	$3x^2-5x-2$	$3x^3+3x^2-21x+6$	$x+\frac{8}{3}=h_1(x)$
	$3x^2-6x$	$3x^3-5x^2-2x$	
	$x-2$	$8x^2-19x+6$	
	$x-2$	$8x^2-\frac{40}{3}x-\frac{16}{3}$	
	0	$r_1(x)=-\frac{17}{3}x+\frac{34}{3}$	
		$-\frac{3}{17}r_1(x)=x-2$	

因为最后一个不等于零的余式是 $r_1(x)$，所以

$$(f(x),g(x)) = x-2.$$

把上述辗转相除过程写出来就是

$$3f(x) = \left(x+\frac{8}{3}\right)g(x)+r_1(x),$$

$$g(x) = (3x+1)\left(-\frac{3}{17}r_1(x)\right)+0.$$

于是

$$\begin{aligned}(f(x),g(x)) &= -\frac{3}{17}r_1(x)\\ &= -\frac{3}{17}\left[3f(x)-\left(x+\frac{8}{3}\right)g(x)\right]\\ &= -\frac{9}{17}f(x)+\frac{1}{17}(3x+8)g(x).\end{aligned}$$

2.3.2 互素的多项式

两个多项式的最大公因式是零次多项式的情形特别重要，这与整数环类似.

定义 2 设 $f(x),g(x)\in F[x]$，如果 $(f(x),g(x))=1$，那么称 $f(x)$ 与 $g(x)$ **互素**.

由定义 2 立即得到：

$f(x)$ 与 $g(x)$ 互素 $\Longleftrightarrow$ $f(x)$ 与 $g(x)$ 的公因式都是零次多项式.

由定理 1 立即得到，$f(x)$ 与 $g(x)$ 互素的必要条件是：存在 $u(x),v(x)\in F[x]$，使得

$$u(x)f(x)+v(x)g(x) = 1. \tag{3}$$

反之，如果(3)式成立，那么对于 $f(x)$ 与 $g(x)$ 的任一公因式 $c(x)$，有 $c(x)\mid 1$. 从而 $c(x)$ 是零次多项式，因此 $(f(x),g(x))=1$. 这证明了下述重要定理：

定理 2 $F[x]$ 中两个多项式 $f(x)$ 与 $g(x)$ 互素的充分必要条件是：存在 $u(x),v(x)\in F[x]$，使得

$$u(x)f(x)+v(x)g(x)=1.$$ □

类似于整数环的情形,利用定理 2 可以证明关于互素的多项式的一些重要性质:

性质 1 若 $f(x)\mid g(x)h(x)$,且 $(f(x),g(x))=1$,则 $f(x)\mid h(x)$.

性质 2 若 $f(x)\mid h(x)$,$g(x)\mid h(x)$,且 $(f(x),g(x))=1$,则 $f(x)g(x)\mid h(x)$.

性质 3 若 $(f(x),h(x))=1$,且 $(g(x),h(x))=1$,则

$$(f(x)g(x),h(x))=1.$$

性质 3 可以推广成:若 $(f_i(x),h(x))=1$,$i=1,2,\cdots,s$,则

$$(f_1(x)f_2(x)\cdots f_s(x),h(x))=1.$$

上述性质的证明留作习题.

与证明整除关系不随域的扩大而改变的方法类似,可证明:

命题 1 设 $f(x),g(x)\in F[x]$,域 $E\supseteq F$,则在 $F[x]$ 中 $f(x)$ 与 $g(x)$ 的首一最大公因式也就是它们在 $E[x]$ 中的首一最大公因式,称为 $f(x)$ 与 $g(x)$ 的首一最大公因式不随域的扩大而改变. □

由命题 1 立即得到:

命题 2 设 $f(x),g(x)\in F[x]$,域 $E\supseteq F$,则

$$\text{在 } F[x] \text{ 中},(f(x),g(x))=1 \iff \text{在 } E[x] \text{ 中},(f(x),g(x))=1.$$

即,互素性不随域的扩大而改变. □

习 题 2.3

1. 求 $(f(x),g(x))$,并且把 $(f(x),g(x))$ 表示成 $f(x)$ 与 $g(x)$ 的倍式和:

(1) $f(x)=x^4+6x^3-6x^2+6x-7$, $g(x)=x^3+x^2-7x+5$;

(2) $f(x)=x^4+3x^3-x^2-4x-3$, $g(x)=3x^3+10x^2+2x-3$.

2. 证明:在 $F[x]$ 中,若 $u(x)f(x)+v(x)g(x)=d(x)$,且 $d(x)$ 是 $f(x)$ 与 $g(x)$ 的一个公因式,则 $d(x)$ 是 $f(x)$ 与 $g(x)$ 的一个最大公因式.

3. 设 $f(x),g(x),h(x)\in F[x]$,且 $h(x)$ 的首项系数为 1,证明:

$$(f(x)h(x),g(x)h(x))=(f(x),g(x))h(x).$$

4. 证明关于互素的多项式的三条性质.

5. 证明:在 $F[x]$ 中,如果 $f(x)$ 与 $g(x)$ 不全为 0,那么

$$\left(\frac{f(x)}{(f(x),g(x))},\frac{g(x)}{(f(x),g(x))}\right)=1.$$

6. 证明:在 $F[x]$ 中,如果 $(f(x),g(x))=1$,那么

$$(f(x)g(x),f(x)+g(x))=1.$$

§2.4 不可约多项式，唯一因式分解定理

研究整数环的结构，我们抓住了起着基本建筑块作用的素数. 素数的特征是它的正因数最少：只有1和它自身. 类比地，研究域 F 上一元多项式环 $F[x]$ 的结构，应当抓住因式最少的多项式作为基本建筑块. 我们知道，零次多项式是任一多项式的因式，$f(x)$ 的相伴元是 $f(x)$ 的因式. 由此引出了下述重要概念：

定义1 $F[x]$ 中一个次数大于0的多项式 $f(x)$，如果它在 $F[x]$ 中的因式只有零次多项式和 $f(x)$ 的相伴元，那么称 $f(x)$ 是**域 F 上的一个不可约多项式**；否则，称 $f(x)$ 在域 F 上是**可约的**.

域 F 上的不可约多项式起着基本建筑块的作用. 为此需要进一步研究不可约多项式的特征性质. 类似于对素数的各种刻画，对不可约多项式也有各种刻画：

定理1 设 $p(x)$ 是 $F[x]$ 中的一个次数大于0的多项式，则下列命题等价：

(1) $p(x)$ 是域 F 上的不可约多项式；

(2) 对于 $F[x]$ 中任一多项式 $f(x)$ 都有 $(p(x),f(x))=1$ 或 $p(x)\mid f(x)$；

(3) 在 $F[x]$ 中，从 $p(x)\mid f(x)g(x)$ 可推出 $p(x)\mid f(x)$ 或 $p(x)\mid g(x)$；

(4) 在 $F[x]$ 中，$p(x)$ 不能分解成两个次数比 $p(x)$ 的次数低的多项式的乘积.

证明 (1)$\Longrightarrow$(2) 设 $p(x)$ 在域 F 上不可约. 对于任意 $f(x)\in F[x]$，由于 $(p(x),f(x))$ 是 $p(x)$ 的一个因式，因此

$$(p(x),f(x))=1 \quad 或 \quad (p(x),f(x))\sim p(x).$$

从后者得，$p(x)\mid(p(x),f(x))$. 又由于 $(p(x),f(x))\mid f(x)$，因此由整除关系的传递性得 $p(x)\mid f(x)$.

(2)$\Longrightarrow$(3) 设在 $F[x]$ 中，$p(x)\mid f(x)g(x)$. 若 $p(x)\nmid f(x)$，则据(2)得 $(p(x),f(x))=1$. 从而 $p(x)\mid g(x)$.

(3)$\Longrightarrow$(4) 假如 $p(x)=p_1(x)p_2(x)$，且 $\deg p_i(x)<\deg p(x)$，$i=1,2$，则 $p(x)\mid p_1(x)p_2(x)$. 据(3)得，$p(x)\mid p_1(x)$ 或 $p(x)\mid p_2(x)$. 于是有 $\deg p_1(x)\geqslant\deg p(x)$ 或 $\deg p_2(x)\geqslant\deg p(x)$. 矛盾. 因此 $p(x)$ 不能分解成两个次数比 $p(x)$ 的次数低的多项式的乘积.

(4)$\Longrightarrow$(1) 任取 $p(x)$ 在 $F[x]$ 中的一个因式 $g(x)$，则存在 $h(x)\in F[x]$，使得 $p(x)=h(x)g(x)$. 于是

$$\deg p(x)=\deg h(x)+\deg g(x).$$

据(4)得，$\deg h(x)=\deg p(x)$ 或 $\deg g(x)=\deg p(x)$. 从而 $\deg g(x)=0$ 或 $\deg h(x)=0$. 从后者推出 $p(x)=cg(x)$，对于某个 $c\in F^*$，于是 $p(x)\sim g(x)$. 因此 $p(x)$ 在域 F 上不可约. □

从定理1中命题(3)与命题(1)等价，运用数学归纳法可证得：

推论 1 在 $F[x]$中,若 $p(x)$不可约,且 $p(x)\mid f_1(x)f_2(x)\cdots f_s(x)$,则 $p(x)\mid f_j(x)$,对于某个 $j\in\{1,2,\cdots,s\}$. □

从定理 1 中命题(4)与命题(1)等价,立即得出:

推论 2 $F[x]$中每个一次多项式都是不可约的. □

推论 3 $F[x]$中,次数大于 0 的多项式 $f(x)$可约当且仅当 $f(x)$可以分解成两个次数比 $f(x)$的次数低的多项式的乘积. □

从推论 3 立即得到:$F[x]$中每一个次数大于 0 的多项式都可以分解成有限多个不可约多项式的乘积. 进一步可以证明这样的分解是唯一的. 即我们有下面的重要定理:

定理 2(唯一因式分解定理) $F[x]$中任一次数大于 0 的多项式 $f(x)$都能唯一地分解成域 F 上有限多个不可约多项式的乘积. 所谓唯一性是指,如果 $f(x)$有两个这样的分解式:

$$f(x)=p_1(x)p_2(x)\cdots p_s(x)=q_1(x)q_2(x)\cdots q_t(x),\tag{1}$$

那么 $s=t$,且适当排列因式的次序后,有

$$p_i(x)\sim q_i(x),\quad i=1,2,\cdots,s.$$

证明 可分解性由推论 3 得到(对多项式的次数 n 作数学归纳法,详细过程略).

唯一性 假设 $f(x)$有两个这样的分解式(见(1)式),其中 $p_1(x),p_2(x),\cdots,p_s(x)$,$q_1(x),q_2(x),\cdots,q_t(x)$都是域 F 上的不可约多项式. 我们对 $f(x)$的第一个分解式中不可约多项式的个数 s 作数学归纳法.

当 $s=1$ 时,$f(x)=p_1(x)$,于是 $p_1(x)=q_1(x)q_2(x)\cdots q_t(x)$. 从而 $q_1(x)\mid p_1(x)$. 由于 $p_1(x)$不可约,因此 $q_1(x)\sim p_1(x)$. 从而 $p_1(x)=cq_1(x)$,对某个 $c\in F^*$. 于是 $f(x)=cq_1(x)$. 因此 $t=1$,且 $p_1(x)\sim q_1(x)$.

假设当 $s-1$ 时,唯一性成立,现在来看 s 的情形. 由(1)式得,$p_1(x)\mid q_1(x)q_2(x)\cdots q_t(x)$. 由于 $p_1(x)$不可约,因此 $p_1(x)$整除某个 $q_j(x)$. 不妨设 $p_1(x)\mid q_1(x)$. 由于 $q_1(x)$不可约,因此 $p_1(x)\sim q_1(x)$. 从而 $q_1(x)=cp_1(x)$,对某个 $c\in F^*$. 于是从(1)式得

$$p_2(x)\cdots p_s(x)=cq_2(x)\cdots q_t(x).\tag{2}$$

由归纳假设得,$s-1=t-1$,且适当排列因式的次序之后,有

$$p_2(x)\sim cq_2(x),\quad \cdots,\quad p_s(x)\sim q_s(x).$$

从而有 $s=t$,且适当排列因式的次序后,有

$$p_i(x)\sim q_i(x),\quad i=1,2,\cdots,s.$$

根据数学归纳法原理,唯一性得证. □

唯一因式分解定理揭示了 $F[x]$的结构,只要决定了域 F 上的所有不可约多项式,那么 $F[x]$的结构就了如指掌了.

在 $F[x]$中,次数大于 0 的多项式 $f(x)$的分解式可以写成

$$f(x)=ap_1^{r_1}(x)p_2^{r_2}(x)\cdots p_m^{r_m}(x),\tag{3}$$

其中 a 是 $f(x)$的首项系数;$p_1(x),p_2(x),\cdots,p_m(x)$是两两不等的首一不可约多项式,$r_i>$

$0(i=1,2,\cdots,m)$，$p_i^{r_i}(x)=[p_i(x)]^{r_i}$.（3）式称为 $f(x)$ 的**标准分解式**.

在 $F[x]$ 中，设次数大于 0 的多项式 $f(x)$，$g(x)$ 的标准分解式分别为

$$f(x)=ap_1^{r_1}(x)\cdots p_t^{r_t}(x)p_{t+1}^{r_{t+1}}(x)\cdots p_m^{r_m}(x),$$

$$g(x)=bp_1^{l_1}(x)\cdots p_t^{l_t}(x)q_{t+1}^{l_{t+1}}(x)\cdots q_s^{l_s}(x),$$

则 $f(x)$ 与 $g(x)$ 的首一最大公因式为

$$(f(x),g(x))=p_1^{\min\{r_1,l_1\}}(x)\cdots p_t^{\min\{r_t,l_t\}}(x).$$

$f(x)$ 与 $g(x)$ 的首一最小公倍式（即 $f(x)$ 与 $g(x)$ 的公倍式 $m(x)$，且 $f(x)$ 与 $g(x)$ 的任一公倍式都是 $m(x)$ 的倍式）为

$$[f(x),g(x)]=p_1^{\max\{r_1,l_1\}}(x)\cdots p_t^{\max\{r_t,l_t\}}(x)p_{t+1}^{r_{t+1}}(x)\cdots p_m^{r_m}(x)q_{t+1}^{l_{t+1}}(x)\cdots q_s^{l_s}(x).$$

由于把一个多项式因式分解是比较困难的，因此实际求 $f(x)$ 与 $g(x)$ 的最大公因式时最常用的方法是辗转相除法.

在 $f(x)$ 的标准分解式（3）式中，称 $p_i(x)$ 是 $f(x)$ 的 r_i 重因式. 由于把多项式因式分解是比较困难的，因此我们不通过标准分解式来定义重因式，而采取下述方法定义重因式：

定义 2 在 $F[x]$ 中，不可约多项式 $p(x)$ 称为多项式 $f(x)$ 的 k **重因式**，如果

$$p^k(x)\mid f(x),\ 而\ p^{k+1}(x)\nmid f(x).$$

当 $k=0$ 时，$p(x)$ 不是 $f(x)$ 的因式；当 $k=1$ 时，$p(x)$ 称为 $f(x)$ 的**单因式**；当 $k\geqslant 2$ 时，$p(x)$ 称为 $f(x)$ 的 k 重因式. 若 $k>1$，则 $p(x)$ 称为 $f(x)$ 的**重因式**.

例 1 分别在实数域 $\mathbf{R}$，复数域 $\mathbf{C}$ 上把下述多项式分解成不可约因式的乘积：

$$x^4-x^2+1.$$

解
$$\begin{aligned}x^4-x^2+1&=x^4+2x^2+1-3x^2\\&=(x^2+1)^2-(\sqrt{3}x)^2\\&=(x^2+\sqrt{3}x+1)(x^2-\sqrt{3}x+1)\quad 在\ \mathbf{R}\ 上\\&=\left(x-\frac{-\sqrt{3}+\mathrm{i}}{2}\right)\left(x-\frac{-\sqrt{3}-\mathrm{i}}{2}\right)\left(x-\frac{\sqrt{3}+\mathrm{i}}{2}\right)\left(x-\frac{\sqrt{3}-\mathrm{i}}{2}\right)\quad 在\ \mathbf{C}\ 上.\end{aligned}$$

习 题 2.4

1. 分别在实数域 $\mathbf{R}$，复数域 $\mathbf{C}$ 上把下列多项式分解成不可约因式的乘积：

（1）x^4+x^2+1；　　（2）x^3-1；

（3）x^6-1；　　（4）x^4+4；

（5）x^6+1；　　（6）$x^{12}-1$.

2. 下列多项式在有理数域 $\mathbf{Q}$ 上是否可约？

（1）x^3+x^2+x+1；

（2）$x^5+x^4+x^3+x^2+x+1$；

(3) $x^7+x^6+x^5+x^4+x^3+x^2+x+1$;

(4) $x^8+x^7+x^6+x^5+x^4+x^3+x^2+x+1$.

3. 从第2题受到启发,你能猜出当 n 是什么样的大于1的整数时,$x^{n-1}+x^{n-2}+\cdots+x^2+x+1$ 在 $\mathbf{Q}$ 上可约?你能证明这个猜测是真的吗?

§2.5 多项式的根,多项式函数,复数域上的不可约多项式

在 $F[x]$中,如何判别一个次数大于0的多项式是否不可约?如何把域 F 上的所有不可约多项式都找出来?我们知道,$F[x]$中一次多项式都是不可约的. 二次和二次以上的多项式呢?据不可约多项式的定义得,次数大于1的多项式 $f(x)$如果有一次因式,那么它是可约的. 因此次数大于1的多项式 $f(x)$在域 F 上不可约的必要条件是它没有一次因式. 如何判断 $f(x)$有没有一次因式呢?首先要研究用一次多项式 $x-c$ 去除 $f(x)$,它的余式 $r(x)$是什么样子?由于 $\deg r(x)<\deg(x-a)=1$,因此 $r(x)$是零次多项式或零多项式,把它们等同于 F 中的元素,记做 r,于是

$$f(x)=h(x)(x-c)+r, \quad r\in F. \tag{1}$$

x 用 c 代入,从(1)式得,$f(c)=r$. 于是得到下述结论:

定理1(余数定理) 在 $F[x]$中,用 $x-c$ 去除 $f(x)$所得的余式是 $f(c)$. □

由余数定理立即得到:

推论1 在 $F[x]$中,$x-c$ 整除 $f(x)$当且仅当 $f(c)=0$. □

从推论1看到,为了研究 $f(x)$有没有一次因式,需要引进多项式的根的概念.

2.5.1 多项式的根

定义1 设 $f(x)\in F[x]$,如果有 $c\in F$,使得 $f(c)=0$,那么称 c 是 $f(x)$在 F 中的一个**根**. 设域 $E\supseteq F$,如果有 $\alpha\in E$,使得 $f(\alpha)=0$,那么称 α 是 $f(x)$在 E 中的一个**根**.

例如,实数域 $\mathbf{R}$ 上的多项式 $f(x)=x^2+1$ 没有实根,但是有一对复根:i 和 $-$i.

从推论1和定义1立即得到下述重要定理:

定理2(Bezout 定理) 在 $F[x]$中,$x-c$ 整除 $f(x)$当且仅当 c 是 $f(x)$在 F 中的一个根. □

Bezout 定理把 $F[x]$中一个次数大于1的多项式 $f(x)$有没有一次因式转化为 $f(x)$在 F 中有没有根. 这是一个创新点,为研究 $F[x]$中的不可约多项式开辟了新的途径.

如果 $x-c$ 是 $f(x)$的 k 重因式,那么称 c 是 $f(x)$的 k **重根**. 当 $k=0$ 时,c 不是 $f(x)$的根;当 $k=1$ 时,称 c 是 $f(x)$的**单根**;当 $k>1$ 时,称 c 是 $f(x)$的**重根**.

$F[x]$中的多项式 $f(x)$在 F 中有多少个根?由唯一因式分解定理得

$$f(x)=a(x-c_1)^{r_1}\cdots(x-c_s)^{r_s}p_1^{l_1}(x)\cdots p_t^{l_t}(x), \tag{2}$$

其中 $c_i\in F,i=1,2,\cdots,s$,且 $c_1,c_2,\cdots,c_s$ 两两不等;$p_1(x),\cdots,p_t(x)$ 是域 F 上的两两不等的次数大于 1 的首一不可约多项式;$r_i\geqslant 0(i=1,2,\cdots,s),l_j\geqslant 0(j=1,2,\cdots,t)$. 于是据 Bezout 定理得,$c_1,\cdots,c_s$ 分别是 $f(x)$ 的 r_1 重根,…,r_s 重根. 从(2)式得

$$\deg f(x)\geqslant r_1+\cdots+r_s,$$

因此得到下述结论:

定理 3 在 $F[x]$ 中,$n(n>0)$ 次多项式 $f(x)$ 在 F 中至多有 n 个根(重根按重数计算). □

显然,零次多项式没有根. 因此定理 3 对于次数 $n=0$ 也成立. 由定理 3 立即得到下述结论:

推论 2 在 $F[x]$ 中,一个次数不超过 n 的多项式 $h(x)$ 如果在 F 中有 $n+1$ 个根(重根按重数计算),那么 $h(x)=0$. □

利用推论 2 可以给出两个多项式相等的一个充分条件:

定理 4 设 $f(x),g(x)\in F[x],\deg f(x)\leqslant n,\deg g(x)\leqslant n$. 如果 F 中有 $n+1$ 个不同的元素 $c_1,c_2,\cdots,c_{n+1}$,使得

$$f(c_i)=g(c_i),\quad i=1,2,\cdots,n+1,\tag{3}$$

那么 $f(x)=g(x)$.

证明 设 $h(x)=f(x)-g(x)$,则 $\deg h(x)\leqslant\max\{\deg f(x),\deg g(x)\}\leqslant n$,且

$$h(c_i)=f(c_i)-g(c_i)=0,\quad i=1,2,\cdots,n+1.$$

于是 $h(x)$ 至少有 $n+1$ 个根:$c_1,c_2,\cdots,c_{n+1}$. 据推论 2 得,$h(x)=0$,从而 $f(x)=g(x)$. □

例 1 在 $\mathbf{Z}_2[x]$ 中,$f(x)=x^3+x+\bar{1}$ 是否不可约?

解 3 次多项式 $f(x)$ 如果可约,那么它必有一次因式. 由于 $f(\bar{0})=\bar{1},f(\bar{1})=\bar{1}^3+\bar{1}+\bar{1}=\bar{1}$,因此 $\bar{0},\bar{1}$ 都不是 $f(x)$ 的根. 从而 $f(x)$ 在 $\mathbf{Z}_2$ 中没有根. 据 Bezout 定理得,$f(x)$ 在 $\mathbf{Z}_2[x]$ 中没有一次因式. 因此 $f(x)$ 在 $\mathbf{Z}_2$ 上不可约.

从例 1 初步体会到:利用多项式的根可以有助于判断一个多项式是否不可约.

如何研究数域 K 上的一个多项式 $f(x)$ 在 K 中有没有根呢?实系数多项式 $f(x)=x^2-1$ 有两个实根:1 和 -1. 运用函数的观点,二次函数 $y=x^2-1$ 在 $x=\pm1$ 处的函数值为 0. 由此受到启发,可以利用多项式函数是否在某处的函数值为 0 来研究多项式有没有根. 为此要从多项式诱导出多项式函数.

2.5.2 多项式函数

定义 2 设 $f(x)\in F[x]$,它诱导了 F 到 F 的一个映射:$f: c\longmapsto f(c),\forall c\in F$,称 f 是多项式 $f(x)$ 诱导的域 F 上的**一元多项式函数**.

显然,若多项式 $f(x)=g(x)$,则它们诱导的多项式函数 f 与 g 相等. 反之如何?

定理 5 设 K 是数域,$K[x]$ 中的多项式 $f(x)$ 与 $g(x)$,如果它们诱导的多项式函数 f 与

g 相等，那么 $f(x)=g(x)$.

证明 任取 $c\in K$，由于函数 $f=g$，因此 $f(c)=g(c)$. 由于数域 K 有无穷多个数，因此据定理 4 得，$f(x)=g(x)$. □

在定理 5 的证明中，"数域 K 有无穷多个数"起了关键作用. 由此猜测：对于有限域上的多项式，定理 5 的结论不成立. 事实上果真如此，例如，$\mathbf{Z}_2[x]$中，$f(x)=x^2+\bar{1}$，$g(x)=x+\bar{1}$，显然 $f(x)\neq g(x)$. 但是 $f(\bar{0})=\bar{1}=g(\bar{0})$，$f(\bar{1})=\bar{0}=g(\bar{1})$，因此 $f=g$. 这表明：域 F 上的一元多项式（作为一种表达式）与域 F 上的一元多项式函数（作为 F 到 F 的一个映射）是不同的两个概念. 这开拓了人们的眼界.

用 K_{pol} 表示数域 K 上所有一元多项式函数组成的集合，在这个集合中规定加法和乘法运算如下：对于 $f,g\in K_{\text{pol}}$，

$$(f+g)(c) := f(c)+g(c), \quad \forall c\in K; \tag{4}$$

$$(fg)(c) := f(c)g(c), \quad \forall c\in K. \tag{5}$$

容易看出，(4)式定义的函数 $f+g$ 是多项式 $f(x)+g(x)$ 诱导的多项式函数，(5)式定义的函数 fg 是多项式 $f(x)g(x)$ 诱导的多项式函数，因此(4)式和(5)式的确定义了 K_{pol} 的加法和乘法运算. 容易验证 K_{pol} 成为一个有单位元的交换环，其中的零元是零多项式 0 确定的函数，称为零函数，显然，$0(c)=0$，$\forall c\in K$；单位元是多项式 1 确定的函数，它是一个常值函数，显然，$1(c)=1$，$\forall c\in K$.

把数域 K 上的任一一元多项式 $f(x)$ 对应到它诱导的一元多项式函数 f，这是 $K[x]$ 到 K_{pol} 的一个映射，记做 σ. 显然，σ 是满射. 根据定理 5 得，σ 是单射. 从而 σ 是双射. 由于 $f+g$ 是多项式 $f(x)+g(x)$ 诱导的多项式函数，因此 σ 保持加法运算. 由于 fg 是多项式 $f(x)g(x)$ 诱导的多项式函数，因此 σ 保持乘法运算. 这样我们证明了下述定理：

定理 6 把数域 K 上的任一一元多项式 $f(x)$ 对应到它诱导的多项式函数 f，这是环 $K[x]$ 到环 K_{pol} 的一个同构映射，从而环 $K[x]\cong K_{\text{pol}}$. □

根据定理 6，可以把数域 K 上的一元多项式 $f(x)$ 与它诱导的一元多项式函数 f 等同. 于是 $c\in K$ 是 $K[x]$ 中多项式 $f(x)$ 的根 $\Longleftrightarrow$ 函数 f 在 c 处的函数值 $f(c)=0$. 这使得我们可以利用函数论的知识来研究复数域上的多项式 $f(x)$ 是否有复根的问题，进而找出复数域上的全部不可约多项式.

2.5.3 复数域上的不可约多项式

设 $f(x)=a_nx^n+\cdots+a_1x+a_0\in\mathbf{C}[x]$，$\deg f(x)=n>0$.

假如 $f(x)$ 没有复根，则对任意 $z\in\mathbf{C}$，都有 $f(z)\neq 0$. 于是函数

$$\varphi(z)=\frac{1}{f(z)}$$

的定义域为 $\mathbf{C}$. 类似于实变量函数，复变量的多项式函数有导数，且复变量函数的导数与四

则运算的关系，以及复合函数的求导法则，都像实变量函数那样，因此

$$\varphi'(z)=-\frac{f'(z)}{[f(z)]^2},\quad \forall z\in \mathbf{C}. \tag{6}$$

这表明 $\varphi(z)$ 在复平面 $\mathbf{C}$ 上解析.

类比实变量的多项式函数的倒数的极限，我们猜测

$$\lim_{|z|\to+\infty}|\varphi(z)|=\lim_{|z|\to+\infty}\frac{1}{|f(z)|}=0.$$

下面来探索这一猜测是否为真. 我们有

$$\begin{aligned}|f(z)|&=|a_nz^n+a_{n-1}z^{n-1}+\cdots+a_1z+a_0|\\&\geqslant|a_nz^n|-|a_{n-1}z^{n-1}+\cdots+a_1z+a_0|\\&\geqslant|a_nz^n|-(|a_{n-1}z^{n-1}|+\cdots+|a_1z|+|a_0|)\\&=|a_n||z|^n-(|a_{n-1}||z|^{n-1}+\cdots+|a_1||z|+|a_0|).\end{aligned}\tag{7}$$

z 满足什么条件时，才有

$$|a_n||z|^n-(|a_{n-1}||z|^{n-1}+\cdots+|a_1||z|+|a_0|)>0?$$

为此考查上式括号内的各项的和. 为了便于讨论，令

$$M=\max\{|a_{n-1}|,|a_{n-2}|,\cdots,|a_1|,|a_0|\}.$$

于是当 $|z|-1>0$ 时，有

$$\begin{aligned}|a_{n-1}||z|^{n-1}+\cdots+|a_1||z|+|a_0|&\leqslant M(|z|^{n-1}+\cdots+|z|+1)\\&=\frac{M(|z|^n-1)}{|z|-1}<\frac{M|z|^n}{|z|-1}.\end{aligned}\tag{8}$$

又有当 $|z|-1>0$ 时，

$$\frac{M|z|^n}{|z|-1}\leqslant|a_n||z|^n\iff|z|\geqslant1+\frac{M}{|a_n|}.$$

因此当 $|z|\geqslant1+\frac{M}{|a_n|}$ 时，从(8)式得

$$\begin{aligned}&|a_n||z|^n-(|a_{n-1}||z|^{n-1}+\cdots+|a_1||z|+|a_0|)\\&>|a_n||z|^n-\frac{M|z|^n}{|z|-1}\geqslant0.\end{aligned}\tag{9}$$

于是从(7)和(9)式得，当 $|z|\geqslant1+\frac{M}{|a_n|}$ 时，有

$$\begin{aligned}|\varphi(z)|=\frac{1}{|f(z)|}&\leqslant\frac{1}{|a_n||z|^n-(|a_{n-1}||z|^{n-1}+\cdots+|a_1||z|+|a_0|)}\\&=\frac{\frac{1}{|z|^n}}{|a_n|-\left(\frac{|a_{n-1}|}{|z|}+\cdots+\frac{|a_1|}{|z|^{n-1}}+\frac{|a_0|}{|z|^n}\right)}\end{aligned}$$

$$\to 0, \quad \text{当 } |z| \to +\infty.$$

所以

$$\lim_{|z|\to+\infty} |\varphi(z)| = 0.$$

于是存在 $r>0, M_1>0$，使得 $|z|>r$ 时，有

$$|\varphi(z)| \leqslant M_1.$$

显然，$\varphi(z)$在圆盘 $|z|\leqslant r$ 上连续. 由于有界闭集上的连续函数必有界(指它的模)，因此存在 $M_2>0$，使得当 $|z|\leqslant r$ 时，有

$$|\varphi(z)| \leqslant M_2.$$

从而 $\forall z\in\mathbf{C}$，有

$$|\varphi(z)| \leqslant \max\{M_1, M_2\}.$$

这表明 $\varphi(z)$在复平面 $\mathbf{C}$ 上有界.

根据复变函数论的 Liouvill 定理(在复平面 $\mathbf{C}$ 上解析且有界的函数必为常值函数)，存在非零复数 b，使得

$$\varphi(z) = b, \quad \forall z \in \mathbf{C}.$$

从而 $f(z)=\frac{1}{b}, \forall z\in\mathbf{C}$. 因此得出，$f(x)=\frac{1}{b}$. 这与 $\deg f(x)=n>0$ 矛盾. 于是我们证明了下述著名定理：

定理 7(代数基本定理) 每一个次数大于 0 的复系数多项式都有复根. □

高斯于 1799 年给出了代数基本定理的第一个严格证明，后来他又给出了四个证明. 若尔当(Jordan)，外尔(Weyl)等人也给过证明.

由定理 7 和 Bezout 定理立即得到：每一个次数大于 1 的复系数多项式都有一次因式，从而可约. 于是得到：

推论 3 复数域上的不可约多项式只有一次多项式. □

这样我们完全决定了复数域上的不可约多项式，这是数学上的一个创新点. 其中创造性的思维有：把数域 K 上的多项式 $f(x)$有没有一次因式转化为它在 K 中有没有根；进一步转化为多项式 $f(x)$诱导的多项式函数 f 是否在某处的函数值为 0，从而运用复变函数论的知识证明了代数基本定理，证明的关键是证 $\varphi(z)$在复平面 $\mathbf{C}$ 上有界，而这需要利用复数域的完备性或者说连续性.

从推论 3 立即得到：

推论 4(复系数多项式唯一因式分解定理) 每一个次数大于 0 的复系数多项式 $f(x)$都可以唯一地分解成有限多个一次因式的乘积. □

据推论 4，$f(x)$的标准分解式为

$$f(x) = a(x-c_1)^{l_1}(x-c_2)^{l_2}\cdots(x-c_s)^{l_s}, \tag{10}$$

其中 $c_1, c_2, \cdots, c_s$ 是两两不等的复数，$l_i>0, i=1,2,\cdots,s$. 因此在 $\mathbf{C}[x]$中进行因式分解一定

要分解到都是一次因式的乘积为止.

从(10)式,据 Bezout 定理得:

推论 5 每一个 $n(n>0)$ 次复系数多项式恰有 n 个复根(重根按重数计算). □

对于 n 次复系数多项式 $f(x)$,只要把它的 n 个复根都求出来了,就可以写出它的标准分解式.

例 2 求多项式 x^n-1 在复数域上的标准分解式.

解 为了求 x^n-1 在复数域上的标准分解式,先求出 x^n-1 的全部复根.

$$
\begin{aligned}
& z = r(\cos\theta + \mathrm{i}\sin\theta) \text{ 是 } x^n - 1 \text{ 的复根} \\
\Longleftrightarrow\ & z^n - 1 = 0 \\
\Longleftrightarrow\ & r^n(\cos n\theta + \mathrm{i}\sin n\theta) = \cos 0 + \mathrm{i}\sin 0 \\
\Longleftrightarrow\ & r^n = 1 \text{ 且 } n\theta = 0 + 2k\pi, \quad k \in \mathbf{Z} \\
\Longleftrightarrow\ & r = 1 \text{ 且 } \theta = \frac{2k\pi}{n}, \quad k \in \mathbf{Z} \\
\Longleftrightarrow\ & z = \cos\frac{2k\pi}{n} + \mathrm{i}\sin\frac{2k\pi}{n} = \mathrm{e}^{\mathrm{i}\frac{2k\pi}{n}}, \quad k \in \mathbf{Z}.
\end{aligned}
$$

记 $\xi=\mathrm{e}^{\mathrm{i}\frac{2\pi}{n}}$,则 $1,\xi,\xi^2,\cdots,\xi^{n-1}$ 都是 x^n-1 的复根,且容易证明它们两两不相等,因此它们是 x^n-1 的全部复根,称它们为 **n 次单位根**. 据 Bezout 定理得

$$x^n - 1 = (x-1)(x-\xi)(x-\xi^2)\cdots(x-\xi^{n-1}). \tag{11}$$

习 题 2.5

1. 设 $f(x)=x^5+7x^4+19x^3+26x^2+20x+8\in\mathbf{Q}[x]$,判断 -2 是不是 $f(x)$ 的根,如果是的话,它是几重根?(提示:用综合除法看 $x+2$ 能否整除 $f(x)$.)

2. 写出 $\mathbf{Z}_2[x]$ 中所有一次多项式和二次多项式,并且找出不可约的二次多项式.

3. 在 $\mathbf{Z}_2[x]$ 中,$f(x)=x^3+x^2+\bar{1}$ 是否不可约?

4. 在 $\mathbf{Z}_3[x]$ 中,$f(x)=x^3,g(x)=x$. 试问:它们诱导的多项式函数 f 与 g 是否相等?

5. 在 $\mathbf{Z}_3[x]$ 中,$f(x)=x^4+x^3+x+\bar{1},g(x)=x^2+\bar{2}x+\bar{1}$. 试问:它们诱导的多项式函数 f 与 g 是否相等?

6. 从第 4 题和第 5 题受到启发,你能猜测 $\mathbf{Z}_3$ 上的多项式函数可以由 $\mathbf{Z}_3$ 上的次数小于多少的多项式诱导出来吗?你能证明这个猜测为真吗?

7. 利用第 6 题的结果,你能进一步猜测 $\mathbf{Z}_3$ 上的 $\mathbf{Z}_3$ 值函数(即 $\mathbf{Z}_3$ 到 $\mathbf{Z}_3$ 的映射)都是什么样的函数吗?(即,它们的解析式是什么样子吗?)你能证明这个猜测为真吗?

8. 从第 7 题受到启发,对于素数 p,你能猜测 $\mathbf{Z}_p$ 上的 $\mathbf{Z}_p$ 值函数(即 $\mathbf{Z}_p$ 到 $\mathbf{Z}_p$ 的映射)的解析式都是什么样子吗?你能证明这个猜测是真的吗?

9. 求多项式 x^n+1 在复数域上的标准分解式.

10. 设 a 是非零实数,求多项式 x^n-a^n 在复数域上的标准分解式.

§2.6 实数域上的不可约多项式

实数域上的不可约多项式有哪些?

一次多项式都是不可约的.

二次多项式 $f(x)=ax^2+bx+c(a\neq 0)$,若判别式 $\Delta\geqslant 0$,则 $f(x)$ 有两个实根,从而 $f(x)$ 在 $\mathbf{R}[x]$ 中有一次因式,于是 $f(x)$ 在 $\mathbf{R}$ 上可约. 若判别式 $\Delta<0$,则 $f(x)$ 没有实根,从而 $f(x)$ 在 $\mathbf{R}[x]$ 中没有一次因式,于是 $f(x)$ 在 $\mathbf{R}$ 上不可约.

三次和三次以上的多项式是否有在 $\mathbf{R}$ 上不可约的? 如果对于次数 n 从 3 逐一进行研究,显然不能解决问题. 因此我们要换一个思路,研究实数域上的次数大于 0 的多项式不可约的必要条件是什么? 又如何研究这个必要条件? 注意到实数与复数的联系很简单: 任一复数 $z=a+b\mathrm{i}$,其中 $a,b\in\mathbf{R}$. 因此直觉判断可以利用复数域上的不可约多项式的结论来探寻实数域上的多项式不可约的必要条件. 首先对于实数域上的多项式 $f(x)$ 的复根有什么性质进行研究.

命题 1 设 $f(x)\in\mathbf{R}[x]$,如果 c 是 $f(x)$ 的一个复根,那么它的共轭 $\bar{c}$ 也是 $f(x)$ 的一个复根.

证明 设 $f(x)=a_nx^n+\cdots+a_1x+a_0\in\mathbf{R}[x]$. 若 c 是 $f(x)$ 的一个复根,则

$$0=f(c)=a_nc^n+\cdots+a_1c+a_0. \tag{1}$$

(1)式两边取共轭,得

$$0=a_n\bar{c}^n+\cdots+a_1\bar{c}+a_0=f(\bar{c}). \tag{2}$$

因此,$\bar{c}$ 是 $f(x)$ 的一个复根. □

现在我们来探索实系数多项式不可约的必要条件.

设 $p(x)$ 是 $\mathbf{R}[x]$ 中一个不可约多项式,把它看成复系数多项式,它有一个复根 c.

情形 1 c 是实数. 此时据 Bezout 定理,在 $\mathbf{R}[x]$ 中,$p(x)$ 有一次因式 $x-c$. 由于 $p(x)$ 不可约,因此 $x-c\sim p(x)$. 于是

$$p(x)=a(x-c),\quad a\text{ 是某个非零实数}.$$

情形 2 c 是虚数. 据命题 1 得,$\bar{c}$ 也是 $p(x)$ 的一个虚根. 从而在 $\mathbf{C}[x]$ 中,$x-c\mid p(x)$,$x-\bar{c}\mid p(x)$. 由于 $\bar{c}\neq c$,因此 $x-c$ 与 $x-\bar{c}$ 互素. 据互素多项式的性质 2 得

$$(x-c)(x-\bar{c})\mid p(x).$$

由于 $(x-c)(x-\bar{c})=x^2-(c+\bar{c})x+c\bar{c}\in\mathbf{R}[x]$,并且整除关系不随域的扩大而改变,因此在 $\mathbf{R}[x]$ 中有

$$x^2-(c+\bar{c})x+c\bar{c}\mid p(x).$$

由于 $p(x)$ 不可约,因此 $x^2-(c+\bar{c})x+c\bar{c}\sim p(x)$. 从而

$$p(x)=a[x^2-(c+\bar{c})x+c\bar{c}],\quad a\text{ 是某个非零实数.}$$

由于 $p(x)$ 有虚根 c，因此 $p(x)$ 的判别式小于 0.

上述表明：如果 $p(x)$ 是 $\mathbf{R}$ 上的不可约多项式，那么 $p(x)$ 或者是一次多项式，或者是判别式小于 0 的二次多项式. 这就把寻找实数域上不可约多项式的范围大大缩小了. 剩下还需检查在这个范围内的多项式是否都是不可约的. 显然，一次多项式都是不可约的. 上面已指出，判别式小于 0 的二次多项式是不可约的. 这样我们证明了下述定理：

定理 1 实数域上的不可约多项式只有一次多项式和判别式小于 0 的二次多项式. □

这样我们完全决定了实数域上的不可约多项式. 由此立即得到：

定理 2(实系数多项式唯一因式分解定理) 每一个次数大于 0 的实系数多项式 $f(x)$ 在实数域上都可以唯一地分解成一次因式与判别式小于 0 的二次因式的乘积. □

定理 2 告诉我们：在 $\mathbf{R}[x]$ 中对多项式 $f(x)$ 因式分解一定要分解到一次因式与判别式小于 0 的二次因式的乘积为止. 一种做法是可以先把 $f(x)$ 在复数域中因式分解，然后利用 $f(x)$ 的虚根一定共轭成对出现，把 $x-c$ 与 $x-\bar{c}$ 相乘得到实系数二次多项式 $x^2-(c+\bar{c})x+c\bar{c}$. 于是 $f(x)$ 就分解成了一次因式与判别式小于 0 的二次因式的乘积. 看下面的例子.

例 1 求多项式 x^n-1 在实数域上的标准分解式.

解 我们已求出了 x^n-1 在复数域上的标准分解式为

$$x^n-1=(x-1)(x-\xi)(x-\xi^2)\cdots(x-\xi^{n-1}),\tag{3}$$

其中 $\xi=\mathrm{e}^{\mathrm{i}\frac{2\pi}{n}}$. 由于对于 $1\leqslant k<n$，有

$$\xi^k\xi^{n-k}=\xi^n=1,\quad \xi^k\overline{\xi^k}=|\xi^k|^2=|\mathrm{e}^{\mathrm{i}\frac{2k\pi}{n}}|=1,$$

因此

$$\overline{\xi^k}=\xi^{n-k},\quad 1\leqslant k<n.\tag{4}$$

于是

$$\xi^k+\xi^{n-k}=\xi^k+\overline{\xi^k}=2\cos\frac{2k\pi}{n},\quad 1\leqslant k<n.\tag{5}$$

情形 1 $n=2m+1$. 此时有

$$\begin{aligned}x^{2m+1}-1&=(x-1)(x-\xi)(x-\xi^{2m})\cdots(x-\xi^m)(x-\xi^{m+1})\\&=(x-1)\left(x^2-2x\cos\frac{2\pi}{2m+1}+1\right)\cdots\left(x^2-2x\cos\frac{2m\pi}{2m+1}+1\right)\\&=(x-1)\prod_{k=1}^{m}\left(x^2-2x\cos\frac{2k\pi}{2m+1}+1\right).\end{aligned}\tag{6}$$

情形 2 $n=2m$. 此时 $\xi^m=\mathrm{e}^{\mathrm{i}\frac{2m\pi}{2m}}=\mathrm{e}^{\mathrm{i}\pi}=-1$. 从而

$$\begin{aligned}x^{2m}-1&=(x-1)(x+1)(x-\xi)(x-\xi^{2m-1})\cdots(x-\xi^{m-1})(x-\xi^{m+1})\\&=(x-1)(x+1)\left(x^2-2x\cos\frac{2\pi}{2m}+1\right)\cdots\left(x^2-2x\cos\frac{2(m-1)\pi}{2m}+1\right)\\&=(x-1)(x+1)\prod_{k=1}^{m-1}\left(x^2-2x\cos\frac{k\pi}{m}+1\right).\end{aligned}\tag{7}$$

(6)式和(7)式分别是 $x^{2m+1}-1$ 和 $x^{2m}-1$ 在实数域上的标准分解式.

例 2 证明：

(1) $\prod_{k=1}^{m}\cos\frac{k\pi}{2m+1}=\frac{1}{2^m}$； (8)

(2) $\prod_{k=1}^{m-1}\sin\frac{k\pi}{2m}=\frac{\sqrt{m}}{2^{m-1}}$. (9)

证明 (1) 在(8)式的左端出现余弦的连乘积，而(6)式的右端也有这些余弦，于是想到在(6)式中，x 用 -1 代入得

$$-2=-2\prod_{k=1}^{m}\left(1+2\cos\frac{2k\pi}{2m+1}+1\right),$$

从而有

$$\frac{1}{2^m}=\prod_{k=1}^{m}\left(1+\cos\frac{2k\pi}{2m+1}\right).$$

利用 $\cos2\alpha=2\cos^2\alpha-1$，上式右端可作化简，于是有

$$\frac{1}{2^m}=\prod_{k=1}^{m}2\cos^2\frac{k\pi}{2m+1}.$$

从而

$$\frac{1}{(2^m)^2}=\left(\prod_{k=1}^{m}\cos\frac{k\pi}{2m+1}\right)^2.$$

因此
$$\frac{1}{2^m}=\prod_{k=1}^{m}\cos\frac{k\pi}{2m+1}.$$

(2) 直接计算可验证有下述公式：

$$x^{2m}-1=(x^2)^m-1=(x^2-1)(x^{2(m-1)}+x^{2(m-2)}+\cdots+x^4+x^2+1), \tag{10}$$

(10)式与(7)式的左端相等，从而右端也相等，消去 x^2-1，得

$$x^{2(m-1)}+x^{2(m-2)}+\cdots+x^4+x^2+1=\prod_{k=1}^{m-1}\left(x^2-2x\cos\frac{k\pi}{m}+1\right). \tag{11}$$

x 用 1 代入，从(11)式得

$$m=\prod_{k=1}^{m-1}\left(2-2\cos\frac{k\pi}{m}\right).$$

两边除以 2^{m-1}，且利用 $\cos2\alpha=1-2\sin^2\alpha$ 可得出

$$\frac{m}{2^{m-1}}=\prod_{k=1}^{m-1}\left(1-\cos\frac{k\pi}{m}\right)=\prod_{k=1}^{m-1}\left(1-\cos\frac{2k\pi}{2m}\right)=\prod_{k=1}^{m-1}2\sin^2\frac{k\pi}{2m}.$$

由此得出

$$\frac{\sqrt{m}}{2^{m-1}}=\prod_{k=1}^{m-1}\sin\frac{k\pi}{2m}.$$

例 3 求多项式 x^n-a^n 在实数域上的标准分解式,其中 $a\in\mathbf{R}$ 且 $a\neq 0$.

解 在例 1 的(6)式中,x 用 $\frac{x}{a}$ 代入,得

$$\left(\frac{x}{a}\right)^{2m+1}-1=\left(\frac{x}{a}-1\right)\prod_{k=1}^{m}\left[\left(\frac{x}{a}\right)^2-2\,\frac{x}{a}\cos\frac{2k\pi}{2m+1}+1\right].$$

两边乘以 a^{2m+1},得

$$x^{2m+1}-a^{2m+1}=(x-a)\prod_{k=1}^{m}\left(x^2-2ax\cos\frac{2k\pi}{2m+1}+a^2\right).\tag{12}$$

在例 1 的(7)式中,x 用 $\frac{x}{a}$ 代入,得

$$\left(\frac{x}{a}\right)^{2m}-1=\left(\frac{x}{a}-1\right)\left(\frac{x}{a}+1\right)\prod_{k=1}^{m-1}\left[\left(\frac{x}{a}\right)^2-2\,\frac{x}{a}\cos\frac{k\pi}{m}+1\right].$$

两边乘以 a^{2m},得

$$x^{2m}-a^{2m}=(x-a)(x+a)\prod_{k=1}^{m-1}\left(x^2-2ax\cos\frac{k\pi}{m}+a^2\right).\tag{13}$$

从例 1、例 2、例 3 看到,研究清楚了 x^n-1 在复数域上的标准分解式,就容易求出它在实数域上的标准分解式. 进而可求出 x^n-a^n 在实数域上的标准分解式,其中 a 是任意一个非零实数;并且可以证明有关余弦或正弦的连乘积的恒等式. 这说明研究数学要抓住最根本的东西,根深叶茂.

习 题 2.6

1. 证明:实系数的奇次多项式至少有一个实根.
2. 求多项式 x^n+1 在实数域上的标准分解式.
3. 求多项式 x^n+a^n 在复数域上和在实数域上的标准分解式,其中 $a\in\mathbf{R}$ 且 $a\neq 0$.
4. 证明:$\prod_{k=1}^{m}\cos\frac{(2k-1)\pi}{4m}=\frac{\sqrt{2}}{2^m}$.

§2.7 有理数域上的不可约多项式

有理数域上的不可约多项式有哪些? 如何判别一个有理系数多项式是否不可约?

任意一个次数大于 0 的有理系数多项式都可以表示成一个有理数乘以一个整系数多项式,其中整系数多项式的各项系数的最大公因数只有 ± 1. 例如

$$f(x)=\frac{1}{2}x^4+\frac{1}{3}x^3-2x+1=\frac{1}{6}(3x^4+2x^3-12x+6).$$

由此抽象出下述概念:

定义1 一个非零的整系数多项式 $g(x)$，如果它的各项系数的最大公因数只有 ±1，那么称 $g(x)$ 是一个**本原多项式**.

从上述例子看出，任意一个次数大于 0 的有理系数多项式 $f(x)$ 都与一个本原多项式 $g(x)$ 相伴，而相伴的多项式其不可约性是一样的. 因此我们可以把研究有理系数不可约多项式的问题简化为研究本原多项式在 $\mathbf{Q}$ 上是否不可约的问题. 这样做的好处是可以利用整数环的结构. 我们首先来研究本原多项式的性质.

性质1 两个本原多项式 $g(x)$ 与 $h(x)$ 在 $\mathbf{Q}[x]$ 中相伴当且仅当 $g(x)=\pm h(x)$.

证明 充分性是显然的. 下面证必要性. 由已知条件得 $g(x)=ch(x)$，其中 $c\in\mathbf{Q}$ 且 $c\neq0$. 设 $c=\frac{q}{p}$，其中 p 与 q 是互素的整数. 假如 $c\neq\pm1$，则 p 与 q 至少有一个不等于 ±1. 不妨设 $p\neq\pm1$. 设 $h(x)=\sum\limits_{i=0}^{n}b_ix^i$，则 $g(x)=\frac{q}{p}\sum\limits_{i=0}^{n}b_ix^i$. 由于 $\frac{q}{p}b_i\in\mathbf{Z}$，因此 $p\mid qb_i$. 由于 $(p,q)=1$，因此 $p\mid b_i$，$i=0,1,\cdots,n$. 这与 $h(x)$ 是本原多项式矛盾. 所以 $c=\pm1$，即 $g(x)=\pm h(x)$. □

性质2(高斯引理) 两个本原多项式的乘积还是本原多项式.

证明 设 $f(x)=\sum\limits_{i=0}^{n}a_ix^i$，$g(x)=\sum\limits_{j=0}^{m}b_jx^j$ 都是本原多项式. 设

$$h(x)=f(x)g(x)=c_{n+m}x^{n+m}+\cdots+c_1x+c_0,$$

其中

$$c_s=\sum_{i+j=s}a_ib_j,\quad s=0,1,\cdots,n+m.$$

假如 $h(x)$ 不是本原多项式，则存在一个素数 p，使得

$$p\mid c_s,\quad s=0,1,\cdots,n+m.$$

因为 $f(x)$ 是本原多项式，所以存在 $k(0\leqslant k\leqslant n)$ 满足

$$p\mid a_0,\quad p\mid a_1,\quad \cdots,\quad p\mid a_{k-1},\quad p\nmid a_k. \tag{1}$$

同理，由于 $g(x)$ 本原，因此存在 $l(0\leqslant l\leqslant m)$ 满足

$$p\mid b_0,\quad p\mid b_1,\quad \cdots,\quad p\mid b_{l-1},\quad p\nmid b_l. \tag{2}$$

考虑 $h(x)$ 的 $k+l$ 次项的系数：

$$\begin{aligned}c_{k+l}=&a_{k+l}b_0+a_{k+l-1}b_1+\cdots+a_{k+1}b_{l-1}\\&+a_kb_l+a_{k-1}b_{l+1}+\cdots+a_0b_{k+l}.\end{aligned}\tag{3}$$

从(3)式得，$p\mid a_kb_l$. 从而 $p\mid a_k$ 或 $p\mid b_l$. 矛盾. 因此 $h(x)$ 是本原多项式. □

为了研究本原多项式在 $\mathbf{Q}$ 上不可约的判定，我们先来研究本原多项式在 $\mathbf{Q}$ 上可约的充分必要条件.

定理1 一个次数大于 0 的本原多项式 $g(x)$ 在 $\mathbf{Q}$ 上可约当且仅当 $g(x)$ 能分解成两个次数比 $g(x)$ 的次数低的本原多项式的乘积.

证明 充分性是显然的. 下面证必要性.

设本原多项式 $g(x)$ 在 $\mathbf{Q}$ 上可约，则存在 $g_1(x), g_2(x) \in \mathbf{Q}[x]$，使得

$$g(x) = g_1(x)g_2(x), \quad \deg g_i(x) < \deg g(x), \quad i = 1,2.$$

设 $g_i(x) = r_i h_i(x)$，其中 $r_i \in \mathbf{Q}$ 且 $r_i \neq 0$，$h_i(x)$ 是本原多项式，$i=1,2$，则

$$g(x) = r_1 r_2 h_1(x) h_2(x),$$

于是 $g(x) \sim h_1(x)h_2(x)$. 由性质 2 得，$h_1(x)h_2(x)$ 是本原多项式. 因此据性质 1 得

$$g(x) = \pm h_1(x)h_2(x), \quad \deg h_i(x) = \deg g_i(x) < \deg g(x), \quad i = 1,2. \qquad \square$$

于是 $g(x)$ 分解成了两个次数比 $g(x)$ 的次数低的本原多项式的乘积.

由定理 1 立即得到：

定理 2 每一个次数大于 0 的本原多项式 $g(x)$ 可以分解成有限多个在 $\mathbf{Q}$ 上不可约的本原多项式的乘积. □

由定理 1 还可以得到：

推论 1 一个次数大于 0 的整系数多项式 $f(x)$ 在 $\mathbf{Q}$ 上可约当且仅当 $f(x)$ 能分解成两个次数比 $f(x)$ 的次数低的整系数多项式的乘积.

证明 *必要性* 设 $f(x) = mg(x)$，其中 $g(x)$ 是本原多项式，$m \in \mathbf{Z}$，且 $m \neq 0$. 由于 $f(x)$ 在 $\mathbf{Q}$ 上可约，因此 $g(x)$ 也在 $\mathbf{Q}$ 上可约. 据定理 1 得，$g(x) = h_1(x)h_2(x)$，其中 $h_i(x)$ 是本原多项式，且 $\deg h_i(x) < \deg g(x) = \deg f(x)$，$i=1,2$. 于是 $f(x) = (mh_1(x))h_2(x)$. 这证明了 $f(x)$ 分解成了两个次数比 $f(x)$ 的次数低的整系数多项式的乘积.

充分性是显然的. □

现在我们来探寻本原多项式在 $\mathbf{Q}$ 上不可约的判别方法. 次数大于 1 的本原多项式 $f(x)$ 如果在 $\mathbf{Q}[x]$ 中有一次因式，那么它一定可约. 而 $f(x)$ 在 $\mathbf{Q}[x]$ 中有一次因式当且仅当 $f(x)$ 在 $\mathbf{Q}$ 中有根. 因此我们先来研究 $f(x)$ 有没有有理根的问题.

定理 3 设 $f(x) = a_n x^n + \cdots + a_1 x + a_0$ 是一个次数 n 大于 0 的本原多项式. 如果 $\dfrac{q}{p}$ 是 $f(x)$ 的一个有理根，其中 p 与 q 互素，那么 $p \mid a_n$，$q \mid a_0$.

证明 由于 $\dfrac{q}{p}$ 是 $f(x)$ 的根，因此在 $\mathbf{Q}[x]$ 中，$x - \dfrac{q}{p} \,\Big|\, f(x)$. 于是 $px - q \mid f(x)$. 由于 $(p,q)=1$，因此 $px-q$ 是本原多项式. 据定理 2 和性质 2 得，$f(x) = (px-q)g(x)$，其中 $g(x)$ 是本原多项式. 设 $g(x) = \sum\limits_{i=0}^{n-1} b_i x^i$，则

$$f(x) = (px - q)\sum_{i=0}^{n-1} b_i x^i. \tag{4}$$

分别比较(4)式两边的多项式的首项系数和常数项，得

$$a_n = pb_{n-1}, \quad a_0 = -qb_0.$$

因此 $p \mid a_n$，$q \mid a_0$. □

在定理 3 的证明过程中看到：若 $\dfrac{q}{p}$ 是 $f(x)$ 的根，且 $(p,q)=1$，则

$$f(x)=(px-q)g(x).$$

于是

$$f(1)=(p-q)g(1),\quad f(-1)=-(p+q)g(-1).$$

当$\frac{q}{p}\neq\pm 1$时,有

$$\frac{f(1)}{p-q}=g(1)\in\mathbf{Z},\quad \frac{f(-1)}{p+q}=-g(-1)\in\mathbf{Z}.$$

因此如果计算出$\frac{f(1)}{p-q}\notin\mathbf{Z}$或$\frac{f(-1)}{p+q}\notin\mathbf{Z}$,那么$\frac{q}{p}$不是$f(x)$的根.

例 1 设$f(x)=x^4+5x^3-3x^2+9$,试问:$f(x)$有没有有理根?

解 据定理 3,若$\frac{q}{p}$是$f(x)$的根,则$p\mid 1,q\mid 9$,从而$p=\pm 1,q=\pm 1$或± 3或± 9. 于是$f(x)$的有理根只可能是:

$$\pm 1,\quad \pm 3,\quad \pm 9.$$

由于$f(1)=1+5-3+9=12\neq 0,f(-1)=1-5-3+9=2\neq 0$,因此$\pm 1$都不是$f(x)$的根.

对于$\frac{q}{p}=3$,计算:

$$\frac{f(1)}{p-q}=\frac{12}{1-3}=-6,\quad \frac{f(-1)}{p+q}=\frac{2}{1+3}=\frac{1}{2}\notin\mathbf{Z}.$$

因此 3 不是$f(x)$的根.

对于$\frac{q}{p}=-3$,计算:

$$\frac{f(1)}{p-q}=\frac{12}{1-(-3)}=3,\quad \frac{f(-1)}{p+q}=\frac{2}{1+(-3)}=-1.$$

为进一步讨论-3是否为$f(x)$的根,用$x-(-3)$去除$f(x)$. 采用综合除法的格式,即

$$\begin{array}{rrrrr|r}
1 & 5 & -3 & 0 & 9 & -3 \\
 & -3 & -6 & 27 & -81 & \\
\hline
1 & 2 & -9 & 27 & -72 &
\end{array}$$

于是$f(x)=(x^3+2x^2-9x+27)(x+3)-72$. 因此$x+3\nmid f(x)$,从而$-3$不是$f(x)$的根.

对于$\frac{q}{p}=9$,计算$\frac{f(1)}{p-q}=\frac{12}{1-9}=-\frac{3}{2}\notin\mathbf{Z}$,因此 9 不是$f(x)$的根.

对于$\frac{q}{p}=-9$,计算$\frac{f(1)}{p-q}=\frac{12}{1-(-9)}=\frac{6}{5}\notin\mathbf{Z}$,因此$-9$不是$f(x)$的根.

综上所述得,$f(x)$没有有理根.

在例 1 中,$f(x)$没有有理根,因此$f(x)$没有一次因式. 但是还不能判定$f(x)$在$\mathbf{Q}$上不

可约. 这是因为 4 次多项式 $f(x)$ 虽然没有一次因式，但有可能会有二次因式. 只有证明了 $f(x)$ 也没有二次因式，才能断定 $f(x)$ 在 $\mathbf{Q}$ 上不可约. 证明 $f(x)$ 没有二次因式可以采用反证法，还可以有其他的方法，这将在本小节最后一部分的例 5 中讨论.

对于 2 次或 3 次本原多项式，如果它没有有理根，那么它在 $\mathbf{Q}[x]$ 中没有一次因式，从而它在 $\mathbf{Q}[x]$ 中不能分解成两个次数较低的多项式的乘积，于是它在 $\mathbf{Q}$ 上不可约.

例 2 判断 $f(x)=x^3+x+3$ 在 $\mathbf{Q}$ 上是否不可约?

解 先看 $f(x)$ 有没有有理根，$f(x)$ 的有理根只可能是 $\pm1,\pm3$.

由于 $f(1)=1+1+3=5\neq0$，$f(-1)=-1-1+3=1\neq0$，因此 ±1 都不是 $f(x)$ 的根.

对于 $\dfrac{q}{p}=3$，计算 $\dfrac{f(1)}{p-q}=\dfrac{5}{1-3}=-\dfrac{5}{2}\notin\mathbf{Z}$，因此 3 不是 $f(x)$ 的根.

对于 $\dfrac{q}{p}=-3$，计算 $\dfrac{f(1)}{p-q}=\dfrac{5}{1-(-3)}=\dfrac{5}{4}\notin\mathbf{Z}$，因此 -3 不是 $f(x)$ 的根.

综上所述得，$f(x)$ 没有有理根. 又 $f(x)$ 是 3 次多项式，因此 $f(x)$ 在 $\mathbf{Q}$ 上不可约.

从例 2 看到，在 $\mathbf{Q}$ 上不可约的本原多项式有 3 次的. 试问：在 $\mathbf{Q}$ 上不可约的本原多项式有没有 4 次的，5 次的，或更高次的？如果我们能对于次数大于 3 的本原多项式是否在 $\mathbf{Q}$ 上不可约给出一个判别方法就好了. 按照一般的思路会去探索本原多项式在 $\mathbf{Q}$ 上不可约的必要条件，然后讨论这些条件是否也为充分条件. 尝试后发现寻找本原多项式在 $\mathbf{Q}$ 上不可约的必要条件是很困难的. 我们不要什么问题都沿袭一般的思路，而应当具体问题具体分析. 换一个角度思考，我们可以直接探寻本原多项式在 $\mathbf{Q}$ 上不可约的充分条件. 既然是探索充分条件，我们可以事先选择一些条件. 从本原多项式的定义受到启发，我们考虑这样的 n 次 $(n>0)$ 本原多项式 $f(x)=a_nx^n+\cdots+a_1x+a_0$，对于它，存在一个素数 p 使得

$$p\mid a_0,\quad p\mid a_1,\quad \cdots,\quad p\mid a_{n-1},\quad p\nmid a_n. \tag{5}$$

除了这些条件外，还需要添加什么条件才能断定 $f(x)$ 在 $\mathbf{Q}$ 上不可约呢？我们反过来思考：假如 $f(x)$ 在 $\mathbf{Q}$ 上可约，看能推出什么结论. 此时据定理 1 得

$$f(x)=(b_mx^m+\cdots+b_1x+b_0)(c_lx^l+\cdots+c_1x+c_0), \tag{6}$$

其中 $m<n,l<n,m+l=n,b_i,c_j\in\mathbf{Z},i=0,1,\cdots,m;j=0,1,\cdots,l$，且 $b_m\neq0,c_l\neq0$. 由(6)式得

$$a_n=b_mc_l,\quad a_0=b_0c_0.$$

已知 $p|a_0$，因此 $p|b_0$ 或 $p|c_0$. 不妨设 $p|b_0$. 又已知 $p\nmid a_n$，因此 $p\nmid b_m$ 且 $p\nmid c_l$. 于是存在 $k(0<k\leqslant m)$ 使得

$$p\mid b_0,\quad p\mid b_1,\quad \cdots,\quad p\mid b_{k-1},\quad p\nmid b_k.$$

由于 $a_k=b_0c_k+b_1c_{k-1}+\cdots+b_{k-1}c_1+b_kc_0$，且 $p|a_k$（因为 $k\leqslant m<n$），因此 $p|b_kc_0$. 由于 $p\nmid b_k$，因此 $p|c_0$. 又 $p|b_0$，从而 $p^2|a_0$. 于是只要 $p^2\nmid a_0$，那么 $f(x)$ 在 $\mathbf{Q}$ 上不可约. 这样我们探索且

证明了下述定理,这就是著名的 Eisenstein 判别法:

定理 4(Eisenstein 判别法) 设

$$f(x)=a_nx^n+a_{n-1}x^{n-1}+\cdots+a_1x+a_0$$

是一个次数 n 大于 0 的本原多项式. 如果有一个素数 p 使得

$$p\mid a_0,\quad p\mid a_1,\quad \cdots,\quad p\mid a_{n-1},\quad p\nmid a_n,$$

且 $$p^2\nmid a_0,$$

那么 $f(x)$ 在 $\mathbf{Q}$ 上不可约. □

从上述探索过程看到,对于整系数多项式 $f(x)$,若 $f(x)$ 在 $\mathbf{Q}$ 上可约,则据推论 1 得(6)式成立. 从而在定理 4 中把本原多项式换成整系数多项式后,仍然成立.

推论 2 在 $\mathbf{Q}[x]$ 中存在任意次数的不可约多项式.

证明 任取正整数 n,设 $f(x)=x^n+3$. 素数 3 符合定理 4 的条件,因此 $f(x)=x^n+3$ 在 $\mathbf{Q}$ 上不可约. □

从上述讨论看到,引进本原多项式的概念,研究本原多项式的性质,经过探索得到本原多项式在 $\mathbf{Q}$ 上不可约的一个充分条件,进而证明了存在任意次数的有理系数不可约多项式. 这是研究有理系数不可约多项式的创新之路.

有时直接用 Eisenstein 判别法无法判断整系数多项式 $f(x)$ 在 $\mathbf{Q}$ 上是否不可约,此时可选择一个有理数 b(通常选 $b=1$ 或 -1),如果用 Eisenstein 判别法能判断 $g(x)=f(x+b)$ 在 $\mathbf{Q}$ 上不可约,那么容易证明 $f(x)$ 在 $\mathbf{Q}$ 上也不可约.

例 3 设 p 是一个素数,多项式

$$f_p(x)=x^{p-1}+x^{p-2}+\cdots+x+1 \tag{7}$$

称为 p 阶分圆多项式. 证明 $f_p(x)$ 在 $\mathbf{Q}$ 上不可约.

证明 直接计算得

$$(x-1)f_p(x)=x^p-1.$$

x 用 $x+1$ 代入,从上式得

$$\begin{aligned}xf_p(x+1)&=(x+1)^p-1\\&=x^p+\mathrm{C}_p^1x^{p-1}+\cdots+\mathrm{C}_p^kx^{p-k}+\cdots+\mathrm{C}_p^{p-1}x.\end{aligned}$$

于是

$$g(x):=f_p(x+1)=x^{p-1}+\mathrm{C}_p^1x^{p-2}+\cdots+\mathrm{C}_p^kx^{p-k-1}+\cdots+\mathrm{C}_p^{p-1}.$$

我们知道,$p\mid \mathrm{C}_p^k$,$1\leqslant k<p$,又 $p\nmid 1$,$p^2\nmid \mathrm{C}_p^{p-1}$,因此 $g(x)$ 在 $\mathbf{Q}$ 上不可约. 从而 $g(x)$ 不能分解成两个次数比 $g(x)$ 的次数低的多项式的乘积. 因此 $f_p(x)$ 也不能分解成两个次数比 $f_p(x)$ 的次数低的多项式的乘积. 这证明了 $f_p(x)$ 在 $\mathbf{Q}$ 上不可约. □

下面我们来探索判定本原多项式在 $\mathbf{Q}$ 上不可约的又一种方法.

设 $f(x)=\sum\limits_{i=0}^{n}a_ix^i$ 是一个次数 n 大于 0 且首项系数为奇数的本原多项式,把它的各项

系数模 2 以后得到一个 $\mathbf{Z}_2$ 上的多项式 $\sum_{i=0}^{n}\bar{a}_i x^i$，记做 $\bar{f}(x)$. 由于 a_n 是奇数，因此 $\bar{a}_n\neq\bar{0}$. 从而 $\deg\bar{f}(x)=\deg f(x)$. 由于 $\mathbf{Z}_2$ 只有两个元素：$\bar{0}$ 和 $\bar{1}$，因此 $\mathbf{Z}_2$ 上的多项式中每一项的系数只有两种可能：$\bar{0}$ 或 $\bar{1}$，从而研究起来简便得多. 例如，$\mathbf{Z}_2$ 上的一次多项式只有两个：$x, x+\bar{1}$. $\mathbf{Z}_2$ 上的二次多项式只有四个：

$$x^2,\quad x^2+x,\quad x^2+\bar{1},\quad x^2+x+\bar{1},$$

其中 x^2, x^2+x 显然在 $\mathbf{Z}_2$ 上可约. 关于 $x^2+\bar{1}$，由于它在 $\mathbf{Z}_2$ 中有根 $\bar{1}$，因此 $x^2+\bar{1}$ 在 $\mathbf{Z}_2$ 上可约. 关于 $x^2+x+\bar{1}$，由于 $\bar{0}$ 和 $\bar{1}$ 都不是它的根，因此 $x^2+x+\bar{1}$ 没有一次因式，从而它不可约. 这证明了：$\mathbf{Z}_2$ 上的二次不可约多项式只有一个：$x^2+x+\bar{1}$. 类似的方法可讨论 $\mathbf{Z}_2$ 上的三次不可约多项式有哪些. 由此受到启发，能不能通过研究 $\mathbf{Z}_2$ 上的多项式 $\bar{f}(x)$ 是否不可约，来研究 $f(x)$ 在 $\mathbf{Q}$ 上是否不可约呢？

如果 $f(x)$ 在 $\mathbf{Q}$ 上可约，那么存在本原多项式 $f_1(x)$ 和 $f_2(x)$，使得

$$f(x)=f_1(x)f_2(x),\quad \deg f_i(x)<\deg f(x),\quad i=1,2. \tag{8}$$

设 $f_1(x)=\sum_{i=0}^{m}b_i x^i$，$f_2(x)=\sum_{j=0}^{l}c_j x^j$，其中 $m+l=n$，$b_m c_l=a_n$. 由于 a_n 是奇数，因此 b_m 和 c_l 都是奇数. 把 $f_1(x)$ 和 $f_2(x)$ 的各项系数都模 2 以后得到的 $\mathbf{Z}_2$ 上的多项式分别为

$$\bar{f}_1(x)=\sum_{i=0}^{m}\bar{b}_i x^i,\quad \bar{f}_2(x)=\sum_{j=0}^{l}\bar{c}_j x^j.$$

由于 $\bar{b}_m\neq\bar{0}$，$\bar{c}_l\neq\bar{0}$，因此 $\deg\bar{f}_i(x)=\deg f_i(x)$，$i=1,2$. 由于

$$f_1(x)f_2(x)=\sum_{s=0}^{m+l}\Big(\sum_{i+j=s}b_i c_j\Big)x^s,$$

$$\bar{f}_1(x)\bar{f}_2(x)=\sum_{s=0}^{m+l}\Big(\sum_{i+j=s}\bar{b}_i\bar{c}_j\Big)x^s,$$

因此把 $f_1(x)f_2(x)$ 的各项系数模 2 以后得到的 $\mathbf{Z}_2$ 上的多项式为

$$\sum_{s=0}^{m+l}\overline{\Big(\sum_{i+j=s}b_i c_j\Big)}x^s=\sum_{s=0}^{m+l}\Big(\sum_{i+j=s}\bar{b}_i\bar{c}_j\Big)x^s=\bar{f}_1(x)\bar{f}_2(x).$$

于是把(8)式两边的多项式的系数模 2 以后，得

$$\bar{f}(x)=\bar{f}_1(x)\bar{f}_2(x). \tag{9}$$

由于 $\deg\bar{f}_i(x)=\deg f_i(x)<\deg f(x)=\deg\bar{f}(x)$，$i=1,2$，因此(9)式表明 $\bar{f}(x)$ 在 $\mathbf{Z}_2$ 上可约. 这样我们探索并证明了下述定理：

定理 5　设 $f(x)$ 是一个次数大于 0 且首项系数为奇数的本原多项式，把它的各项系数模 2 以后得到 $\mathbf{Z}_2$ 上的多项式 $\bar{f}(x)$. 如果 $\bar{f}(x)$ 在 $\mathbf{Z}_2$ 上不可约，那么 $f(x)$ 在 $\mathbf{Q}$ 上不可约. □

例 4　设 $f(x)=3x^4+5x-7$，判断 $f(x)$ 在 $\mathbf{Q}$ 上是否不可约？

解　把 $f(x)$ 的各项系数模 2 以后得到 $\mathbf{Z}_2$ 上的多项式：

$$\bar{f}(x)=\bar{1}x^4+\bar{1}x+\bar{1}=x^4+x+\bar{1}=x(x^3+\bar{1})+\bar{1}. \tag{10}$$

由于 $a^3+b^3=(a+b)(a^2-ab+b^2)$，因此

$$x^3+\bar{1}=x^3+\bar{1}^3=(x+\bar{1})(x^2-\bar{1}x+\bar{1}^2)=(x+\bar{1})(x^2+x+\bar{1}).$$

代入(10)式得

$$\bar{f}(x)=x(x+\bar{1})(x^2+x+\bar{1})+\bar{1}. \tag{11}$$

从(11)式看到，$\mathbf{Z}_2$ 上的一次多项式 x 和 $x+\bar{1}$ 都不是 $\bar{f}(x)$ 的因式，$\mathbf{Z}_2$ 上的唯一的二次不可约多项式 $x^2+x+\bar{1}$ 也不是 $\bar{f}(x)$ 的因式. 由于 $\deg\bar{f}(x)=4$，因此假如 $\bar{f}(x)$ 在 $\mathbf{Z}_2$ 上可约，那么它应当有一次因式或二次不可约因式. 所以 $\bar{f}(x)$ 在 $\mathbf{Z}_2$ 上不可约. 从而 $f(x)$ 在 $\mathbf{Q}$ 上不可约.

注意：如果 $\bar{f}(x)$ 在 $\mathbf{Z}_2$ 上可约，那么不能断定 $f(x)$ 在 $\mathbf{Q}$ 上可约. 究竟是否可约，应当作进一步具体分析.

例 5 设 $f(x)=x^4+5x^3-3x^2+9$，判断 $f(x)$ 在 $\mathbf{Q}$ 上是否不可约?

解 把 $f(x)$ 的各项系数模 2 得到 $\mathbf{Z}_2$ 上的多项式：

$$\begin{aligned}\bar{f}(x)&=x^4+x^3+x^2+\bar{1}=x^3(x+\bar{1})+(x+\bar{1})^2\\&=(x+\bar{1})(x^3+x+\bar{1}).\end{aligned} \tag{12}$$

于是 $\bar{f}(x)$ 在 $\mathbf{Z}_2$ 上可约. 据 §2.5 的例 1，$x^3+x+\bar{1}$ 在 $\mathbf{Z}_2$ 上不可约. 于是(12)式是 $\bar{f}(x)$ 在 $\mathbf{Z}_2[x]$ 中的唯一因式分解.

假如 $f(x)$ 在 $\mathbf{Q}$ 上可约，则有首项系数为 1 的本原多项式 $f_1(x)$，$f_2(x)$ 使得

$$f(x)=f_1(x)f_2(x),\quad \deg f_i(x)<\deg f(x),\quad i=1,2. \tag{13}$$

把(13)式两边的多项式系数模 2 后得到

$$\bar{f}(x)=\bar{f}_1(x)\bar{f}_2(x),\quad \deg\bar{f}_i(x)=\deg f_i(x)<\deg f(x)=\deg\bar{f}(x),\quad i=1,2.$$

从 $\bar{f}(x)$ 在 $\mathbf{Z}_2[x]$ 中的唯一因式分解式看出，$\bar{f}_1(x)$ 与 $\bar{f}_2(x)$ 中必有一个是一次因式. 从而 $f_1(x)$ 与 $f_2(x)$ 中必有一个是 $f(x)$ 的一次因式，于是 $f(x)$ 至少有一个有理根. 但是例 1 已经证明了 $f(x)$ 没有有理根，因此 $f(x)$ 在 $\mathbf{Q}$ 上不可约.

如果 $f(x)$ 的首项系数是偶数但不是 3 的倍数，那么把它的各项系数模 3 得到 $\mathbf{Z}_3$ 上的多项式 $\bar{f}(x)$. 若 $\bar{f}(x)$ 在 $\mathbf{Z}_3$ 上不可约，那么 $f(x)$ 在 $\mathbf{Q}$ 上不可约.

例 6 设 $f(x)=2x^3+9x^2+7x-4$，判断 $f(x)$ 在 $\mathbf{Q}$ 上是否不可约?

解 把 $f(x)$ 的各项系数模 3 得到 $\mathbf{Z}_3$ 上的多项式：

$$\bar{f}(x)=\bar{2}x^3+x+\bar{2}.$$

由于 $\bar{f}(\bar{0})=\bar{2}$，$\bar{f}(\bar{1})=\bar{2}\,\bar{1}^3+\bar{1}+\bar{2}=\bar{2}$，$\bar{f}(\bar{2})=\bar{2}\,\bar{2}^3+\bar{2}+\bar{2}=\bar{2}$，因此 $\bar{f}(x)$ 在 $\mathbf{Z}_3$ 中没有根. 又由于 $\deg\bar{f}(x)=3$，因此 $\bar{f}(x)$ 在 $\mathbf{Z}_3$ 上不可约. 从而 $f(x)$ 在 $\mathbf{Q}$ 上不可约.

例 6 也可以直接对 $f(x)$ 讨论，验证 $\pm1,\pm2,\pm4,\pm\dfrac{1}{2}$ 都不是 $f(x)$ 的根. 从而 $f(x)$ 在 $\mathbf{Q}$ 上不可约. 显然这样做的计算量比较大.

如果 $f(x)$ 的首项系数是偶数且又是 3 的倍数，但不是 5 的倍数，那么可以把 $f(x)$ 的各

项系数模 5 得到 $\mathbf{Z}_5$ 上的多项式 $\bar{f}(x)$. 关于 $\mathbf{Z}_2[x]$的结论,对于 $\mathbf{Z}_5[x]$也同样成立. 例如,如果 $\bar{f}(x)$在 $\mathbf{Z}_5$ 上不可约,那么 $f(x)$在 $\mathbf{Q}$上不可约.

把本原多项式 $f(x)$的各项系数模 2(或模 3,或模 5,…)得到 $\mathbf{Z}_2$(或 $\mathbf{Z}_3$,或 $\mathbf{Z}_5$,…)上的多项式 $\bar{f}(x)$. 通过研究 $\bar{f}(x)$的不可约性来研究 $f(x)$在 $\mathbf{Q}$上的不可约性,这也是数学上的一个创新点.

给了一个本原多项式 $f(x)$,如果它在 $\mathbf{Q}$上不可约,那么它就不能在 $\mathbf{Q}$上作因式分解;如果它在 $\mathbf{Q}$上可约,那么它就可作因式分解,一直分解到每个因式都在 $\mathbf{Q}$上不可约为止. 有了这个理论的指导和不可约多项式的判别方法,就不会对一个在 $\mathbf{Q}$上不可约的本原多项式徒劳地,挖空心思地去寻找把它因式分解的特殊技巧.

习　题　2.7

1. 求下列多项式的全部有理根:

(1) $f(x)=3x^4+8x^3+6x^2+3x-2$;

(2) $f(x)=2x^3+x^2-3x+1$.

2. 判断下列本原多项式在有理数域上是否不可约?

(1) x^3-5x^2+4x+3;　　(2) $x^4-6x^3+2x^2+10$;

(3) $7x^5+18x^4+6x-6$;　　(4) x^4-2x^3+2x-3;

(5) x^5+5x^3+1;　　(6) x^p+px^2+1,p 是奇素数;

(7) x^6+x^3+1.

3. 用系数模 2(或模 3)的方法判断下列整系数多项式在有理数域上是否不可约?

(1) $f(x)=x^4-5x+1$;　　(2) $f(x)=x^5-x^2+1$;

(3) $f(x)=x^4+3x^3+3x^2-5$;　　(4) $f(x)=4x^3-12x^2+5x-7$.

4. 在 $\mathbf{Q}[x]$中,把下述多项式因式分解:

$$x^8+x^7+x^6+x^5+x^4+x^3+x^2+x+1,\quad x^6-1,\quad x^6+1,\quad x^{12}-1.$$

第三章 从通信安全到密码学

古往今来，通信的安全无论对于国家、团体或个人都至关重要. 尤其是当今信息时代，人们都使用计算机进行信息的传递，如何保护那些重要的信息不被别人偷看呢？

自古以来，人们就想了各种各样的办法来保护通信的安全. 例如，把写好的信涂上一层隐形墨水，变成一张白纸，收信人用化学药水涂这张白纸，字就显示出来了. 容易想到的一种更方便的方法是：把待发送的消息（称为**明文**）按照一定的规则进行变化（称为**加密**），把变化的结果（称为**密文**）发送出去，并且发送者要把加密规则通过秘密渠道告诉接收者，使接收者能把密文译回成明文（称为**解密**）. 而偷看者即使截获了密文，也看不懂它的意思. 他要想看懂密文，就必须绞尽脑汁从截获的大量密文中设法推测解密的规则，但这不一定能成功.

如何使发送者和接收者之间加密与解密都容易实现，而偷看者企图破译解密规则却难于上青天呢？这将在本章第 1 节和第 2 节讨论.

如何满足现代社会众多民用保密通信的需要，以及满足当今信息时代计算机通信网络等多用户保密通信的需要呢？这将在本章的第 3 节讨论.

§3.1 序列密码

如何将明文加密成密文，保护通信的安全呢？

古老的年代有一种密码系统，称为 CAESAR 密码系统. 加密时，把明文中的每个英文字母用字母表中它左边第三个字母代替；解密时，把密文中的每个字母用字母表中它右边第三个字母代替，便还原成明文. 例如，明文为

We are Chinese.

密文为

$$\text{tbxobzefkbpb}.$$

这种密码系统的加密规则是把每个英文字母左移3位，解密规则是把每个英文字母右移3位.这种密码系统是不安全的，很容易破译这个加密规则.破译的方法是：英语中各个字母在一段话里出现的频率有高有低.譬如，从上述明文可以看出，字母e出现的频率最高，在总共12个字母中，e出现了4次，占$\frac{1}{3}$.于是当截获了密文时，看到字母b出现的频率最高，就可猜测密文的字母b对应于明文的字母e，从而猜测加密规则是左移3位，因此猜测解密规则是右移3位.按猜测出来的这个解密规则去解密密文，得出wearechinese.这是能被看懂意思的一句话，这表明上述猜测出来的加密、解密规则是对的.

把明文经过加密产生密文使消息保密的技术和科学叫做**密码编码学**(cryptography)；破译密文的科学和技术称为**密码分析学**(cryptanalysis).**密码学**(cryptology)包括密码编码学和密码分析学两部分.

如何进行密码编码才能使加密和解密都容易实现，并且抵抗住密码分析者的破译呢？

为了使加密和解密容易实现，把26个英文字母a,b,c,…,x,y,z分别对应到$\mathbf{Z}_{26}$的元素$\overline{0},\overline{1},\overline{2},\cdots,\overline{23},\overline{24},\overline{25}$；列表如下：

a	b	c	d	e	f	g	h	i	j	k	l	m
$\overline{0}$	$\overline{1}$	$\overline{2}$	$\overline{3}$	$\overline{4}$	$\overline{5}$	$\overline{6}$	$\overline{7}$	$\overline{8}$	$\overline{9}$	$\overline{10}$	$\overline{11}$	$\overline{12}$
n	o	p	q	r	s	t	u	v	w	x	y	z
$\overline{13}$	$\overline{14}$	$\overline{15}$	$\overline{16}$	$\overline{17}$	$\overline{18}$	$\overline{19}$	$\overline{20}$	$\overline{21}$	$\overline{22}$	$\overline{23}$	$\overline{24}$	$\overline{25}$

在上述例子中，明文we are chinese对应于下述$\mathbf{Z}_{26}$上的一个序列：

$$\overline{22}\quad \overline{4}\quad \overline{0}\quad \overline{17}\quad \overline{4}\quad \overline{2}\quad \overline{7}\quad \overline{8}\quad \overline{13}\quad \overline{4}\quad \overline{18}\quad \overline{4}. \tag{1}$$

在CAESAR密码系统中，加密规则成为明文的每个元素都减去$\overline{3}$，于是明文(1)变成下述密文：

$$\overline{19}\quad \overline{1}\quad \overline{23}\quad \overline{14}\quad \overline{1}\quad \overline{25}\quad \overline{4}\quad \overline{5}\quad \overline{10}\quad \overline{1}\quad \overline{15}\quad \overline{1}. \tag{2}$$

密文(2)对应于tbxobzefkbpb.解密时，把密文的每个元素都加$\overline{3}$，于是密文(2)还原成明文(1).在这个密码系统里，$\overline{3}$好比是一把钥匙，知道了它就很容易把明文加密成密文，以及把密文解密成明文.把$\overline{3}$叫做**密钥**(key).从前面的分析知道，密钥只有一个元素$\overline{3}$是很容易被破译的.

计算机普及和出现互联网以后，人们都使用计算机传递消息.用计算机做$\mathbf{Z}_{26}$中的加法和减法运算速度是比较慢的.计算机最容易实现的运算是对0和1进行"异或"运算，也就是在$\mathbf{Z}_2$中做加法运算(由于在$\mathbf{Z}_2$中，$-\overline{1}=\overline{1}$，因此在$\mathbf{Z}_2$中做减法运算与做相应的加法运算得到的结果是一致的，例如，$\overline{1}-\overline{1}=\overline{0},\overline{1}+\overline{1}=\overline{0},\overline{0}-\overline{1}=-\overline{1}=\overline{1},\overline{0}+\overline{1}=\overline{1}$).为此我们把模26剩

余类的代表用二进制表示，例如，对于 $\overline{22}$ 的代表 22，由于

$$22=16+4+2=1\times 2^4+0\times 2^3+1\times 2^2+1\times 2^1+0\times 2^0,$$

因此 22 的二进制表示为 10110. 从而把 $\overline{22}$ 对应于 10110，此时的 1 和 0 看成是 $\mathbf{Z}_2$ 中的元素 $\overline{1}$ 和 $\overline{0}$，为书写简单起见，仍写成 1 和 0. 注意：从 $\overline{0}$ 到 $\overline{25}$ 的每一个元素都要对应于由 0 和 1 组成的 5 位字符串. 例如，$\overline{3}$ 对应于 00011.

例如，英文单词 word 对应于 $\mathbf{Z}_{26}$ 上的一个序列：

$$\overline{22}\quad\overline{14}\quad\overline{17}\quad\overline{3},$$

接着对应于 $\mathbf{Z}_2$ 上的一个序列：

$$10110011101000100011. \tag{3}$$

序列(3)称为**明文序列**，其中每个元素称为一个“**位**”(bit).

为了对明文序列加密，我们选取 $\mathbf{Z}_2$ 上的一个序列，例如

$$0110100\cdots. \tag{4}$$

在序列(4)中我们写出了 7 位，后面都是周期重复地写，即序列(4)的周期为 7，我们把序列(4)作为密钥，称它为**密钥序列**.

加密时，把密钥序列(4)与明文序列(3)的对应位相加($\mathbf{Z}_2$ 中的加法)，得到的序列称为**密文序列**：

明文序列	10110011101000100011
密钥序列	01101000110100011010
密文序列	11011011011100111001 (5)

解密时，把密文序列(5)与密钥序列(4)的对应位相加($\mathbf{Z}_2$ 中的加法)，便还原成明文序列(3).

上述这种类型的密码称为**序列密码**(stream cipher)，它的加密和解密都很容易实现，而且速度很快.

在序列密码中，密钥序列起着关键作用. 如果密钥序列被破译了，那么凡是用这个密钥序列加密得到的密文序列都很容易被还原成明文序列. 如何构造密钥序列才能使它很难被破译呢？

设密钥序列的周期为 v，由 0 和 1 组成的长度为 v 的序列共有 2^v 个. 当 v 很大时，从 2^v 个序列用穷尽搜索的方法找出这一个密钥序列，其计算量很大，很费时间. 但是如果密钥序列的构造具有某种规律，密码分析者可以从中挖掘出信息，有可能不用穷尽搜索的方法而猜出这个密钥序列. 为了抵抗密码分析者的破译，应当使他们猜中密钥序列的可能性很小. 由此受到启示，密钥序列的每一位可以用掷硬币的方法来确定. 每次都掷一枚均匀硬币，着地时如果正面向上，那么在密钥序列的这一位上写 1；如果反面向上，就写 0. 用这个办法来形成一个与明文序列一样长的密钥序列. 这样的密钥序列是密码分析者猜不出来的，因为他怎

么能知道发送者每次掷硬币，着地时硬币究竟是正面向上还是反面向上呢？仔细分析一下，每一次掷硬币，着地时硬币正面向上的可能性与反面向上的可能性是一样的，从而出现正面向上的概率与出现反面向上的概率相等，都等于$\frac{1}{2}$. 设明文序列的长度为 v(即有 v 位)，则上述产生的密钥序列的长度也为 v. 相继掷 v 次硬币，可能出现的结果有 2^v 个，且出现其中每一种结果的可能性大小是相等的. 因此密码分析者从 2^v 个序列中猜出这个密钥序列的概率为$\frac{1}{2^v}$. v 越大，这个概率就越小，要想猜中这个密钥序列犹如大海捞针. 这样的密钥序列固然很难破译，但是细想一下，发送者如何把掷硬币产生的密钥序列告诉接收者呢？只能靠秘密的安全渠道. 每一次通信，发送者都要用掷硬币的方法产生一个与明文序列一样长的密钥序列，通过秘密渠道传送给接收者. 如果这个秘密渠道真的是安全的，那么何必不直接把明文通过这个秘密渠道传送给接收者呢？这岂不是可以省去发送者产生密钥序列和加密的时间，也省去接收者解密的时间吗？由此可见，用掷硬币的方法来产生与明文序列一样长的密钥序列是太麻烦的，不经济也不实用.

数学的思维方式告诉我们，不要因为用掷硬币的方法产生的密钥序列不实用就简单地否定它，而应当仔细分析它有什么好的性质，从中受到启迪，以便构造出既实用又不容易被破译的密钥序列.

设用掷硬币的方法产生的 $\mathbf{Z}_2$ 上周期为 v 的序列为

$$\alpha = a_0 a_1 a_2 \cdots a_{v-1} \cdots. \tag{6}$$

由于每一次掷硬币，出现正面向上的概率与出现反面向上的概率都等于$\frac{1}{2}$，因此在序列 α 的一个周期中，1 的个数与 0 的个数接近相等.

现在来探索序列 α 的一个周期中，相隔 $s-1$ 位的每两个元素之间的关系，其中 $0<s<v$. 为了方便看清楚相隔 $s-1$ 位的每两个元素，我们在序列 α 的下方写出把 α 左移 s 位后得到的序列 α_s(α_s 的元素的下标模 v 计算)：

$$\alpha = a_0 a_1 \cdots a_{s-1} a_s a_{s+1} \cdots a_{v-1},$$

$$\alpha_s = a_s a_{s+1} \cdots a_{2s-1} a_{2s} a_{2s+1} \cdots a_{s-1}.$$

α 与 α_s 的对应位的元素分别是：

$$\begin{bmatrix} a_0 \\ a_s \end{bmatrix}, \begin{bmatrix} a_1 \\ a_{s+1} \end{bmatrix}, \cdots, \begin{bmatrix} a_{v-1} \\ a_{s-1} \end{bmatrix}, \tag{7}$$

其中每一对对应位的元素是掷一枚硬币两次产生的结果. 由于掷一枚硬币两次，可能出现的结果有 4 个：

$$\begin{bmatrix} 1 \\ 1 \end{bmatrix}, \begin{bmatrix} 1 \\ 0 \end{bmatrix}, \begin{bmatrix} 0 \\ 1 \end{bmatrix}, \begin{bmatrix} 0 \\ 0 \end{bmatrix},$$

出现其中每一个结果的概率都是$\frac{1}{4}$. 因此在 α 与 α_s 的 v 对对应位元素(如(7)所示)中,出现 $\begin{bmatrix}1\\1\end{bmatrix}$与$\begin{bmatrix}0\\0\end{bmatrix}$的次数之和 h_s,出现$\begin{bmatrix}1\\0\end{bmatrix}$与$\begin{bmatrix}0\\1\end{bmatrix}$的次数之和 l_s,它们接近相等,也就是 h_s-l_s 接近于 0. 由此受到启发,引出下述概念:

定义 1 设 $\alpha=a_0a_1\cdots a_{v-1}\cdots$是 $\mathbf{Z}_2$ 上周期为 v 的序列,用 α_s 表示把 α 左移 s 位得到的序列,$0\leqslant s<v$. 把 α 与 α_s 的对应位元素相同的位数记做 h_s,对应位元素不同的位数记做 l_s,令

$$C_\alpha(s)=h_s-l_s, \tag{8}$$

则称 $C_\alpha(s)$是 α 的**周期自相关函数**,简称为 α 的**自相关函数**.

显然,$C_\alpha(0)=v$. 当 $0<s<v$ 时,$C_\alpha(s)$的值统称为**旁瓣值**.

从上述讨论得出,用掷硬币的方法产生的 $\mathbf{Z}_2$ 上周期为 v 的序列 α,它的自相关函数的旁瓣值都接近于 0. 由此受到启发,抽象出下述概念:

定义 2 设

$$\alpha=a_0a_1a_2\cdots a_{v-1}\cdots \tag{9}$$

是 $\mathbf{Z}_2$ 上周期为 v 的一个序列,如果 α 的自相关函数的旁瓣值都为 0,那么称 α 是**完美序列**(或**随机序列**);如果 α 的自相关函数的旁瓣值都等于-1,那么称 α 是**拟完美序列**(或**伪随机序列**).

从掷硬币产生的序列的特性的分析知道,用完美序列或拟完美序列作为密钥序列,只要周期足够长,密码分析者是很难破译的.

例如,设 $\alpha=0001$ 是 $\mathbf{Z}_2$ 上周期为 4 的一个序列,由于

$$\begin{aligned}
&\alpha=0001,\\
&\alpha_1=0010, \quad C_\alpha(1)=2-2=0,\\
&\alpha_2=0100, \quad C_\alpha(2)=2-2=0,\\
&\alpha_3=1000, \quad C_\alpha(3)=2-2=0,
\end{aligned}$$

因此,α 是一个完美序列.

猜想 不存在周期大于 4 的完美序列.

这一猜想至今未能证明.

于是我们的任务是要去寻找拟完美序列.

例 1 设 $\alpha=0110100\cdots$是 $\mathbf{Z}_2$ 上周期为 7 的一个序列,α 是不是拟完美序列?

解

$$\begin{aligned}
&\alpha=0110100,\\
&\alpha_1=1101000, \quad C_\alpha(1)=3-4=-1,\\
&\alpha_2=1010001, \quad C_\alpha(2)=3-4=-1,\\
&\alpha_3=0100011, \quad C_\alpha(3)=3-4=-1,\\
&\alpha_4=1000110, \quad C_\alpha(4)=3-4=-1,
\end{aligned}$$

$$\alpha_5 = 0001101, \quad C_\alpha(5) = 3-4 = -1,$$
$$\alpha_6 = 0011010, \quad C_\alpha(6) = 3-4 = -1.$$

因此,α 是拟完美序列.

例 1 中的拟完美序列 α 是如何构造出来的? 由于 α 的每一位元素是 1 或 0,因此只要确定哪些位上是 1 就够了. 从左到右的位置依次称为第 0 位,第 1 位,……,第 6 位. 由于 α 的周期为 7,因此 α 的第 7 位的元素就是第 0 位的元素,第 8 位的元素就是第 1 位的元素,……. 由此看出,α 的第 0 位应当写成 $\mathbf{Z}_7$ 的元素 $\overline{0}$,第 1 位写成 $\mathbf{Z}_7$ 的元素 $\overline{1}$,……. 于是在 α 的第 $\overline{1}$ 位、第 $\overline{2}$ 位、第 $\overline{4}$ 位的元素都是 1,其余位置上的元素都是 0. 令

$$D = \{\overline{1}, \overline{2}, \overline{4}\}.$$

显然,D 是 $\mathbf{Z}_7$ 的一个子集. 很自然地把 D 称为 α 的支撑集(因为在 α 的第 $\overline{1}$ 位、第 $\overline{2}$ 位、第 $\overline{4}$ 位是 1). 由此受到启发,引出下述概念:

定义 3 设 $\alpha = a_0 a_1 \cdots a_{v-1} \cdots$ 是 $\mathbf{Z}_2$ 上周期为 v 的一个序列,令

$$D = \{\overline{i} \in \mathbf{Z}_v \mid a_i = 1\}, \tag{10}$$

则 D 称为序列 α 的**支撑集**.

显然,知道了序列 α,就能写出它的支撑集;反之,如果知道了序列 α 的支撑集,就能写出序列 α.

现在来探索例 1 中的序列 α 的支撑集 D 有什么性质? $D = \{\overline{1}, \overline{2}, \overline{4}\}$ 是 $\mathbf{Z}_7$ 的一个子集,先把 D 中每两个不同元素相加,得

$$\overline{1} + \overline{2} = \overline{3}, \quad \overline{1} + \overline{4} = \overline{5}, \quad \overline{2} + \overline{4} = \overline{6}.$$

再把 D 中每两个不同元素相减,得

$$\overline{1} - \overline{2} = \overline{6}, \quad \overline{1} - \overline{4} = \overline{4}, \quad \overline{2} - \overline{4} = \overline{5},$$
$$\overline{2} - \overline{1} = \overline{1}, \quad \overline{4} - \overline{1} = \overline{3}, \quad \overline{4} - \overline{2} = \overline{2}.$$

由此看出,D 中每两个不同元素相减得到的差恰好是 $\mathbf{Z}_7$ 中的全部非零元. 由此受到启发,引出下述概念:

定义 4 设 G 是 v 阶交换群,它的运算记成加法. 设 D 是 G 的一个 k 元子集,如果 G 中每个非零元 a 都恰有 λ 种方式表示成

$$a = d_1 - d_2, \quad d_1, d_2 \in D, \tag{11}$$

那么称 D 是 G 的一个 (v,k,λ)-**差集**.

例 1 中的序列 α 的支撑集 D 就是 $\mathbf{Z}_7$ 的加法群(即 $\mathbf{Z}_7$ 对于加法成的群)的一个 $(7,3,1)$-差集.

设 D 是群 G 的一个 (v,k,λ)-差集,对于 G 中任意给定的一个元素 g,令

$$D + g = \{d + g \mid d \in D\}. \tag{12}$$

任取 G 中一个非零元 a,由于

$$a = d_1 - d_2 \Longleftrightarrow a = (d_1 + g) - (d_2 + g),$$

因此 $D+g$ 也是 G 的一个 (v,k,λ)-差集，称 $D+g$ 是 D 的一个**平移**.

设 D 是群 G 的一个 (v,k,λ)-差集，则 G 中每个非零元都有 λ 种方式表示成 D 中两个元素的差的形式，从而得到 D 中任意两个不同元素的差共有 $\lambda(v-1)$ 个. 又显然 D 中任意两个不同元素的差有 $k(k-1)$ 个，因此有

$$\lambda(v-1)=k(k-1). \tag{13}$$

例 1 中的序列 α 是周期为 7 的拟完美序列，它的支撑集 D 是 $\mathbf{Z}_7$ 的加法群的差集，由此受到启发，我们来探索 $\mathbf{Z}_2$ 上周期为 v 的序列 α 如果是拟完美序列，那么它的支撑集 D 是否为 $\mathbf{Z}_v$ 的加法群的差集？

设 $\alpha=a_0a_1\cdots a_{v-1}$ 是 $\mathbf{Z}_2$ 上周期为 v 的序列，α 的支撑集 $D=\{\bar{i}\in\mathbf{Z}_v\mid a_i=1\}$，设 $|D|=k$，则在 α 中 1 出现 k 次，0 出现 $v-k$ 次. α 左移 s 位得到的序列记做 $\alpha_s=a_sa_{s+1}\cdots a_{s-1}$. 在 α_s 中 1 也出现 k 次，0 也出现 $v-k$ 次. α 与 α_s 的对应位元素为 $\begin{bmatrix}a_i\\a_{i+s}\end{bmatrix}$，$i=0,1,2,\cdots,v-1$. 设 $\begin{bmatrix}1\\1\end{bmatrix}$ 在其中出现 λ_s 次. 由于在 α 中 1 出现 k 次，因此 $\begin{bmatrix}1\\0\end{bmatrix}$ 在 $\begin{bmatrix}a_i\\a_{i+s}\end{bmatrix}$$(i=0,1,2,\cdots,v-1)$ 中出现 $k-\lambda_s$ 次. 同理，由于在 α_s 中 1 出现 k 次，因此 $\begin{bmatrix}0\\1\end{bmatrix}$ 在 $\begin{bmatrix}a_i\\a_{i+s}\end{bmatrix}$$(i=0,1,\cdots,v-1)$ 中出现 $k-\lambda_s$ 次. 由于在 α 中 0 出现 $v-k$ 次，因此 $\begin{bmatrix}0\\0\end{bmatrix}$ 在 $\begin{bmatrix}a_i\\a_{i+s}\end{bmatrix}$$(i=0,1,\cdots,v-1)$ 中出现的次数为

$$(v-k)-(k-\lambda_s)=v-2k+\lambda_s. \tag{14}$$

由此得出

$$\begin{aligned}C_\alpha(s)&=[\lambda_s+(v-2k+\lambda_s)]-2(k-\lambda_s)\\&=v-4k+4\lambda_s.\end{aligned} \tag{15}$$

$$\begin{aligned}&\alpha\text{ 是 }\mathbf{Z}_2\text{ 上周期为 }v\text{ 的拟完美序列}\\ \Longleftrightarrow\ &C_\alpha(s)=-1,\quad 0<s<v\\ \Longleftrightarrow\ &v-4k+4\lambda_s=-1,\quad 0<s<v\\ \Longleftrightarrow\ &\lambda_s=k-\frac{v+1}{4},\quad 0<s<v.\end{aligned} \tag{16}$$

这表明：α 是 $\mathbf{Z}_2$ 上周期为 v 的拟完美序列当且仅当 $\begin{bmatrix}1\\1\end{bmatrix}$ 在 $\begin{bmatrix}a_i\\a_{i+s}\end{bmatrix}$$(i=0,1,\cdots,v-1)$ 中出现的次数 λ_s 是常数 $k-\dfrac{v+1}{4}$，记

$$\lambda=k-\frac{v+1}{4}. \tag{17}$$

由于

$$\begin{bmatrix} a_i \\ a_{i+s} \end{bmatrix} = \begin{bmatrix} 1 \\ 1 \end{bmatrix} \Longleftrightarrow \bar{i}, \overline{i+s} \in D$$
$$\Longleftrightarrow \bar{i}, \bar{j} \in D, \text{其中 } j = i + s$$
$$\Longleftrightarrow \bar{i}, \bar{j} \in D, \text{且 } \bar{s} = \bar{j} - \bar{i}, \tag{18}$$

因此

$$\begin{bmatrix} 1 \\ 1 \end{bmatrix} \text{在} \begin{bmatrix} a_i \\ a_{i+s} \end{bmatrix} (i = 0, 1, \cdots, v-1) \text{ 中出现的次数为 } \lambda, 0 < s < v$$
$\Longleftrightarrow \mathbf{Z}_v$ 中每个非零元 $\bar{s}$ 有 λ 种方式表示成
$$\bar{s} = \bar{j} - \bar{i}, \quad \bar{i}, \bar{j} \in D$$
$\Longleftrightarrow D$ 是 $\mathbf{Z}_v$ 的加法群的一个 (v,k,λ)- 差集. (19)

综上所述,我们证明了下述定理:

定理 1 $\mathbf{Z}_2$ 上周期为 v 的序列 α 是拟完美序列当且仅当 α 的支撑集 D 是 $\mathbf{Z}_v$ 的加法群的 $\left(v,k,k-\frac{v+1}{4}\right)$-差集,其中 $k=|D|$. □

我们来进一步分析定理 1 中 $\mathbf{Z}_v$ 的加法群的差集 D 的参数 v,k,λ 之间的关系. 设 $k-\lambda=n$,则从 $\lambda=k-\frac{v+1}{4}$,得 $n=\frac{v+1}{4}$,即 $v=4n-1$. 代入(13)式,得

$$(k-n)(4n-2) = k(k-1). \tag{20}$$

整理得

$$k^2 - (4n-1)k + 2n(2n-1) = 0. \tag{21}$$

解一元二次方程(21),得

$$k = 2n-1, \text{ 或 } k = 2n. \tag{22}$$

从而
$$\lambda = n-1, \text{ 或 } \lambda = n. \tag{23}$$

于是结合定理 1 得

定理 2 $\mathbf{Z}_2$ 上周期为 v 的序列 α 是拟完美序列当且仅当 α 的支撑集 D 是 $\mathbf{Z}_v$ 的加法群的 $(4n-1,2n-1,n-1)$-差集,或者 $(4n-1,2n,n)$-差集,其中 $n=\frac{v+1}{4}$. □

从定理 2 立即得到:

推论 1 $\mathbf{Z}_2$ 上周期为 v 的序列 α 如果是拟完美序列,那么 $v\equiv-1 \pmod 4$. □

从定理 2 立即得到:拟完美序列 α 中,1 的个数为 $|D|=k=2n-1$ 或 $2n$,而 0 的个数为

$$v-k = (4n-1)-(2n-1) = 2n,$$

或
$$v-k = (4n-1)-2n = 2n-1.$$

由此得出:

推论 2 拟完美序列 α 中,1 的个数与 0 的个数相差 1. □

定理 2 把求 $\mathbf{Z}_2$ 上周期为 v 的拟完美序列归结为：求 $\mathbf{Z}_v$（其中 $v\equiv-1(\bmod 4)$）的 $(4n-1,2n-1,n-1)$-差集或 $(4n-1,2n,n)$-差集，其中 $n=\dfrac{v+1}{4}$. 那么如何构造 $\mathbf{Z}_v$ 的这种类型的差集呢?

例 1 中的序列 $\alpha=0110100\cdots$ 是拟完美序列，它的支撑集 $D=\{\overline{1},\overline{2},\overline{4}\}$ 是 $\mathbf{Z}_7$ 的一个 $(7,3,1)$-差集. 现在来分析 D 中元素是 $\mathbf{Z}_7$ 中的什么样的元素. 从运算着手考虑. D 关于加法运算的性质已体现在差集的定义中. 下面从乘法运算入手. 考虑 $\mathbf{Z}_7$ 中每个非零元的平方：

$$\overline{1}^2=\overline{1},\quad \overline{2}^2=\overline{4},\quad \overline{3}^2=\overline{2},\quad \overline{4}^2=\overline{2},\quad \overline{5}^2=\overline{4},\quad \overline{6}^2=\overline{1},$$

发现 D 恰好由 $\mathbf{Z}_7$ 中非零元的平方组成.

在第一章 §1.6 中已指出，在 $\mathbf{Z}_v$ 中，如果 $\bar{a}$ 能表示成 $\bar{x}^2$，那么称 $\bar{a}$ 是平方元.

上述讨论表明，$\mathbf{Z}_7$ 的 $(7,3,1)$-差集 $D=\{\overline{1},\overline{2},\overline{4}\}$ 恰好由 $\mathbf{Z}_7$ 的非零平方元组成.

再看一个例子. $\mathbf{Z}_{11}$（注意：$11\equiv-1(\bmod 4)$）的每个非零元的平方列表如下：

x	$\overline{1}$	$\overline{2}$	$\overline{3}$	$\overline{4}$	$\overline{5}$	$\overline{6}$	$\overline{7}$	$\overline{8}$	$\overline{9}$	$\overline{10}$
x^2	$\overline{1}$	$\overline{4}$	$\overline{9}$	$\overline{5}$	$\overline{3}$	$\overline{3}$	$\overline{5}$	$\overline{9}$	$\overline{4}$	$\overline{1}$

考虑 $\mathbf{Z}_{11}$ 的非零平方元组成的集合：

$$D=\{\overline{1},\overline{3},\overline{4},\overline{5},\overline{9}\}. \tag{24}$$

计算 D 中任意两个不同元素的差：

$$\begin{array}{llll}
\overline{1}-\overline{3}=\overline{9}, & \overline{1}-\overline{4}=\overline{8}, & \overline{1}-\overline{5}=\overline{7}, & \overline{1}-\overline{9}=\overline{3},\\
\overline{3}-\overline{1}=\overline{2}, & \overline{3}-\overline{4}=\overline{10}, & \overline{3}-\overline{5}=\overline{9}, & \overline{3}-\overline{9}=\overline{5},\\
\overline{4}-\overline{1}=\overline{3}, & \overline{4}-\overline{3}=\overline{1}, & \overline{4}-\overline{5}=\overline{10}, & \overline{4}-\overline{9}=\overline{6},\\
\overline{5}-\overline{1}=\overline{4}, & \overline{5}-\overline{3}=\overline{2}, & \overline{5}-\overline{4}=\overline{1}, & \overline{5}-\overline{9}=\overline{7},\\
\overline{9}-\overline{1}=\overline{8}, & \overline{9}-\overline{3}=\overline{6}, & \overline{9}-\overline{4}=\overline{5}, & \overline{9}-\overline{5}=\overline{4}.
\end{array}$$

由此看出，$\mathbf{Z}_{11}$ 的每个非零元都恰好有 2 种方式表示成 D 中两个元素的差的形式. 因此 D 是 $\mathbf{Z}_{11}$ 的加法群的 $(11,5,2)$-差集. 从而 $\mathbf{Z}_2$ 上的周期为 11 的序列

$$\alpha=01011100010\cdots \tag{25}$$

是一个拟完美序列.

在上面两个例子中，7 和 11 都是素数，且模 4 同余于 -1. 于是我们猜想并且可以证明有下述结论：

定理 3 设 p 是素数，且 $p\equiv-1(\bmod 4)$，则 $\mathbf{Z}_p$ 中所有非零平方元组成的集合是 $\mathbf{Z}_p$ 的加法群的 $(4n-1,2n-1,n-1)$-差集，其中 $n=\dfrac{p+1}{4}$.

定理 3 的证明可参看丘维声和丘维敦的论文："差集与密码中的拟完美序列"（龙岩师专学报，19 卷第 3 期，2001 年 8 月，1～5）.

除了定理 3 给出的构造$(4n-1,2n-1,n-1)$-差集的方法外，还有其他一些方法构造$(4n-1,2n-1,n-1)$-差集. 在丘维声和丘维敦的上述论文中，还给出了其他的两种构造$(4n-1,2n-1,n-1)$-差集的方法. 有兴趣的读者可参看该论文.

习 题 3.1

1. 把下列明文对应于 $\mathbf{Z}_{26}$ 上的序列，然后对应于 $\mathbf{Z}_2$ 上的序列：

(1) study; (2) I am a student.

2. 对第 1 题中的两个 $\mathbf{Z}_2$ 上的明文序列，都用周期为 7 的密钥序列 1001011…加密，写出相应的密文序列，接收者如何解密？然后用周期为 11 的密钥序列 01011100010…加密，写出相应的密文序列，接收者如何解密？

3. $\alpha=1001011\cdots$是 $\mathbf{Z}_2$ 上周期为 7 的一个序列，求 α 的自相关函数的所有旁瓣值：$c_\alpha(s)$，$0<s<7$；α 是否为拟完美序列？

4. $\alpha=1000\cdots$是 $\mathbf{Z}_2$ 上周期为 4 的序列，α 是否为完美序列？

5. $\alpha=10111000100\cdots$是 $\mathbf{Z}_2$ 上周期为 11 的序列，α 是否为拟完美序列？写出 α 的支撑集 D，计算 D 中任意两个不同元素的差，你从中发现了什么？

6. 写出第 3 题中序列 α 的支撑集 D，它是不是 $\mathbf{Z}_7$ 的一个差集？如果是，它的参数组是什么？

7. 第 5 题中序列 α 的支撑集 D 是不是 $\mathbf{Z}_{11}$ 的一个差集？如果是，它的参数组是什么？

8. 构造 $\mathbf{Z}_{19}$ 的一个差集，并且写出它的参数组.

9. 构造 $\mathbf{Z}_{23}$ 的一个差集，并且写出它的参数组.

10. 构造 $\mathbf{Z}_2$ 上周期为 19 的一个拟完美序列.

11. 构造 $\mathbf{Z}_2$ 上周期为 23 的一个拟完美序列.

12. 写出 $\mathbf{Z}_3$ 的非零平方元组成的集合 S_1，非平方元组成的集合 U_1；写出 $\mathbf{Z}_5$ 的非零平方元组成的集合 S_2，非平方元组成的集合 U_2. 在 $\mathbf{Z}_3\oplus\mathbf{Z}_5$ 中，考虑下述子集：

$$D_0=\{(\tilde{a},\tilde{\tilde{0}})\mid \tilde{a}\in\mathbf{Z}_3\},$$

$$D_1=\{(\tilde{a},\tilde{\tilde{b}})\mid \tilde{a}\in S_1,\tilde{\tilde{b}}\in S_2\},$$

$$D_2=\{(\tilde{a},\tilde{\tilde{b}})\mid \tilde{a}\in U_1,\tilde{\tilde{b}}\in U_2\},$$

$$D=D_0\cup D_1\cup D_2.$$

计算 D 中任意两个不同元素的差，从中判断 D 是否为 $\mathbf{Z}_3\oplus\mathbf{Z}_5$ 的一个差集？如果是，它的参数组是什么？

13. 利用环 $\mathbf{Z}_{15}$ 到环 $\mathbf{Z}_3\oplus\mathbf{Z}_5$ 的一个同构映射 $\sigma:\bar{a}\longmapsto(\tilde{a},\tilde{\tilde{a}})$，从第 12 题中 $\mathbf{Z}_3\oplus\mathbf{Z}_5$ 的差集 D 构造 $\mathbf{Z}_{15}$ 的一个差集.

*14. 从第 12 题受到启发，当 m_1 和 m_2 满足什么条件时，有可能在 $\mathbf{Z}_{m_1}\oplus\mathbf{Z}_{m_2}$ 中构造一个

$(4n-1,2n-1,n-1)$-差集 D? D 是 $\mathbf{Z}_{m_1}\oplus\mathbf{Z}_{m_2}$ 的哪些子集的并? 从第 13 题受到启发,此时如何在 $\mathbf{Z}_{m_1m_2}$ 中构造一个差集?

§3.2 线性反馈移位寄存器,m 序列

在前面一节中我们看到,用 $\mathbf{Z}_2$ 上周期为 v 的拟完美序列作为密钥序列,当 v 足够大时,就很难被破译.我们指出,$\mathbf{Z}_2$ 上周期为 v 的序列 α 是拟完美序列当且仅当 α 的支撑集 D 是 $\mathbf{Z}_v$ 的$(4n-1,2n-1,n-1)$-差集或$(4n-1,2n,n)$-差集,其中 $n=\frac{v+1}{4}$;于是我们可以先在 $\mathbf{Z}_v$ 中寻找这种参数的差集,然后构造出周期为 v 的拟完美序列.除此之外,我们能不能利用计算机很容易地直接构造出拟完美序列(即伪随机序列)呢?

我们先看一个例子.设 $\mathbf{Z}_2$ 上周期为 7 的一个序列为

$$\alpha = 1001011\cdots. \tag{1}$$

从习题 3.1 的第 3 题知道,α 是一个拟完美序列.现在我们来仔细观察 α 的各位元素之间有什么关系? 从(1)式知道,

$$a_0=1,\quad a_1=0,\quad a_2=0,\quad a_3=1,\quad a_4=0,\quad a_5=1,\quad a_6=1.$$

仔细观察发现

$$a_3=a_1+a_0,\quad a_4=a_2+a_1,\quad a_5=a_3+a_2,\quad a_6=a_4+a_3.$$

由于 α 的周期为 7,因此有

$$a_7=a_0=1=a_5+a_4,\quad a_8=a_1=0=a_6+a_5,$$
$$a_9=a_2=0=a_7+a_6,\quad a_{10}=a_3=a_1+a_0=a_8+a_7,\quad \cdots.$$

从上述式子看出,序列 α 适合下述递推关系:

$$a_{k+3}=a_{k+1}+a_k,\quad k=0,1,2,\cdots. \tag{2}$$

(2)式是下述递推关系的一个特殊情形:

$$a_{k+3}=c_1a_{k+2}+c_2a_{k+1}+c_3a_k,\quad k=0,1,2,\cdots, \tag{3}$$

其中 $c_1,c_2,c_3\in\mathbf{Z}_2$.在(3)式中取 $c_1=\overline{0},c_2=\overline{1},c_3=\overline{1}$,便得到(2)式.

从递推关系(3)看出,a_{k+3} 由它前面的 3 个值 a_{k+2},a_{k+1},a_k 决定,因此称递推关系(3)是 3 阶的.今后我们总是假设 $c_3\neq 0$,否则 a_{k+3} 可以由它前面的两个值 a_{k+2},a_{k+1} 决定,从而阶可以降下来.(3)式的右端是 a_{k+2},a_{k+1},a_k 的一次齐次式,且它们的系数 c_1,c_2,c_3 都是常量,因此称递推关系(3)是 $\mathbf{Z}_2$ 上的一个 3 **阶常系数线性齐次递推关系**(linear homogeneous recurrence relations with constant coefficients of order 3).

一般地,设递推关系为

$$a_{k+n}=c_1a_{k+n-1}+c_2a_{k+n-2}+\cdots+c_{n-1}a_{k+1}+c_na_k,\quad k=0,1,2,\cdots, \tag{4}$$

其中 $c_1,c_2,\cdots,c_n\in\mathbf{Z}_2$,且 $c_n\neq 0$.称递推关系(4)是 $\mathbf{Z}_2$ 上的一个 n **阶常系数线性齐次递推**

关系.

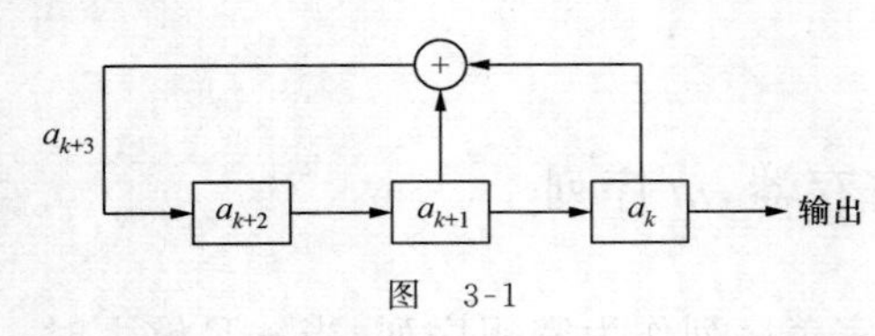

图 3-1

适合递推关系(2)的序列 α 可以用计算机的硬件很容易产生出来. 图 3-1 中的 3 个小框分别存放 0 或 1(看成 $\mathbf{Z}_2$ 的元素 $\overline{0},\overline{1}$),因此称它们为**寄存器**. 从左到右依次叫做第 1 级、第 2 级、第 3 级寄存器,依次存放 a_{k+2}, a_{k+1}, a_k. 当加上一个移位脉冲时,就将每一级寄存器存放的元素移给下一级寄存器,第 3 级寄存器存放的元素 a_k 被输出,同时将第 2 级和第 3 级寄存器存放的元素相加($\mathbf{Z}_2$ 中的加法)得到 $a_{k+3}=a_{k+1}+a_k$,a_{k+3} 被反馈到第 1 级寄存器内. 这样做,只要给了初始值 a_0, a_1, a_2,就可以很容易产生出适合递推关系(2)的序列 α. 图 3-1 中框图表示的硬件称为 3 **级线性反馈移位寄存器**(Linear Feedback Shift Register), 简记做 3 级 LFSR.

由 3 级 LFSR 产生的序列称为 **3 级线性移位寄存器序列**. 类似地,可以制作 n 级线性反馈移位寄存器,用它产生 $\mathbf{Z}_2$ 上的一个序列,这序列满足 n 阶常系数线性齐次递推关系.

由 n 阶常系数线性齐次递推关系(或者说由 n 级线性反馈移位寄存器)产生的序列,有没有周期? 如果有,它的周期如何确定? 下面先给出序列的周期的定义:

定义 1 设序列

$$\alpha = a_0a_1a_2a_3\cdots,$$

如果存在正整数 l,使得

$$a_{i+l} = a_i, \quad i = 0,1,2,\cdots, \tag{5}$$

那么称 l 是 α 的一个**周期**,此时称 α 是一个**周期序列**;使得(5)式成立的最小正整数 l 称为 α 的**最小正周期**.

设 l 是 α 的最小正周期,显然有 l 的任一正整数倍都是 α 的周期. 反之,若 u 是 α 的一个周期,u 是不是 l 的倍数? 作带余除法:

$$u = hl + r, \quad 0 \leqslant r < l. \tag{6}$$

假如 $r \neq 0$,则对于 $i=0,1,2,\cdots$,有

$$a_i = a_{i+u} = a_{i+hl+r} = a_{(i+r)+hl} = a_{i+r},$$

于是 r 也是 α 的一个周期,这与 l 是 α 的最小正周期矛盾,因此 $r=0$,即 $u=hl$. 于是我们证明了:

命题 1 设 l 是序列 $\alpha=a_0a_1a_2\cdots$的最小正周期,则 u 是 α 的一个周期当且仅当 u 是 l 的一个正整数倍. □

命题 1 表明:序列 α 的最小正周期 l 是 α 的任一周期的正因数.

我们来探索什么样的正整数 d 有可能成为 n 阶递推关系(4)产生的序列 $\alpha=a_0a_1a_2\cdots$的周期?

d 是 n 阶递推关系(4) 产生的序列 $\alpha = a_0a_1a_2\cdots$ 的周期

$$\Longleftrightarrow a_{i+d} = a_i,\ i = 0,1,2,\cdots$$

$$\Longleftrightarrow \begin{bmatrix} a_{d+(n-1)} \\ a_{d+(n-2)} \\ \vdots \\ a_{d+1} \\ a_d \end{bmatrix} = \begin{bmatrix} a_{n-1} \\ a_{n-2} \\ \vdots \\ a_1 \\ a_0 \end{bmatrix}. \tag{7}$$

"$\Longleftarrow$"的理由如下:据(4)式得

$$\begin{aligned} a_{d+n} &= c_1a_{d+(n-1)} + c_2a_{d+(n-2)} + \cdots + c_{n-1}a_{d+1} + c_na_d \\ &= c_1a_{n-1} + c_2a_{n-2} + \cdots + c_{n-1}a_1 + c_na_0 = a_n, \end{aligned}$$

类似地,有 $a_{d+(n+1)} = a_{n+1},\cdots$,依次下去可证得

$$a_{d+i} = a_i,\quad i = 0,1,2,\cdots.$$

为了进一步揭示 d 是 α 的周期应满足的条件,我们探讨(7)式左端的列向量与初始值组成的列向量之间的关系. 为此从递推关系(4)且添上 $n-1$ 个明显的等式得

$$\begin{bmatrix} a_{k+n} \\ a_{k+n-1} \\ a_{k+n-2} \\ \vdots \\ a_{k+2} \\ a_{k+1} \end{bmatrix} = \begin{bmatrix} c_1 & c_2 & c_3 & \cdots & c_{n-2} & c_{n-1} & c_n \\ 1 & 0 & 0 & \cdots & 0 & 0 & 0 \\ 0 & 1 & 0 & \cdots & 0 & 0 & 0 \\ \vdots & \vdots & \vdots & & \vdots & \vdots & \vdots \\ 0 & 0 & 0 & \cdots & 1 & 0 & 0 \\ 0 & 0 & 0 & \cdots & 0 & 1 & 0 \end{bmatrix} \begin{bmatrix} a_{k+n-1} \\ a_{k+n-2} \\ a_{k+n-3} \\ \vdots \\ a_{k+1} \\ a_k \end{bmatrix}, \tag{8}$$

(8)式右端的 n 级矩阵记做 $\boldsymbol{A}$,称 $\boldsymbol{A}$ 是 n 阶递推关系(4)的**生成矩阵**. 从(8)式得

$$\begin{bmatrix} a_n \\ a_{n-1} \\ \vdots \\ a_2 \\ a_1 \end{bmatrix} = \boldsymbol{A} \begin{bmatrix} a_{n-1} \\ a_{n-2} \\ \vdots \\ a_1 \\ a_0 \end{bmatrix}, \quad \begin{bmatrix} a_{n+1} \\ a_n \\ \vdots \\ a_3 \\ a_2 \end{bmatrix} = \boldsymbol{A} \begin{bmatrix} a_n \\ a_{n-1} \\ \vdots \\ a_2 \\ a_1 \end{bmatrix} = \boldsymbol{A}^2 \begin{bmatrix} a_{n-1} \\ a_{n-2} \\ \vdots \\ a_1 \\ a_0 \end{bmatrix},$$

依次下去,得到

命题 2 设 $\boldsymbol{A}$ 是 n 阶递推关系(4)的生成矩阵,则

$$\begin{bmatrix} a_{k+(n-1)} \\ a_{k+(n-2)} \\ \vdots \\ a_{k+1} \\ a_k \end{bmatrix} = \boldsymbol{A}^k \begin{bmatrix} a_{n-1} \\ a_{n-2} \\ \vdots \\ a_1 \\ a_0 \end{bmatrix}, \quad k = 0,1,2,\cdots. \tag{9}$$

把(9)式代入(7)式得到

命题 3　d 是 n 阶递推关系(4)产生的序列 $\alpha=a_0a_1a_2\cdots$ 的周期当且仅当

$$\boldsymbol{A}^d\begin{bmatrix}a_{n-1}\\a_{n-2}\\\vdots\\a_1\\a_0\end{bmatrix}=\begin{bmatrix}a_{n-1}\\a_{n-2}\\\vdots\\a_1\\a_0\end{bmatrix},\tag{10}$$

即

$$(\boldsymbol{A}^d-\boldsymbol{I})\begin{bmatrix}a_{n-1}\\\vdots\\a_1\\a_0\end{bmatrix}=\begin{bmatrix}0\\\vdots\\0\\0\end{bmatrix}.\tag{11}$$

□

(10)式表明：d 是递推关系(4)产生的序列 $\alpha=a_0a_1a_2\cdots$ 的周期当且仅当初始值组成的列向量是 $\boldsymbol{A}^d$ 的属于特征值 1 的一个特征向量.

推论 1　设 $\boldsymbol{A}$ 是 n 阶递推关系(4)的生成矩阵，如果 $\boldsymbol{A}^d-\boldsymbol{I}=\boldsymbol{0}$，那么 d 是递推关系(4)产生的任一序列的周期. □

下面来探索 d 是什么样的正整数时，$\boldsymbol{A}^d-\boldsymbol{I}=\boldsymbol{0}$. 为此首先探索生成矩阵 $\boldsymbol{A}$ 的什么样的多项式会等于零矩阵？我们仍然要从 n 阶递推关系(4)出发，得

$$\begin{bmatrix}a_{n+(n-1)}\\\vdots\\a_{n+1}\\a_n\end{bmatrix}=\begin{bmatrix}c_1a_{n+(n-2)}+\cdots+c_{n-1}a_n+c_na_{n-1}\\\vdots\\c_1a_n+\cdots+c_{n-1}a_2+c_na_1\\c_1a_{n-1}+\cdots+c_{n-1}a_1+c_na_0\end{bmatrix},$$

据命题 2 得

$$\boldsymbol{A}^n\begin{bmatrix}a_{n-1}\\\vdots\\a_1\\a_0\end{bmatrix}=(c_1\boldsymbol{A}^{n-1}+\cdots+c_{n-1}\boldsymbol{A}+c_n\boldsymbol{I})\begin{bmatrix}a_{n-1}\\\vdots\\a_1\\a_0\end{bmatrix},$$

即

$$(\boldsymbol{A}^n-c_1\boldsymbol{A}^{n-1}-\cdots-c_{n-1}\boldsymbol{A}-c_n\boldsymbol{I})\begin{bmatrix}a_{n-1}\\\vdots\\a_1\\a_0\end{bmatrix}=\begin{bmatrix}0\\\vdots\\0\\0\end{bmatrix}.\tag{12}$$

由于(12)式对于任意初始值 $a_0,a_1,\cdots,a_{n-1}$ 都成立,因此得到:

命题 4 设 $\boldsymbol{A}$ 是 n 阶递推关系(4)的生成矩阵,则

$$\boldsymbol{A}^n - c_1\boldsymbol{A}^{n-1} - \cdots - c_{n-1}\boldsymbol{A} - c_n\boldsymbol{I} = \boldsymbol{0}. \tag{13}$$

□

令

$$f(x) = x^n - c_1 x^{n-1} - \cdots - c_{n-1}x - c_n, \tag{14}$$

称 $f(x)$ 是 n 阶递推关系(4)的**特征多项式**. 从 n 阶递推关系(4)可以立即写出它的特征多项式 $f(x)$. 从命题 4 得

推论 2 设 $\boldsymbol{A}$ 是 n 阶递推关系(4)的生成矩阵,$f(x)$是(4)的特征多项式,则 $f(\boldsymbol{A})=\boldsymbol{0}$.

□

从推论 2 受到启发,猜测有下述结论:

定理 1 设 $f(x)$是 n 阶递推关系(4)的特征多项式,如果 $f(x)\mid x^d-\overline{1}$,那么 d 是递推关系(4)产生的任一序列的周期.

证明 由于 $f(x)\mid x^d-\overline{1}$,因此存在 $h(x)\in\mathbf{Z}_2[x]$,使得

$$x^d - \overline{1} = h(x)f(x).$$

x 用递推关系(4)的生成矩阵 $\boldsymbol{A}$ 代入,从上式得

$$\boldsymbol{A}^d - \boldsymbol{I} = h(\boldsymbol{A})f(\boldsymbol{A}) = \boldsymbol{0}.$$

据推论 1 得,d 是递推关系(4)产生的任一序列的周期. □

例 1 设 $\mathbf{Z}_2$ 上 3 阶递推关系为

$$a_{k+3} = a_{k+2} + a_{k+1} + a_k, \quad k = 0,1,2,\cdots. \tag{15}$$

(1) 取初始值 $a_0=0,a_1=1,a_2=1$,写出所产生的序列 α 的前面若干项,观察并且猜测 α 的最小正周期是多少? 然后进行论证.

(2) 取初始值 $a_0=0,a_1=1,a_2=0$,写出所产生的序列 β 的前面若干项,观察并且猜测 β 的最小正周期是多少? 然后进行论证.

解 (1) $\alpha=011001100110\cdots$.

猜测 α 的最小正周期为 4. 递推关系(15)的特征多项式 $f(x)=x^3-x^2-x-\overline{1}$. 由于

$$x^4 - \overline{1} = (x-\overline{1})(x^3+x^2+x+\overline{1}) = (x-\overline{1})f(x),$$

因此 $f(x)\mid x^4-\overline{1}$. 据定理 1 得,4 是 α 的一个周期. 4 的正因数只有 1,2,4. 从 α 的前面几项看出,1 和 2 都不是 α 的周期. 因此 α 的最小正周期是 4.

(2) $\beta=010101010101\cdots$.

猜测 β 的最小正周期是 2. 显然 $f(x)\nmid x^2-1$. 因此用定理 1 无法论证 β 的最小正周期是 2. 考虑 3 阶递推关系(15)的生成矩阵

$$\boldsymbol{A} = \begin{bmatrix} 1 & 1 & 1 \\ 1 & 0 & 0 \\ 0 & 1 & 0 \end{bmatrix}.$$

计算

$$\boldsymbol{A}^2=\begin{bmatrix}1&1&1\\1&0&0\\0&1&0\end{bmatrix}\begin{bmatrix}1&1&1\\1&0&0\\0&1&0\end{bmatrix}=\begin{bmatrix}0&0&1\\1&1&1\\1&0&0\end{bmatrix},$$

$$(\boldsymbol{A}^2-\boldsymbol{I})\begin{bmatrix}a_2\\a_1\\a_0\end{bmatrix}=\begin{bmatrix}1&0&1\\1&0&1\\1&0&1\end{bmatrix}\begin{bmatrix}0\\1\\0\end{bmatrix}=\begin{bmatrix}0\\0\\0\end{bmatrix}.$$

据(11)式得,2 是序列 β 的一个周期. 显然 1 不是 β 的周期,因此 2 是 β 的最小正周期.

例 1 的第(2)小题中,2 是序列 β 的一个周期,但是 3 阶递推关系(15)的特征多项式 $f(x)\nmid x^2-\overline{1}$. 这表明定理 1 的逆命题是不成立的. 什么原因呢? 注意到

$$f(x)=x^3+x^2+x+\overline{1}=x^2(x+\overline{1})+(x+\overline{1})=(x^2+\overline{1})(x+\overline{1}),$$

由此看出,$f(x)$在 $\mathbf{Z}_2$ 上可约. 很可能 $f(x)$在 $\mathbf{Z}_2$ 上可约是导致定理 1 的逆命题不成立的原因. 由此猜测:如果递推关系的特征多项式在 $\mathbf{Z}_2$ 上不可约,那么很可能定理 1 的逆命题就成立了. 下面的定理 2 回答了这个问题.

定理 2 设 $\mathbf{Z}_2$ 上 n 阶递推关系(4)的特征多项式 $f(x)$在 $\mathbf{Z}_2$ 上不可约. 如果 d 是递推关系(4)产生的非零序列 $\alpha=a_0a_1\cdots a_{n-1}a_n\cdots$的一个周期,那么 $f(x)\mid x^d-\overline{1}$.

证明 假如 $f(x)\nmid x^d-\overline{1}$,由于 $f(x)$在 $\mathbf{Z}_2$ 上不可约,因此$(f(x),x^d-\overline{1})=\overline{1}$. 从而存在 $u(x),v(x)\in\mathbf{Z}_2[x]$,使得

$$u(x)f(x)+v(x)(x^d-\overline{1})=\overline{1}. \tag{16}$$

设递推关系(4)的生成矩阵为 $\boldsymbol{A}$. 不定元 x 用 $\boldsymbol{A}$ 代入,从(16)式得

$$u(\boldsymbol{A})f(\boldsymbol{A})+v(\boldsymbol{A})(\boldsymbol{A}^d-\boldsymbol{I})=\boldsymbol{I}. \tag{17}$$

由于 $f(\boldsymbol{A})=\boldsymbol{0}$,因此从(17)式得

$$v(\boldsymbol{A})(\boldsymbol{A}^d-\boldsymbol{I})=\boldsymbol{I}. \tag{18}$$

(18)式两边乘以$(a_{n-1},a_{n-2},\cdots,a_0)^{\mathrm{T}}$,得

$$v(\boldsymbol{A})(\boldsymbol{A}^d-\boldsymbol{I})\begin{bmatrix}a_{n-1}\\a_{n-2}\\\vdots\\a_0\end{bmatrix}=\begin{bmatrix}a_{n-1}\\a_{n-2}\\\vdots\\a_0\end{bmatrix}. \tag{19}$$

由于 d 是 α 的一个周期,因此据(11)式得,(19)式左边是零向量,而右边是非零向量,矛盾. 于是 $f(x)\mid x^d-\overline{1}$. □

从本节开头看到,3 阶递推关系(2)产生的序列(1)的最小正周期为 $7=2^3-1$. 例 1 中 3 阶递推关系(15)产生的两个序列的最小正周期分别是 4,2. 由此猜测有下述结论:

定理 3 $\mathbf{Z}_2$ 上 n 阶常系数线性齐次递推关系(4)产生的任一序列都有周期,且它的最小

正周期不超过 2^n-1.

证明 从命题 4 的(13)式得

$$A^n = c_1A^{n-1}+\cdots+c_{n-1}A+c_nI. \tag{20}$$

于是 A 的所有方幂都属于下述集合:

$$\Omega=\{b_1A^{n-1}+\cdots+b_{n-1}A+b_nI \mid b_i\in \mathbf{Z}_2, i=1,2,\cdots,n\}.$$

显然,$|\Omega|\leqslant 2^n$. 从而 Ω 中非零矩阵的个数小于 2^n. 从(8)式看出,$|A|\neq 0$. 因此 A 是可逆矩阵. 于是

$$I, A, A^2, \cdots, A^{2^n-1}$$

都是非零矩阵,且它们都属于 Ω. 从而必有一对 i,j,使得

$$A^i=A^j,\quad 0\leqslant i<j\leqslant 2^n-1. \tag{21}$$

在(21)式两边右乘$(A^{-1})^i$,得 $I=A^{j-i}$,即 $A^{j-i}-I=0$. 据推论 1 得,$j-i$ 是 n 阶递推关系(4)产生的任一序列 α 的一个周期. 由于 α 的最小正周期 l 是 $j-i$ 的正因数,因此

$$l\leqslant j-i\leqslant 2^n-1.$$ □

由定理 3 受到启发,引出下述概念:

定义 2 设 α 是 $\mathbf{Z}_2$ 上 n 阶常系数线性齐次递推关系产生的序列,如果 α 的最小正周期等于 2^n-1,那么称 α 是 **m 序列**.

n 阶递推关系(4)的特征多项式 $f(x)$需要满足哪些条件才能使所产生的任一非零序列 α 是 m 序列呢? 据定理 1,如果 $f(x)\mid x^{2^n-1}-\bar{1}$,那么 2^n-1 是 α 的一个周期,于是 α 的最小正周期 l 是 2^n-1 的正因数. 为了使 $l=2^n-1$,据定理 2,若 $f(x)$在 $\mathbf{Z}_2$ 上不可约,且对于 2^n-1 的任一正因数 $d<2^n-1$,都有 $f(x)\nmid x^d-\bar{1}$,则 d 不是 α 的周期. 从而 α 的最小正周期 $l=2^n-1$. 由此自然而然地引出了下述概念:

定义 3 $\mathbf{Z}_2$ 上一个 n 次多项式 $f(x)$,如果满足:

1° $f(x)$在 $\mathbf{Z}_2$ 上不可约;

2° $f(x)\mid x^{2^n-1}-\bar{1}$;

3° 对于 2^n-1 的任一正因数 $d<2^n-1$,都有 $f(x)\nmid x^d-\bar{1}$,

那么称 $f(x)$是 $\mathbf{Z}_2$ 上的一个**本原多项式**.

根据上一段的讨论立即得到:

定理 4 对于 $\mathbf{Z}_2$ 上 n 阶常系数线性齐次递推关系(4),如果它的特征多项式 $f(x)$是 $\mathbf{Z}_2$ 上的一个本原多项式,那么由它产生的任一非零序列都是 m 序列. □

m 序列是不是拟完美序列? 首先探讨 m 序列 α 在一个周期中,1 的个数与 0 的个数各为多少?

本节开头讨论的 $\mathbf{Z}_2$ 上 3 阶递推关系

$$a_{k+3}=a_{k+1}+a_k,\quad k=0,1,2,\cdots,$$

当初始值$(a_0,a_1,a_2)=(1,0,0)$时，产生的序列为

$$1001011\cdots,$$

它的最小正周期是7，因此它是m序列. 在它的一个周期中，1有4个，0有3个. 由此受到启发，猜测且可以证明有下述结论：

定理5　如果$\mathbf{Z}_2$上n阶常系数线性齐次递推关系(4)产生的序列α是m序列，那么在α的一个周期中，1的个数为2^{n-1}，0的个数为$2^{n-1}-1$.

证明　α的最小正周期为2^n-1，因此

$$\alpha = a_0a_1a_2\cdots a_{2^n-2}\cdots. \tag{22}$$

给了初始值$(a_0,a_1,a_2,\cdots,a_{n-1})$后，$\alpha$就由递推关系(4)唯一确定. 由此受到启发，考虑下述n维向量：

$$\begin{aligned}\gamma_0 &= (a_0,a_1,a_2,\cdots,a_{n-1}),\\ \gamma_1 &= (a_1,a_2,a_3,\cdots,a_n),\\ &\cdots\cdots\cdots\cdots\\ \gamma_{2^n-2} &= (a_{2^n-2},a_0,a_1,\cdots,a_{n-2}).\end{aligned}$$

对于$0\leqslant i<j\leqslant 2^n-2$，据(9)式，有

$$\begin{bmatrix}a_{i+n-1}\\ \vdots\\ a_{i+1}\\ a_i\end{bmatrix}=\boldsymbol{A}^i\begin{bmatrix}a_{n-1}\\ \vdots\\ a_1\\ a_0\end{bmatrix}. \tag{23}$$

假如$\gamma_i=\gamma_j$，则可得出

$$\boldsymbol{A}^{j-i}\begin{bmatrix}a_{n-1}\\ \vdots\\ a_1\\ a_0\end{bmatrix}=\begin{bmatrix}a_{n-1}\\ \vdots\\ a_1\\ a_0\end{bmatrix}. \tag{24}$$

据(10)式得，$j-i$是α的一个周期. 但是$j-i\leqslant 2^n-2<2^n-1$，这与α的最小正周期为2^n-1矛盾. 从而当$i\neq j$时，$\gamma_i\neq\gamma_j$. 于是$\gamma_0,\gamma_1,\cdots,\gamma_{2^n-2}$是$\mathbf{Z}_2^n$中全部非零向量(因为$\mathbf{Z}_2^n$中非零向量的个数为$2^n-1$). $\mathbf{Z}_2^n$中非零向量分成两大类：第一大类形如$(1,b_1,\cdots,b_{n-1})$，这一类共有2^{n-1}个向量；第二大类形如$(0,d_1,\cdots,d_{n-1})$，这一类共有$2^{n-1}-1$个非零向量. 由于$\gamma_0,\gamma_1,\cdots,\gamma_{2^n-2}$的第1个分量依次为$a_0,a_1,\cdots,a_{2^n-2}$，因此在$\alpha$的一个周期中，1的个数为$2^{n-1}$，0的个数为$2^{n-1}-1$. □

定理6　m序列都是拟完美序列(伪随机序列).

证明　设α是由n阶常系数线性齐次递推关系(4)产生的m序列. 把α左移s位得到的序列记做$\alpha_s(1\leqslant s\leqslant 2^n-2)$，显然$\alpha_s$仍是$m$序列. 显然$\alpha+\alpha_s$仍然适合递推关系(4). 由于$\alpha,\alpha_s$

的前 n 位组成的有序组分别为定理 5 证明中所列的 γ_0,γ_s. 在定理 5 中已证 $\gamma_0\neq\gamma_s$，因此 $\gamma_0+\gamma_s\neq\mathbf{0}$. 从而 $\alpha+\alpha_s$ 的初始值 $a_0+a_s,a_1+a_{s+1},\cdots,a_{n-1}+a_{s+n-1}$ 不全为 0. 又由于 $\alpha+\alpha_s$ 适合递推关系(4)，因此 $\alpha+\alpha_s$ 是 m 序列. 据定理 5 得，在 $\alpha+\alpha_s$ 的一个周期中，1 的个数为 2^{n-1}，0 的个数为 $2^{n-1}-1$. 即在下述 2^n-1 元组

$$(a_0+a_s,a_1+a_{s+1},\cdots,a_{2^n-2}+a_{s+2^n-2})$$

中，有 2^{n-1} 个元素是 1，$2^{n-1}-1$ 个元素是 0. 由于

$$a_i+a_j=1 \iff (a_i,a_j)=(1,0)\text{或}(0,1);$$
$$a_i+a_j=0 \iff (a_i,a_j)=(1,1)\text{或}(0,0),$$

因此在

$$a_0a_1a_2\cdots a_{2^n-2},$$
$$a_sa_{s+1}a_{s+2}\cdots a_{s+2^n-2}$$

中，上下对应位元素相同的位数有 $2^{n-1}-1$ 位，对应位元素不同的位数有 2^{n-1} 位. 从而 α 的自相关函数在 s 处的函数值为

$$C_\alpha(s)=(2^{n-1}-1)-2^{n-1}=-1,\quad 1\leqslant s\leqslant 2^n-2.$$

因此 α 是拟完美序列. □

由于 m 序列中 1 的个数比 0 的个数多 1，因此以 $\mathbf{Z}_{2^n-1}$ 中的 $(4\cdot 2^{n-2}-1,2\cdot 2^{n-2}-1,2^{n-2}-1)$-差集 D 为支撑集的拟完美序列不是 m 序列；以 D 在 $\mathbf{Z}_{2^n-1}$ 中的补集 $\overline{D}$(它也是差集)为支撑集的拟完美序列才有可能是 m 序列. 我们有下述推论：

推论 3 设 α 是由 $\mathbf{Z}_2$ 上 n 阶常系数线性齐次递推关系(4)产生的非零序列，则 α 是 m 序列当且仅当 α 的支撑集 D 是 $\mathbf{Z}_{2^n-1}$ 的 $(4\cdot 2^{n-2}-1,\ 2\cdot 2^{n-2},\ 2^{n-2})$-差集.

证明 设 α 是由 $\mathbf{Z}_2$ 上 n 阶递推关系(4)产生的序列.

若 α 是 m 序列，则据定理 6 得，α 是拟完美序列. 由于 α 的最小正周期为 2^n-1，且 α 中 1 的个数比 0 的个数多 1，因此 α 的支撑集 D 是 $\mathbf{Z}_{2^n-1}$ 的 $(4\cdot 2^{n-2}-1,2\cdot 2^{n-2},2^{n-2})$-差集.

若 α 的支撑集 D 是 $\mathbf{Z}_{2^n-1}$ 的 $(4\cdot 2^{n-2}-1,2\cdot 2^{n-2},2^{n-2})$-差集，则 α 的一个周期为 2^n-1，且 α 是拟完美序列. 在 3.1 节中谈到的 $\mathbf{Z}_2$ 上周期为 v 的序列，指的就是这个序列的最小正周期为 v. 因此 α 的最小正周期为 2^n-1，从而 α 是 m 序列. □

注意：在推论 3 中，前提条件是"α 是由 $\mathbf{Z}_2$ 上 n 阶常系数线性齐次递推关系(4)产生的非零序列".

当 $\mathbf{Z}_2$ 上的 n 阶常系数线性齐次递推关系(4)的特征多项式 $f(x)=x^n-c_1x^{n-1}-\cdots-c_{n-1}x-c_n$ 是 $\mathbf{Z}_2$ 上的本原多项式时，由 n 阶递推关系(4)产生的任一非零序列都是 m 序列，从而都是拟完美序列. 当 n 很大时，这种序列的最小正周期 2^n-1 非常大，用它来作为密钥序列，对手很难破译它. 大多数实际的序列密码都围绕线性反馈移位寄存器而设计，它们非常容易构造. 挪威政府的首席密码学家 Ernst Selmer 于 1965 年研究出移位寄存器序列的理论.

下面列出 $\mathbf{Z}_2$ 上次数 $n\leqslant 40$ 的一些本原多项式，每个次数的本原多项式只写出一个，注意在 $\mathbf{Z}_2$ 中，$-1=1$.

$$
\begin{aligned}
&x+1,\quad x^2+x+1,\quad x^3+x+1,\quad x^4+x+1,\\
&x^5+x^2+1,\quad x^6+x+1,\quad x^7+x+1,\\
&x^8+x^4+x^3+x^2+1,\quad x^9+x^4+1,\quad x^{10}+x^3+1,\\
&x^{11}+x^2+1,\quad x^{12}+x^6+x^4+x+1,\quad x^{13}+x^4+x^3+x+1,\\
&x^{14}+x^5+x^3+x+1,\quad x^{15}+x+1,\quad x^{16}+x^5+x^3+x^2+1,\\
&x^{17}+x^3+1,\quad x^{18}+x^5+x^2+x+1,\quad x^{19}+x^5+x^2+x+1,\\
&x^{20}+x^3+1,\quad x^{21}+x^2+1,\quad x^{22}+x+1,\\
&x^{23}+x^5+1,\quad x^{24}+x^4+x^3+x+1,\quad x^{25}+x^3+1,\\
&x^{26}+x^6+x^2+x+1,\quad x^{27}+x^5+x^2+x+1,\quad x^{28}+x^3+1,\\
&x^{29}+x^2+1,\quad x^{30}+x^6+x^4+x+1,\quad x^{31}+x^3+1,\\
&x^{32}+x^7+x^5+x^3+x^2+x+1,\quad x^{33}+x^{16}+x^4+x+1,\\
&x^{34}+x^7+x^6+x^5+x^2+x+1,\quad x^{35}+x^2+1,\\
&x^{36}+x^6+x^5+x^4+x^2+x+1,\quad x^{37}+x^5+x^4+x^3+x^2+x+1,\\
&x^{38}+x^6+x^5+x+1,\quad x^{39}+x^4+1,\\
&x^{40}+x^5+x^4+x^3+1.
\end{aligned}
$$

利用下述命题 5，从上述本原多项式还可以得出其他一些本原多项式：

***命题 5** 设 $p(x)=x^n+b_1x^{n-1}+b_2x^{n-2}+\cdots+b_{n-1}x+b_n$ 是 $\mathbf{Z}_2$ 上的一个 n 次本原多项式. 令

$$q(x)=x^n p\left(\frac{1}{x}\right)=1+b_1x+b_2x^2+\cdots+b_{n-1}x^{n-1}+b_nx^n,$$

则 $q(x)$ 也是 $\mathbf{Z}_2$ 上的一个 n 次本原多项式.

证明 由于 $p(x)$ 在 $\mathbf{Z}_2$ 上不可约，因此 $b_n\neq 0$，从而 $b_n=1$. 于是 $q(x)$ 的次数为 n. 假如 $q(x)$ 在 $\mathbf{Z}_2$ 上可约，则

$$q(x)=q_1(x)q_2(x),\quad \deg q_i(x)<n,\quad q_i(x)\in\mathbf{Z}_2[x],\quad i=1,2.$$

设 $\deg q_i(x)=n_i$，$i=1,2$. 在上式中，x 用 $\dfrac{1}{x}$ 代入，得

$$q\left(\frac{1}{x}\right)=q_1\left(\frac{1}{x}\right)q_2\left(\frac{1}{x}\right).$$

两边乘 x^n 得

$$x^n q\left(\frac{1}{x}\right)=x^{n_1}q_1\left(\frac{1}{x}\right)x^{n_2}q_2\left(\frac{1}{x}\right).$$

显然，$x^nq\left(\dfrac{1}{x}\right)=p(x)$. 记 $p_1(x)=x^{n_1}q_1\left(\dfrac{1}{x}\right)$，$p_2(x)=x^{n_2}q_2\left(\dfrac{1}{x}\right)$，则 $p_i(x)\in\mathbf{Z}_2[x]$，且

$\deg p_i(x)=n_i$,$i=1,2$,于是有

$$p(x) = p_1(x)p_2(x),$$

这与 $p(x)$ 在 $\mathbf{Z}_2$ 上不可约矛盾.因此 $q(x)$ 在 $\mathbf{Z}_2$ 上不可约.

对于正整数 r,若 $p(x)\mid x^r-1$,则有 $h(x)\in\mathbf{Z}_2[x]$,使得 $x^r-1=h(x)p(x)$.从而 $x^r\left[\left(\frac{1}{x}\right)^r-1\right]=x^{r-n}h\left(\frac{1}{x}\right)x^n p\left(\frac{1}{x}\right)$.记 $\tilde{h}(x)=x^{r-n}h\left(\frac{1}{x}\right)$,则 $\tilde{h}(x)\in\mathbf{Z}_2[x]$.于是 $1-x^r=\tilde{h}(x)q(x)$,因此 $q(x)\mid x^r-1$.反之若 $q(x)\mid x^r-1$,则同理有 $p(x)\mid x^r-1$.因此从 $p(x)$ 是本原多项式可得 $q(x)$ 也是本原多项式. □

习　题　3.2

1. 设3阶常系数线性齐次递推关系为

$$a_{k+3} = a_{k+2} + a_k, \quad k = 0,1,2,\cdots.$$

取初始值 $a_0=0,a_1=1,a_2=0$,写出由上述递推关系产生的序列 α 的前面若干项,观察并且猜测 α 的最小正周期是多少?然后进行论证.

2. 设4阶常系数线性齐次递推关系为

$$a_{k+4} = a_{k+3} + a_k, \quad k = 0,1,2,\cdots.$$

取初始值 $a_0=a_1=a_2=a_3=1$,写出由上述递推关系产生的序列 α 的前面若干项,观察并且猜测 α 的最小正周期是多少?然后进行论证.

3. 设4阶常系数线性齐次递推关系为

$$a_{k+4} = a_{k+3} + a_{k+2} + a_{k+1} + a_k, \quad k = 0,1,2,\cdots.$$

(1) 取初始值 $a_0=0,a_1=0,a_2=0,a_3=1$,写出由上述递推关系产生的序列 α 的前面若干项,观察并且猜测 α 的最小正周期是多少?然后进行论证.

(2) 取初始值 $a_0=a_1=a_2=a_3=1$,写出由上述递推关系产生的序列 β 的前面若干项,观察并且猜测 β 的最小正周期是多少?然后进行论证.

4. 设4阶常系数线性齐次递推关系为

$$a_{k+4} = a_{k+2} + a_k, \quad k = 0,1,2,\cdots.$$

(1) 取初始值 $a_0=a_1=a_2=a_3=1$,写出由上述递推关系产生的序列 α 的前面若干项,观察并且猜测 α 的最小正周期是多少?然后进行论证.

(2) 取初始值 $a_0=1,a_1=0,a_2=1,a_3=1$,写出由上述递推关系产生的序列 β 的前面若干项,观察并且猜测 β 的最小正周期是多少?然后进行论证.

5. 第1,2,3,4题中各个序列是不是 m 序列?是不是拟完美序列?

§3.3 公开密钥密码体制,RSA密码系统

在序列密码中,加密明文序列和解密密文序列用的是同一个密钥序列,在通信之前,发

送者必须通过一个安全信道把密钥序列传送给接收者.这不仅要付出昂贵的代价,而且不能满足现代社会中商业、银行等民用保密通信的需要,也不能满足当今信息时代计算机通信网络等多用户保密通信的需要.因此必须有新的密码体制.

例如,以 $\mathbf{Z}_2$ 上的 4 次本原多项式 $f(x)=x^4+x+1$ 为特征多项式的 4 阶常系数线性齐次递推关系

$$a_{k+4}=a_{k+1}+a_k,\quad k=0,1,2,\cdots, \tag{1}$$

取初始值 $a_0=a_1=a_2=0,a_3=1$,产生的 m 序列为

$$\alpha=000100110101111\cdots. \tag{2}$$

李亮想发一份加密的信件给张明,为此他首先要把密钥序列传送给张明.设李亮选择(2)中的 m 序列 α 作为密钥序列.他把 α 的一个周期作为正整数 x 的二进制表示,则这个正整数 x 为

$$x=1\times2^{11}+1\times2^8+1\times2^7+1\times2^5+1\times2^3+1\times2^2+1\times2+1=2479.$$

设 $n>2479$.李亮把 $\mathbf{Z}_n$ 中的元素 $\overline{2479}$ 发给张明.为了防止窃听者的截获,李亮需要把 $\overline{2479}$ 加密成密文 $\bar{y}$ 后发给张明.张明收到密文 $\bar{y}$ 后,自己能独立地解密(不需要李亮发送密钥),把 $\bar{y}$ 还原成明文 $\overline{2479}$,这能办到吗?一个创新的想法是张明有一对密钥 (a,b),其中 a,b 都是正整数,把 a 公开,把 b 保密.a 用于加密,b 用于解密.试问:如何加密?如何解密?设 $\bar{x}\in\mathbf{Z}_n$,对 $\bar{x}$ 加密自然想到的是利用 $\mathbf{Z}_n$ 中的加法运算或乘法运算.如果采用加法运算加密,自然想到加密规则为

$$\bar{x}\xmapsto{\text{加密}}a\bar{x}.$$

而解密规则为 $(a\bar{x})\xmapsto{\text{解密}}b(a\bar{x})$.当然要求

$$(ba)\bar{x}=\bar{x}.$$

若 $ba\equiv1\pmod n$,则 $ba=1+kn$.从而

$$(ba)\bar{x}=(1+kn)\bar{x}=\bar{x}+kn\bar{x}=\bar{x}.$$

由于 n,a 都公开,因此若 $ba\equiv1\pmod n$,则对 a 和 n 用辗转相除法能把 b 求出来,这样张明的秘密密钥 b 就被求出来了,从而对手可以从密文破译出明文.因此不宜采用 $\mathbf{Z}_n$ 中的加法运算来加密和解密.现在改用 $\mathbf{Z}_n$ 中的乘法运算来加密和解密:

$$\bar{x}\xmapsto{\text{加密}}\bar{x}^a\xmapsto{\text{解密}}(\bar{x}^a)^b,$$

即李亮用张明的公开密钥 a 对发送的明文 $\bar{x}$ 加密;张明收到密文 $\bar{x}^a$ 后,用自己的秘密密钥 b 对密文解密:$(\bar{x}^a)^b$.为了使解密得出的结果正好是密文 $\bar{x}$,自然要求 $\bar{x}^{ab}=\bar{x}$.于是 a,b 这两个正整数必需满足一定的条件.满足什么条件呢?

若 x 与 n 互素,则 $\bar{x}\in\mathbf{Z}_n^*$.由于 $\mathbf{Z}_n^*$ 的阶为 $\varphi(n)$,因此 $\bar{x}^{\varphi(n)}=\bar{1}$.从而 $\bar{x}^{k\varphi(n)}=\bar{1},\forall k\in\mathbf{Z}$.于是

$$\bar{x}^{k\varphi(n)}\bar{x}=\bar{x},\ 即\ \bar{x}^{k\varphi(n)+1}=\bar{x}.$$

因此如果正整数 a,b 满足

$$ab = k\varphi(n) + 1,$$

即 $ab \equiv 1(\bmod\ \varphi(n))$，那么

$$\overline{x}^{ab} = \overline{x}.$$

由此受到启发，正整数 a,b 应满足

$$ab \equiv 1\ (\bmod\ \varphi(n)). \tag{3}$$

(3)式也蕴含着 $(a,\varphi(n))=1$（由于 $ab-1=k\varphi(n)$，因此 $ba-k\varphi(n)=1$，从而 $(a,\varphi(n))=1$）. 但是如果公开 a，又知道 $\varphi(n)$ 的话，那么对 $\varphi(n)$ 和 a 作辗转相除法就可求出 b. 于是张明的秘密密钥 b 就轻而易举地被对手破译出来了. 克服这个弱点的办法是，选择两个不相等的大的素数 p,q，令 $n=pq$，把 n 公开，但是把 p 和 q 保密. 虽然众所周知 $\varphi(n)=\varphi(pq)=(p-1)(q-1)$. 但是要求出 p 和 q 就必须把 n 进行素因数分解. 只要 n 充分大，把 n 分解成两个素数的乘积需要花很长很长的时间. 从而 $\varphi(n)$ 很难求出来，于是张明的秘密密钥 b 很难破译. 这种密码系统的安全性是依赖于分解大整数的困难性. 这种密码系统是 1977 年由 Rivest, Shamir 和 Adlman 发明的，称之为 **RSA 密码系统**（RSA Cryptosystem）. 为了满足众多用户保密通信的需要，成立一个密钥管理中心. 这个密钥管理中心选取两个不相等的大素数 p,q，令 $n=pq$. 把 n 公开，把 p 和 q 保密. 分配给每一个用户一对密钥. 例如，分配给用户张明一对密钥 (a,b)，其中 a,b 是两个正整数，$(a,\varphi(n))=1$，且 $ab\equiv 1(\bmod\ \varphi(n))$. a 公开，b 保密. 对于用户张明来说，(n,a) 是他的公开密钥，b 是他的秘密密钥. 任何人想与张明通信时，把待发送的明文作为 $\mathbf{Z}_n$ 中的一个元素 $\overline{x}$，用张明的公开密钥 a 对 $\overline{x}$ 加密：$\overline{x} \longmapsto \overline{x}^a$，把密文 $\overline{x}^a=\overline{x^a}$ 发送出去. 张明收到密文 $\overline{x^a}$ 以后，用他自己的秘密密钥 b 对它解密：$\overline{x^a} \longmapsto (\overline{x^a})^b$. 前面已证明：当 $(x,n)=1$ 时，必有 $\overline{x}^{ab}=\overline{x}$，从而张明对密文 $\overline{x^a}$ 解密所得的结果 $(\overline{x^a})^b$ 正好等于明文 $\overline{x}$（由于 $(\overline{x^a})^b=\overline{x}^{ab}$）. 下面证明：当 $(x,n)\neq 1$ 时，也有 $\overline{x}^{ab}=\overline{x}$，证明如下：

设 $(x,n)\neq 1$. 由于 $n=pq$，因此

$$(x,n) = pq \text{ 或 } p \text{ 或 } q.$$

情形 1 $(x,n)=pq$. 此时 $pq\mid x$，因此在 $\mathbf{Z}_n$ 中，$\overline{x}=\overline{0}$. 显然有 $\overline{0}^{ab}=\overline{0}$.

情形 2 $(x,n)=p$. 此时 $p\mid x$，但是 $q\nmid x$. 于是在 $\mathbf{Z}_p$ 中，$\tilde{x}=\tilde{0}$，从而 $\tilde{x}^{ab}=\tilde{x}$. 由于 $q\nmid x$，因此 $(x,q)=1$，从而 $\tilde{\tilde{x}}\in \mathbf{Z}_q^*$. 于是 $\tilde{\tilde{x}}^{q-1}=\tilde{\tilde{1}}$. 由于 $ab=1+k\varphi(n)=1+k(p-1)(q-1)$，因此

$$\tilde{\tilde{x}}^{ab} = \tilde{\tilde{x}}^{1+k(p-1)(q-1)} = \tilde{\tilde{x}}(\tilde{\tilde{x}}^{q-1})^{k(p-1)} = \tilde{\tilde{x}}\,\tilde{\tilde{1}}^{k(p-1)} = \tilde{\tilde{x}}.$$

由于 $\mathbf{Z}_{pq}$ 到 $\mathbf{Z}_p \oplus \mathbf{Z}_q$ 有一个同构映射 σ：$\overline{x} \mapsto (\tilde{x},\tilde{\tilde{x}})$，因此从 $(\tilde{x},\tilde{\tilde{x}})^{ab}=(\tilde{x}^{ab},\tilde{\tilde{x}}^{ab})=(\tilde{x},\tilde{\tilde{x}})$ 得出

$$\overline{x}^{ab} = \overline{x}.$$

情形 3 $(x,n)=q$. 由于 q 与 p 地位对称，因此从情形 2 立即得到，$\overline{x}^{ab}=\overline{x}$.

综上所述，$\forall\, \overline{x}\in \mathbf{Z}_n$，有 $\overline{x}^{ab}=\overline{x}$. 于是我们证明了下述定理：

定理 1 设 $n=pq$，其中 p,q 是不相等的素数. 又设 a 是正整数，且 $(a,\varphi(n))=1$；b 是满

足下式的正整数：

$$ab \equiv 1 \pmod{\varphi(n)},$$

则任给 $\bar{x} \in \mathbf{Z}_n$，有

$$\bar{x}^{ab} = \bar{x}.$$ □

由上述结论立即得出，$\mathbf{Z}_n$ 中若 $\bar{x}_1 \neq \bar{x}_2$，则 $\bar{x}_1^a \neq \bar{x}_2^a$. 即若明文 $\bar{x}_1$ 与 $\bar{x}_2$ 不相等，那么密文 $\bar{x}_1^a$ 与 $\bar{x}_2^a$ 一定不相等.

前面已指出，RSA 密码系统的安全性依赖于分解大整数的困难性. 当然也可以设想直接用穷举法去尝试求出秘密密钥 b，但是它没有比分解 n 更有效. 还可以设想直接去破译 $\varphi(n)$ 等于多少，但是这也没有比分解 n 更容易. 因此分解 n 是攻击 RSA 密码系统的最显而易见的方法. 数学工作者研究出了几种分解大整数的算法，其中一种算法的运算时间约为

$$O(\mathrm{e}^{(1+o(1))\sqrt{\ln n \ln\ln n}}),$$

其中记号 $o(1)$ 表示 n 的函数，当 $n \to \infty$ 时，这个函数趋近于 0. 这种算法对于 n 是两个差别不大的素数的乘积时最有效. 1994 年，用于 RSA-129 的 129 位正整数 n 被 Atkins, Graff, Lenstra 和 Leyland 用这种算法分解. 关于对 RSA 密码系统的攻击的方法，读者可以参看 D. R. Stinson 著的 *Cryptography-Theory and Practice* 第 138—156 页.

用 RSA 密码系统对明文进行加密和对密文进行解密，与序列密码中用同一个密钥序列对明文加密和对密文解密比较，RSA 密码系统的速度要慢得多. 因此通常不用 RSA 密码系统对消息进行加密，而主要用来加密序列密码中的密钥序列.

RSA 密码系统的关键想法是每个用户有一对密钥 (a, b)，其中 a 是公开密钥，用于加密；b 是秘密密钥，用于解密. 把密钥分成两部分，其中一部公开，另一部分保密，公开的密钥用于加密，保密的密钥用于解密，这种想法最早是由 Diffie 和 Hellman 于 1976 年提出来的. 这使密码学发生了革命性的变革，从主要用于军事和外交转而面向商业乃到整个社会. 由这种想法产生的各种密码系统称之为**公开密钥密码系统**(public-key system). 它们基于下述概念：

一个函数 $f(x)$，如果已知 x 的值很容易计算函数值 $f(x)$，但是已知函数值 $f(x)$，却难于计算自变量 x 的值. 在这里，"难"是指，即使世界上所有的计算机都用来计算，也要花费数百万年的时间，那么称 $f(x)$ 为**单向函数**(one-way function).

单向函数既然从函数值 $f(x)$ 求自变量 x 的值那么难的话，就使接收者解密也变得相当困难. 因此单向函数不能直接用在密码学中，而应该加以改进. 即考虑这样一类单向函数，它有一个秘密的陷门，如果知道这个秘密，那么由函数值 $f(x)$ 计算自变量 x 的值也很容易，这类单向函数称为**单向陷门函数**(trapdoor one-way function). 设法构造单向陷门函数 $f(x)$，公开这个函数用于加密，把陷门保密，也就是把加密密钥公开，而把解密密钥保密. 这就产生出各种公开密钥密码系统. 例如，RSA 密码系统中，单向陷门函数是 $f(\bar{x}) = \bar{x}^a$，陷门是秘密密钥 b.

公开密钥密码系统除了 RSA 密码系统以外，还有 **EIGamal 密码系统**(EIGamal Cryptosystem)，它的安全性基于计算有限域上离散对数的困难性. 在 EIGamal 密码系统的

基础上进一步推广得到**椭圆曲线密码系统**(Elliptie Curve Cryptosystem).关于这两种密码系统,有兴趣的读者可以参看 D. R. Stinson 著的 *Cryptography-Theory and Practice* 第162~190页.

下面举一个例子,说明如何用RSA密码系统对明文加密和对密文解密.本节开头指出,李亮想把(2)式中的密钥序列 α 传递给张明.李亮把 α 的一个周期作为正整数 x 的二进制表示,已求出 $x=2479$.

选择素数 $p=47,q=71$,令 $n=pq=3337$.计算

$$\varphi(n)=(p-1)(q-1)=46\times 70=3220.$$

随机选取正整数 $a=79$,它与 $\varphi(n)=3220$ 互素.求正整数 b,使得 $ab\equiv 1 \pmod{3220}$.作辗转相除法:

$$3220=40\times 79+60,\quad 79=1\times 60+19,$$
$$60=3\times 19+3,\quad 19=6\times 3+1.$$

于是(3220,79)=1可以写成

$$\begin{aligned}1&=19-6\times 3=19-6\times(60-3\times 19)\\&=19\times 19-6\times 60=19\times(79-60)-6\times 60\\&=19\times 79-25\times 60=19\times 79-25\times(3220-40\times 79)\\&=1019\times 79-25\times 3220.\end{aligned}$$

由此得出,$1\equiv 1019\times 79 \pmod{3220}$.因此 $b=1019$.从而秘密密钥是 $b=1019$,公开密钥为

$$(n,a)=(3337,79).$$

对上述的 $\overline{x}=\overline{2479}$ 用公开密钥 $(n,a)=(3337,79)$ 加密:令

$$\overline{2479}\longmapsto\overline{2479^{79}}.$$

由于

$$2479^{79}\equiv 2671 \pmod{3337},$$

因此对 $\overline{x}=\overline{2479}$ 加密后的密文为

$$\overline{c}=\overline{2671}.$$

张明解密时用秘密密钥 $b=1019$,令

$$\overline{c}\longmapsto\overline{c}^{1019}.$$

由于

$$c^{1019}\equiv 2479 \pmod{3337},$$

因此对 $\overline{c}=\overline{2671}$,解密后得 $\overline{2479}$,这正好是明文 $\overline{x}$.

注意:在上述例子中,若 $x>n$,譬如 $x=13896$,而 $n=3337$.此时先把 x 分成两组:$x_1=138,x_2=96$.然后分别对 $\overline{x}_1,\overline{x}_2$ 进行加密得到密文 $\overline{c}_1,\overline{c}_2$,把 c_1,c_2 连着写得到 c,就求出了 $\overline{x}$ 的密文 $\overline{c}$.解密时,分别对密文 $\overline{c}_1,\overline{c}_2$ 解密,从而分别还原成明文 $\overline{x}_1,\overline{x}_2$,把 x_1,x_2 连着写就得到 x.

习 题 3.3

1. 对于下述RSA密码系统,写出它的公开密钥,并求出它的秘密密钥(取符合要求的

最小正整数)：

取素数 $p=17, q=23$，令 $n=pq$. 取 $a=3$.

2. 用第 1 题的 RSA 密码系统，对明文 $\overline{29}\in \mathbf{Z}_{391}$ 进行加密，求出密文，并且解密求出明文.

§3.4 数字签名

在日常生活和工作中，常常在写完一封信后，即便是用计算机写的信，在打印出来后，都要手写签名，或者在一个文件上手写签名，这使人相信这封信或这个文件的内容是你同意的. 当今信息时代，写信用电子邮件，尽管你在信的最后用计算机录入了你的名字，但是如何让人相信这封信真的是你写的，而不是别人伪造的呢？如何让人相信你同意的文件的内容没有被别人窜改呢？即使在信上或文件上有你手写签名的图形，但是计算机文件易于复制，从一个文件到另一个文件剪切和粘贴手写签名的图形是很容易的；其次文件在签名后也易于修改，并且不会留下任何修改的痕迹. 避免这些问题发生的办法是采用下述数字签名.

在 RSA 密码系统中，公开正整数 n，保密 n 的两个素因数 p 和 q；分配给每个用户一对密钥 (a,b)，其中 a,b 是正整数，满足：$(a,\varphi(n))=1$，且 $ab\equiv 1(\mathrm{mod}\varphi(n))$. a 公开，b 保密(只有用户本人知道)，譬如，分配给李亮、张明的一对密钥分别为 (a_1,b_1)，(a_2,b_2). 现在李亮要对他同意的一个文件签名，传给张明，张明收到文件后能验证这个文件的确是李亮签了名的. 方法如下：

李亮把要传给张明的文件用 $\mathbf{Z}_n$ 的一个元素 $\overline{x}$ 表示(按照本章第 1 节讲的每个英文字母对应于 $\mathbf{Z}_2$ 上的一个 5 元有序组，于是这个文件成为 $\mathbf{Z}_2$ 上的一个序列，然后把这个序列作为正整数 x 的二进制表示，从而得到 $\overline{x}\in \mathbf{Z}_n$). 李亮用他自己的秘密密钥 b_1 对 $\overline{x}$ 加密：

$$\overline{x}\longmapsto \overline{x}^{b_1}=\overline{x^{b_1}},$$

这一步称为李亮对文件 $\overline{x}$ **签名**. 然后李亮把签了名的文件 $\overline{x^{b_1}}$ 传送给张明. 张明收到后，用李亮的公开密钥 a_1 把 $\overline{x^{b_1}}$ 还原成原来的文件 $\overline{x}$，并且验证这是经过李亮签名的：

$$\overline{x^{b_1}}\longmapsto (\overline{x^{b_1}})^{a_1}=\overline{x}^{b_1a_1}.$$

由于 $a_1b_1\equiv 1(\mathrm{mod}\ \varphi(n))$，在第 3 节已证明：$\overline{x}^{b_1a_1}=\overline{x}$，因此张明还原出了原来的文件 $\overline{x}$，并且验证了这个文件的确是经过李亮签名的(因为张明用其他人的公开密钥是解密不出 $\overline{x}$ 的，并且其他人是不知道李亮的秘密密钥 b_1 的). 被李亮签名的文件是不可窜改的，这是因为签名后的文件若被窜改，则用李亮的公开密钥 a_1 就解密不出原来的文件 $\overline{x}$.

有些时候要传送的文件 $\overline{x}$ 本身需要保密，这时我们可以把文件 $\overline{x}$ 的签名和对文件 $\overline{x}$ 的加密结合起来，即采用带加密的数字签名，其方法如下：

李亮要对文件 $\overline{x}$ 签名，并且 $\overline{x}$ 要保密，然后传送给张明：

第 1 步：李亮用自己的秘密密钥 b_1 对文件 $\overline{x}$ 签名：

$$\bar{x} \longmapsto \bar{x}^{b_1} = \overline{x^{b_1}};$$

第 2 步：李亮用张明的公开密钥 a_2 对 $\overline{x^{b_1}}$ 加密：

$$\overline{x^{b_1}} \longmapsto (\overline{x^{b_1}})^{a_2} = \overline{x^{b_1 a_2}},$$

然后把 $\overline{x^{b_1 a_2}}$ 传送给张明；

第 3 步：张明收到 $\overline{x^{b_1 a_2}}$ 后，用张明自己的秘密密钥 b_2 进行解密：由于 $\bar{x}^{a_2 b_2} = \bar{x}$，因此

$$\overline{x^{b_1 a_2}} \longmapsto (\overline{x^{b_1 a_2}})^{b_2} = \overline{x^{b_1 a_2 b_2}} = (\bar{x}^{a_2 b_2})^{b_1} = \bar{x}^{b_1};$$

第 4 步：张明用李亮的公开密钥 a_1 把 $\bar{x}^{b_1}$ 还原成原来的文件 $\bar{x}$，并且验证这是经过李亮签名的：

$$\bar{x}^{b_1} \longmapsto (\bar{x}^{b_1})^{a_1} = \bar{x}^{b_1 a_1} = \bar{x}.$$

习　题　3.4

1. RSA 密码系统中，取 $n=91$，分配给李亮一对密钥 (a_1, b_1)，其中 $a_1=5$，$a_1 b_1 \equiv 1(\mathrm{mod}\ \varphi(n))$. 你能求出李亮的秘密密钥 b_1 吗？（取 b_1 为满足条件要求的最小正整数.）李亮想把 $\mathbf{Z}_{91}$ 中的 $\bar{4}$ 签名后传送给张明，李亮应如何对 $\bar{4}$ 签名？张明如何把李亮签名后的文件还原成 $\bar{4}$，并且验证这是经过李亮签名的？

2. 在第 1 题中，分配给张明的一对密钥是 (a_2, b_2)，其中 $a_2=11$，你能求出张明的秘密密钥 b_2 吗？（取 b_2 为满足条件要求的最小正整数.）李亮想把 $\mathbf{Z}_{91}$ 中的 $\bar{4}$ 签名并且加密传送给张明，李亮应如何做？张明收到经李亮签名和加密的文件后，如何做才能解密还原成原来的文件 $\bar{4}$，并且验证这是经过李亮签名的？

第四章

数学发展史上若干重大创新

本章将介绍数学发展史上若干重大的创新：从对运动的研究到微积分的创立和严密化；从平行公设到非欧几里得几何的诞生与实现；从方程根式可解问题到伽罗瓦理论的创立和代数学的变革.它们分别属于分析学，几何学，代数学领域.读者可从中受到启迪并且领悟到数学的思维方式在这些重大创新中所起的作用.

§4.1 从对运动的研究到微积分的创立和严密化

4.1.1 17世纪对天体运动的研究

我们生活在地球上，日出东方，日落西山，是太阳绕地球旋转，还是地球绕太阳旋转？这是人们一直关注的问题.1543年哥白尼(N. Copernicus)在他的巨著《天体运行论》中指出，所有天体以太阳为中心绕行.地球既自转又围绕太阳运行.开普勒(J. Kepler)在1609年发表的《新天文学》和1619年发表的《世界之和谐》的著作中，发现了太阳系行星运动的三大定律：

Ⅰ. 行星运动的轨道是椭圆，太阳位于该椭圆的一个焦点；

Ⅱ. 由太阳到行星的矢径在相等的时间内扫过的面积相等；

Ⅲ. 行星绕太阳公转周期的平方，与其椭圆轨道的长轴的立方成正比，且比值对于6个行星(地球，火星，金星，水星，木星，土星)皆相同.

开普勒花了近20年的毕生精力，历尽艰难、挫折与辛劳，才探索出实验性定律——行星运动三大定律.他在《新天文学》第16章有一段话：

“如果这种冗长的方法让你厌烦的话，你或许更会怜悯起我来.因为我花费了巨大的时间，反复了至少70余次的计算，从探讨火星开始，至今已过了五个年头.”

开普勒得到他的三大定律，主要是依靠用曲线去拟合天文观测数据，但是他并没有根据基本的运动定律去解释为什么行星沿着椭圆轨道运动.如何从运动原理推导出开普勒三定律？这是一个明显的挑战.这包括会求行星沿轨道运动的路程，行星矢径扫过的面积等.

在17世纪对天文学理论的改进还有一个重要原因.为了寻找原料和通商，欧洲人已从事大规模的、看不见陆地的长距离航海，因此水手们就需要测量纬度和经度的准确方法.纬度可以通过观察太阳或恒星来确定，但测定经度则困难的多.利用时差可以测量经度，但是适用于航海的时钟在1761年才设计出来，在18世纪末才开始使用.因此在16世纪，经度是用月球对一些恒星的相对方向来确定的：把从某个标准地点在不同时间观测到的月球的相对方向制成表册；航海者可以测定月球的方向(人所在的地点虽然不同，但不太影响月球的方向)，又可以利用例如恒星的方向来测定他的当地时间，于是他就可以根据所测定的月球方向直接查表或通过插值，找出标准地点的时间，从而算出他所测定的当地时间和标准地点的时间之差，时间上差一小时意味着经度上差15度.这种方法的困难之处在于月球的方向很难准确测定.角度上差一分就意味着经度上差半度.但是要使误差小于一分，在当时是远远做不到的.克服这一困难就需要进一步了解月球运行的轨道.所以关于月球运动的准确观测是17世纪的主要科学问题之一.

天文观测需要望远镜.在透镜的设计中，必须知道光线射入透镜的角度以便应用反射定律.入射角是光线同曲线的法线间的夹角，法线是垂直于该点的切线的，这就需要会求曲线在每一点的切线.

对于地球上物体的运动，也是人们关注的.例如，炮弹的射程和最大高度都与炮弹的初速度的大小和方向有关.炮弹的初速度是炮弹离开炮膛那一时刻的速度.如何求炮弹运行中每一时刻的速度的大小？炮弹运行时某一个时刻的速度的方向是炮弹运动轨道在该点处的切线方向.如何求曲线在每一点处的切线方向？炮弹的初速度的大小一定时，其方向(即炮筒对地面的倾斜角，称为发射角)怎样时才能使炮弹的射程最大？

综上所述，在17世纪，对天体运动和地球上物体运动的研究，提出了四类问题：

第一类问题：已知物体移动的距离表为时间的函数的公式，求物体在任一时刻的速度(称为该时刻的瞬时速度)；反过来，已知物体的速度表为时间的函数的公式，求物体移动的距离.

第二类问题：求曲线的切线.

第三类问题：求函数的最大值与最小值.

第四类问题：求曲线长；曲线围成的面积；曲面围成的体积等.

4.1.2 牛顿和莱布尼茨创立微积分

17世纪初期许多数学家对于求曲线的切线的方法，求函数的最大值和最小值的方法，求面积、体积、曲线长的方法都作出了贡献.例如，费马在1629年给出了求曲线的切线的方法，1637年提出了求函数的极大值与极小值的方法.笛卡儿在1637年给出了求曲线的切线的方法.巴罗(I. Barrow)也给出了求曲线的切线的方法，他的方法记载在1669年出版的《几何讲义》中. 巴罗使用的是几何法，其关键概念是“微分三角形”，也叫“特征三角形”. 开普勒在 1615 年发表的“测量酒桶的新立体几何”论文中，给出了求旋转体体积的方法. 卡瓦列里(B. Cavalieri)在 1635 年的著作《用新方法推进连续体的不可分量的几何学》中，给出了求立体图形的体积的方法. 沃利斯(J. Wallis)在 1655 年的著作《无穷的算术》中，运用分析法和不可分法求出了许多图形的面积并得到广泛而有用的结果，例如，π 的新的表达式

$$\frac{\pi}{2}=\frac{2\cdot 2\cdot 4\cdot 4\cdot 6\cdot 6\cdot 8\cdot 8\cdot \cdots}{1\cdot 3\cdot 3\cdot 5\cdot 5\cdot 7\cdot 7\cdot 9\cdot \cdots}.$$

当时认为这几类问题是各不相同的，虽然也有人注意到了它们之间的某些联系. 例如，费马用同样的方法求曲线的切线和函数的极值，但是他们没有认识到解决这几类问题的方法的普遍性. 需要有人高瞻远瞩、敏锐地清理出前人有价值的想法，有足够的想象力把这些个别的、分散的工作重新组织起来，并且大胆地制订一个宏伟的计划. 这样的人就是牛顿(L. Newton)和莱布尼茨(G. W. Leibniz).

牛顿总结了笛卡儿、巴罗、沃利斯等人的想法，建立起成熟的方法，并且揭示了前面提出的几类问题之间的内在联系. 牛顿在 1665 年 11 月发明“正流数术”(即微分法)，第二年 5 月又建立了“反流数术”(即积分法). 1666 年 10 月，牛顿将这两年的研究成果整理成一篇论文，此文现以《流数简论》著称，当时虽未正式发表，但在同事中传阅.《流数简论》是历史上第一篇系统的微积分文献. 1669 年牛顿在他的朋友中散发了题为《运用无穷多项方程的分析学》的小册子，这本书直到 1711 年才出版. 牛顿于 1671 年写了《流数法和无穷级数》的著作，但直到 1736 年才出版. 在这本书中，牛顿更清楚地陈述了微积分的基本问题：已知两个流(即变量)之间的关系，求它们的流数(即变量的变化率)之间的关系，以及它的逆问题. 牛顿还在 1676 年写了《求曲边形的面积》的论文，发表于 1704 年. 牛顿微积分学说最早的公开表述出现在 1687 年出版的《自然哲学的数学原理》一书中. 牛顿是以运动学为背景创立微积分的.

在建立微积分中和牛顿并列在一起的是莱布尼茨. 莱布尼茨在 1666 年写了《论组合的艺术》的论文，从 1684 年起发表微积分论文. 然而他的许多成果，以及他的思想的发展，都包含在他从 1673 年起写的，但他自己从未发表过的成百页的笔记本中. 1673 年左右，他看到求曲线的切线的正问题和反问题的重要性. 他相信，反方法等价于通过求和来求面积和体积. 莱布尼茨在 1675 年 10 月 29 日的手稿中，用 $\int$ 表示和，记号 $\int$ 是“sum”(和)的第一个字母 S 的拉长. 他在 1675 年 11 月 11 日写的《切线的反方法的例子》的手稿中，用 x/d 表示差. 然后他说，x/d 是 $\mathrm{d}x$，是两个相邻的 x 值的差. 莱布尼茨断定一个事实：作为求和的过程的积分是微分的逆. 这个想法已出现在巴罗和牛顿的著作中，他们用反微分求得面积. 但是莱布尼茨是第一次表达出求和与微分之间的关系. 在 1680 年的手稿中，他说：“……现在把 $\mathrm{d}x$ 和 $\mathrm{d}y$ 取为无穷小……”. 他把 $\mathrm{d}y$ 叫做当纵坐标沿着 x 轴移动时 y 的“瞬刻的增长”. 他用 $\int y\mathrm{d}x$ 表示曲线 $y=f(x)$ 下的面积. 莱布尼茨煞费苦心地选择富有提示性的记号.

下面我们用两个简单例子来说明牛顿求瞬时速度的方法，以及牛顿如何揭示求面积与求函数的变化率之间的关系.

例 1 已知物体运动的路程 $s=5t^2$，求时刻 t 的速度.

取时间 t 的一个增量 Δt，相应地，路程 s 有一个增量 $\Delta s=5(t+\Delta t)^2-5t^2$，则在从时刻 t 到 $t+\Delta t$ 这段时间间隔内的平均速度为

$$\frac{\Delta s}{\Delta t}=\frac{5(t+\Delta t)^2-5t^2}{\Delta t}=\frac{10t\Delta t+5\Delta t^2}{\Delta t}=10t+5\Delta t. \tag{1}$$

略去仍然含有 Δt 的项，就得到时刻 t 的速度为 $10t$.

如图 4-1 所示，线段 PM 的长为 Δt，线段 QM 的长为 Δs，$\frac{\Delta s}{\Delta t}$是割线 PQ 的斜率. 在(1)式中，略去仍然含有 Δt 的项，就得到曲线在 P 点处的切线 PT 的斜率为 $10t$.

从上述看到，求瞬时速度问题与求曲线的切线斜率问题是一样的，它们都归结为求函数 $y=f(x)$在点 x 处的变化率问题.

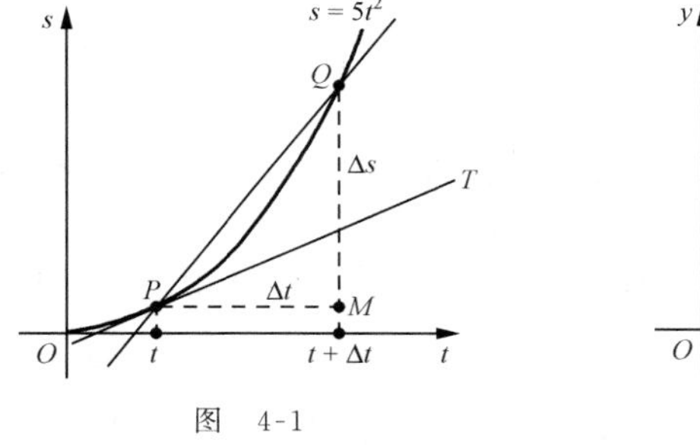

图 4-1

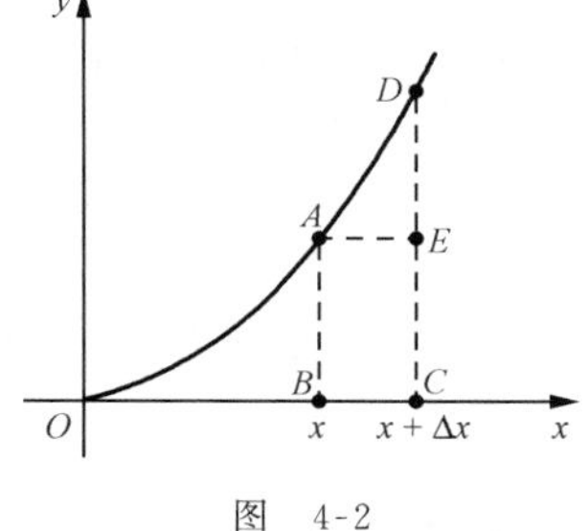

图 4-2

例 2 设曲线 $y=f(x)$与 x 轴、y 轴和点 x 处的纵坐标围成的图形的面积 $z=x^3$，求这个图形的面积 z 在点 x 处的变化率，如图 4-2 所示.

取 x 的一个增量 Δx，相应地，y 有一个增量 $\Delta y=f(x+\Delta x)-f(x)$，面积 z 有一个增量 $\Delta z=(x+\Delta x)^3-x^3$. Δz 是曲边梯形 $ABCD$ 的面积. 计算

$$\frac{\Delta z}{\Delta x}=\frac{(x+\Delta x)^3-x^3}{\Delta x}=\frac{(x^3+3x^2\Delta x+3x\Delta x^2+\Delta x^3)-x^3}{\Delta x}=3x^2+3x\Delta x+\Delta x^2.$$

略去仍然含有 Δx 的项，就得到 $f(x)=3x^2$.（注：当 Δx 越来越小时，曲边梯形 $ABCD$ 的面积 Δz 越来越接近于矩形 $ABCE$ 的面积，而 $f(x)$等于矩形 $ABCE$ 的边 AB 的长，Δx 是矩形 $ABCE$ 的边 BC 的长.）因此曲线 $y=f(x)$与 x 轴、y 轴和点 x 处的纵坐标围成的图形的面积 z 在 x 处的变化率恰好等于 $f(x)=3x^2$. 反过来，如果曲线是 $y=3x^2$，那么它下面的面积就是 $z=x^3$. 这表明求面积可以由求变化率的逆过程得到. 这个事实就是我们现在所叫的微积分基本定理.

从例 1 和例 2 可以看到，牛顿求函数的变化率的方法，以及求面积正好是求变化率的逆

过程. 在牛顿的求函数 $y=f(x)$ 在点 x 处的变化率的方法中，最后要略去仍然含有 Δx 的项，才能得到在点 x 处的变化率，否则只能是在 x 到 $x+\Delta x$ 之间的平均变化率. 这一方面显示了牛顿在创新中的勇气，敢于把仍然含有 Δx 的项略去，但另一方面这样做在逻辑上是不清楚的，因此从一开始就受到怀疑和批评. 英国哲学家、牧师伯克莱(G. Berkeley)在 1734 年发表小册子《分析学家，或致一位不信神的数学家》，他指责牛顿流数论中关于增量 o(即 Δx)的假设前后矛盾，是“分明的诡辩”. 他讥讽地问道：“这些消失的增量究竟是什么呢？它们既不是有限量，也不是无限小，又不是零，难道我们不能称它们为消逝量的鬼魂吗？”

我们来仔细分析一下例 1 中得到的 $10t$ 为什么是时刻 t 的速度. 只要 $\Delta t\neq 0$，$\frac{\Delta s}{\Delta t}=10t+5\Delta t$ 就只是平均速度，为了得到时刻 t 的速度(它是确实存在的)，就应当让 $\Delta t=0$. 但是当 $\Delta t=0$ 时，Δs 也等于 0，于是 $\frac{\Delta s}{\Delta t}$ 成为 $\frac{0}{0}$，而众所周知，0 不能当分母(即 0 不能当除数). 0 为什么不能当除数呢？$6\div 2=3$，这是因为 $3\times 2=6$. 由于对于任意数 a，都有 $a\cdot 0=0\neq 6$，因此 $\frac{6}{0}$ 不存在；而 $\frac{0}{0}$ 可以等于任意数，即 $\frac{0}{0}$ 不确定. 由于这两方面的原因，因此 0 不能当除数，但是这两种情况是有区别的，若 $c\neq 0$，则 $\frac{c}{0}$ 不存在；而 $\frac{0}{0}$ 存在，它可以等于任意数. 在例 1 中，$\frac{\Delta s}{\Delta t}=10t+5\Delta t$. 当 $\Delta t=0$ 时，等式左端成为 $\frac{0}{0}$，而右端为 $10t$. 因此在这个具体问题中，$\frac{0}{0}$ 确定了唯一的值 $10t$，这个值就是时刻 t 的速度. 这说明了在例 1 中，时刻 t 的速度确实是 $10t$. 但是先假设 $\Delta t\neq 0$ 来进行运算，最后又让 $\Delta t=0$，这在逻辑上是有缺陷的. 这促使数学家们为微积分的严密化进行艰辛的探索. 18 世纪的几乎每一位数学家都对微积分的逻辑作了一些努力，但是所有的努力都没有结果. 直到 19 世纪前，微积分的严密化一直未完成.

4.1.3 微积分的严密化

19 世纪，一些数学家决心把分析只在算术概念的基础上重新建立起来. 柯西(Cauchy)在 1821 年的著作《代数分析教程》的导言中说，他试图给分析以严密性. 我们以例 1 的求时刻 t 的速度问题来介绍柯西所做的严密化工作.

在例 1 中，$\frac{\Delta s}{\Delta t}=10t+5\Delta t$. 只要 $\Delta t\neq 0$，$\frac{\Delta s}{\Delta t}$ 就只是平均速度. 为了得到时刻 t 的速度，就应当让 Δt 无限趋近于 0，但是不能等于 0. 从 $\frac{\Delta s}{\Delta t}=10t+5\Delta t$ 看到，此时 $\frac{\Delta s}{\Delta t}$ 与 $10t$ 可以任意接近，即 $\left|\frac{\Delta s}{\Delta t}-10t\right|$ 要多小就多小. 于是柯西提出了极限的概念. 柯西给极限下的定义如下：

设函数 $f(x)$ 在 x_0 附近(不包括 x_0)有定义，若有一个常数 c，当 x 无限趋近于 x_0 时，有

$|f(x)-c|$要多小就多小，则称 $f(x)$在点 x_0 的**极限**为 c.

在例 1 中，当 Δt 趋于 0 时，平均速度$\frac{\Delta s}{\Delta t}$的极限是 $10t$，它就是时刻 t 的速度. 这样用平均速度的极限刻画瞬时速度，就克服了"先设 $\Delta t\neq 0$，最后又让 $\Delta t=0$"的逻辑上的混乱.

柯西给极限下的定义采用了"无限趋近"，"要多小就多小"这种直觉描述性的语言，这不便于计算和论证. 魏尔斯特拉斯(Weierstrass)在 1841～1856 年做了使分析严密化的工作，他改进了柯西关于极限的定义. "$|f(x)-c|$要多小就多小"这句话的确切描述就是："任给 $\varepsilon>0$，都有$|f(x)-c|<\varepsilon$". 而"x 无限趋近于 x_0"这句话的确切描述是："对于任给 $\varepsilon>0$，存在 $\delta>0$，x 满足 $0<|x-x_0|<\delta$". 于是魏尔斯特拉斯给极限下的定义如下：

定义 1 设函数 $f(x)$在点 x_0 附近(不包括 x_0)有定义. 若有一个常数 c，对于任意给定的 $\varepsilon>0$，存在 $\delta>0$，使得对于满足 $0<|x-x_0|<\delta$ 的一切 x，都有$|f(x)-c|<\varepsilon$，则称 $f(x)$在点 x_0 的**极限**是 c，记做 $\lim\limits_{x\to x_0}f(x)=c$.

精确的"极限"定义成为数学上处理无限过程的强有力的工具. 有了函数的极限的精确定义之后，关于函数的连续性概念，导数的概念，微分的概念，定积分的概念等也就随之都严密化了.

定义 2 设函数 $f(x)$在点 x_0 的某个邻域有定义，如果$\lim\limits_{x\to x_0}f(x)=f(x_0)$，那么称 $f(x)$在点 x_0 处**连续**.

定义 3 设函数 $f(x)$在定义域的一点 x_0，若极限

$$\lim_{\Delta x\to 0}\frac{f(x_0+\Delta x)-f(x_0)}{\Delta x}$$

存在，则称 $f(x)$在点 x_0 处**可导**，这个极限值称为 $f(x)$在点 x_0 处的**导数**，记做 $f'(x_0)$.

4.1.4 实数系的连续性与完备性

对于极限的深入研究，提出了需要研究实数系的结构的任务. 例如，有理数数列 1.4，1.41，1.414，1.4142，…的极限是无理数$\sqrt{2}$. 自然要问：一个实数数列$\{a_n\}$，如果它的极限存在的话，它的极限是否仍然是实数？若采用"无理数是无限不循环小数"这一定义，则证明实数数列$\{a_n\}$的极限仍然是实数时比较繁琐. 为此可以用另一种方法定义无理数. 戴德金(Dedekind)在 1872 年发表了他的无理数理论. 戴德金是在直线划分的启发下来定义无理数的. 他注意到如果把直线上的点划分成两类，使一类中的每一个点位于另一类中每一个点的左边，那么就必有且只有一个点产生这个划分. 这一事实使得直线是连续的. 对于直线来说，这是一个公理. 戴德金把这个思想运用到数系上来. 他考虑任何一个把有理数集分成两类的划分，使得第一类 A_1 中的任一数小于第二类 A_2 中的任一数. 有理数集的这样一个划分称之为有理数集的一个**分割**(cut)，记做(A_1,A_2). 如果在有理数集的分割(A_1,A_2)中，A_1 有个最大的数，或者 A_2 有个最小的数，则这样的分割是由一个有理数确定的. 但是存在着不是由有

理数确定的分割.例如,设

$$A_1=\{x\in\mathbf{Q}\mid x^2<2\},\quad A_2=\{x\in\mathbf{Q}\mid x^2>2\},$$

则这个分割(A_1,A_2)是由无理数$\sqrt{2}$确定的.由此可知,对应于有理数集的每一个分割存在唯一的有理数或无理数.于是实数集$\mathbf{R}$可以定义成由有理数集的所有分割组成的集合,一个实数就是有理数集的一个分割.戴德金接着给出了有理数集的一个分割(A_1,A_2)等于和小于另一分割(B_1,B_2)的定义:若集合$A_1=B_1$,则称(A_1,A_2)等于(B_1,B_2);若$A_1\subsetneqq B_1$,则称(A_1,A_2)**小于**(B_1,B_2),或(B_1,B_2)**大于**(A_1,A_2),记做$(A_1,A_2)<(B_1,B_2)$或$(B_1,B_2)>(A_1,A_2)$.于是对于任意两个实数x,y,下列三式中有且只有一个成立:$x=y,x<y,y<x$.从小于关系定义立即得出:

若$x<y$且$y<z$,则$x<z$(传递性).

还可以证明实数的下述性质:

(1) 若x与y是两个不同的实数,则存在无穷多个不同的实数位于x与y之间;

(2) 若α是任一实数,则实数集可以分成两类W_1与W_2,每一类含有无穷多个实数,W_1中的每个数都小于α,而W_2中的每个数都大于α,数α本身可以指定在任一类.

性质(1)由分割小于关系的定义容易证明.

性质(2)的证明:由于任一实数x与α的关系或者$x=\alpha$,或者$x<\alpha$,或者$x>\alpha$,三者必居其一且只居其一,因此令

$$W_1=\{x\in\mathbf{R}\mid x<\alpha\},\quad W_2=\{x\in\mathbf{R}\mid x\geqslant\alpha\},$$

有$W_1\cup W_2=\mathbf{R},W_1\cap W_2=\varnothing$.于是$\{W_1,W_2\}$是$\mathbf{R}$的一个划分.由性质(1)得,$W_1$和$W_2$都有无穷多个实数.由传递性得,$W_1$中的每个数小于$W_2$中的每个数,也可以令$W_1=\{x\in\mathbf{R}\mid x\leqslant\alpha\},W_2=\{x\in\mathbf{R}\mid x>\alpha\}$.因此性质(2)得到证明. □

性质(2)说的是任给一个实数α,可以产生实数集$\mathbf{R}$的一个划分(W_1,W_2),使得W_1中的每个数小于W_2中的每个数.反之也成立.即有下述定理:

定理1(戴德金定理) 如果(W_1,W_2)是实数集$\mathbf{R}$的一个划分,且使得W_1中的每个数小于W_2中的每个数,那么必有一个且只有一个实数α产生$\mathbf{R}$的这个分割.

证明 不妨设W_1没有最大数,我们来证明W_2必有最小数.对于实数x,我们用(A_x,B_x)表示对应的有理数集的分割.首先我们来定义一个实数.令

$$A_1=\{a\in\mathbf{Q}\mid a\in A_x,x\in W_1\},\quad A_2=\mathbf{Q}\backslash A_1.$$

显然A_1非空集.下面来证A_2非空集.由于W_2非空集,因此存在$y\in W_2$,又存在$b\in B_y$.假如$b\notin A_2$,则$b\in A_1$.由A_1的定义,存在$x\in W_1$,使得$b\in A_x$.由于$x<y$,因此$A_x\subsetneqq A_y$.于是$b\in A_y$.从而$b\in A_y\cap B_y$.这与$A_y\cap B_y=\varnothing$矛盾.因此$b\in A_2$.从而A_2非空集.

显然$A_1\cup A_2=\mathbf{Q},A_1\cap A_2=\varnothing$.因此$(A_1,A_2)$是有理数集$\mathbf{Q}$的一个划分.

设$a_1\in A_1,a_2\in A_2$.要证$a_1<a_2$.假如$a_2<a_1$.由A_1的定义,存在$x\in W_1$,使得$a_1\in A_x$.由于$a_2<a_1$,因此$a_2\in A_x$.从而$a_2\in A_1$.这与$a_2\in A_2$矛盾.因此$a_1<a_2$,于是(A_1,A_2)是$\mathbf{Q}$

的一个分割，从而它定义了一个实数 α.

其次证 $\alpha \notin W_1$. 假如 $\alpha \in W_1$. 由于 W_1 没有最大数，因此存在 $x \in W_1$，使得 $\alpha < x$. 根据小于关系的定义，$A_1 \subsetneqq A_x$. 于是存在有理数 c，使得 $c \in A_x, c \notin A_1$. 据 A_1 的定义得，$c \in A_1$，矛盾. 因此 $\alpha \notin W_1$.

最后证 $\alpha \in W_2$，且 α 是 W_2 的最小数. 由于 $W_1 \cup W_2 = \mathbf{R}$，因此 $\alpha \in W_2$. 假如 α 不是 W_2 的最小数，则存在 $y \in W_2$，使得 $y < \alpha$. 于是 $A_y \subsetneqq A_1$. 从而存在有理数 c，使得 $c \in A_1, c \notin A_y$. 于是存在 $x \in W_1$，使得 $c \in A_x$. 因此 $A_y \subsetneqq A_x$. 由此得出 $y < x$. 这与"W_1 中每个数小于 W_2 中每个数"矛盾. 所以 α 是 W_2 的最小数.

综上所述，$W_1 = \{x \in \mathbf{R} \mid x < \alpha\}$，$W_2 = \{x \in \mathbf{R} \mid x \geqslant \alpha\}$. 因此实数集 $\mathbf{R}$ 的这个分割(W_1, W_2)由实数 α 产生，且只由这个实数 α 产生. □

定理 1 表明，实数集 $\mathbf{R}$ 的任一分割对应于唯一的一个实数. 这样数轴就被所有实数填满了，不再留有"孔隙". 这称为实数系的**连续性**(如同直线是连续的一样).

戴德金定义实数的运算如下：设有理数集的两个分割为(A_1, A_2)，(B_1, B_2). 令

$$C_1 = \{a_1 + b_1 \mid a_1 \in A_1, b_1 \in B_1\}, \quad C_2 = \mathbf{Q} \backslash C_1.$$

显然 $C_1 \neq \varnothing$. 可证 $C_2 \neq \varnothing$. 由于 $A_2 \neq \varnothing, B_2 \neq \varnothing$，因此存在 $a_2 \in A_2, b_2 \in B_2$. 假如 $a_2 + b_2 \in C_1$，则存在 $a_1 \in A_1, b_1 \in B_1$，使得 $a_2 + b_2 = a_1 + b_1$. 由于 $a_1 < a_2, b_1 < b_2$，因此 $a_1 + b_1 < a_2 + b_2$，矛盾. 这证明了 $C_2 \neq \varnothing$. 又显然 $C_1 \cup C_2 = \mathbf{Q}$，$C_1 \cap C_2 = \varnothing$. 因此$(C_1, C_2)$是有理数集的一个划分. 现在证 C_1 中的任一数 c_1 小于 C_2 中的任一数 c_2. 假如 $c_1 > c_2$，据 C_1 的定义，存在 $a_1 \in A_1, b_1 \in B_1$，使得 $c_1 = a_1 + b_1$. 于是 $a_1 + b_1 > c_2$，即 $b_1 > c_2 - a_1$. 由于 $b_1 \in B_1$，且 B_2 中每个数都大于 B_1 中每个数，因此 $c_2 - a_1 \in B_1$，于是 $c_2 = a_1 + (c_2 - a_1) \in C_1$，矛盾. 因此 $c_1 < c_2$. 这证明了(C_1, C_2)是 $\mathbf{Q}$ 的一个分割. 这个分割(C_1, C_2)就称为(A_1, A_2)与(B_1, B_2)的**和**.

实数乘法的定义如下：设实数 $x > 0, y > 0$，它们对应的 $\mathbf{Q}$ 的分割分别为(A_1, A_2)，(B_1, B_2). 令

$$C_1 = \{a_1 b_1 \mid 0 < a_1 \in A_1, 0 < b_1 \in B_1\} \cup \{c \mid c \leqslant 0, c \in \mathbf{Q}\}, \quad C_2 = \mathbf{Q} \backslash C_1.$$

可证(C_1, C_2)是 $\mathbf{Q}$ 的一个分割. 称(C_1, C_2)是实数 x 与 y 的**积**，记做 xy. 对于一般情形，实数乘法的定义如下：

$$xy = \begin{cases} |x||y|, & x, y \text{ 同号}, \\ -(|x||y|), & x, y \text{ 异号}, \\ 0, & x = 0 \text{ 或 } y = 0. \end{cases}$$

可以证明：实数的加法满足交换律，结合律，有零元(即数 0)，每个实数 x 有负元 $-x$；实数的乘法满足交换律，结合律，对于加法有分配律，有单位元(即数 1)，每个非零实数 x 有逆元(即倒数)$\dfrac{1}{x}$，关于 x 的倒数的定义如下：设 $x > 0$，x 对应的 $\mathbf{Q}$ 的分割为(A_1, A_2). 用 A_2^0 表示 A_2 中去掉最小数后的集合. 令

$$B_1=\left\{a \left| \frac{1}{a}\in A_2^0\right.\right\}\cup\{a\mid a\leqslant 0,a\in\mathbf{Q}\},\quad B_2=\mathbf{Q}\backslash B_1,$$

可证(B_1,B_2)是$\mathbf{Q}$的一个分割，称(B_1,B_2)是实数x的**倒数**，记做x^{-1}或$\frac{1}{x}$. 当$x<0$时，定义

$$\frac{1}{x}=-\frac{1}{|x|}.$$

综上所述，实数集关于加法和乘法运算成为一个域.

从实数系的连续性(即定理1)可以得出确界存在定理. 设S是实数集$\mathbf{R}$的一个非空子集，如果存在$M\in\mathbf{R}$，使得$\forall x\in S$，有$x\leqslant M$，那么称M是S的一个上界. 把S的所有上界组成的集合记做Ω. 如果Ω有最小数b，那么称b是S的一个**上确界**，记做$b=\sup S$. 类似地，可以定义集合S的**下确界**，记做$\inf S$.

定理2(确界存在定理) 非空有上界的数集必有上确界；非空有下界的数集必有下确界.

证明 设非空数集S有上界.

情形1 若S中有最大数a，则a为S的上确界.

情形2 若S中没有最大数，令A_2是由S的一切上界组成的集合，$A_1=\mathbf{R}\backslash A_2$. 显然$A_2$非空集. 由于$S$中每个元素不属于$A_2$，因此$S\subseteq A_1$. 从而$A_1$也是非空集. 显然$A_1\cup A_2=\mathbf{R}$，$A_1\cap A_2=\varnothing$. 任取$a_1\in A_1$，$a_2\in A_2$. 由于$a_1$不是$S$的上界，因此存在$x\in S$，使得$a_1<x$. 由于$a_2$是$S$的一个上界，因此$x<a_2$，从而$a_1<a_2$. 于是$(A_1,A_2)$是实数集$\mathbf{R}$的一个分割. 据定理1，$(A_1,A_2)$由唯一的实数$\alpha$产生，且$\alpha$是$A_1$的最大数或$\alpha$是$A_2$的最小数. 从上面的证明中看到，对于任意$a_1\in A_1$，都有$x\in S\subseteq A_1$，使得$a_1<x$，因此$A_1$没有最大数. 从而$\alpha$是$A_2$的最小数. 因此$\alpha$是集合$S$的上确界.

类似地，可以证明非空有下界的集合必有下确界. □

利用确界存在定理，立即得到：

定理3(单调有界数列收敛定理) 单调有界数列必定有极限(称为收敛). 单调上升有上界的数列$\{a_n\}$的极限是由$\{a_n\}$构成的数集的上确界；单调下降有下界的数列$\{b_n\}$的极限是由$\{b_n\}$构成的数集的下确界. □

利用单调有界数列收敛定理，容易证明下述定理：

定理4(闭区间套定理) 如果有一串闭区间$[a_n,b_n]$，$n=1,2,\cdots$，满足：

(1) $[a_1,b_1]\supseteq[a_2,b_2]\supseteq\cdots\supseteq[a_n,b_n]\supseteq\cdots$； (2) $\lim\limits_{n\to+\infty}(b_n-a_n)=0$，

那么存在唯一的实数c属于所有的闭区间$[a_n,b_n]$，$n=1,2,\cdots$，且$c=\lim\limits_{n\to+\infty}a_n=\lim\limits_{n\to+\infty}b_n$.

利用闭区间套定理可以证明下述定理.

定理5(Bolzano-Weierstrass定理) 有界数列必有收敛子列.

证明 设数列$\{x_n\}$有界，于是存在实数a_1,b_1，使得

$$a_1\leqslant x_n\leqslant b_1,\quad n=1,2,3,\cdots.$$

把闭区间$[a_1,b_1]$等分为两个小区间$\left[a_1,\frac{1}{2}(a_1+b_1)\right]$，$\left[\frac{1}{2}(a_1+b_1),b_1\right]$，则其中至少有一个含有数列$\{x_n\}$中的无穷多项，把它记为$[a_2,b_2]$. 再把闭区间$[a_2,b_2]$等分为两个小区间，其中至少有一个含有数列$\{x_n\}$中的无穷多项，把它记做$[a_3,b_3]$，…. 这样一直做下去，便得到一串闭区间$[a_k,b_k]$$(k=1,2,\cdots)$，其中每个闭区间$[a_k,b_k]$都含有数列$\{x_n\}$中无穷多项，并且$\lim\limits_{k\to+\infty}(b_k-a_k)=0$. 根据闭区间套定理，存在唯一的实数$c$属于所有的闭区间$[a_k,b_k]$$(k=1,2,\cdots)$，且$c=\lim\limits_{k\to+\infty}a_k=\lim\limits_{k\to+\infty}b_k$. 在$[a_1,b_1]$中选取$\{x_n\}$中某一项，记它为$x_{n_1}$. 由于在$[a_2,b_2]$中含有$\{x_n\}$中无穷多项，可以选取位于$x_{n_1}$后面的某一项，记它为$x_{n_2}$，$n_2>n_1$. 继续这样做下去，在选取$x_{n_k}\in[a_k,b_k]$后，由于在$[a_{k+1},b_{k+1}]$中仍含有$\{x_n\}$中无穷多项，因此可以选取$\{x_n\}$中位于$x_{n_k}$后面的某一项，把它记做$x_{n_{k+1}}$，$n_{k+1}>n_k$. 这样做下去，就得到数列$\{x_n\}$的一个子列$\{x_{n_k}\}$满足：

$$a_k\leqslant x_{n_k}\leqslant b_k,\quad k=1,2,3,\cdots.$$

由于$\lim\limits_{k\to+\infty}a_k=\lim\limits_{k\to+\infty}b_k=c$，利用极限的夹逼性，得到

$$\lim_{k\to+\infty}x_{n_k}=c.$$

□

对于实数数列$\{x_n\}$，容易得出，$\{x_n\}$收敛的必要条件是：任给$\varepsilon>0$，存在N，使得对一切$n,m>N$，都有

$$|x_n-x_m|<\varepsilon.$$

满足这个条件的数列$\{x_n\}$称为一个**基本数列**(或**柯西数列**). 这个条件是不是数列$\{x_n\}$收敛的充分条件？回答是肯定的. 即有下述定理：

定理 6(柯西收敛原理) 实数数列$\{x_n\}$收敛的充分必要条件是：$\{x_n\}$是基本数列.

证明 必要性是显然的. 下面证充分性.

先证明基本数列$\{x_n\}$必定有界，取$\varepsilon_0=1$. 则存在N_0，使得$\forall n>N_0$，有$|x_n-x_{N_0+1}|<1$. 从而$|x_n|<|x_{N_0+1}|+1$. 令

$$M=\{|x_1|,|x_2|,\cdots,|x_{N_0}|,|x_{N_0+1}|+1\},$$

则对$\forall n$，有$|x_n|\leqslant M$. 因此数列$\{x_n\}$有界.

根据 Bolzano-Weierstrass 定理，在数列$\{x_n\}$中必有收敛子列$\{x_{n_k}\}$：$\lim\limits_{k\to+\infty}x_{n_k}=c$，其中$c$是实数. 由于$\{x_n\}$是基本数列，因此$\forall\varepsilon>0$，存在$N$，使得$\forall n,m>N$，都有$|x_n-x_m|<\varepsilon/2$. 在上式中取$x_m=x_{n_k}$，其中$k$充分大，满足$n_k>N$，则有$|x_n-x_{n_k}|<\varepsilon/2$. 令$k\to+\infty$，便得到$|x_n-c|\leqslant\varepsilon/2<\varepsilon$. 因此基本数列$\{x_n\}$收敛于实数$c$. □

柯西收敛原理表明：由实数构成的数列$\{x_n\}$如果收敛，那么$\{x_n\}$必为基本数列；而基本数列$\{x_n\}$必存在实数极限. 因此实数构成的数列如果有极限，那么它的极限必定是实数. 这一性质称为实数系的**完备性**. 从实数集的连续性(定理 1)出发，最终证明了实数集的完备性(定理 6). 反之，从实数系的完备性出发，可以证明实数系的连续性. 证明步骤是：

柯西收敛原理$\Longrightarrow$闭区间套定理$\Longrightarrow$确界存在定理$\Longrightarrow$连续性定理(定理 1).

因此实数系的完备性等价于实数系的连续性. 至此,实数系的结构就清楚了,从而关于极限的逻辑基础就建立起来了. 从牛顿和莱布尼茨创立微积分到实数系结构的清晰理解历经了二百年的时间. 这说明数学的重大理论无论是它的创立还是建立它的严密的逻辑基础,都要历经艰辛的探索过程,数学的思维方式一直起着重要的作用,发挥出巨大的威力.

§4.2 从平行公设到非欧几里得几何的诞生与实现

人们从自然界本身提取出几何的形式,在生活和生产活动中(例如,古埃及人由于尼罗河水泛滥需要测量土地),产生了几何量的概念(长度、面积、体积等),发现了它们之间的联系. 约公元前 387 年,柏拉图(Plato)在雅典创办学院,讲授哲学和数学. 他倡导对数学知识作演绎整理. 他的学生与同事亚里士多德(Aristotle)深入研究了作为数学推理出发点的基本原理,从而创立了逻辑学,为欧几里得演绎几何体系的形成奠定了方法论的基础.

4.2.1 欧几里得几何

公元前 3 世纪,欧几里得在他所著的《原本》中对古希腊的数学知识作了系统的总结. 他首先给出了一些最基本的定义,5 条公设和 5 条公理. 例如,他给出的平行直线的定义是: "平行直线是这样的一些直线,它们在同一平面内,而且往两个方向无限延长后在两个方向上都不会相交."5 条公设如下:

1. 从任一点到任一点可作一直线.
2. 一条有限直线可以不断循直线延长.
3. 以任一点为中心和任一距离为半径可以作一个圆.
4. 所有直角彼此相等.
5. 若一直线与两直线相交,且在一侧构成的同旁内角之和小于两直角,则这两直线无限延长后必在同旁内角和小于两直角的这一侧相交.

5 条公理如下:

1. 跟同一个量相等的一些量,它们彼此也是相等的.
2. 等量加等量,总量仍相等.
3. 等量减等量,余量仍相等.
4. 彼此重合的图形是全等的.
5. 整体大于部分.

欧几里得采纳亚里士多德对公设和公理的区别,即公理是适用于一切科学的真理,而公设只应用于几何. 亚里士多德说公设无需一望便知其为真,但应从其所推出的结果是否符合实际而检验其是否为真. 欧几里得以这些基本定义,5 条公设和 5 条公理作为全书推理的出发点,要求在证明每一个命题时只能使用公设、公理、定义和前面已经证明了的定理进行逻辑推理.这种方法后来称之为公理化的方法,它使知识条理化和严密化.数学家们把欧几里得几何看成是数学严格性的典范.例如,巴罗认为欧几里得几何概念清晰,定义明确,公理直观可靠而且普遍成立,公设清楚可信且易于想象,公理数目少,引出量的方式易于接受,证明顺其自然,避免未知事物.

4.2.2 对平行公设的质疑

公元前 3 世纪到 18 世纪末,数学家们虽然一直坚信欧几里得几何的完备与正确,但是对第五公设却产生了怀疑.第五公设不像其他公设那样简洁、明了.数学家们一直想寻求一个比较容易接受的、更加自然的等价公设来代替它,或者试图把它当做一条定理由其他公设、公理推导出来.在众多的替代公设中,今天最常用的是平行公设:"过已知直线外一点能且只能作一条直线与已知直线平行."然而所有这些替代公设并不比原来的第五公设更好接受,更加自然.例如,平行公设也不是那么容易被接受的,因为两条直线平行是指它们在同一平面内、往两个方向无限延长后在两个方向上都不会相交.人们能观察到的只是有限长的直线段,怎么知道"能且只能作一条直线与已知直线往两个方向无限延长后都不会相交"呢?由此看来,平行公设只是一种假设,采用平行公设只是一种几何;还可能有另外两种假设:"过已知直线外一点至少能作两条直线与已知直线平行","过已知直线外一点不能作出任何平行于已知直线的直线",从而还可能有相应的另外两种几何.

萨凯里(G. Saccheri)在 1733 年出版的《欧几里得无懈可击》一书中,试图使用归谬法来证明平行公设.他从一个四边形 $ABCD$ 开始,其中$\angle A$ 和$\angle B$ 是直角,且 $AC=BD$,如图 4-3.显然,$\triangle CAB\cong\triangle DBA$,因此 $CB=DA$.于是$\triangle CAD\cong\triangle DBC$.从而$\angle C=\angle D$.在上述证明过程中没有用到平行公设.萨凯里指出,$\angle C$ 和$\angle D$ 有三种可能性并且分别将它们命名为:

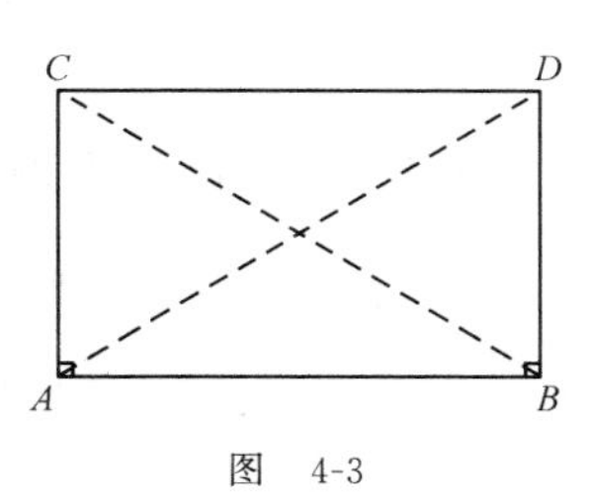

图 4-3

1. 直角假设:$\angle C$ 和$\angle D$ 是直角;
2. 钝角假设:$\angle C$ 和$\angle D$ 是钝角;
3. 锐角假设:$\angle C$ 和$\angle D$ 是锐角.

在直角假设下,由于$\angle A=\angle C=90°$,$CB=AD$,$AC=CA$,因此利用平移和轴反射可以证明$\triangle CAB\cong\triangle ACD$.于是 $AB=CD$.进而有$\triangle ABC\cong\triangle DCB$(边,边,边).因此$\angle ABC=\angle DCB$.从而$\triangle ABC$ 的三个内角的和等于两直角.萨凯里以前曾应用除去平行公设以外的欧几里得公理和公设,证明了:若一个三角形的内角之和等于两直角,则每个三角形都是如此.进一步他证明了:若任何一个三角形的内角之和等于两直角,则平行公设成立.因此,在萨凯里四边形的直角假设下,平行公设成立.萨凯里在钝角假设的基础上并且运用欧几里得几何的其他公设和公理,证明了$\angle C$ 和$\angle D$ 必为直角.这样,在钝角假设下,他导出了矛盾.然后萨凯里考虑了锐角假设,在这一过程中他获得了一系列新奇且有趣的结果.例如,三角形三个内角之和小于两个直角;过给定直线外一给定点,有无穷多条直线不与该给定直线相交,等等.虽然这些结果没有得到任何矛盾,但是萨凯里认为它们太不合情理了,于是他判定锐角假设必然是不真实的.因此他感到有理由断言平行公设成立.1763年,克吕格尔(G. S. Klügel)在其博士论文中首先指出,萨凯里的锐角假设并未导出矛盾,只是得到了似乎与经验不符的结论.克吕格尔对平行公设能够证明表示怀疑.克吕格尔的见解启迪兰伯特(Lambert)对平行公设作更深入的探讨.1766年,兰伯特写了《平行线理论》一书,他也考虑一个四边形,其中三个角都是直角,并研究第四个角是直角、钝角和锐角的可能性.由于钝角假设导致矛盾,因此他很快把它放弃了.兰伯特不认为锐角假设导出的结论是矛盾.他认识到任何一组假设如果不导致矛盾的话,一定提供一种可能的几何.兰伯特还认为即使钝角假设导出矛盾,但仍是有价值的,他注意到钝角假设给出的定理,恰好和球面上图形成立的定理一样.他猜想锐角假设得出的定理可以应用于虚半径球面上的图形,这就引导他写成了一篇虚三角函数的论文,虚角即 ia,其中 $i=\sqrt{-1}$,a 是实数,这实际上引出了双曲函数.(注:双曲函数又称为双曲三角函数,它们是双曲正弦($\mathrm{sh}z$)、双曲余弦($\mathrm{ch}z$)、双曲正切($\mathrm{th}z$)、双曲余割、双曲正割和双曲余切.这些函数常常用复变量的指数函数定义,即 $\mathrm{sh}z=(e^z-e^{-z})/2$,$\mathrm{ch}z=(e^z+e^{-z})/2$,其他的双曲三角函数可以用类似于通常的三角函数的方式来定义,例如,$\mathrm{th}z=\dfrac{\mathrm{sh}z}{\mathrm{ch}z}$,等等.)

4.2.3 非欧几里得几何的诞生

高斯在1792年(当时他才15岁)就认为能够存在一种逻辑几何,在其中,欧几里得平行公设不成立.1794年高斯已发现,在平行公设不成立的几何中,四边形的面积正比于360°与四内角和的差.1799年高斯相信平行公设不能从其余的欧几里得公设和公理推导出来,他开始更认真地从事于开发一个新的又能应用的几何.从1813年起高斯发展他的新几何,最初称之为反欧几里得几何,后称星空几何,最后称非欧几里得几何.他深信它在逻辑上是相容的,且有些确信它是能够应用的.但是高斯生前没有发表过任何关于非欧几里得几何的论著,这主要是因为他担心世俗的攻击.波约(J. Bolyai)在1825年已建立起非欧几里得几何的思想,他称之为绝对几何,写了一篇26页的论文《绝对空间的科学》.1832年波约的父亲把这篇文章寄给高斯,请高斯对他的儿子的论文发表意见.高斯回信说:"称赞他(即J.波约)就等于称赞我自己.整篇文章的内容,您儿子所采取的思路和获得的结果,与我在30至35年前的思考不谋而合了."

罗巴切夫斯基(N. I. Lobatchevsky)最早、最系统地发表了自己关于非欧几里得几何的研究成果.1829年他发表了"论几何原理"的论文,1835~1838年间发表了系列论文《具有完备的平行线理论的新几何学原理》.在这组文章的前六章中致力于基本定理的证明(不依赖于平行公设).第七章中罗巴切夫斯基放弃欧几里得平行公设,作出下面的假设:给出一条直线 AB 与一点 C,通过点 C 的所有直线关于直线 AB 而言可分成两类:一类直线与 AB 相交,另一类直线不与 AB 相交.直线 p 与 q 属于后一类,构成两类间的边界,这两条边界线称为 AB 的平行直线,如图 4-4.即罗巴切夫斯基采用"过已知直线外一点可以至少作两条直线与已知直线平行"的假设.这一假设的更确切的说法是:设 C 是与直线 AB 的垂直距离为 a 的点,垂足为 D,则存在一个角 $\pi(a)$,使得所有过 C 的直线与 CD 所成的角小于 $\pi(a)$ 的将与 AB 相交,其他过 C 的直线不与 AB 相交.与 AB 成角 $\pi(a)$ 的两条直线是 AB 的平行线,$\pi(a)$ 称为平行角(注:它是 a 的函数).除平行线外,过 C 而不与 AB 相交的直线称为不相交直线,在欧几里得几何中,与 AB 不相交的直线是与 AB 平行的,因此从这个意义上讲,在罗巴切夫斯基几何里,过 C 有无穷多条与 AB 平行的直线.在罗巴切夫斯基的假设中,若 $\pi(a)=\frac{\pi}{2}$,则过点 C 与 AB 平行的直线有且只有一条,这得出欧几里得的平行公设.若 $\pi(a)\neq\frac{\pi}{2}$,则当 a 减小到 0 时,$\pi(a)$ 增加且趋于 $\frac{\pi}{2}$;而当 a 变成无限大时,$\pi(a)$ 将减小而趋于 0.罗巴切夫斯基确定了 $\pi(a)$:

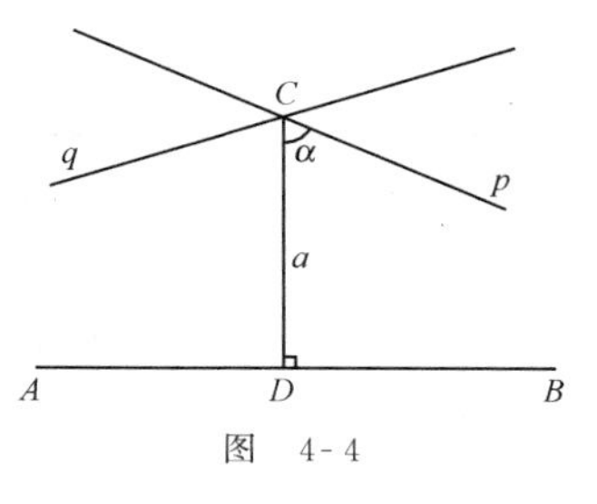

图 4-4

$$\tan\frac{\pi(x)}{2}=\mathrm{e}^{-x}, \tag{1}$$

由此得出,$\lim\limits_{x\to 0}\pi(x)=\frac{\pi}{2}$ 及 $\lim\limits_{x\to+\infty}\pi(x)=0$.后者表明,如果在离直线 AB 很远处的点 C(即点 C 与 AB 的垂直距离 a 很大),作一直线 p,使它与 CD 所成的角为 $\pi(a)$,那么 $\pi(a)$ 很小,而我们可以沿着这条"倾斜"直线 p 前进却永远不与直线 AB 相遇.这是多么令人惊讶的结果.罗巴切夫斯基还证明了一系列与欧几里得几何大相径庭的结果,例如:

1. 三角形的三内角之和小于两直角,且随着三角形面积的增大而减小;当三角形面积趋于 0 时,它的三内角之和就趋于 π.

2. 若两个三角形的三个角对应相等,则这两个三角形全等.

3. 圆周长 c 不与半径 r 成正比,而是更迅速地增长,其公式为

$$c=\pi k(\mathrm{e}^{r/k}-\mathrm{e}^{-r/k}), \tag{2}$$

其中 k 是依赖于长度单位的常数.利用 e^x 的级数展开式:$\mathrm{e}^x=1+x+\frac{x^2}{2!}+\frac{x^3}{3!}+\cdots$,可得到

$$c=2\pi r\left(1+\frac{1}{6}\frac{r^2}{k^2}+\cdots\right). \tag{3}$$

于是,当 r/k 很小时,上述公式就越接近于欧几里得几何中的圆周长公式 $c=2\pi r$.这个例子表明罗巴切夫斯基几何在极限情形下就变成欧几里得几何.

4. 圆面积 A 与半径 r 的关系式为

$$A = \pi k^2 (e^{\frac{r}{2k}} - e^{-\frac{r}{2k}})^2. \tag{4}$$

当罗巴切夫斯基一开始公布他的这些新几何学的定理时，许多人群起攻之. 但是罗巴切夫斯基坚信这种新的几何学总有一天"可以像别的物理规律一样用实验来检验". 他在第一篇论文中，曾经考虑他的几何对物质空间应用的可能性. 他的论据的要点是：地球运行中两个不同位置对一颗恒星进行观测的视差，结果表明他的几何只有在十分大的三角形中才可以应用. 非欧几里得几何到底有没有现实意义？在现实的物质世界中有没有应用？对这一问题的回答经历了十分艰辛的探索. 下面来细说这一漫长的历程.

4.2.4 非欧几何在现实物质世界中的实现

一、高斯的内蕴微分几何

物理问题的探索导致去寻求关于曲线和曲面的更多的知识. 18 世纪，克莱洛（A. C. Clairaut），欧拉，蒙日（G. Monge）等人创立了微分几何. 微分几何是运用微积分的技巧研究曲线和曲面逐点变化的性质. 曲面是被作为三维欧几里得空间中的图形进行研究的. 绘制地图需要研究可展曲面，即可以将其平摊在平面上而不产生畸变的曲面. 因为球面不能切开来这样摊平，于是问题就要求寻找一种形状与球面接近而又能不发生畸变地铺开的曲面. 欧拉是第一个研究这个问题的人. 1771 年，欧拉发表了"论表面可以展平的立体"的论文. 在这篇论文中，他引进了曲面的参数表示：

$$x = x(u,v), \quad y = y(u,v), \quad z = z(u,v). \tag{5}$$

高斯从 1816 年起就在大地测量和地图绘制方面做了大量工作. 他亲身参加实际的物理测量，激起了对微分几何学的兴趣. 1828 年，高斯发表了"关于曲面的一般研究"的论文，在这篇文章中，高斯提出了一个完全新的概念，即一张曲面本身就可以看成是一个空间，这是因为可以证明曲面的全部性质仅由弧长元素 ds 的平方的表达式

$$ds^2 = E(u,v)du^2 + 2F(u,v)dudv + G(u,v)dv^2 \tag{6}$$

中的 $E(u,v)$，$F(u,v)$，$G(u,v)$ 确定，而 $E(u,v)$，$F(u,v)$，$G(u,v)$ 仅仅是曲面的参数坐标 u，v 的函数. 下面我们来论证这个结论. 先计算 $E(u,v)$，$F(u,v)$，$G(u,v)$. 从曲面的参数方程 $x=x(u,v)$，$y= y(u,v)$，$z=z(u,v)$ 得

$$dx = \frac{\partial x}{\partial u}du + \frac{\partial x}{\partial v}dv, \quad dy = \frac{\partial y}{\partial u}du + \frac{\partial y}{\partial v}dv, \quad dz = \frac{\partial z}{\partial u}du + \frac{\partial z}{\partial v}dv. \tag{7}$$

令

$$A = \begin{vmatrix} \frac{\partial y}{\partial u} & \frac{\partial z}{\partial u} \\ \frac{\partial y}{\partial v} & \frac{\partial z}{\partial v} \end{vmatrix}, \quad B = \begin{vmatrix} \frac{\partial z}{\partial u} & \frac{\partial x}{\partial u} \\ \frac{\partial z}{\partial v} & \frac{\partial x}{\partial v} \end{vmatrix}, \quad C = \begin{vmatrix} \frac{\partial x}{\partial u} & \frac{\partial y}{\partial u} \\ \frac{\partial x}{\partial v} & \frac{\partial y}{\partial v} \end{vmatrix}, \tag{8}$$

$$\Delta = \sqrt{A^2 + B^2 + C^2}.$$

高斯假设 Δ 不恒等于零. 在任何曲面上基本量是弧长元素 $\mathrm{d}s$. 在三维欧几里得空间中，取直角坐标系，有

$$\mathrm{d}s^2 = \mathrm{d}x^2 + \mathrm{d}y^2 + \mathrm{d}z^2. \tag{9}$$

把(7)式代入(9)式得

$$\begin{aligned}
\mathrm{d}s^2 &= \left(\frac{\partial x}{\partial u}\mathrm{d}u + \frac{\partial x}{\partial v}\mathrm{d}v\right)^2 + \left(\frac{\partial y}{\partial u}\mathrm{d}u + \frac{\partial y}{\partial v}\mathrm{d}v\right)^2 + \left(\frac{\partial z}{\partial u}\mathrm{d}u + \frac{\partial z}{\partial v}\mathrm{d}v\right)^2 \\
&= \left[\left(\frac{\partial x}{\partial u}\right)^2 + \left(\frac{\partial y}{\partial u}\right)^2 + \left(\frac{\partial z}{\partial u}\right)^2\right]\mathrm{d}u^2 + 2\left(\frac{\partial x}{\partial u}\frac{\partial x}{\partial v} + \frac{\partial y}{\partial u}\frac{\partial y}{\partial v} + \frac{\partial z}{\partial u}\frac{\partial z}{\partial v}\right)\mathrm{d}u\mathrm{d}v \\
&\quad + \left[\left(\frac{\partial x}{\partial v}\right)^2 + \left(\frac{\partial y}{\partial v}\right)^2 + \left(\frac{\partial z}{\partial u}\right)^2\right]\mathrm{d}v^2,
\end{aligned} \tag{10}$$

于是

$$\begin{aligned}
E(u,v) &= \left(\frac{\partial x}{\partial u}\right)^2 + \left(\frac{\partial y}{\partial u}\right)^2 + \left(\frac{\partial z}{\partial u}\right)^2, \\
F(u,v) &= \frac{\partial x}{\partial u}\frac{\partial x}{\partial v} + \frac{\partial y}{\partial u}\frac{\partial y}{\partial v} + \frac{\partial z}{\partial u}\frac{\partial z}{\partial v}, \\
G(u,v) &= \left(\frac{\partial x}{\partial v}\right)^2 + \left(\frac{\partial y}{\partial v}\right)^2 + \left(\frac{\partial z}{\partial v}\right)^2.
\end{aligned} \tag{11}$$

现在来证明曲面的全部性质仅由 $E(u,v)$，$F(u,v)$，$G(u,v)$确定. 首先研究曲面上的另一个基本量，即曲面上两条曲线的夹角. 曲面上的一条曲线由 u 和 v 之间的一个关系式确定，例如设 $v=g(u)$. 则曲面上这条曲线的参数方程为

$$x = x(u,g(u)), \quad y = y(u,g(u)), \quad z = z(u,g(u)). \tag{12}$$

于是

$$\mathrm{d}x = \left[\frac{\partial x}{\partial u} + \frac{\partial x}{\partial v}g'(u)\right]\mathrm{d}u, \quad \mathrm{d}y = \left[\frac{\partial y}{\partial u} + \frac{\partial y}{\partial v}g'(u)\right]\mathrm{d}u, \quad \mathrm{d}z = \left[\frac{\partial z}{\partial u} + \frac{\partial z}{\partial v}g'(u)\right]\mathrm{d}u. \tag{13}$$

这条曲线上一点 $P(x,y,z)$处的切线的方向向量为$(\mathrm{d}x,\mathrm{d}y,\mathrm{d}z)$，或$\left(\frac{\mathrm{d}x}{\mathrm{d}u},\frac{\mathrm{d}y}{\mathrm{d}u},\frac{\mathrm{d}z}{\mathrm{d}u}\right)$，即

$$\begin{aligned}
&\left(\frac{\partial x}{\partial u} + \frac{\partial x}{\partial v}g'(u), \frac{\partial y}{\partial u} + \frac{\partial y}{\partial v}g'(u), \frac{\partial z}{\partial u} + \frac{\partial z}{\partial v}g'(u)\right) \\
&= \left(\frac{\partial x}{\partial u},\frac{\partial y}{\partial u},\frac{\partial z}{\partial u}\right) + g'(u)\left(\frac{\partial x}{\partial v},\frac{\partial y}{\partial v},\frac{\partial z}{\partial v}\right) \\
&= \alpha + g'(u)\beta,
\end{aligned} \tag{14}$$

其中 $\alpha=\left(\frac{\partial x}{\partial u},\frac{\partial y}{\partial u},\frac{\partial z}{\partial u}\right)$，$\beta=\left(\frac{\partial x}{\partial v},\frac{\partial y}{\partial v},\frac{\partial z}{\partial v}\right)$. 设曲面上过点 P 的另一条曲线的参数方程为

$$x = x(u,h(u)), \quad y = y(u,h(u)), \quad z = z(u,h(u)), \tag{15}$$

则这第二条曲线上点 P 处的切线的方向向量为

$$\left(\frac{\partial x}{\partial u},\frac{\partial y}{\partial u},\frac{\partial z}{\partial u}\right)+h'(u)\left(\frac{\partial x}{\partial v},\frac{\partial y}{\partial v},\frac{\partial z}{\partial v}\right)=\alpha+h'(u)\beta, \tag{16}$$

从而第一、二条曲线在点 P 处的切线的方向向量的夹角 θ 为

$$\cos\theta=\frac{E(u,v)+[h'(u)+g'(u)]F(u,v)+g'(u)h'(u)G(u,v)}{\sqrt{E(u,v)+2g'(u)F(u,v)+g'(u)^2G(u,v)}\sqrt{E(u,v)+2h'(u)F(u,v)+h'(u)^2G(u,v)}}.$$

由于 $v=g(u)$，因此 $\mathrm{d}v=g'(u)\mathrm{d}u$. 从而 $g'(u)=\frac{\mathrm{d}v}{\mathrm{d}u}$. 记 $h'(u)=\frac{\mathrm{d}\tilde{v}}{\mathrm{d}\tilde{u}}$，则

$$\cos\theta=\frac{E\mathrm{d}u\mathrm{d}\tilde{u}+F(\mathrm{d}u\mathrm{d}\tilde{v}+\mathrm{d}\tilde{u}\mathrm{d}v)+G\mathrm{d}v\mathrm{d}\tilde{v}}{\sqrt{E\mathrm{d}u^2+2F\mathrm{d}u\mathrm{d}v+G\mathrm{d}v^2}\sqrt{E\mathrm{d}\tilde{u}^2+2F\mathrm{d}\tilde{u}\mathrm{d}\tilde{v}+G\mathrm{d}\tilde{v}^2}}. \tag{17}$$

这证明了曲面上两条曲线之间的夹角 θ 由 $E(u,v)$，$F(u,v)$，$G(u,v)$ 确定.

其次研究曲面的曲率. 高斯按下述方法定义曲面的曲率. 在曲面上任取一点 $P(x,y,z)$，在点 P 处曲面的一条有向法线记做 l. 以点 P 为球心作一个单位球面，并选定一条半径 PQ 使得 $\overrightarrow{PQ}$ 与 l 的方向相同. 如果我们考虑曲面上围绕点 P 的任一小区域，则在球面上有一个围绕点 Q 的对应区域. 当这两块区域分别收缩到点 P 和点 Q 时，把球面上区域的面积与曲面上对应区域的面积之比的极限，定义为曲面在点 P 处的**曲率**. 注意到球面在点 Q 处的切平面平行于曲面在点 P 处的切平面，于是球面上区域的面积与曲面上对应区域的面积之比等于它们分别在各自切平面上的射影之比. 为了求出这后一个比值，高斯进行了大量的计算，并获得了一个更加基本的结果，这就是曲面的(总)曲率 K 为

$$K=\frac{LN-M^2}{EG-F^2}, \tag{18}$$

其中

$$L=\begin{vmatrix} x_{uu} & y_{uu} & z_{uu} \\ x_u & y_u & z_u \\ x_v & y_v & z_v \end{vmatrix},\quad M=\begin{vmatrix} x_{uv} & y_{uv} & z_{uv} \\ x_u & y_u & z_u \\ x_v & y_v & z_v \end{vmatrix},\quad N=\begin{vmatrix} x_{vv} & y_{vv} & z_{vv} \\ x_u & y_u & z_u \\ x_v & y_v & z_v \end{vmatrix}. \tag{19}$$

从曲率 K 的表达式看出，K 除了依赖 E,F,G 外，还依赖于另外一些量 L,M,N. 高斯进一步证明了：

$$K=\frac{1}{2H}\left\{\frac{\partial}{\partial u}\left[\frac{F}{EH}\frac{\partial E}{\partial v}-\frac{1}{H}\frac{\partial G}{\partial u}\right]+\frac{\partial}{\partial v}\left[\frac{2}{H}\frac{\partial F}{\partial u}-\frac{1}{H}\frac{\partial E}{\partial v}-\frac{F}{EH}\frac{\partial F}{\partial u}\right]\right\}, \tag{20}$$

其中 $H=\sqrt{EG-F^2}$. K 的这第二个表达式叫做**高斯特征方程**，它表明曲率 K，以及量 $LN-M^2$ 仅仅依赖于 E,F 和 G. 由于 E,F 和 G 仅是曲面上参数坐标的函数，所以曲率也仅仅是参数的一个函数，而完全与曲面是否在三维欧几里得空间中或曲面在三维空间中的形态无关.

曲面上弧长无素的平方 $\mathrm{d}s^2$，曲面上两条曲线的夹角以及曲面的曲率都只依赖于 E,F 和 G. 但是曲面除曲率外的许多性质都包含着量 L,M 和 N，且不是组合 $LN-M^2$ 的形式.

G. Mainardi 和 D. Codazzi 分别在 1856 年，1868 年发表的文章中，独立地以微分方程的形式给出了两个关系，这两个关系连同高斯特征方程一起，可以用 E，F 和 G 来限定 L，M 和 N. 其后，O. Bonnet 在 1867 年证明了一条定理：如果给定了 u 和 v 的函数 E，F，G 和 L，M，N，它们满足高斯特征方程和两个 Mainardi-Codazzi 方程，并且设 $EG-F^2\neq0$，那么存在一张由 u，v 的三个函数 $x=x(u,v)$，$y=y(u,v)$，$z=z(u,v)$ 给定的曲面，其 ds^2 为

$$ds^2 = Edu^2 + 2Fdudv + Gdv^2, \tag{21}$$

并且 L，M，N 和 E，F，G 有关系式(19). 这个曲面除它在空间的位置外是唯一确定的.（对于具有实坐标 (u,v) 的曲面，必定有 $EG-F^2>0$，$E>0$ 和 $G>0$.）

综上所述，高斯证明了：曲面的全部性质可以集中在曲面本身上进行研究. 即，在曲面上给定 u 和 v 的坐标，以及用 u 和 v 的函数 $E(u,v)$，$F(u,v)$，$G(u,v)$ 来表示的 ds^2 的表达式之后，曲面的所有性质就都能从 ds^2 的这个表达式推导出来. 由此创造性地提出了两个重要思想：第一个是，曲面本身可以看成是一个空间，因为它的全部性质被 ds^2 确定. 人们可以忘掉曲面是位于一个三维空间中的这个事实. 如果把曲面本身看成是一个空间，那么曲面上的测地线（测地线是曲面上的这样的曲线，它的每一个充分小的弧都是最短线）就是曲面上的“直线”，这样的几何便是非欧几里得的. 例如，如果把球面本身当作一个空间来研究，并且取纬度和经度作为球面上点的坐标，那么球面上的“直线”就是球面上的大圆. 由于球面上任意两个大圆都是相交的，因此球面上过已知“直线”外一点不能作出任何平行于已知“直线”的“直线”. 这表明如果把球面本身看做一个空间，那么球面的几何是非欧几里得的. 如果把球面看成三维欧几里得空间中的一张曲面，那么球面上两点 P 和 Q 之间的距离便是三维欧几里得空间中线段 PQ 的长度（虽然线段 PQ 不在球面上），此时球面的几何就是欧几里得的. 高斯的工作意味着，至少在曲面上有非欧几里得几何，如果把曲面本身看成一个空间的话. 第二个重要思想是，虽然一张曲面所固有的 E，F 和 G 是由参数方程(5)确定的，但是，可以从曲面出发引进两族参数曲线：让 u 取定一个值，让 v 变动，就在曲面上得到一条曲线，对于 u 的其他可能取定的值，便得到一族曲线；同样地，让 v 取定一个值，让 u 变动，得到一条曲线，对于 v 的其他可能取定的值，便得到第二族曲线. 这两族曲线是曲面上的参数曲线，使得曲面上的每一个点可以用一对数，譬如点 (c,d) 表示，其中 $u=c$ 和 $v=d$ 是经过这点的参数曲线. 然后，几乎可以任意地选取参数 u 和 v 的函数 $E(u,v)$，$F(u,v)$ 和 $G(u,v)$，再令 $ds^2=Edu^2+2Fdudv+Gdv^2$，于是曲面便有由这组 E，F 和 G 所确定的几何，这个几何对于曲面是内蕴的，而与周围的空间没有关系. 结果是，随着 E，F 和 G 的不同的选取，同一张曲面可以有不同的几何. 由此受到启迪，类比在同一张曲面上能够选取不同的 E，F 和 G 的组，从而确定不同的几何，那么在三维空间中也可以选取不同的距离函数从而得到不同的几何. 在欧几里得几何中，在直角坐标系中的距离函数是 $ds^2=dx^2+dy^2+dz^2$. 若选取 ds^2 的不同于上述的表达式，则可得到该空间的完全不同的几何——一种非欧几里得几何.

二、黎曼关于流形的研究

黎曼把高斯在研究曲面中获得的上述思想推广到任意空间. 他在 1854 年作了关于几何基础的演讲,并于 1868 年以《关于作为几何学基础的假设》为题出版. 黎曼把 n 维空间称为一个**流形**,n 维流形中的一个点,可以用 n 个可变参数 $x_1,x_2,\cdots,x_n$ 的一组特定值来表示,而所有这种可能的点的总体就构成 n 维流形本身. 正如在一个曲面上的点的全体构成曲面本身一样,这 n 个可变参数称为**流形的坐标**. 当这些 x_i 连续变化时,对应的点就遍历这个流形. 因为黎曼认为我们只能局部地了解空间,所以他从定义两个邻近点(它们对应的坐标只相差无穷小)的距离出发. 他假定这个距离的平方是

$$\mathrm{d}s^2=\sum_{i=1}^{n}\sum_{j=1}^{n}g_{ij}\,\mathrm{d}x_i\,\mathrm{d}x_j,\tag{22}$$

其中 g_{ij} 是坐标 $x_1,x_2,\cdots,x_n$ 的函数,$g_{ij}=g_{ji}$,并且(22)式的右边对 $\mathrm{d}x_i$ 的所有可能值总是正的. (22)式给出了 n 维流形上的一种度量,后来称之为**黎曼度量**. 由于 g_{ij} 是坐标的函数,因此黎曼度量有可能逐点而异. 黎曼流形上的一条曲线由 n 个函数

$$x_1=x_1(t),\quad x_2=x_2(t),\quad \cdots,\quad x_n=x_n(t)$$

给定. 于是,在 $t=a$ 和 $t=b$ 之间的曲线的长度定义为

$$l=\int_a^b\mathrm{d}s=\int_a^b\frac{\mathrm{d}s}{\mathrm{d}t}\mathrm{d}t=\int_a^b\sqrt{\sum_{i=1}^{n}\sum_{j=1}^{n}g_{ij}\frac{\mathrm{d}x_i}{\mathrm{d}t}\frac{\mathrm{d}x_j}{\mathrm{d}t}}\,\mathrm{d}t.\tag{23}$$

在两个给定点 $t=a$ 和 $t=b$ 之间的最短曲线——测地线,随之可用变分法确定. 用变分学的记号,这就是适合条件 $\delta\int_a^b\mathrm{d}s=0$ 的曲线. 取弧长 s 作为参数,可以证明测地线的方程为

$$\frac{\mathrm{d}^2x_i}{\mathrm{d}s^2}+\sum_{\lambda,\mu}\begin{Bmatrix}\lambda\mu\\ i\end{Bmatrix}\frac{\mathrm{d}x_\lambda}{\mathrm{d}s}\frac{\mathrm{d}x_\mu}{\mathrm{d}s}=0,\quad i,\lambda,\mu=1,2,\cdots,n.\tag{24}$$

这是 n 个二阶常微分方程的方程组,其中大括号记号的意义如下:

$$\Gamma_{\lambda\mu}^{i}=\begin{Bmatrix}\lambda\mu\\ i\end{Bmatrix}:=\sum_{j=1}^{n}g^{ji}\begin{bmatrix}\lambda\mu\\ j\end{bmatrix},\tag{25}$$

其中,g^{ji} 是矩阵(g_{ij})中(j,i)元的余子式除以矩阵(g_{ij})的行列式;方括号记号的意义如下:

$$\Gamma_{\lambda\mu,i}=\begin{bmatrix}\lambda\mu\\ i\end{bmatrix}=\frac{1}{2}\left(\frac{\partial g_{\lambda i}}{\partial x_\mu}+\frac{\partial g_{\mu i}}{\partial x_\lambda}-\frac{\partial g_{\lambda\mu}}{\partial x_i}\right).\tag{26}$$

曲线上一点 $P(x_1,x_2,\cdots,x_n)$ 处的切线的方向向量为

$$(\mathrm{d}x_1,\mathrm{d}x_2,\cdots,\mathrm{d}x_n)\quad 或\quad \left(\frac{\mathrm{d}x_1}{\mathrm{d}s},\frac{\mathrm{d}x_2}{\mathrm{d}s},\cdots,\frac{\mathrm{d}x_n}{\mathrm{d}s}\right).\tag{27}$$

设过点 P 还有第二条曲线: $x_1=\tilde{x}_1(t),x_2=\tilde{x}_2(t),\cdots,x_n=\tilde{x}_n(t)$. 这第二条曲线在点 P 处的切线的方向向量记做$\left(\frac{\mathrm{d}\tilde{x}_1}{\mathrm{d}\tilde{s}},\frac{\mathrm{d}\tilde{x}_2}{\mathrm{d}\tilde{s}},\cdots,\frac{\mathrm{d}\tilde{x}_n}{\mathrm{d}\tilde{s}}\right)$,则这两条切线在交点 P 处的交角 θ 由下式确定:

$$\cos\theta := \frac{\sum_{i=1}^{n}\sum_{j=1}^{n} g_{ij}\frac{\mathrm{d}x_i}{\mathrm{d}s}\frac{\mathrm{d}\tilde{x}_j}{\mathrm{d}\tilde{s}}}{\sqrt{\sum_{i=1}^{n}\sum_{j=1}^{n} g_{ij}\frac{\mathrm{d}x_i}{\mathrm{d}s}\frac{\mathrm{d}x_j}{\mathrm{d}s}}\sqrt{\sum_{i=1}^{n}\sum_{j=1}^{n} g_{ij}\frac{\mathrm{d}\tilde{x}_i}{\mathrm{d}\tilde{s}}\frac{\mathrm{d}\tilde{x}_j}{\mathrm{d}\tilde{s}}}} = \sum_{i=1}^{n}\sum_{j=1}^{n} g_{ij}\frac{\mathrm{d}x_i}{\mathrm{d}s}\frac{\mathrm{d}\tilde{x}_j}{\mathrm{d}\tilde{s}}. \tag{28}$$

黎曼还定义了任意 n 维流形的曲率的概念,它是高斯关于曲面的总曲率概念的推广.就像高斯关于曲面的曲率概念一样,n 维流形的曲率可以用一些量定义,而这些量可以在 n 维流形自身上确定,从而无需把 n 维流形想象成位于 $n+1$ 维流形中.黎曼是如下定义 n 维流形的曲率概念的:在 n 维流形中给定一个点 P,黎曼考虑在这点的一个二维流形,这个二维流形在 n 维流形中.这个二维流形由经过点 P 的无穷多条单参数测地线构成,这些测地线同 n 维流形的平面截口在点 P 处相切.一条测地线可以用点 P 和在该点的一个方向来描述.设一条测地线的方向向量为$(\mathrm{d}x_1', \mathrm{d}x_2', \cdots, \mathrm{d}x_n')$,另一条测地线的方向向量为$(\mathrm{d}x_1'', \mathrm{d}x_2'', \cdots, \mathrm{d}x_n'')$,则在点 P 处的单参数无穷多条测地线中,任一条测地线的方向向量(即该测地线在点 P 处的切线的方向向量)的第 i 个分量由下式给出:

$$\mathrm{d}x_i = \lambda'\mathrm{d}x_i' + \lambda''\mathrm{d}x_i'', \tag{29}$$

其中 λ' 和 λ'' 满足 $\lambda'^2 + \lambda''^2 + 2\lambda'\lambda''\cos\theta = 1$,这个条件是从同一条测地线的方向向量与自身的夹角为 0,即

$$\sum_{i=1}^{n}\sum_{j=1}^{n} g_{ij}\frac{\mathrm{d}x_i}{\mathrm{d}s}\frac{\mathrm{d}x_j}{\mathrm{d}s} = 1 \tag{30}$$

推导出来的(把(29)式代入(30)式可以推导出).这一组测地线构成的二维流形有一个高斯曲率.任给两个线性无关的向量:$(\mathrm{d}x_1', \mathrm{d}x_2', \cdots, \mathrm{d}x_n')$与$(\mathrm{d}x_1'', \mathrm{d}x_2'', \cdots, \mathrm{d}x_n'')$,都可以作为点 P 处的两条测地线的方向向量,进而得到一组测地线构成的二维流形.因此经过点 P 的这种二维流形有无穷多个,从而在 n 维流形的一个点 P 处就有无穷多个曲率.在 n 维流形中取定一个基 $\alpha_1, \alpha_2, \cdots, \alpha_n$ 后,从这 n 个基向量中任取两个基向量作为点 P 处的两条测地线的方向向量,由此得到的二维流形有 $\mathrm{C}_n^2 = \frac{1}{2}n(n-1)$ 个.从而得到 n 维流形在点 P 处的 $\frac{1}{2}n(n-1)$ 个曲率.通过基变换,从这 $\frac{1}{2}n(n-1)$ 个曲率可得到 n 维流形在点 P 处的其余曲率.利用这个方法.黎曼在 1861 年的文章中给出了 n 维流形的**曲率** K 的表达式为

$$K = -\frac{[\Omega]}{8\Delta^2}, \tag{31}$$

其中

$$[\Omega] := \sum_{i,k,r,s}(ik, rs)p_{ik}p_{rs}, \tag{32}$$

$$(ik, rs) := \frac{\partial\Gamma_{kr,i}}{\partial x_s} - \frac{\partial\Gamma_{ks,i}}{\partial x_r} + \sum_{j,l} g^{jl}(\Gamma_{ks,l}\Gamma_{ir,j} - \Gamma_{kr,l}\Gamma_{is,j}), \tag{33}$$

$$p_{ik} = \mathrm{d}x_i\delta x_k - \mathrm{d}x_k\delta x_i, \tag{34}$$

(34)式中的$(\mathrm{d}x_1,\mathrm{d}x_2,\cdots,\mathrm{d}x_n)$，$(\delta x_1,\delta x_2,\cdots,\delta x_n)$是过点 P 的两条测地线的方向向量.(31)式中的 Δ 满足

$$4\Delta^2=\Big(\sum_{i,j}g_{ij}\,\mathrm{d}x_i\mathrm{d}x_j\Big)\Big(\sum_{i,j}g_{ij}\,\delta x_i\delta x_j\Big)-\Big(\sum_{i,j}g_{ij}\,\mathrm{d}x_i\delta x_j\Big)^2. \tag{35}$$

从(31)～(35)式以及(26)式看出，黎曼给出的 n 维流形的曲率 K 仅由黎曼度量(即(22)式)中的 $g_{ij}(i,j=1,2,\cdots,n)$确定. 对于流形就是一个曲面的情形，黎曼的曲率 K 恰好就是高斯的曲面总曲率.

黎曼进而考虑特定的流形，在这种流形上，有限的空间形式应当能够移动，而不改变其大小和形状，并且应当能够按任意方向旋转. 由此引出了常曲率流形. 如果流形在一点的所有曲率都相同，并且等于其他任何点的所有曲率，那么这种流形称为**常曲率流形**. 在这种流形上，可以讨论全等的图形. 黎曼在 1854 年的讲演中给出了下述结果：在 n 维常曲率流形中，若 α 是曲率，则无穷小距离元素公式变成(在一个适当的坐标系中)：

$$\mathrm{d}s^2=\frac{\sum\limits_{i=1}^{n}\mathrm{d}x_i^2}{\Big(1+\frac{\alpha}{4}\sum\limits_{i=1}^{n}x_i^2\Big)^2}. \tag{36}$$

当 $\alpha=0$ 时，$\mathrm{d}s^2=\sum\limits_{i=1}^{n}\mathrm{d}x_i^2$，这时 n 维常曲率流形是一个 n 维欧几里得空间. 由此看出，欧几里得几何是平直空间的几何. 当 $\alpha>0$ 且 $n=2$ 时，就得到通常的球面的空间，测地线是大圆，任意两条测地线交于两点. 前面已指出，通常的球面的几何是一种非欧几里得几何. 曲率为正常数的三维流形是三维球面，这种三维球面的几何也是非欧几里得的. 黎曼考虑到，可能有现实的负常曲率曲面. 1866 年，贝尔特拉米(E. Beltrami)不依赖于黎曼而独自认识到负常曲率曲面是非欧几里得几何空间，1868 年，贝尔特拉米考虑了由一条名为曳物线(tractrix)的平面曲线绕其渐近线旋转一周形成的曲面，称之为伪球面，如图 4-5 所示. 曳物线的方程是

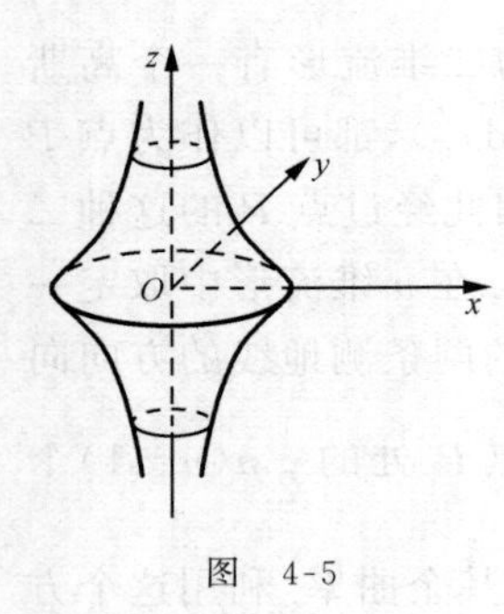

图 4-5

$$z=k\ln\frac{k+\sqrt{k^2-x^2}}{x}-\sqrt{k^2-x^2}, \tag{37}$$

伪球面的方程是

$$z=k\ln\frac{k+\sqrt{k^2-x^2-y^2}}{\sqrt{x^2+y^2}}-\sqrt{k^2-x^2-y^2}. \tag{38}$$

伪球面的曲率是$-\frac{1}{k^2}$. 于是把伪球面本身当作一个空间，它是曲率为负常数的二维流形. 贝尔特拉米证明了：只要把伪球面上的测地线看成“直线”，那么罗巴切夫斯基平面的一片可以在伪球面的一片上实现.

综上所述，高斯关于三维欧几里得空间中曲面的内蕴几何学创造性地提出了两个重要思想，而黎曼则把这些思想推广到对任何 n 维空间. 黎曼特别研究了常曲率流形. 曲率为 0 的 n 维常曲率流形是一个 n 维欧几里得空间. 罗巴切夫斯基平面的一片可以在负常曲率的伪球面的一片上实现. 二维和三维正的常曲率流形(即二维和三维球面)上的几何是另一种非欧几里得几何，称之为黎曼几何. 从这个意义上可以说，非欧几里得几何(罗巴切夫斯基几何或黎曼几何)是弯曲空间上的几何. 同罗巴切夫斯基一样，黎曼相信天文学将判定哪种几何符合于空间. 20 世纪爱因斯坦的广义相对论证实，在质量聚集体附近的空间是黎曼空间，根据广义相对论所进行的一系列天文观测、实验，证实了宇宙流形具有非欧几里得几何的性质.

在黎曼的工作以前，高斯、罗巴切夫斯基和波约的非欧几里得几何是在平面上的几何，测地线是普通直线. 上面一段指出的，罗巴切夫斯基平面的一片在伪球面的一片上实现，但是在伪球面上没有实现整个罗巴切夫斯基几何，而且伪球面上的测地线也不是普通直线. 因此有必要进一步探讨、研究罗巴切夫斯基几何的现实意义. 为此需要从另外一个角度来探讨. 下面来论述.

三、射影几何

大约从 1400 年到 1600 年左右的这段时期，称之为文艺复兴时期. 在那个时期的艺术家们受雇于王公贵族来执行各种任务，从创作图画到设计防御工事、运河、桥梁、军事器械、宫殿、公共建筑和教堂，所以他们必须学习数学、物理、建筑学、工程学、石工、金工、木工、解剖学、光学、静力学和水力学等. 描绘现实世界成为艺术家们绘画的目标. 于是面临一个数学问题，就是把三维的现实世界绘制到二维的画布上. 阿尔贝蒂(L. B. Alberti)写了《论绘画》一书(1511 年才出版)，虽然他非常清楚地知道，在正常的视觉下，两只眼睛从稍有不同的位置看同一景色，只有通过大脑调和这两个映像才能觉察深度，但是他建议画一只眼睛见到的景物，他的计划是通过光线的明暗和随距离而使颜色变淡的方法来加强深度的感觉. 他的基本原理是：在眼睛和景物之间插进一张直立的玻璃屏板，如图 4-6 所示，人的眼睛被当做一个点 O，由此出发来观察景物. 从景物上各点出发，通往人眼的光线形成一个**投射锥**. 他设想在这些光线穿过玻璃屏板(画面)之处都标出一些点子，这点集叫做一个**截影**. 到点 O 的投射和取截影的复合称为**以 O 为中心的投影**. 即，把景物所在平面上的任一点 P 对应于直线 OP 与玻璃屏板所在平面的交点 P' 的映射称为**以点 O 为中心的投影**. 景物在以 O 为中心的投影下的像就是截影. 显然，以 O 为中心的投影把直线映成直线. 截影给眼睛的印象和景物本身

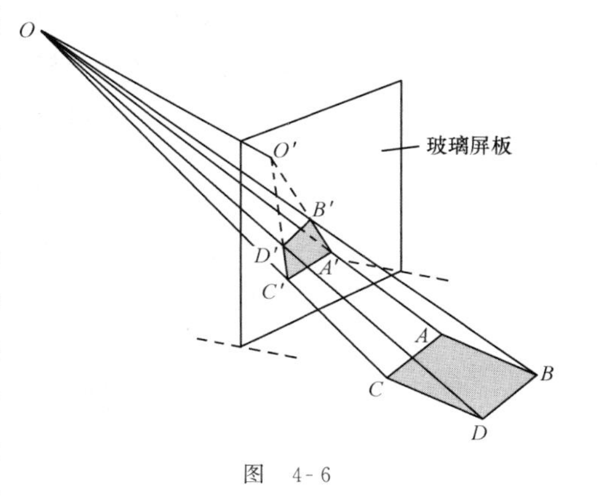

图 4-6

一样，因为从截影发出的光线和从原景物发出的一样，所以绘画逼真的问题就是在玻璃屏板上(实际上是在画布上)作出一个真正的截影. 但是截影与景物既不重合又非相似，阿尔贝蒂提出了下列问题：截影和景物有什么共同的几何性质？如果在眼睛和景物之间插进两张玻璃屏板以任意角度与这同一个投射锥相截得到两个不同的截影，它们有什么共同的性质？进一步，如果眼睛从两个不同的位置看同一景物，而在每一种情形下都在眼睛和景物之间插一张玻璃屏板，那么所得到的两个截影将是不同的，可是它们都传达原来景物的形象，因此它们必定有某种共性，这共同性质是什么呢？17 世纪的一些几何学者为了回答这些问题，创立了几何的一个新分支，这个分支到了 19 世纪被称为射影几何. 直接寻找上述问题答案的第一个人是德沙格(G. Desargues). 1636 年，德沙格出版了关于透视法的一本小册子，1639 年，他写了主要著作《试论锥面截一平面所得结果的初稿》，印了约 50 份，分送给他的朋友. 阿尔贝蒂曾指出，在绘画时，景物里的平行线(除非它们平行于玻璃屏板)在画面上必须画成相交于某一点. 例如，在图 4-6 中，景物是矩形 $ABDC$，截影是四边形 $A'B'D'C'$. 景物中 AB 与 CD 平行，但是截影中 $A'B'$ 与 $C'D'$ 相交于一点 O'. 这是因为点 O 与直线 AB 确定一个平面，点 O 与直线 CD 也确定一个平面，这两个平面有公共点 O，因此必相交于过点 O 的一条直线，这条直线与玻璃屏板交于某点 O'，这两个平面各交玻璃屏板于直线 $A'B'$ 及 $C'D'$. 玻璃屏板上的点 O' 是这两个平面的公共点，因此 O' 是直线 $A'B'$ 与 $C'D'$ 的交点. 点 O' 不对应于直线 AB 或直线 CD 上的任何普通的点，而直线 $A'B'$ 或 $C'D'$ 上的任何其他的点都分别对应于直线 AB 或 CD 上某个确定的点. 为了使直线 $A'B'$ 与直线 AB 上的点以及直线 $C'D'$ 与直线 CD 上的点之间有完全的对应关系，德沙格在直线 AB 上以及直线 CD 上引入一个新的点，他把这点叫做**无穷远点**. 把它增添到两平行直线上普通的点之外，并把它看成是两平行线的公共点，而且平行于 AB 或 CD 的任何直线上都有这同一个无穷远点. 方向不同于 AB 或 CD 的任何一组平行线都同样有一个公共无穷远点. 由于每组平行线都有一个公共点，因此有无穷多个无穷远点. 与每个无穷远点对应的是一个完全确定的方向. 德沙格假定所有无穷远点都在同一直线上，这条直线称为**无穷远线**. 于是在欧几里得平面上添加了无穷多个无穷远点和一条无穷远线，这称为一个**扩大的欧几里得平面**. 在扩大的欧几里得平面上，任何两条直线都相交于唯一的一个点：不平行的两条直线相交于普通的点，两条平行线相交于每条线上的无穷远点. 引入了无穷远点和无穷远线之后，德沙格叙述了一个基本定理，现在称之为**德沙格定理**. 设有点 O 和三角形 ABC，如图 4-7 所示，从点 O 到三角形 ABC 边上各点的连线形成一个投射锥，这个投射锥的一个截影含有一个三角形 $A'B'C'$，其中 A' 对应于 A，B' 对应于 B，C' 对应于 C. 三角形 ABC 和三角形 $A'B'C'$ 叫做从点 O 看去的**透视图**，即三角形 $A'B'C'$ 是三角形 ABC 在以 O 为中心的投影下的像. 德沙格定理断言：对

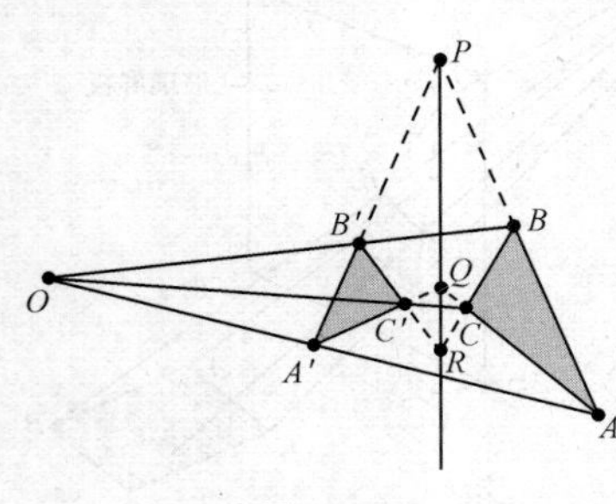

图 4-7

于从一点透视出去的两个三角形 ABC 和 $A'B'C'$，它们之间成对的对应边 AB 与 $A'B'$，BC 与 $B'C'$，以及 CA 与 $C'A'$（或它们的延长线）相交的三个交点在同一条直线上. 反之，若两个三角形的三对对应边的交点在同一条直线上，则连接对应顶点的三条连线必交于一点. 这个定理和逆定理对于三角形 ABC 与 $A'B'C'$ 在同一平面或不在同一平面这两种情形都成立. 德沙格对这两种情形都证明了正定理和逆定理.

德沙格在他的朋友鲍瑟(A. Bosse)1648 年发表的《运用德沙格透视法的一般讲解》一书的附录中，证明了交比在投影下的不变性. 设四点 A,B,C,D 在一直线上，如图 4-8 所示. 我们用 AB 表示线段 AB 的**代数长**（即，在直线 AB 上取定一个单位向量 $\boldsymbol{e}$，若 $\overrightarrow{AB}=\lambda\boldsymbol{e}$，则称 λ 是线段 AB 的代数长，就记做 AB），则共线四点 A,B,C,D 的**交比**定义为 $\frac{AC}{CB}\Big/\frac{AD}{DB}$，记做$(A,B,C,D)$. 德沙格证明了在以 O 为中心的投影下，直线 AD 上的四个点 A,B,C,D 的交比，与像直线 $A'D'$ 上对应的四个点 A',B',C',D' 的交比是相等的. 我们还可以定义共点四线的交比，如图 4-8. 设 l_1,l_2,l_3,l_4 经过点 O，任取一条不经过点 O 的直线 l，设 l 与 l_1,l_2,l_3,l_4 分别交于点 A,B,C,D. 则共点四线 l_1,l_2,l_3,l_4 的**交比**规定为点 A,B,C,D 的交比，记做(l_1,l_2,l_3,l_4). 由于以 O 为中心的投影保持共线四点的交比不变，因此这个定义与直线 l 的选取无关. 一直线上的四个点 A,B,C,D，如果它们的交比等于-1，那么称它们为**调和点组**. 由于以点 O 为中心的投影保持交比不变，因此调和点组经过投影后仍为调和点组.

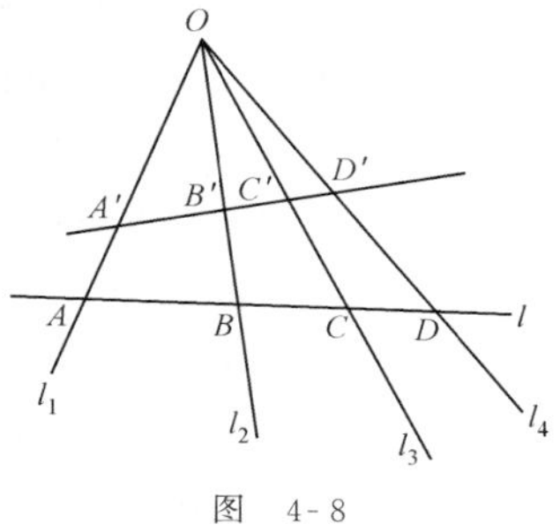

图 4-8

对射影几何作出贡献的第二个主要人物是帕斯卡(B. Pascal). 1640 年，他写了《略论圆锥曲线》的论文. 他证明了一个著名的定理，现在称之为帕斯卡定理：圆锥曲线的内接六边形的三对对边相交而得的三点在同一直线上.

德沙格定理和帕斯卡定理处理的是点和线的位置关系问题：一点在一直线上，一直线经过一点，两条直线相交，三点在一直线上，等等. 几何的一个新的基本的分支——射影几何诞生了，它研究位置和相交方面的性质，而不是大小和度量方面的性质. 一点在一直线上，一直线经过一点，点和直线的这种关系统称为**关联**关系. 对于扩大的欧几里得平面，如果我们只研究点与直线的关联关系，那么便抽象出射影平面的概念，进一步抽象出射影空间的概念. 设 V 是域 F 上的 $n+1$ 维线性空间($n\geqslant 2$)，V 的所有子空间组成的集合，以包含关系为序，称为域 F 上的 n **维射影空间**，记做 $\mathrm{PG}(n,F)$. V 的一维子空间称为射影空间 $\mathrm{PG}(n,F)$的一个**点**. $n=2$ 时，二维射影空间 $\mathrm{PG}(2,F)$称为一个**射影平面**，V 的一个二维子空间称为射影平面 $\mathrm{PG}(2,F)$的一条**线**. 显然，射影平面的每两个不同点$\langle\alpha_1\rangle$，$\langle\alpha_2\rangle$在唯一的一条线$\langle\alpha_1,\alpha_2\rangle$上. 任给 V 的两个不相等的二维空间 $V_1=\langle\alpha_1,\alpha_2\rangle$，$V_2=\langle\beta_1,\beta_2\rangle$，根据子空间的维数公式得

$$\dim(V_1\cap V_2)=\dim V_1+\dim V_2-\dim(V_1+V_1)=2+2-3=1.$$

因此射影平面PG(2,F)上任意两条不同的线都相交于唯一的一个点.在V中取一个基α_1，α_2，α_3，则射影平面PG(2,F)上存在四个点：$\langle\alpha_1\rangle$，$\langle\alpha_2\rangle$，$\langle\alpha_3\rangle$，$\langle\alpha_1+\alpha_2+\alpha_3\rangle$，其中任意三个点不在一条线上.这三条性质是射影平面的特征性质.当F取实数域时，射影平面PG(2,$\mathbf{R}$)称为**实射影平面**.由此进一步抽象出射影平面的公理化定义为：由点和线两类对象组成的集合，且点和线之间有关联关系，如果具有下述性质：

(1) 每两个不同的点在唯一的一条线上；

(2) 每两条不同的线相交于唯一的一个点；

(3) 存在四个点，其中任意三个点不在一条线上，

那么这样的关联结构称为一个**射影平面**.

从以O为中心的投影把直线映成直线受到启发，引出下述概念：射影平面$\mathscr{P}_1$的点集到射影平面$\mathscr{P}_2$的点集的一个双射，如果把共线的三点映成共线的三点，那么称之为一个**射影映射**.以O为中心的投影就是射影映射.射影平面到自身的射影映射称为**射影变换**(或**直射变换**).由定义立即得到：射影映射的乘积还是射影映射；射影映射把不共线的三点映成不共线的三点；射影映射是可逆的，并且它的逆映射也是射影映射.于是射影平面上所有射影变换组成的集合对于映射的乘法成为一个群，称为**射影变换群**(或**自同构群**，或**直射变换群**).可以证明：射影映射保持共线四点的交比不变，从而调和点组在射影映射下的像仍是调和点组.射影映射保持共点四线的交比不变.射影平面上的两条曲线称为是**射影等价**的，如果存在一个射影变换把其中一条变成另一条.在射影等价关系下的等价类称为**射影类**.可以证明：实射影平面上所有二次曲线分成五个射影类，前两类是非退化的二次曲线，后三类都是退化的二次曲线.第一类是没有轨迹的二次曲线，称为虚的、非退化二次曲线；第二类是原欧几里得平面上的椭圆、抛物线和双曲线并且补充了它们的渐近方向(如果有的话)所对应的无穷远点；第三类是一个点；第四类是一对相交直线；第五类是一对重合直线.(注：上述证明可参看参考文献[2]的第284页和第296～298页.)实射影平面上的椭圆、抛物线和双曲线在同一个射影类里，这是不奇怪的，这是因为它们都是圆锥截线，在以圆锥顶点为中心的投影下，椭圆、抛物线和双曲线可以互变.

在射影平面PG(2,F)上任意取定一条线，记做l_∞，称它为**无穷远线**，l_∞上的点称为**无穷远点**.射影平面去掉无穷远线及它上面的点便得到仿射平面，当F取实数域时，得到的仿射平面称为**实仿射平面**.仿射平面的公理化定义是：由点和线两类对象组成的集合$\mathscr{A}$，点和线有关联关系，如果具有下述性质：

(1) 每两个不同的点在唯一的一条线上；

(2) 若点P和线l是不关联的，则存在唯一的一条经过点P的线，它与l不相交；

(3) 存在三个点，它们不在一条线上，

那么称$\mathscr{A}$是一个**仿射平面**.射影平面上保持无穷远直线l_∞不变(不必保持l_∞上的每个点不变)的射影变换组成的集合是射影变换群的子群，称为**仿射变换群**.实仿射平面实际上就是

在原来的欧几里得平面上只考虑点和直线的关联关系，而不考虑度量性质. 欧几里得平面是要考虑度量性质的. 欧几里得平面上保持点之间的距离不变的(点)变换称为正交(点)变换. 正交(点)变换或者是平移，或者是旋转，或者是反射，或者是它们之间的乘积. 欧几里得平面上所有正交(点)变换组成的集合是仿射变换群的子群，称它为**正交变换群**. 欧几里得平面上使得对应线段的长度之比为一个正常数的(点)变换称为**相似变换**. 所有相似变换组成的集合是仿射变换群的子群，称为**抛物度量群**.

实射影平面上任意取定一条实的、非退化的二次曲线，保持这条二次曲线不变(不必保持它上面的每个点不变)的所有射影变换组成的集合是射影变换群的子群，称为**双曲度量群**. 实射影平面上任意取定一条虚的、非退化二次曲线，保持这条二次曲线不变的所有射影变换形成的子群称为**单重椭圆度量群**.

三维射影空间 PG(3,**R**)的自同构群称为它的射影变换群. 取定一个三维球面 S，保持这个球面不变的所有射影变换形成的子群称为**二重椭圆度量群**.

四、克莱因的爱尔朗根纲领

19 世纪的几何学园地朵朵鲜花竞相开放，寻找不同几何学之间的内在联系，用统一的观点来解释它们，便成为数学家们追求的一个目标. 1872 年，德国数学家克莱因(F. Klein)在被聘为爱尔朗根大学的数学教授的就职演讲中创造性地提出了运用变换群的观点来区分各种几何：每种几何都由变换群所刻画，并且每种几何所做的是研究在这个变换群下的不变量；一个几何的子几何是在原来变换群的子群下的一族不变量. 他的这个观点后来以爱尔朗根纲领(Erlanger Programm)著称.

研究射影平面在射影变换群下的不变量(例如，共线性，交比，调和点组，以及保持圆锥曲线不变等)的几何称为**射影几何**. 研究仿射平面在仿射变换群下的不变量(例如，平行性，中心对称，代数曲线的次数等)的几何称为**仿射几何**. 仿射几何是射影几何的子几何. 研究欧几里得平面在抛物度量群下的不变量(例如，角度，相似性等)的几何称为**抛物度量几何**. 抛物度量几何是仿射几何的子几何. 研究欧几里得平面在正交变换群下的不变量(例如，长度，角度，任何图形的形状和大小等)的几何是**欧几里得几何**. 欧几里得几何是抛物度量几何的子几何. 研究实射影平面在双曲度量群下的不变量的几何称为**双曲几何**，双曲几何是射影几何的子几何. 研究实射影平面在单重椭圆度量群下的不变量的几何称为**单重椭圆几何**. 二维球面上的黎曼几何是一种单重椭圆几何. 单重椭圆几何是射影几何的子几何. 研究三维射影空间 PG(3,**R**)在二重椭圆度量群下的不变量的几何称为**二重椭圆几何**，三维球面 S 就是二重椭圆几何的“平面”. 三维球面 S 作为二重椭圆几何的“平面”上的黎曼几何是一种二重椭圆几何. 二重椭圆几何也可看成是射影几何(这时是在三维实射影空间中，不是在实射影平面上)的子几何. 双曲几何的名字是由于双曲线与无穷远线相交于两点，而相应地在双曲几何中的每一条直线与取定的实的、非退化的二次曲线相交于两点. 椭圆几何的名字是由于椭圆与无穷远线没有实的公共点，而相应地在椭圆几何中每一条直线与取定的虚的、非退化的二次曲线没有实的公共点.抛物度量几何的名字是由于抛物线与无穷远线只有一个公共点,而相应地在抛物度量几何中每一条直线与取定的实的、非退化的二次曲线只有一个实的公共点.

五、罗巴切夫斯基几何在双曲几何中的实现

双曲几何与单重椭圆几何都是在实射影平面上的几何,二重椭圆几何是在三维实射影空间中的几何.实射影平面和三维实射影空间中都没有度量概念.为了使双曲几何和椭圆几何都成为具有度量的几何,因此下面来探讨如何在实射影平面或三维实射影空间中,根据射影概念来建立长度与角度这些度量概念.

设实射影平面 PG(2,**R**)是由三维实线性空间 V 引出的.在 V 中取一个基 $\alpha_1,\alpha_2,\alpha_3$,则 $\langle\alpha_1\rangle,\langle\alpha_2\rangle,\langle\alpha_3\rangle,\langle\alpha_1+\alpha_2+\alpha_3\rangle$ 是 PG(2,**R**)中的四个点,其中任意三个点不在一条线上,这样的四个点称为 PG(2,**R**)中**一般位置的四个点**.记 $\alpha=\alpha_1+\alpha_2+\alpha_3$.令 $\alpha'=\lambda\alpha$.在 $\langle\alpha_i\rangle$ 中可选取向量 α_i' $(i=1,2,3)$,使得 $\alpha'=\alpha_1'+\alpha_2'+\alpha_3'$.用待定系数法可求出 α_i' $(i=1,2,3)$.设 $\alpha_i'=\lambda_i\alpha_i$ $(i=1,2,3)$,则 $\lambda(\alpha_1+\alpha_2+\alpha_3)=\lambda_1\alpha_1+\lambda_2\alpha_2+\lambda_3\alpha_3$.由此得出 $\lambda_i=\lambda$,于是 $\alpha_i'=\lambda\alpha_i$, $i=1,2,3$.对于实射影平面的任一个点 $\langle\beta\rangle$,设 $\beta=x_1\alpha_1+x_2\alpha_2+x_3\alpha_3$,若 $\beta=x_1'\alpha_1'+x_2'\alpha_2'+x_3'\alpha_3'$,其中 $\alpha_i'\in\langle\alpha_i\rangle$, $i=1,2,3$,且 $\alpha_1'+\alpha_2'+\alpha_3'\in\langle\alpha\rangle$,刚才已证 $\alpha_i'=\lambda\alpha_i$, $i=1,2,3$.于是 $\beta=x_1'\lambda\alpha_1+x_2'\lambda\alpha_2+x_3'\lambda\alpha_3$,从而 $x_i=\lambda x_i'$ $(i=1,2,3)$.因此 (x_1,x_2,x_3) 与 (x_1',x_2',x_3') 成比例.我们把 $\langle\alpha_1\rangle,\langle\alpha_2\rangle,\langle\alpha_3\rangle,\langle\alpha_1+\alpha_2+\alpha_3\rangle$ 称为实射影平面 PG(2,**R**)的一个**基底**,把 (x_1,x_2,x_3) 称为点 $\langle\beta\rangle$ 在此基底下的**齐次射影坐标**.点 $\langle\beta\rangle$ 的齐次射影坐标不唯一,它们成比例.设相异两点 $\langle\beta\rangle,\langle\gamma\rangle$ 在基底 $\langle\alpha_1\rangle,\langle\alpha_2\rangle,\langle\alpha_3\rangle,\langle\alpha_1+\alpha_2+\alpha_3\rangle$ 下的齐次射影坐标分别为 (x_1,x_2,x_3), (y_1,y_2,y_3).点 $\langle\delta\rangle$ 在线 $\langle\beta,\gamma\rangle$ 上当且仅当 $\delta=\lambda\beta+\mu\gamma$.设点 $\langle\delta\rangle$ 的齐次射影坐标为 (z_1,z_2,z_3),则 $\delta=\lambda\beta+\mu\gamma$ 当且仅当

$$\begin{vmatrix} z_1 & x_1 & y_1 \\ z_2 & x_2 & y_2 \\ z_3 & x_3 & y_3 \end{vmatrix}=0, \tag{39}$$

且

$$\eta_1=\begin{vmatrix} x_2 & y_2 \\ x_3 & y_3 \end{vmatrix},\quad \eta_2=-\begin{vmatrix} x_1 & y_1 \\ x_3 & y_3 \end{vmatrix},\quad \eta_3=\begin{vmatrix} x_1 & y_1 \\ x_2 & y_2 \end{vmatrix} \tag{40}$$

不全为 0.把(39)式左端展开得

$$\eta_1z_1+\eta_2z_2+\eta_3z_3=0. \tag{41}$$

(41)式就是两点 $\langle\beta\rangle,\langle\gamma\rangle$ 连线的方程,我们把 (η_1,η_2,η_3) 称为线 $\langle\beta,\gamma\rangle$ 的齐次射影坐标.它不唯一,但成比例.可以利用点的齐次射影坐标计算共线四点的交比以及共点四线的交比(见图 4-9).(参看参考文献[2]第 275~276 页.)于是这些计算公式可以作为交比的定义,这就避开了用线段的代数长这种度量概念来定义交比.

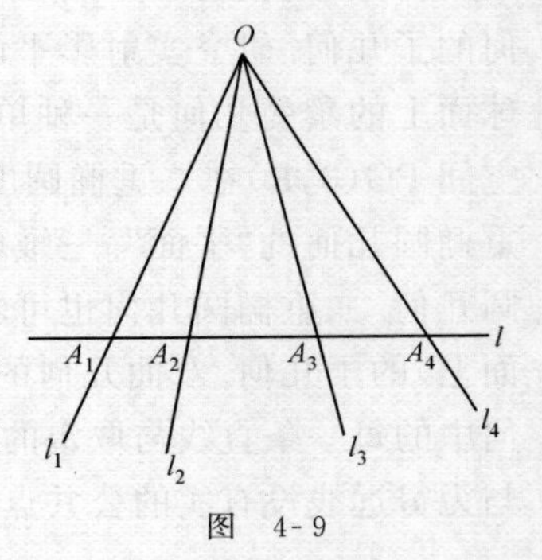

图 4-9

实射影平面上，齐次射影坐标满足二次齐次方程

$$\sum_{i,j=1}^{3} a_{ij} x_j x_j = 0 \tag{42}$$

（其中 $a_{ij}=a_{ji}, i,j=1,2,3$）的点的集合称为**二次曲线**.（42）式左端的二次型 $F(x,x)$ 的矩阵记做 $\mathbf{A}$. 矩阵 $\mathbf{A}$ 的 (i,j) 元的代数余子式记做 A_{ij}. 二次曲线 $F(x,x)=0$ 的线坐标方程为

$$G(u,u) = \sum_{i,j=1}^{3} A_{ij} u_i u_j = 0. \tag{43}$$

任意取定一条非退化的二次曲线 $F(x,x)=0$，则 $|\mathbf{A}|\neq 0$. 从而 $\mathbf{A}$ 的伴随矩阵 $\mathbf{A}^*$ 的行列式 $|\mathbf{A}^*|\neq 0$. 于是二次型 $G(u,u)$ 也是非退化的. 凯莱（Cayley）在 1859 年发表的论文中，用下述公式定义 P,Q 两点间的距离 δ. 设 P,Q 的齐次射影坐标分别为 $x=(x_1,x_2,x_3)$，$y=(y_1,y_2,y_3)$，

$$\delta = \arccos \frac{F(x,y)}{\sqrt{F(x,x)F(y,y)}}, \tag{44}$$

其中 $F(x,y) = \sum_{i,j=1}^{3} a_{ij} x_i y_j$ 是与二次型 $F(x,x)$ 相应的双线性型. 类似地，与二次型 $G(u,u)$ 相应的双线性型记做 $G(u,v)$. 齐次射影坐标分别为 $u=(u_1,u_2,u_3)$，$v=(v_1,v_2,v_3)$ 的两直线 l_1 与 l_2 的夹角 ψ 定义为

$$\cos\psi = \frac{G(u,v)}{\sqrt{G(u,u)G(v,v)}}. \tag{45}$$

克莱因采纳了凯莱的思想并加以推广. 克莱因在 1871 年的一篇论文中，按照下述方法定义两点间的距离以及两直线的夹角. 设二次曲线 $F(x,x)=0$，P_1,P_2 为一直线的两点，此直线与二次曲线相遇于两点（实的或虚的）Q_1,Q_2. 则 P_1,P_2 两点间的距离 d 定义为

$$d = c\ln(P_1,P_2,Q_1,Q_2), \tag{46}$$

其中 (P_1,P_2,Q_1,Q_2) 是共线四点 P_1,P_2,Q_1,Q_2 的交比，c 是一个常数. 类似地，若 u,v 是两直线，考虑此两直线交点到二次曲线的切线 l 与 w（切线可以是虚的），则直线 u 与 v 的夹角 θ 定义为

$$\theta = c'\ln(u,v,l,w), \tag{47}$$

其中 (u,v,l,w) 是共点四线 u,v,l,w 的交比，c' 是一常数. 可以证明：若 $x=(x_1,x_2,x_3)$，$y=(y_1,y_2,y_3)$ 分别是两点 P_1,P_2 的齐次射影坐标，则这两点的距离 d 为

$$d = c\ln \frac{F(x,y)+\sqrt{F(x,y)^2-F(x,x)F(y,y)}}{F(x,y)-\sqrt{F(x,y)^2-F(x,x)F(y,y)}}; \tag{48}$$

若 (u_1,u_2,u_3)，(v_1,v_2,v_3) 分别是两直线 u 与 v 的齐次射影坐标，则这两直线的夹角 θ 为

$$\theta = c'\ln \frac{G(u,v)+\sqrt{G(u,v)^2-G(u,u)G(v,v)}}{G(u,v)-\sqrt{G(u,v)^2-G(u,u)G(v,v)}}. \tag{49}$$

(48)式和(49)式表明,用(46)式和(47)式定义的距离和角度是与二次曲线的选取有关的.克莱因的距离和角度表达式能够证明等于凯莱的相应表达式.若射影变换保持非退化的二次曲线 $F(x,x)=0$ 不变,则由于射影变换保持共线四点的交比不变,也保持共点四线的交比不变,因此保持距离和角度不变.从而在双曲几何和单重椭圆几何中都建立了距离和角度的概念,并且双曲度量群中的每个射影变换都保持由所取定的实的、非退化二次曲线来定义的距离和角度不变;单重椭圆度量群中的每个射影变换都保持由所取定的虚的、非退化二次曲线来定义的距离和角度不变.因此用(46)式和(47)式定义的距离和角度都是在双曲度量群和单重椭圆度量群下的不变量.克莱因给出了双曲几何的一个模型,我们把它叙述如下:

扩大的欧几里得平面如果只考虑点和直线的关联关系,不考虑其度量性质,便可看成是一个实射影平面.取定一般位置的四个点 A_1,A_2,A_3,E 作为基底,则每个点有齐次射影坐标,每条直线也有齐次射影坐标.取定一条实的、非退化二次曲线 $x_1^2+x_2^2-x_3^2=0$.不妨设这条二次曲线上的点都不在直线 A_1A_2 上.对于不在直线 A_1A_2 上的任一点 $M(x_1,x_2,x_3)$,有 $x_3\neq0$.从而可以令 $x=\frac{x_1}{x_3}$,$y=\frac{x_2}{x_3}$,称(x,y)是点 M 的非齐次射影坐标.于是上述二次曲线的方程可写成 $x^2+y^2=1$,这是圆,如图 4-10 所示,实射影平面上保持这个圆不变的射影变换组成双曲度量群.研究实射影平面在这个双曲度量群下的不变量的几何是双曲几何.用(46)式和(47)式定义的距离和角度就是在这个双曲度量群下的不变量.共线四点 A,B,C,D 的交比可以用它们的齐次射影坐标来计算,其计算公式与用这四个点的齐次仿射坐标计算交比的公式完全一样(参看参考文献[2]的第 275～276 页和第 260～261 页),而后者是从交比的定义推导出来的.因此在以扩大的欧几里得平面为模型的实射影平面中,可以采用共线四点 A,B,C,D 的交比的定义来计算其交比,即

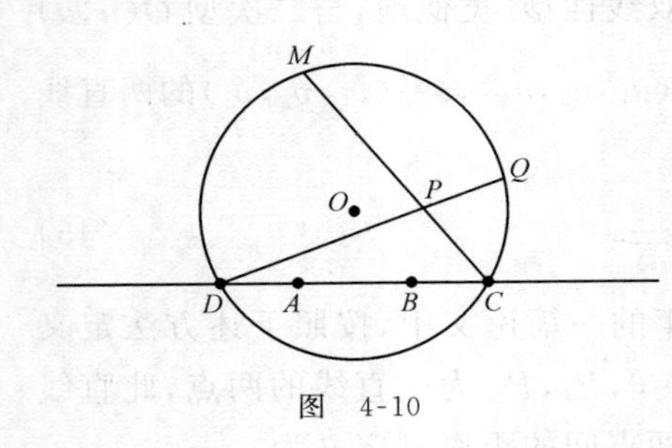

图 4-10

$$(A,B,C,D)=\frac{AC}{CB}\Big/\frac{AD}{DB}. \tag{50}$$

对于圆内两点 A,B,设直线 AB 与圆相交于 C,D,如图 4-10,则据(46)式得,A,B 两点间的距离 d 为

$$d=c\ln(A,B,C,D)=c\ln\left(\frac{AC}{CB}\Big/\frac{AD}{DB}\right). \tag{51}$$

当点 B 趋于点 C 时,从(51)式得出,A,B 两点的距离 d 变成无穷大;当点 A 趋于点 D 时,d 也变成无穷大.于是在双曲几何中,弦 CD(不包括两个端点)是直线,它没有端点、笔直、有无限长,这跟通常的直线一样.弦 CD(不包括两个端点)作为双曲几何中的直线,它的无穷远点是端点 C 和 D(视为同一个无穷远点).由于圆的任意一条弦(不包括两个端点)在双曲几何中都是直线,因此在双曲几何中,圆是无穷远线.从而双曲几何的点都是圆内的点.在圆内任

取一点 P,它不在弦 CD 上,如图 4-10. 直线 DP,CP 与圆分别交于点 Q,M. 则过点 P 有无穷多条弦(不包括两个端点)不与弦 CD(不包括两个端点)相交. 这些弦中的两条: 弦 DQ(不包括两个端点),弦 CM(不包括两个端点),把过点 P 的弦(不包括两个端点)分成两类: 一类弦(不包括两个端点)与弦 CD(不包括两个端点)相交,另一类弦(不包括两个端点)不与弦 CD(不包括两个端点)相交. 弦 DQ(不包括两个端点)和弦 CM(不包括两个端点)属于后一类,构成两类间的边界. 于是在双曲几何中,圆内的点和弦(不包括两个端点)满足罗巴切夫斯基几何的假设,从而罗巴切夫斯基几何在双曲几何中获得了实现. 换句话说,罗巴切夫斯基几何是一种双曲几何. 终于罗巴切夫斯基几何有了现实意义. 圆内的点和弦(不包括两个端点)这一双曲几何的模型也可用于论证双曲几何的相容性(即在双曲几何中的公理和定理不会有矛盾)归结为欧几里得几何的相容性. 从而罗巴切夫斯基几何的相容性归结为欧几里得几何的相容性.

4.2.5 非欧几何的诞生与实现给我们的启迪

从平行公设到非欧几里得几何的创立和它们在现实物质世界中的实现,经历了漫长的艰辛的探索路程. 这给了我们如何进行数学创新的许多启迪.

第一点,要有创造性的想法. 罗巴切夫斯基放弃欧几里得的平行公设,提出了"过已知直线外一点至少可以作两条直线与已知直线平行"的假设. 高斯提出了一个全新的观念: 一张曲面本身就可以看成是一个空间,不需要把曲面看成三维欧几里得空间中的图形. 黎曼提出了流形的概念,给出了流形的度量(现在称之为黎曼度量)的表达式,研究了常曲率流形,从而创造性地揭示了除了平直的欧几里得空间外,还存在弯曲的空间,非欧几里得几何是弯曲空间上的几何,罗巴切夫斯基平面的一片在伪球面的一片上得以实现. 克莱因创造地提出了运用从变换群的观点来区分各种几何,从而得到了射影几何的一个子几何——双曲几何,克莱因还在实射影平面上利用一条实的、非退化二次曲线从射影概念出发定义了距离和角度这些度量概念,并且使得这样定义的距离和角度正好成为保持这条二次曲线不变的双曲度量群的不变量. 于是这样定义的距离和角度就成了双曲几何的度量性质. 由此,克莱因建立了由一个圆内的点和弦(不包括两个端点)组成的双曲几何的模型,而这一双曲几何模型实现了整个罗巴切夫斯基几何. 这才终于使罗巴切夫斯基几何有了现实意义.

第二点,要掌握前人已有的数学知识,在前人想法的基础上进行创新. 从公元前 3 世纪开始,对于欧几里得的第五公设就产生了怀疑. 到了 18 世纪,萨凯里、克吕格尔、兰伯特、高斯关于平行公设都作了许多探讨. 正是在前人的工作的基础上,罗巴切夫斯基创立了非欧几里得几何. 高斯提出曲面本身可看成是一个空间的观念,是在 18 世纪由克莱洛,欧拉,蒙日等人创立的微分几何的基础上,特别是在欧拉提出的曲面的参数表示的基础上. 黎曼提出流形的概念和流形的度量的表达式,是把高斯关于曲面的内蕴微分几何推广为任意空间的内蕴几何. 克莱因提出运用变换群的观点来区分各种几何,是在 19 世纪射影几何复兴的基础上. 庞斯列(J-V. Poncelet)在 1822 年出版了《论图形的射影性质》这部著作. 他探索了图形在投射与截影下保持不变的性质等.

第三点,要有冲破传统数学观念束缚的勇气. 罗巴切夫斯基敢于公布他的新几何的结果,面对种种攻击,还坚信自己的新几何学的正确性. 他在 1840 年出版的著作中,感叹人们对他的著作兴趣微弱. 虽然他已失明,他却以口授写出一部他的几何的完全新的说明,并于 1855 年以书名《泛几何》出版.

第四点,要关注现实世界中的数学问题,要有研究数学的浓厚兴趣,潜心进行研究. 高斯在大地测量和地图绘制方面做了大量工作,亲身参加实际的物理测量,这激发了他对微分几何学的兴趣. 他研究曲面的曲率时,进行了惊人数量的微分,从而获得了曲面的(总)曲率的公式. 庞斯列曾任拿破仑远征军的工兵中尉. 1812 年莫斯科战役法军溃败后被俘,在俄国萨拉托夫监狱里度过了两年. 在监狱里,他不借助任何书本,重作了他从蒙日和卡诺(L. Carnot)那里学到的东西,然后着手创造新的结果. 他获释后对这些工作进行了扩充和修订,于 1822 年出版了《论图形的射影性质》的著作. 由高斯、罗巴切夫斯基和波约的非欧几里得几何的工作引起的,关于物理空间的几何我们可以相信些什么,这个疑问推动了黎复重新考虑了研究空间的整个途径,从而产生了 19 世纪的重大创造之一——黎曼几何. 为了寻求画家提出的"一个实物在同一个投射下的两个截影有什么共同的几何性质"等问题的答案,德沙格创立了射影几何.

第五点,要谦虚谨慎. 数学总是在不断地向前发展,永远不会停止在一个水平上. 从欧几里得几何到罗巴切夫斯基几何和黎曼几何,充分展示了数学的活力.

§4.3 从方程根式可解问题到伽罗瓦理论的创立与代数学的变革

大约在公元前 1700 年,巴比伦人实际上就知道了一元二次方程的求根公式,但是他们的方程是用语言叙述并且用语言解出的. 16 世纪,韦达不仅用字母表示未知量和未知量的乘幂,而且用字母表示一般的系数. 从而他认识到在研究一般二次方程 $ax^2+bx+c=0$ 时,所处理的是整个一类的表达式. 这使代数成为研究一般类型的方程的学问. 笛卡儿改进了韦达使用的代数符号,他用拉丁字母的前面几个表示已知量,末后的一些字母表示未知量,成为现今的习惯用法. 解方程一直是古典代数学的中心问题.

4.3.1 三次、四次方程的解法

三次、四次方程直到公元 1500 年左右才由费罗(S. L. Ferro)、塔塔格利亚(N. Fontana)、卡尔丹诺(G. Cardano)和费拉里(L. Ferrari)等人先后给出解的公式. 费罗和塔塔格利亚都解出了 $x^3+px=q$ 这种类型的三次方程,只求出了一个根. 1732 年,欧拉对这种三次方程的解法进行了完整的讨论. 现在我们叙述这种三次方程的解法如下: 为了能利用乘法公

式，令 $x=u-v$，则原方程成为 $(u-v)^3+p(u-v)=q$. 由于

$$(u-v)^3=u^3-3u^2v+3uv^2-v^3=u^3-v^3-3uv(u-v), \tag{1}$$

因此如果 u,v 满足

$$3uv=p,\quad u^3-v^3=q, \tag{2}$$

那么 $u-v$ 就是原三次方程的解. 由(2)式得

$$u^3(-v^3)=-\left(\frac{p}{3}\right)^3,\quad u^3+(-v^3)=q. \tag{3}$$

于是 u^3 和 $-v^3$ 是一元二次方程 $t^2-qt-\left(\frac{p}{3}\right)^3=0$ 的两个根. 这个一元二次方程的两个根为

$$t_1=\frac{q}{2}+\sqrt{\left(\frac{q}{2}\right)^2+\left(\frac{p}{3}\right)^3},\quad t_2=\frac{q}{2}-\sqrt{\left(\frac{q}{2}\right)^2+\left(\frac{p}{3}\right)^3}. \tag{4}$$

于是 u 是 t_1 的立方根，v 是 $-t_2$ 的立方根；或者 u 是 t_2 的立方根，v 是 $-t_1$ 的立方根. 令 $\omega=\frac{1}{2}(-1+\sqrt{3}\mathrm{i})$，则 t_1 和 $-t_2$ 的三个立方根分别是

$$\sqrt[3]{t_1},\ \omega\sqrt[3]{t_1},\ \omega^2\sqrt[3]{t_1};\quad -\sqrt[3]{t_2},\ -\omega\sqrt[3]{t_2},\ -\omega^2\sqrt[3]{t_2}. \tag{5}$$

$-t_1$ 和 t_2 的三个立方根分别是

$$-\sqrt[3]{t_1},\ -\omega\sqrt[3]{t_1},\ -\omega^2\sqrt[3]{t_1};\quad \sqrt[3]{t_2},\ \omega\sqrt[3]{t_2},\ \omega^2\sqrt[3]{t_2}. \tag{6}$$

由于 $x=u-v$，因此现在需要从(5)式的第一组里选取一个根，第二组里选取一个根，使得两者的乘积等于 $\frac{p}{3}$（即(2)式的第一个等式）. 由此得出原三次方程 $x^3+px=q$ 的解为

$$x_1=\sqrt[3]{t_1}+\sqrt[3]{t_2},\quad x_2=\omega\sqrt[3]{t_1}+\omega^2\sqrt[3]{t_2},\quad x_3=\omega^2\sqrt[3]{t_1}+\omega\sqrt[3]{t_2}. \tag{7}$$

从(6)式的第一组里选取一个根，第二组里选取一个根，使得两者的乘积等于 $\frac{p}{3}$，由此得出原三次方程的解仍然是(7)式中的 x_1,x_2,x_3. 因此原三次方程的全部解是(7)式所示.

对于三次方程 $x^3+ax^2+bx+c=0$，令 $y=x+\frac{a}{3}$，得

$$y^3+\left(b-\frac{1}{3}a^2\right)y=-\frac{2}{27}a^2+\frac{1}{3}ab-c. \tag{8}$$

于是先解三次方程(8)，然后由 $x=y-\frac{a}{3}$ 可得出原三次方程的解.

四次方程的解法由费拉里给出. 设四次方程为

$$x^4+ax^3+bx^2+cx+d=0. \tag{9}$$

令 $y=x+\frac{a}{4}$，得

$$y^4+\left(b-\frac{3}{8}a^2\right)y^2+\left(\frac{3}{32}a^3-\frac{1}{2}ab+c\right)y-\frac{3}{256}a^4+\frac{1}{16}a^2b-\frac{1}{4}ac+d=0. \tag{10}$$

因此我们只要去解不含三次项的四次方程：

$$y^4 + py^2 + qy + r = 0. \tag{11}$$

采用配方法，(11)式可写成

$$y^4 + 2py^2 + p^2 = py^2 - qy - r + p^2. \tag{12}$$

(12)式左边是完全平方公式，但右边不是. 为了使右边也能成为完全平方式，我们引入一个未知量 z，把(12)式写成

$$\begin{aligned}(y^2 + p + z)^2 &= py^2 - qy - r + p^2 + 2(y^2 + p)z + z^2 \\ &= (p + 2z)y^2 - qy + (p^2 - r + 2pz + z^2).\end{aligned} \tag{13}$$

选择适当的 z，使得(13)式右边成为完全平方式，这只要 z 满足

$$4(p + 2z)(p^2 - r + 2pz + z^2) - q^2 = 0. \tag{14}$$

(14)式是 z 的三次方程，解出 z 以后，代入(12)式，使(12)式左右两边都是完全平方式，进而可以解出 y.

4.3.2 拉格朗日等人对于五次及更高次一般方程不能用根式解的研究

从 16 世纪中叶一直到 19 世纪初，数学家们致力于五次及更高次方程的代数解法. 即对于方程

$$x^n + a_1 x^{n-1} + \cdots + a_{n-1}x + a_n = 0, \tag{15}$$

其中 $n \geqslant 5$，它的解能否通过对方程的系数作加、减、乘、除和开方(求正整数次方根)运算的公式得到？但是所有寻求这种解法的努力都失败了. 历史上第一个明确宣布“不可能用根式解四次以上方程”的数学家是拉格朗日(J. L. Lagrange). 他在 1770 年发表的“关于代数方程解的思考”一文中，对二、三、四次一般方程的可解性作了透彻的分析. 例如，对于三次方程 $x^3 + px = q$. 从前面的(2)式的第一式得，$v = \frac{p}{3u}$. 因此，如果引进变换 $x = u - \frac{p}{3u}$，就得到 u^3 和 $-\left(\frac{p}{3u}\right)^3$ 是一元二次方程 $t^2 - qt - \left(\frac{p}{3}\right)^3 = 0$ 的两个根. 从而 u 是方程

$$u^6 - qu^3 - \left(\frac{p}{3}\right)^3 = 0 \tag{16}$$

的解. 方程(16)称为三次方程 $x^3 + px = q$ 的辅助方程，设 $t = u^3$，则方程(16)就可以写成 $t^2 - qt - \left(\frac{p}{3}\right)^3 = 0$. 解这个二次方程得到两个根 t_1 和 t_2. 再解三次方程 $u^3 = t_i$，可求出 u 的值为 $\sqrt[3]{t_i}, \omega\sqrt[3]{t_i}, \omega^2\sqrt[3]{t_i}, i = 1, 2$. 进而可求出原三次方程的解为

$$x_1 = \sqrt[3]{t_1} + \sqrt[3]{t_2}, \quad x_2 = \omega\sqrt[3]{t_1} + \omega^2\sqrt[3]{t_2}, \quad x_3 = \omega^2\sqrt[3]{t_1} + \omega\sqrt[3]{t_2}. \tag{17}$$

拉格朗日的创新之处如下：他发现辅助方程(16)的每个解 u_i 是原三次方程的三个根 x_1，x_2，x_3 的线性组合：

$$u_1=\sqrt[3]{t_2}=\frac{1}{3}(x_1+\omega x_2+\omega^2 x_3),\quad u_4=\sqrt[3]{t_1}=\frac{1}{3}(x_1+\omega x_3+\omega^2 x_2),$$
$$u_2=\omega\sqrt[3]{t_2}=\frac{1}{3}(x_3+\omega x_1+\omega^2 x_2),\quad u_5=\omega\sqrt[3]{t_1}=\frac{1}{3}(x_2+\omega x_1+\omega^2 x_3),\tag{18}$$
$$u_3=\omega^2\sqrt[3]{t_2}=\frac{1}{3}(x_2+\omega x_3+\omega^2 x_1),\quad u_6=\omega^2\sqrt[3]{t_1}=\frac{1}{3}(x_3+\omega x_2+\omega^2 x_1).$$

由此可以看出,从 $u_1=\frac{1}{3}(x_1+\omega x_2+\omega^2 x_3)$ 出发,对 x_1,x_2,x_3 每作一次置换,就得到辅助方程的一个解,三元置换共有 6 个,于是得到辅助方程的 6 个解,因而辅助方程是六次方程. 这表明辅助方程的次数是由原三次方程的根的置换的个数决定的. 此外,辅助方程的 6 个解之间有如下关系:

$$u_1=\omega^2 u_2=\omega u_3,\quad u_4=\omega^2 u_5=\omega u_6,\tag{19}$$

从而有

$$u_1^3=u_2^3=u_3^3,\quad u_4^3=u_5^3=u_6^3,\tag{20}$$

于是表达式 $(x_1+\omega x_2+\omega^2 x_3)^3$ 在 x_1,x_2,x_3 的 6 个置换下只能取两个值. 这正说明为什么 u^3 所满足的方程一定是二次方程. 另外,u 所满足的六次方程的系数是原三次方程的系数的有理函数. 从上述分析,拉格朗日提出了 n 次一般方程 $f(x)=0$ 的预解式的概念,即量

$$t=x_1+\zeta x_2+\cdots+\zeta^{n-1}x_n,\tag{21}$$

其中 $x_i(i=1,2,\cdots,n)$ 是 $f(x)$ 的根,ζ 是任一 n 次单位根. 如果能先求出预解式中的 t,就能求出 $f(x)$ 的全部根 $x_i(i=1,2,\cdots,n)$. 这对于二、三、四次一般方程是一个统一、有效的方法,但是对于五次及更高次一般方程则遇到了不可克服的困难.

受到拉格朗日的影响. 鲁菲尼(P. Ruffini)在 1813 年的论文中,大胆地着手证明,五次及更高次一般方程

$$x^n+t_1x^{n-1}+\cdots+t_{n-1}x+t_n=0\tag{22}$$

(其中 $t_1,t_2,\cdots,t_n$ 是 n 个无关不定元)是不能用根式解的. 鲁菲尼用了(但是没有证明)这样一条辅助定理(现在叫做阿贝尔定理):如果一个方程能用根式解出来,那么根的表达式就能写成这样一种形式,其中的根式是已知方程的根和某些单位根的有理系数的有理函数.

阿贝尔读了拉格朗日关于方程论的论文,首先他成功地证明了上述阿贝尔定理,然后阿贝尔用这个定理证明了高于四次的一般方程不可能用根式求解,论文在 1826 年发表. 由于阿贝尔不知道鲁菲尼的工作,因此阿贝尔的证明是迂回而又不必要的复杂.

4.3.3 伽罗瓦研究可用根式求解的方程的特性的思想

高于四次的一般方程能不能用根式求解,这个问题由阿贝尔解决了. 但是有一些特殊的高于四次的方程可用根式求解. 那么高于四次的什么样的方程可用根式求解呢? 伽罗瓦(E. Galois)在 1829~1831 年间完成的几篇论文中彻底解决了这个问题,给出了方程可用根式求

解的充分必要条件,并且由此推导出了阿贝尔-鲁菲尼定理.伽罗瓦是通过改进拉格朗日的思想去探讨可用根式求解的方程的特性的.伽罗瓦绕开构造给定多项式的拉格朗日预解式,因为这种构造需要很高的技巧并且没有明确的成套方法,但是他吸收了拉格朗日考虑多项式的根的置换的思想.为了弄清楚伽罗瓦的思想,考虑四次一般方程

$$x^4+px^2+q=0, \tag{23}$$

其中 p 和 q 是无关不定元.(23)是 x^2 的二次方程,解得

$$x^2=\frac{-p+\sqrt{p^2-4q}}{2} \quad \text{或} \quad x^2=\frac{-p-\sqrt{p^2-4q}}{2}. \tag{24}$$

从(24)式解得原四次方程的四个根如下:

$$\begin{aligned} x_1&=\sqrt{\frac{-p+\sqrt{p^2-4q}}{2}}, \quad x_2=-\sqrt{\frac{-p+\sqrt{p^2-4q}}{2}}, \\ x_3&=\sqrt{\frac{-p-\sqrt{p^2-4q}}{2}}, \quad x_4=-\sqrt{\frac{-p-\sqrt{p^2-4q}}{2}}. \end{aligned} \tag{25}$$

考虑有理数域上二元多项式环 $\mathbf{Q}[p,q]$ 的分式域 $\mathbf{Q}(p,q)$(注:$\mathbf{Q}(p,q)$ 的元素是分式 $\frac{f(p,q)}{g(p,q)}$,其中 $f(p,q),g(p,q)\in\mathbf{Q}[p,q]$,且 $g(p,q)$ 是非零多项式),记做 K,则上述四次方程的系数属于域 K.称 K 是这个方程的系数域.从(25)式看出,原四次方程的根之间在 K 中有如下关系:

$$x_1+x_2=0, \quad x_3+x_4=0. \tag{26}$$

原四次方程的四个根 x_1,x_2,x_3,x_4 组成的集合可以简记做 $\Omega=\{1,2,3,4\}$.在 24 个 4 元置换中,下述八个置换使得四个根在 K 中的上述两个关系式(即(26)式)保持成立:

$$(1),\quad (12),\quad (34),\quad (12)(34),\quad (13)(24),\quad (14)(23),\quad (1423),\quad (1324). \tag{27}$$

容易验证,其余 16 个 4 元置换都不可能保持四个根之间在 K 中的上述两个关系式(26)式成立,从而上述八个置换是 24 个置换中使方程的根之间在 K 中的全部关系都不变的仅有的置换.可以验证,上述八个置换组成的集合对于置换的乘法和求逆运算封闭,因此它是 S_4 的一个子群,称它是原四次方程关于域 K 的群,记做 G.由此伽罗瓦提出了 **n 次方程** $f(x)=0$(不管是一般的或特殊的)**关于一个域 F 的群**的概念,它由方程的根的这样一些置换组成,这些置换使得方程 $f(x)=0$ 的根之间具有域 F 中的元素为系数的全部关系不变.伽罗瓦创造性地利用方程关于域的群来研究可用根式求解的方程的特性.例如,对于上述四次方程的根,现在考虑 $x_1^2-x_3^2$,它等于 $\sqrt{p^2-4q}$,记做 d.添加这个根式到 K 中,形成一个域 $K_1=K(d)$,于是 $x_1^2-x_3^2=d$ 是上述四次方程的根在 K_1 中的一个关系.由于 $x_1+x_2=0,x_3+x_4=0$,因此 $x_1^2=x_2^2,x_3^2=x_4^2$.于是(27)式中的前四个置换使 K_1 中的关系 $x_1^2-x_3^2=d$ 保持成立,但是后四个置换不行.容易验证,这前四个置换组成的集合成为 G 的子群,记做 H_1.如果这前四个置换使根之间的每个在 K_1 中正确的关系保持不变,那么 H_1 就是上述四次方程关于域

K_1 的群. 现在我们添加 $d_1=\sqrt{\frac{-p-d}{2}}$ 到 K_1 中,形成域 $K_2=K_1(d_1)$,则 $x_3-x_4=2d_1$ 是根之间在 K_2 中的一个关系. 这个关系仅在(27)式中头两个置换下保持不变,这头两个置换组成的集合成为 H_1 的子群,记做 H_2. 如果根之间的每个在 K_2 中的关系在这两个置换下都保持不变,那么 H_2 就是上述四次方程关于域 K_2 的群. 最后我们添加 $d_2=\sqrt{\frac{-p+d}{2}}$ 到 K_2 中,形成域 $K_3=K_2(d_2)$. 在 K_3 中有关系 $x_1-x_2=2d_2$. 使方程的根之间在 K_3 中的全部关系保持不变的只有恒等置换(1). 因而上述四次方程在域 K_3 中的群 H_3 是单位子群{(1)}. 域 K_3 是由原四次方程(23)的系数域 K 依次添加 d,d_1,d_2 得到的:

$$K_1=K(d),\quad K_2=K_1(d_1),\quad K_3=K_2(d_2),\tag{28}$$

其中

$$d=\sqrt{p^2-4q},\ d^2\in K;\quad d_1=\sqrt{\frac{-p-d}{2}},\ d_1^2\in K_1;\quad d_2=\sqrt{\frac{-p+d}{2}},\ d_2^2\in K_2.\tag{29}$$

由于

$$\begin{aligned}x_1&=\sqrt{\frac{-p+d}{2}}=d_2,\quad x_2=-\sqrt{\frac{-p+d}{2}}=-d_2,\\x_3&=\sqrt{\frac{-p-d}{2}}=d_1,\quad x_4=-\sqrt{\frac{-p-d}{2}}=-d_1,\end{aligned}\tag{30}$$

因此 $x_1,x_2,x_3,x_4\in K_3$. 由于从域 K 到域 K_3,每次添加的元素其平方属于前面一个域,因此 x_1,x_2,x_3,x_4 属于域 K_3 就表明:原四次方程的根能够通过对原方程的系数作加、减、乘、除和开平方运算得到,这正好表明原四次方程可用根式求解. 相应地,原四次方程关于域 K, K_1,K_2,K_3 的群分别是 G,H_1,H_2,H_3,其中最后一个子群 H_3 是单位子群. H_3 是方程关于域 K_3 的群,而域 K_3 包含了原四次方程的全部根 x_1,x_2,x_3,x_4,这使得原四次方程可用根式求解. 由此发现,当原四次方程关于它的系数域 K 的一个扩域 K_3 的群是单位子群时,该方程便可用根式求解. 于是通过解剖上述四次方程(23)这个"麻雀",猜测能够通过对方程关于域的群的性质的研究来建立方程可用根式求解的判定准则. 为此,首先从上述讨论中引出一些基本概念;其次要探讨包含方程的全部根的最小的域 E 的子域与方程关于系数域 F 的群 G 的子群之间的关系.

在上述四次方程的例子中,域 K_3 包含了四次方程的全部根 x_1,x_2,x_3,x_4,从而域 K 上的多项式 x^4+px^2+q 在 $K_3[x]$中能完全分解成一次因式的乘积:

$$x^4+px^2+q=(x-x_1)(x-x_2)(x-x_3)(x-x_4).\tag{31}$$

由于 $K_3=K_2(d_2)$,$K_2=K_1(d_1)$,$K_1=K(d)$,因此 $K_3=K(d,d_1,d_2)$. 由于 $d_2=x_1$,$d_1=x_3$,$d=2x_1^2+p$,因此 $K_3=K(x_1,x_2,x_3,x_4)$. 即 K_3 就是多项式 x^4+px^2+q 的分裂域(根据附录

2 中 §2.2 定义 3). 我们有

$$K \subseteq K_1 \subseteq K_2 \subseteq K_3, \tag{32}$$

其中 $K_1=K(d), d^2\in K; K_2=K_1(d_1), d_1^2\in K_1; K_3=K_2(d_2), d_2^2\in K_2$. 这使得 $x^4+px^2+q=0$ 可用根式求解. 由此抽象出下述概念:

定义 1　设 $f(x)$ 是域 F 上首项系数为 1 的正次数多项式, 且 $f(x)$ 的分裂域为 E. 如果存在 F 的一个扩域 L 包含 E, 并且域扩张 L/F 拥有子域的升链:

$$F=F_1\subseteq F_2\subseteq \cdots \subseteq F_{r+1}=L, \tag{33}$$

其中 $F_{i+1}=F_i(d_i), d_i^{n_i}=a_i\in F_i (i=1,2,\cdots,r)$, 那么方程 $f(x)=0$ 称为是**在域 F 上根式可解的**, (33) 式称为域 F 对于域 L 的一个**根式升链**.

若 $f(x)=0$ 按照定义 1 是根式可解的, 则容易说明 L 的任一元素 (从而 $f(x)$ 的任一根) 可以从 F 的元素出发, 经过有限次的加、减、乘、除和开方 (开 n_i 次方, $i=1,2,\cdots,r$) 运算得到, 即 $f(x)=0$ 可用根式求解. 反之, 若 $f(x)=0$ 可用根式求解, 则域 F 对于 $f(x)$ 的分裂域 E 有一个根式升链 (像上述四次方程的例子那样), 从而 $f(x)=0$ 按照定义 1 是根式可解的. 于是通常所说的域 F 上的方程 $f(x)=0$ 可用根式求解与定义 1 中所说的方程 $f(x)=0$ 在域 F 上根式可解是一致的. 采用定义 1 便于我们探讨方程根式可解的判定准则.

伽罗瓦创造性地提出了方程关于一个域的群的概念, 利用方程关于域的群来研究可用根式求解的方程的特性. 在上述四次方程的例子中, 方程关于它的系数域 K 的群 G 中, 每个置换保持方程的根之间具有域 K 的元素为系数的全部关系不变. 从而 G 中每个置换保持域 K 的任一元素不变. 由于 K_3 是多项式 x^4+px^2+q 的分裂域, 即 K_3 是包含方程的全部根 x_1,x_2,x_3,x_4 的最小的域, 因此 G 中每个置换 σ 引起了域 K_3 到自身的一个双射, 仍记做 σ, 并且 σ 保持域 K 的加法和乘法运算. 于是 σ 是域 K_3 的一个自同构, 且 σ 保持 K 中元素不变, 这样的自同构称为 K_3 的 K-自同构. 反之, 任给域 K_3 的一个 K-自同构 τ, 由于 x_1,x_2,x_3,x_4 两两不等, 因此 τ 诱导了 x_1,x_2,x_3,x_4 的一个置换, 仍记做 τ. 显然 τ 保持 x_1,x_2,x_3,x_4 之间具有域 K 的元素为系数的全部关系不变, 因此 $\tau\in G$. 域 K_3 的所有 K-自同构组成的集合对于映射的乘法成为一个群, 这个群称为 K_3 在 K 上的伽罗瓦群, 记做 $\mathrm{Gal}(K_3/K)$. 由上述分析得出, 可以把四次方程关于域 K 的群 G 与 $\mathrm{Gal}(K_3/K)$ 等同. 由此受到启发, 引出下述概念:

定义 2　设 L 是域 F 的一个扩域, 域 L 的一个自同构 σ 如果保持 F 中每个元素不变, 即 $\sigma(a)=a, \forall a\in F$, 那么称 σ 是域 L 的一个 **F-自同构**. 域 L 的所有 F-自同构组成的集合对于映射的乘法成为一个群, 称它为 L 在 F 上的**伽罗瓦群**, 记做 $\mathrm{Gal}(L/F)$.

与前面一段对于四次方程关于系数域 K 的群 G 的分析一样, 可得出: 设 $f(x)$ 是域 F 上的正次数多项式, $f(x)$ 的分裂域为 E, 若 $f(x)$ 的全部根两两不等, 则可以把方程 $f(x)=0$ 关于系数域 F 的群 G 与 $f(x)$ 的分裂域 E 在 F 上的伽罗瓦群 $\mathrm{Gal}(E/F)$ 等同. 因此可以把 $\mathrm{Gal}(E/F)$ 称为**方程 $f(x)=0$ 在 F 上的伽罗瓦群**.

在上述四次方程的例子中，由于 G 的子群 H_1 中每个置换使方程的根之间的每个在域 K_1 中正确的关系保持不变，因此可以把子群 H_1（它是方程关于域 K_1 的群）与 K_3 在 K_1 上的伽罗瓦群 $\mathrm{Gal}(K_3/K_1)$ 等同. 同理，可以把子群 H_2（它是方程关于域 K_2 的群）与 K_3 在 K_2 上的伽罗瓦群 $\mathrm{Gal}(K_3/K_2)$ 等同；可以把子群 H_3（它是方程关于域 K_3 的群）与 K_3 在 K_3 上的伽罗瓦群 $\mathrm{Gal}(K_3/K_3)$ 等同.

把域 F 上的方程 $f(x)=0$ 关于域 K 的群看成 $f(x)$ 的分裂域 E 在 K 上的伽罗瓦群 $\mathrm{Gal}(E/K)$，这使得可以利用 $f(x)$ 的分裂域 E 的 K-自同构来研究可用根式求解方程 $f(x)=0$ 的特性.

定义 3 设 G 是域 L 的所有自同构形成的群的一个子群，令

$$\mathrm{Inv}G = \{t \in L \mid \sigma(t) = t, \forall \sigma \in G\}, \tag{34}$$

则 $\mathrm{Inv}G$ 是域 L 的一个子域，称它是群 G 的**不动域**.

在上述四次方程的例子中，方程关于它的系数域 K 的群 G（即 $\mathrm{Gal}(K_3/K)$）的不动域是 K；G 的子群 H_1（即 $\mathrm{Gal}(K_3/K_1)$）的不动域是 K_1；子群 H_2（即 $\mathrm{Gal}(K_3/K_2)$）的不动域是 K_2；子群 H_3（即 $\mathrm{Gal}(K_3/K_3)$）的不动域是 K_3. 由这些例子引出一个概念：

定义 4 如果域扩张 E/F 的伽罗瓦群 $\mathrm{Gal}(E/F)$ 的不动域等于 F，那么称 E/F 是一个**伽罗瓦扩张**.

在上述四次方程的例子中，从方程的系数域 K 出发的每一次扩张：$K_1/K, K_2/K_1, K_3/K_2$ 都是伽罗瓦扩张，相应地，方程关于域 K, K_1, K_2, K_3 的群分别为 G, H_1, H_2, H_3，它们形成群 G 的一个递降的子群列：

$$G > H_1 > H_2 > H_3, \tag{35}$$

其中，$G=\{(1),(12),(34),(12)(34),(13)(24),(14)(23),(1423),(1324)\}$,

$$H_1 = \{(1),(12),(34),(12)(34)\}, \quad H_2 = \{(1),(12)\}, \quad H_3 = \{(1)\}.$$

由于 $(12)(1423)=(14)(23)$，$(1423)(12)=(13)(24)$，因此 G 是非交换群. G 是 8 阶群，H_1 是 4 阶群. 由于 $[G:H_1]=2$，因此 $H_1 \lhd G$. 由于 $|G/H_1|=2$，因此 G/H_1 是交换群. 由于 $[H_1:H_2]=2$，因此 $H_2 \lhd H_1$，且 H_1/H_2 是交换群. 由于 $[H_2:H_3]=2$，因此 $H_3 \lhd H_2$，且 H_2/H_3 是交换群. 从(35)式据附录 1 §1.2 中定理 6 得，G 是可解群（见附录 1 §1.2 中定义 5）. 于是发现：上述四次方程可根式求解与方程关于系数域 K 的群 G（即方程的伽罗瓦群）是可解群有着内在的联系. 为了深入挖掘这个内在联系，我们来仔细分析方程的系数域 K 对于分裂域 K_3 有一个根式升链：

$$K \subseteq K_1 \subseteq K_2 \subseteq K_3. \tag{36}$$

方程的伽罗瓦群 G 有一个递降的子群列：

$$G > H_1 > H_2 > H_3. \tag{37}$$

G 是分裂域 K_3 在 K 上的伽罗瓦群 $\mathrm{Gal}(K_3/K)$，H_1 是 K_3 在 K_1 上的伽罗瓦群 $\mathrm{Gal}(K_3/K_1)$，H_2 是 K_3 在 K_2 上的伽罗瓦群 $\mathrm{Gal}(K_3/K_2)$，H_3 是 K_3 在 K_3 上的伽罗瓦群 $\mathrm{Gal}(K_3/K_3)$，K

是群 G 的不动域,K_1 是子群 H_1 的不动域,K_2 是子群 H_2 的不动域,K_3 是子群 H_3 的不动域.由此伽罗瓦创立了崭新的理论,被人们称之为伽罗瓦理论,其基本定理如下所述.

4.3.4 伽罗瓦理论的基本定理

定理 1(伽罗瓦理论的基本定理) 设 E/F 为一个有限伽罗瓦扩张(有限扩张的定义见附录 2 中§2.2 的定理 1 的上面一段),$G=\mathrm{Gal}(E/F)$,则

(1) 在 G 的子群集$\{H\}$和 E/F 的中间域(即 E 的包含 F 的子域)集$\{K\}$之间存在一个一一对应:让每个子群 H 对应于它的不动域:

$$H \longmapsto \mathrm{Inv}(H); \tag{38}$$

让每个中间域 K 对应于 E 在 K 上的伽罗瓦群:

$$K \longmapsto \mathrm{Gal}(E/K), \tag{39}$$

于是它们互为逆映射,即

$$\mathrm{Gal}(E/\mathrm{Inv}(H)) = H, \tag{40}$$

$$\mathrm{Inv}(\mathrm{Gal}(E/K)) = K. \tag{41}$$

(2) 上述一一对应是反包含的,即

$$H_1 \supseteq H_2 \Longleftrightarrow \mathrm{Inv}(H_1) \subseteq \mathrm{Inv}(H_2). \tag{42}$$

(3) 有数量关系:

$$|H| = [E:\mathrm{Inv}(H)], \quad [G:H] = [\mathrm{Inv}(H):F]. \tag{43}$$

(4) 若 G 的子群 H 对应于 E/F 的中间域 K,则 H 的共轭子群 $\sigma H\sigma^{-1}$ 对应于 $\sigma(K)$,$\sigma\in G$.

(5) H 是 G 的正规子群当且仅当 $\mathrm{Inv}(H)$在 F 上是正规扩张,此时

$$\mathrm{Gal}(\mathrm{Inv}(H)/F) \cong G/H. \tag{44}$$

注 (1)中的一一对应称为**伽罗瓦对应**.

证明 (1) 任取 G 的一个子群 H,则 $F\subseteq\mathrm{Inv}(H)$.从而 $\mathrm{Inv}(H)$是 E/F 的中间域.因此 $H\longmapsto\mathrm{Inv}(H)$是 G 的子群集到 E/F 的中间域集的一个映射.由于 H 是域 E 的一个有限自同构群,因此据附录 2§2.2 中命题 5 得,$E/\mathrm{Inv}(H)$是有限伽罗瓦扩张,且

$$H = \mathrm{Gal}(E/\mathrm{Inv}(H)).$$

任取 E/F 的一个中间域 K,由于 E/F 为一个有限伽罗瓦扩张,$G=\mathrm{Gal}(E/F)$,因此据附录 2§2.2 中命题 6 得,E/K 是有限伽罗瓦扩张,且 $\mathrm{Gal}(E/K)$是 G 的一个子群 H,从而 H 的不动域是 K.因此 $K\longmapsto\mathrm{Gal}(E/K)$是 E/F 的中间域集到 G 的子群集的一个映射,且

$$\mathrm{Inv}(\mathrm{Gal}(E/K)) = \mathrm{Inv}(H) = K.$$

综上所述,$H\longmapsto\mathrm{Inv}(H)$和 $K\longmapsto\mathrm{Gal}(E/K)$互为逆映射.

(2) 上述一一对应显然是反包含的.

(3) 由(1)的证明知道,$E/\mathrm{Inv}(H)$是有限伽罗瓦扩张,并且 $H=\mathrm{Gal}(E/\mathrm{Inv}(H))$.据附

录 2§2.2 推论 2 得，

$$|H|=|\mathrm{Gal}(E/\mathrm{Inv}(H))|=[E:\mathrm{Inv}(H)].$$

由于 E/F 是有限伽罗瓦扩张，$G=\mathrm{Gal}(E/F)$，因此仍据附录 2§2.2 中推论 2 得，$|G|=|\mathrm{Gal}(E/F)|=[E:F]$. 又由于 $[E:F]=[E:\mathrm{Inv}(H)][\mathrm{Inv}(H):F]$，因此 $|G|=|H|[\mathrm{Inv}(H):F]$. 由此得出 $[\mathrm{Inv}(H):F]=[G:H]$.

(4) 设 H 是 G 的子群，$\mathrm{Inv}(H)=K$. 据(1)得，$H=\mathrm{Gal}(E/K)$. 要证：任给 $\sigma\in G$，有 $\sigma H\sigma^{-1}$ 的不动域等于 $\sigma(K)$. 设 $\sigma(K)$ 对应于 G 的子群 H'，则据(1)得，$H'=\mathrm{Gal}(E/\sigma(K))$，且 H' 的不动域是 $\sigma(K)$. 若能证 $H'=\sigma H\sigma^{-1}$，则 $\sigma H\sigma^{-1}$ 的不动域为 $\sigma(K)$，从而 $\sigma H\sigma^{-1}$ 对应于 $\sigma(K)$. 任取 $\tau\in H$，对于任意 $b'\in\sigma(K)$，则 b' 是 K 中某个元素 b 在 σ 下的像，即 $\sigma(b)=b'$. 于是

$$(\sigma\tau\sigma^{-1})(b')=(\sigma\tau\sigma^{-1})(\sigma(b))=(\sigma\tau)(b)=\sigma(b)=b'.$$

因此 $\sigma(K)$ 中所有元素在 $\sigma\tau\sigma^{-1}$ 下不动. 于是 $\sigma\tau\sigma^{-1}\in\mathrm{Gal}(E/\sigma(K))$，即 $\sigma\tau\sigma^{-1}\in H'$. 因此 $\sigma H\sigma^{-1}\subseteq H'$. 反之，把 $\sigma(K)$ 记成 L，则 $K=\sigma^{-1}(L)$. 对 $K=\sigma^{-1}(L)$ 用刚刚证得的结论得，任取 $\tau'\in H'$，有 $\sigma^{-1}\tau'(\sigma^{-1})^{-1}\in\mathrm{Gal}(E/K)=H$. 从而 $\sigma^{-1}H'\sigma\subseteq H$. 于是 $H'\subseteq\sigma H\sigma^{-1}$. 因此 $H'=\sigma H\sigma^{-1}$. 由此得出，$\sigma H\sigma^{-1}$ 对应于 $\sigma(K)$.

(5) 设 H 是 G 的正规子群，则 $\forall\sigma\in G$ 有 $\sigma H\sigma^{-1}=H$. 设 H 对应于 K，即 $K=\mathrm{Inv}(H)$，则据(4)得，$\sigma(K)=K$. 因此每个 $\sigma\in G$ 限制到 K 上产生 K 的一个 F-自同构 $\tilde{\sigma}$，于是 $\tilde{\sigma}\in\mathrm{Gal}(K/F)$. 显然有 $\tilde{\sigma}\tilde{\tau}=\widetilde{\sigma\tau}$，因此映射 $\psi:\sigma\longmapsto\tilde{\sigma}$ 是群 G 到 $\mathrm{Gal}(K/F)$ 的一个同态. σ 属于同态 ψ 的核当且仅当 $\tilde{\sigma}$ 是 K 上的恒等变换，于是 σ 属于同态 ψ 的核当且仅当 σ 是 E 的 K-自同构，从而 $\sigma\in\mathrm{Gal}(E/K)$. 据附录 2§2.2 中命题 6 得，$\sigma\in H$. 因此同态 ψ 的核等于 H. 据群同态基本定理得，$G/H\cong\mathrm{Im}\psi$. 由于 E/F 是伽罗瓦扩张，因此 G 的不动域为 F. 从而 $\mathrm{Im}\psi$ 的不动域为 F（因为 $\forall k\in K$ 有 $\tilde{\sigma}(k)=\sigma(k)$）. 由于域 K 有一个有限自同构群 $\mathrm{Im}\psi$，且 $\mathrm{Im}\psi$ 的不动域为 F，因此根据附录 2 中§2.2 的命题 5 得，K/F 是有限伽罗瓦扩张，且 $\mathrm{Im}\psi=\mathrm{Gal}(K/F)$. 因此 $G/H\cong\mathrm{Gal}(K/F)$. 据附录 2§2.2 中定理 6 得，$K/F$ 是正规扩张（正规扩张的定义见附录 2 中§2.2 的定义 5）.

反之，设 H 是 G 的一个子群，$\mathrm{Inv}(H)=K$，且 K 在 F 上是正规扩张. 任取 $\alpha\in K$，设 $p(x)$ 是 α 在 F 上的极小多项式，则根据附录 2 中§2.2 的定义 5 得，在 $K[x]$ 中有 $p(x)=(x-\alpha_1)(x-\alpha_2)\cdots(x-\alpha_m)$，其中 $\alpha_1=\alpha$. 任给 $\sigma\in G$，直接计算得，$p(\sigma(\alpha))=0$，从而 $\sigma(\alpha)=\alpha_i$，对于某个 $i\in\{1,2,\cdots,m\}$. 于是 $\sigma(\alpha)\in K$，因此 $\sigma(K)\subseteq K$. 据(4)，$\sigma(K)$ 是 $\sigma H\sigma^{-1}$ 的不动域. 再据(2)得，$\sigma H\sigma^{-1}\supseteq H$. 从而 H 是 G 的正规子群. □

伽罗瓦理论的基本定理对于有限伽罗瓦扩张 E/F，在它的伽罗瓦群 $G=\mathrm{Gal}(E/F)$ 的子群集与它的中间域集之间建立了一一对应，且这个对应具有上述性质(2)～(5). 这是数学发展史上的一个创新.

4.3.5 方程根式可解的判别准则

伽罗瓦利用他的基本定理提出并且证明了方程根式可解的判别准则:

方程根式可解的判别准则 特征为0的域 F 上的方程 $f(x)=0$ 根式可解的充分必要条件是它在 F 上的伽罗瓦群是可解群.

现在来开始证明方程根式可解的判别准则. 从定义1知道,每一次域扩张 F_{i+1}/F_i 都是 $F_{i+1}=F_i(d_i)$,其中 $d_i^{n_i}=a_i\in F_i$. 也就是 d_i 是方程 $x^{n_i}-a_i=0$ 在 E 中的根,这里 E 是原方程 $f(x)=0$ 的左端多项式 $f(x)$ 在 F 上的分裂域. 只要求出了方程 $x^{n_i}-a_i=0$ 在 E 中的一个根 r_i,则这个方程的全部根为 $r_i\xi_1, r_i\xi_2, \cdots, r_i\xi_{n_i}$,其中 $\xi_1, \xi_2, \cdots, \xi_{n_i}$ 是方程 $x^{n_i}-1=0$ 在 E 中的全部根,因此我们首先来研究多项式 $x^{n_i}-1$ 在 F 上的分裂域.

定义5 域 F 上的多项式 x^n-1 在 F 上的分裂域称为 F 上的 n 阶**分圆域**.

引理1 特征为0的域 F 上的 n 阶分圆域在 F 上的伽罗瓦群是交换群.

证明 由于 $(x^n-1)'=nx^{n-1}$,且域 F 的特征为0,因此在 $F[x]$ 中 $(nx^{n-1}, x^n-1)=1$. 由于互素性不随域的扩大而改变,因此在 x^n-1 的分裂域 E 上的一元多项式环 $E[x]$ 中,x^n-1 与 $(x^n-1)'$ 互素. 从而 x^n-1 在 $E[x]$ 中没有重因式. 于是 x^n-1 在 E 中有 n 个不同的根 $r_1, r_2, \cdots, r_n$. 易验证它们组成分圆域 E 的乘法群的一个子群 U. 由于域的乘法群的有限子群必为循环群(证明可参看第一章§1.7的定理4的证法),因此 U 是循环群. 记 $G=\mathrm{Gal}(E/F)$,用 $\mathrm{Aut}U$ 表示 U 的自同构群. 令

$$\sigma: G \longrightarrow \mathrm{Aut}U$$
$$\eta \longmapsto \eta|U,$$

其中 $\eta|U$ 表示 η 在 U 上的限制. 由于 η 是域 E 的自同构,因此 $\eta|U$ 是群 U 的一个自同构,从而 σ 是 G 到 $\mathrm{Aut}U$ 的一个映射. 由于 E 是 x^n-1 在 F 上的分裂域,因此 $E=F(r_1, r_2, \cdots, r_n)$. 从而 σ 是单射. 显然 σ 保持乘法运算,因此 σ 是群 G 到 $\mathrm{Aut}U$ 的单同态. 从而群 G 同构于 $\mathrm{Aut}U$ 的一个子群. 由于 U 是 n 阶循环群,因此不难证明 $\mathrm{Aut}U$ 同构于 $\mathbf{Z}/(n)$ 的可逆元组成的乘法群 $(\mathbf{Z}/(n))^*$. 从而 $\mathrm{Aut}U$ 是交换群,因此 G 是交换群. □

交换群也称为阿贝尔群. 如果一个伽罗瓦扩张 E/F 的伽罗瓦群 $\mathrm{Gal}(E/F)$ 是阿贝尔群(或循环群),那么称 E/F 是一个**阿贝尔扩张**(或**循环扩张**).

引理2 如果域 F 含有 n 个不同的 n 次单位根,那么 $x^n-a\in F[x]$ 在 F 上的伽罗瓦群是循环群,其阶为 n 的因子.

证明 设 E 是 x^n-a 在 F 上的分裂域. 设 U 是 n 次单位根组成的集合,则 $U\subseteq F$. 设 ξ 是 x^n-a 在 E 中的一个根,则对于 $r\in U$,有 $r\xi$ 是 x^n-a 在 E 中的根,从而 x^n-a 在 E 中的 n 个根形如 $r\xi, r\in U$. 于是 $E=F(\xi)$. 设 $\sigma, \tau\in G=\mathrm{Gal}(E/F)$,则 $\sigma(\xi)=r\xi$, $\tau(\xi)=r'\xi$,其中 $r, r'\in U$. 于是 $(\sigma\tau)(\xi)=r'r\xi$. 令

$$\psi: G \longrightarrow U$$

$$\sigma \longmapsto r,$$

其中 r 满足 $\sigma(\xi)=r\xi$. 由于 $(\sigma\tau)(\xi)=rr'\xi$,因此 $\psi(\sigma\tau)=rr'=\psi(\sigma)\psi(\tau)$. 于是 ψ 是 G 到 U 的一个群同态. 显然 ψ 是单射,因此 ψ 是群 G 到 U 的一个单同态. 从而 G 同构于 U 的一个子群. 由于 U 是 n 阶循环群,因此 G 是循环群,其阶是 n 的因子. □

下面证明引理 2 在特殊情形下的逆命题.

引理 3 设 p 是素数,域 F 含有 p 个不同的 p 次单位根. 如果 E/F 是 p 次循环扩张,那么 $E=F(d)$,其中 $d^p\in F$.

证明 设 $c\in E$ 且 $c\notin F$. 由于 $[E:F]=p$,且 p 是素数,因此 $E=F(c)$. 设 $U=\{r_1,r_2,\cdots,r_p\}$ 是 p 次单位根组成的集合. 由于 E/F 是 p 次循环扩张,因此 $\mathrm{Gal}(E/F)$ 是 p 阶循环群. 设 η 是 $G=\mathrm{Gal}(E/F)$ 的一个生成元,令 $c_i=\eta^{i-1}(c)(1\leqslant i\leqslant p)$,则 $c_1=c$ 且 $\eta(c_i)=c_{i+1}$(当 $1\leqslant i<p$),$\eta(c_p)=c_1$. 引进拉格朗日的预解式:

$$(r_i,c) := c_1+r_ic_2+\cdots+r_i^{p-1}c_p \quad (i=1,2,\cdots,p), \tag{45}$$

则

$$\eta(r_i,c)=c_2+c_3r_i+\cdots+c_1r_i^{p-1}=r_i^{-1}(r_i,c) \quad (i=1,2,\cdots,p). \tag{46}$$

因此

$$\eta[(r_i,c)^p]=[\eta(r_i,c)]^p=[r_i^{-1}(r_i,c)]^p=(r_i,c)^p. \tag{47}$$

这表明 $(r_i,c)^p\in F(i=1,2,\cdots,r)$. 由于

$$\begin{cases} c_1+r_1c_2+\cdots+r_1^{p-1}c_p=(r_1,c), \\ c_1+r_2c_2+\cdots+r_2^{p-1}c_p=(r_2,c), \\ \cdots\cdots\cdots\cdots\cdots\cdots\cdots\cdots\cdots\cdots \\ c_1+r_pc_2+\cdots+r_p^{p-1}c_p=(r_p,c), \end{cases} \tag{48}$$

且其系数行列式为 $r_1,r_2,\cdots,r_p$ 组成的 p 阶范德蒙行列式,因此,据克莱姆法则得出,$c_1,c_2,\cdots,c_p$ 可以唯一地表示成 $(r_1,c),(r_2,c),\cdots,(r_p,c)$ 的 F-线性组合. 记 $d_i=(r_i,c)$,由于 $E=F(c)$,且 $c=c_1$ 可以表示成 $d_1,d_2,\cdots,d_p$ 的 F-线性组合,因此 $E=F(d_1,d_2,\cdots,d_p)$. 于是有某个 $d_j\notin F$. 令 $d=d_j$,则 $E=F(d)$,且 $d^p\in F$. □

下面的引理 4 指出,域 F 上方程 $f(x)=0$ 在 F 上的伽罗瓦群与当域 F 扩张成 K 后,$f(x)=0$ 在 K 上的伽罗瓦群之间有什么联系.

引理 4 设 $f(x)\in F[x]$,K 是 F 的一个扩域,又设 L 是 $f(x)$ 在 K 上的分裂域,E 是 $f(x)$ 在 F 上的分裂域,则 L 在 K 上的伽罗瓦群同构于 E 在 F 上的伽罗瓦群的一个子群.

证明 由于 L 是 $f(x)$ 在 K 上的分裂域,因此 $L=K(r_1,r_2,\cdots,r_n)$,其中 $r_1,r_2,\cdots,r_n$ 是 $f(x)$ 在 L 中的全部根,于是在 $L[x]$ 中,$f(x)=(x-r_1)(x-r_2)\cdots(x-r_n)$. 由于 E 是 $f(x)$ 在 F 上的分裂域,因此 $f(x)$ 在 $E[x]$ 中能完全分解成一次因式的乘积. 在一个包含 L 和 E 的域中,据 $f(x)$ 的因式分解的唯一性得,$f(x)$ 在 $E[x]$ 中的分解式也为

$$f(x)=(x-r_1)(x-r_2)\cdots(x-r_n).$$

从而 $E=F(r_1,r_2,\cdots,r_n)$. 由于 $K\supseteq F$，因此 $L\supseteq E$. 设 $\Omega=\{r_1,r_2,\cdots,r_n\}$. 任取 $\eta\in\mathrm{Gal}(L/K)$，则 $\eta(r_i)\in\Omega$，$i=1,2,\cdots,n$. 因此 η 把 Ω 映成自身. 从而 $\eta|E$ 是域 E 的 F-自同构. 因此 $\eta|E\in\mathrm{Gal}(E|F)$. 由于 η 是被它在 Ω 上的作用所决定，因此 $\eta\longmapsto\eta|E$ 是 $\mathrm{Gal}(L/K)$ 到 $\mathrm{Gal}(E/F)$ 的一个单射，且显然保持运算，从而是单同态. 因此 $\mathrm{Gal}(L/K)$ 同构于 $\mathrm{Gal}(E/F)$ 的一个子群. □

现在我们来证明方程根式可解的判别准则的充分性.

定理 2 若特征为 0 的域 F 上的方程 $f(x)=0$ 在 F 上的伽罗瓦群 G 是可解群，则 $f(x)=0$ 根式可解.

证明 设多项式 $f(x)$ 在 F 上的分裂域为 E，则 $G=\mathrm{Gal}(E/F)$. 不妨设 $f(x)$ 在 E 中没有重根，从而 $f(x)$ 是可分多项式(可分多项式的定义见附录 2 §2.2 的定义 6). 于是据附录 2 §2.2 中定理 6 得，E/F 是有限伽罗瓦扩张. 据附录 2 §2.2 的命题 4 得，$[E:F]=|G|$. 设 $[E:F]=n$. 为了证明 $f(x)=0$ 根式可解，根据定义 1，我们要找 E 的一个扩域 L，使得域 F 对于域 L 有一个根式升链(33)式. 记 $F_1=F$. 从引理 1 的证明中看出，由于域 F 的特征为 0，因此 x^n-1 在它的分裂域中有 n 个不同的根，它们组成的集合 U 是一个循环群. U 的一个生成元称为一个本原 n 次单位根，取一个本原 n 次单位根 ξ. 令 $F_2=F_1(\xi)$，$L=E(\xi)$. 由于 E 是 $f(x)$ 在 F 上的分裂域，因此 $E=F(\alpha_1,\alpha_2,\cdots,\alpha_m)$，其中 $\alpha_1,\alpha_2,\cdots,\alpha_m$ 是 $f(x)$ 在 E 中的全部根. 从而 $L=E(\xi)=F(\alpha_1,\alpha_2,\cdots,\alpha_m)(\xi)=F(\xi)(\alpha_1,\alpha_2,\cdots,\alpha_m)=F_2(\alpha_1,\alpha_2,\cdots,\alpha_m)$. 因此 L 是 $f(x)$ 在 F_2 上的分裂域. 据引理 4 得，$\mathrm{Gal}(L/F_2)$ 同构于 $\mathrm{Gal}(E/F)$ 的一个子群 $\widetilde{H}$. 由于 $G=\mathrm{Gal}(E/F)$ 是可解群，因此据附录 1 §1.2 中定理 7 得，G 的子群 $\widetilde{H}$ 也是可解群. 记 $H=\mathrm{Gal}(L/F_2)$，则 H 是可解群. 据附录 1 §1.2 中定理 10 得，H 有一个递降的子群列：

$$H=H_1\rhd H_2\rhd\cdots\rhd H_{r+1}=\{e\},\tag{49}$$

其中商群 H_i/H_{i+1} 是素数 p_i 阶循环群，$i=1,2,\cdots,r$. 由于 L 是可分多项式 $f(x)$ 在 F_2 上的分裂域，因此据附录 2 §2.2 中定理 6 得，L/F_2 是有限伽罗瓦扩张. 根据伽罗瓦理论的基本定理，从(49)式得，L/F_2 有子域的升链：

$$F_2\subseteq F_3\subseteq\cdots\subseteq F_{r+2}=L,\tag{50}$$

其中 $F_{i+1}=\mathrm{Inv}(H_i)$，从而 $H_i=\mathrm{Gal}(L/F_{i+1})$，$i=1,2,\cdots,r+1$. 于是据附录 2 §2.2 中命题 5 得，$L/F_{i+1}$ 是有限伽罗瓦扩张. $F_{i+2}=\mathrm{Inv}(H_{i+1})$ 是 L/F_{i+1} 的中间域. 由于 H_{i+1} 是 H_i 的正规子群，因此对 L/F_{i+1} 用伽罗瓦理论的基本定理得，F_{i+2} 在 F_{i+1} 上是正规扩张，且 $\mathrm{Gal}(F_{i+2}/F_{i+1})\cong H_i/H_{i+1}$. 于是 $\mathrm{Gal}(F_{i+2}/F_{i+1})$ 是素数 p_i 阶循环群. 从而 $[F_{i+2}:F_{i+1}]=p_i$. 由于 H_i 是 H 的子群，且 H 同构于 G 的子群 $\widetilde{H}$，因此 $|H_i|\,|\,|G|$. 又由于 $p_i\,|\,|H_i|$，因此 $p_i|n$. 由于 $F_{i+1}\supseteq F_2=F_1(\xi)$，因此 F_{i+1} 含有本原 n 次单位根 ξ. 从而 F_{i+1} 含有 n 个 n 次单位根. 由于 p_i 次单位根必为 n 次单位根，因此 F_{i+1} 含有 p_i 个 p_i 次单位根. 于是据引理 3 得，$F_{i+2}=F_{i+1}(d_{i+1})$，其中，$d_{i+1}^{p_i}\in F_{i+1}(i=1,2,\cdots,r)$. 因此 L/F 拥有子域的升链：

$$F = F_1 \subseteq F_2 \subseteq F_3 \subseteq \cdots \subseteq F_{r+2} = L, \tag{51}$$

其中 $F_2=F_1(\xi)$,$\xi^n=1\in F_1$;$F_{i+2}=F_{i+1}(d_{i+1})$,$d_{i+1}^{p_i}\in F_{i+1}$,$i=1,2,\cdots,r$. 又 L 包含 $f(x)$在 F 上的分裂域E,从而 $f(x)=0$ 是在 F 上根式可解的. □

现在开始来证明方程根式可解的判别准则的必要性. 设 $f(x)=0$ 在特征为 0 的域 F 上根式可解,则根据定义 1 得,存在 $f(x)$在 F 上的分裂域E 的一个扩域L,且 L 拥有子域的升链:

$$F = F_1 \subseteq F_1 \subseteq \cdots \subseteq F_{r+1} = L. \tag{52}$$

我们要证明 $f(x)=0$ 的伽罗瓦群 $\mathrm{Gal}(E/F)$是可解群. 为了利用伽罗瓦理论的基本定理,我们需要有 L 的一个扩域 K,使得 K/F 是有限扩张并且是正规的. 设有限扩张 K/F 是正规的,由于 K 的每个元素 α 在 F 上的极小多项式 $p(x)$是 F 上的不可约多项式,因此从 K/F 是正规的可推出 $p(x)$在 $K[x]$中能完全分解成一次因式的乘积. 由于域 F 的特征为 0,且 $p(x)$在 $F[x]$中没有重因式,因此 $p(x)$在 $K[x]$中也没有重因式. 从而 $p(x)$在 $K[x]$中分解成了不同的一次因式的乘积. 于是 $p(x)$在它的分裂域中没有重根,即 $p(x)$是可分多项式. 据附录 2§2.2 中定义 7 得,K/F 是可分的. 因此 K/F 是有限可分正规扩张. 据附录 2§2.2 中定理 6 得,K/F 是有限伽罗瓦扩张. 从而对 K/F 可以应用伽罗瓦理论的基本定理. 现在来找 L 的这样的扩域 K. 首先给 L 的这样的扩域一个名称.

定义 6 设 L/F 是一个有限扩张. 如果 L 有一个扩域 K 满足:

(1) K/F 是有限正规扩张;

(2) 若 K/F 的中间域 $\widetilde{K}$ $(F\subseteq\widetilde{K}\subseteq K)$包含 L 且 $\widetilde{K}/F$ 是正规扩张,则 $\widetilde{K}=K$,

那么 K/F 称为L/F 的一个**正规闭包**.

命题 1 设 L/F 是一个有限扩张,则存在 L 的一个扩域 K 使得 K/F 为 L/F 的一个正规闭包.

证明 由于 L/F 是有限扩张,因此 $L=F(\alpha_1,\alpha_2,\cdots,\alpha_r)$. 设 $f_i(x)$是 α_i 在 F 上的极小多项式. 令 $f(x)=\prod_{i=1}^{r} f_i(x)$. 设 $f(x)$在 L 上的分裂域为 K,则 $K=L(\alpha_1,\alpha_2,\cdots,\alpha_r,\alpha_{r+1},\cdots,\alpha_n)$,其中 $\alpha_1,\alpha_2,\cdots,\alpha_r,\alpha_{r+1},\cdots,\alpha_n$ 是 $f(x)$在 K 中的全部根. 由于 $L=F(\alpha_1,\alpha_2,\cdots,\alpha_r)$,因此

$$K = F(\alpha_1,\alpha_2,\cdots,\alpha_r)(\alpha_1,\alpha_2,\cdots,\alpha_r,\alpha_{r+1},\cdots,\alpha_n) = F(\alpha_1,\alpha_2,\cdots,\alpha_r,\alpha_{r+1},\cdots,\alpha_n).$$

这表明 K 也是 $f(x)$在 F 上的分裂域. 据附录 2§2.2 中命题 1′得,K/F 是正规扩张. 显然 K/F 是有限扩张,且 $K\supseteq L$.

若 K/F 的中间域$\widetilde{K}$ 包含L 且 $\widetilde{K}/F$ 是正规扩张,则 $\widetilde{K}$ 含有$\alpha_1,\alpha_2,\cdots,\alpha_r$. 由于$\alpha_i$ 在F 上的极小多项式为 $f_i(x)$,并且 $f(x)=\prod_{i=1}^{r} f_i(x)$,因此 $f(x)$在 K 中的全部根 $\alpha_1,\alpha_2,\cdots,\alpha_r$,$\alpha_{r+1},\cdots,\alpha_n$ 是 $f_i(x)(i=1,2,\cdots,r)$在 K 中的全部根. 由于 $\widetilde{K}/F$ 是正规扩张,因此 $f_i(x)$在 $\widetilde{K}[x]$中可完全分解成一次因式的乘积,从而 $\alpha_1,\alpha_2,\cdots,\alpha_r,\alpha_{r+1},\cdots,\alpha_n\in\widetilde{K}$. 于是 $\widetilde{K}$ 包含$f(x)$

在 F 上的分裂域 K. 由此得出,$\widetilde{K}=K$. 因此 K/F 是 L/F 的正规闭包. □

引理 5 设 L/F 有一个根式升链:

$$F=F_1\subseteq F_2\subseteq\cdots\subseteq F_{r+1}=L,\tag{53}$$

其中 $F_{i+1}=F_i(d_i)$,$d_i^{n_i}\in F_i(i=1,2,\cdots,r)$,并且设 L 是在 F 上由有限多个元素生成的,其中每个元素在 F 上的极小多项式是可分多项式,则 L/F 的正规闭包 K/F 有一个根式的升链,使得对于这条链的不同的整数 $n_i(i=1,2,\cdots,r)$ 与 L/F 的根式升链(53)中的 $n_i(i=1,2,\cdots,r)$ 相同.

证明 由于 L 是在 F 上由有限多个元素生成,其中每个元素在 F 上的极小多项式是可分多项式,因此据命题 1 得,存在 L 的一个扩域 K 使得 K/F 为 L/F 的一个正规闭包,且 K/F 是可分的. 据附录 2 § 2.2 中定理 6 得,K/F 是有限伽罗瓦扩张,从而 $\mathrm{Gal}(K/F)$ 的不动域是 F,记 $G=\mathrm{Gal}(K/F)$. 任给 $\eta\in G$,则 $\eta|L$ 是 L 到 $\eta(L)$ 的一个同构映射,且 $\eta|L$ 保持 F 的元素不动. $\eta(L)$ 称为 L/F 在 K 中的**共轭**. K 的子集 $S=\bigcup\limits_{\eta\in G}\eta(L)$ 在 F 上生成的子域记做 K'. G 映 K' 到它自身,于是 G 决定了 K' 的有限自同构群 G',且 G' 的不动域是 F. 从而据附录 2 § 2.2 中命题 5 得,K'/F 有限伽罗瓦扩张. 因此据附录 2 § 2.2 中定理 6 得,K'/F 是有限可分正规扩张,从而据定义 6 得 $K'=K$. 这证明了 L/F 的正规闭包 K/F 是由 S 在 F 上生成的.

任给 $\eta\in G$,从(53)式得

$$F=F_1\subseteq\eta(F_2)\subseteq\cdots\subseteq\eta(F_{r+1})=\eta(L),\tag{54}$$

其中 $\eta(F_{i+1})=\eta(F_i)(\eta(d_i))$,$\eta(d_i)^{n_i}\in\eta(F_i)$,$i=1,2,\cdots,r$.

记 $G=\{\eta_1,\eta_2,\cdots,\eta_n\}$. 对于每个 η_j,$\eta_j(L)$ 都有形如(54)式的根式升链,于是

$$\eta_j(L)=F(\eta_j(d_1)),\eta_j(d_2),\cdots,\eta_j(d_r)),\quad j=1,2,\cdots,n.\tag{55}$$

由于 K 是由 $\eta_1(L)\cup\eta_2(L)\cup\cdots\cup\eta_n(L)$ 在 F 上生成的,因此

$$K=F(\eta_1(d_1),\cdots,\eta_1(d_r),\eta_2(d_1),\cdots,\eta_2(d_r),\cdots,\eta_n(d_1),\cdots,\eta_n(d_r)).\tag{56}$$

从而我们可以得到 K 在 F 上的一条根式升链,在这条根式升链中不同的整数 $n_i(i=1,2,\cdots,r)$ 与 L/F 的根式升链(53)中的 $n_i(i=1,2,\cdots,r)$ 相同. □

现在我们来证明方程根式可解的判别准则的必要性.

定理 3 设特征为 0 的域 F 上的方程 $f(x)=0$ 是根式可解的,则它在 F 上的伽罗瓦群是可解群.

证明 由于 $f(x)=0$ 在 F 上根式可解,因此我们有 $f(x)$ 在 F 上的分裂域 E 的一个扩域 L,使得 L/F 在 F 上有一条根式升链:

$$F=F_1\subseteq F_2\subseteq\cdots\subseteq F_{r+1}=L,\tag{57}$$

其中 $F_{i+1}=F_i(d_i)$,$d_i^{n_i}=a_i\in F_i(i=1,2,\cdots,r)$. 于是 $L=F(d_1,d_2,\cdots,d_r)$,且 $d_i^{n_i}=a_i\in F_i$. 据引理 5,我们可以假设 L 在 F 上是正规的. 据定义 6 上面一段话知道,L/F 一定是可分的.

因此 L/F 是有限可分正规扩张. 据附录 2 § 2.2 中定理 6 得, L/F 是有限伽罗瓦扩张. 设 n 是 $n_1, n_2, \cdots, n_r$ 的最小公倍数, 取一个本原 n 次单位根 ξ, L/F 在 F 上的根式升链(57)可以扩充成 $L(\xi)/F$ 在 F 上的根式升链. 由于 L/F 是有限伽罗瓦扩张, 因此据附录 2 § 2.2 中定理 6 得, L 是 $F[x]$ 中一个可分多项式 $g(x)$ 在 F 上的分裂域. 从而 $L(\xi)$ 是 $g(x)(x^n-1)$ 在 F 上的分裂域. 仍据附录 2 § 2.2 中定理 6 得, $L(\xi)/F$ 是有限伽罗瓦扩张. 由于 $\xi^n=1\in F$, 因此我们可以对于 $L(\xi)$ 的根式升链重新排成如下:

$$\begin{aligned} F = \widetilde{F}_1 \subseteq \widetilde{F}_2 = F_1(\xi) \subseteq \widetilde{F}_3 = \widetilde{F}_2(d_1) \subseteq \cdots\cdots \subseteq \widetilde{F}_{r+1} = \widetilde{F}_r(d_{r-1}) \\ \subseteq \widetilde{F}_{r+2} = \widetilde{F}_{r+1}(d_r) = L(\xi), \end{aligned} \tag{58}$$

其中 $\widetilde{F}_{i+1}=\widetilde{F}_i(d_{i-1})$, $d_{i-1}^{n_{i-1}}=a_{i-1}\in\widetilde{F}_{i-1}\subseteq\widetilde{F}_i$ $(i=2,3,\cdots,r+1)$. 由于域 F 的特征为 0, 因此据引理 1 得, n 阶分圆域 $\widetilde{F}_2=F(\xi)$ 在 F 上的伽罗瓦群 $\mathrm{Gal}(\widetilde{F}_2/F)$ 是阿贝尔群, 从而 $\widetilde{F}_2$ 是在 $F_1=F$ 上的阿贝尔扩张. 对于 $i>1$, $\widetilde{F}_i$ 含有 ξ, 从而 $\widetilde{F}_i$ 含有 n 个不同的 n 次单位根. 由于 $d_{i-1}^{n_{i-1}}=a_{i-1}\in\widetilde{F}_{i-1}\subseteq\widetilde{F}_i$, 设 $n=k_{i-1}n_{i-1}$, 则 $d_{i-1}^n=a_{i-1}^{k_{i-1}}\in\widetilde{F}_i$. 据引理 2 得, $x^n-a_{i-1}^{k_{i-1}}\in\widetilde{F}_i[x]$ 在 $\widetilde{F}_i$ 上的伽罗瓦群是循环群. 由于 $x^n-a_{i-1}^{k_{i-1}}$ 在它的分裂域 E_i 中的一个根为 d_{i-1}, 因此 $x^n-a_{i-1}^{k_{i-1}}$ 在 E_i 中的全部根为 $d_{i-1}, d_{i-1}\xi, \cdots, d_{i-1}\xi^{n-1}$. 于是 $E_i=\widetilde{F}_i(d_{i-1})=\widetilde{F}_{i+1}$, 从而 $\mathrm{Gal}(\widetilde{F}_{i+1}/\widetilde{F}_i)$ 是循环群. 由于 $\widetilde{F}_{i+1}$ 是 $\widetilde{F}_i[x]$ 中的可分多项式 $x^n-a_{i-1}^{k_{i-1}}$ 的分裂域, 因此据附录 2 § 2.2 中定理 6 得, $\widetilde{F}_{i+1}/\widetilde{F}_i$ 是有限伽罗瓦扩张.

设 $G=\mathrm{Gal}(E/F)$, $H=\mathrm{Gal}(L(\xi)/F)$. 由于 $L(\xi)/F$ 是有限伽罗瓦扩张, 因此据伽罗瓦理论的基本定理得, $L(\xi)/F$ 的中间域 $\widetilde{F}_i$ 对应于 H 的子群 H_i, 使得 H_i 的不动域为 $\widetilde{F}_i$, 且 $H_i=\mathrm{Gal}(L(\xi)/\widetilde{F}_i)$. 于是据附录 2 § 2.2 中命题 5 得, $L(\xi)/\widetilde{F}_i$ 是有限伽罗瓦扩张. 对 $L(\xi)/\widetilde{F}_i$ 用基本定理, 由于 H_{i+1} 的不动域 $\widetilde{F}_{i+1}$ 在 $\widetilde{F}_i$ 上是有限伽罗瓦扩张, 从而是正规扩张, 因此 $H_{i+1}\lhd H_i$, 且 $\mathrm{Gal}(\widetilde{F}_{i+1}/\widetilde{F}_i)\cong H_i/H_{i+1}$. 从而 H_i/H_{i+1} 是循环群. 由此得到 H 的一个递降的子群列:

$$H = H_1 \rhd H_2 \rhd H_3 \rhd \cdots \rhd H_{r+1} \rhd H_{r+2} = \{e\}, \tag{59}$$

其中商群 H_i/H_{i+1} $(i=1,2,\cdots,r+1)$ 是阿贝尔群. 因此根据附录 1 § 1.2 中定理 6 得, H 是可解群. 由于 $L\supseteq E$, 因此 $L(\xi)\supseteq E\supseteq F$. 从而 E 是 $L(\xi)/F$ 的中间域. 据伽罗瓦理论的基本定理得, E 对应于 $H=\mathrm{Gal}(L(\xi)/F)$ 的子群 $\widetilde{H}$, 使得 $\widetilde{H}$ 的不动域为 E, 且 $\widetilde{H}=\mathrm{Gal}(L(\xi)/E)$. 不妨设 $f(x)$ 在 E 中没有重根, 从而 $f(x)$ 是可分多项式, 因此据附录 2 § 2.2 的定理 6 得, E/F 是正规扩张, 因此 $\widetilde{H}\lhd H$, 且 $\mathrm{Gal}(E/F)\cong H/\widetilde{H}$. 据附录 1 § 1.2 中推论 1, 可解群 H 的商群 $H/\widetilde{H}$ 是可解群. 从而 $G=\mathrm{Gal}(E/F)$ 是可解群. □

4.3.6 高于四次的一般方程不是根式可解的证明

利用方程根式可解的判别准则可以证明:

特征为 0 的域 F 上的 n 次一般方程

$$f(x) = x^n - t_1 x^{n-1} + t_2 x^{n-2} - \cdots + (-1)^n t_n = 0, \tag{60}$$

其中 $t_1, t_2, \cdots, t_n$ 是 n 个无关不定元，当 $n>4$ 时不是根式可解的.

域 F 上 n 次一般方程(60)称为是根式可解的，如果它在域 $F(t_1, t_2, \cdots, t_n)$（即多项式环 $F[t_1, t_2, \cdots, t_n]$的分式域）上是根式可解的.

我们首先来探讨域 F 上 n 次一般方程 $f(x)=0$ 在 $F(t_1, t_2, \cdots, t_n)$上的伽罗瓦群是什么样子！

定理 4 设 $f(x)=0$ 是域 F 上的 n 次一般方程，其中

$$f(x) = x^n - t_1 x^{n-1} + t_2 x^{n-2} - \cdots + (-1)^n t_n \in F(t_1, t_2, \cdots, t_n)[x]. \tag{61}$$

设 $f(x)$在 $F(t_1, t_2, \cdots, t_n)$上的分裂域为 E，则 $f(x)$在 E 中有不同的根；并且方程 $f(x)=0$ 在 $F(t_1, t_2, \cdots, t_n)$上的伽罗瓦群同构于对称群 S_n.

证明 设 E 是 $f(x)$在 $F(t_1, t_2, \cdots, t_n)$上的分裂域，则在 $E[x]$中 $f(x)$完全分解成了一次因式的乘积

$$f(x) = (x - y_1)(x - y_2)\cdots(x - y_n), \tag{62}$$

比较(61)和(62)式得

$$t_1 = \sum_{i=1}^{n} y_i, \quad t_2 = \sum_{1 \leqslant j < i \leqslant n} y_i y_j, \quad \cdots, \quad t_n = y_1 y_2 \cdots y_n. \tag{63}$$

因此

$$E = F(t_1, t_2, \cdots, t_n)(y_1, y_2, \cdots, y_n) = F(y_1, y_2, \cdots, y_n). \tag{64}$$

现在引进一组新的无关不定元 $x_1, x_2, \cdots, x_n$. 域 F 上 n 元多项式环 $F[x_1, x_2, \cdots, x_n]$的分式域记做 $F(x_1, x_2, \cdots, x_n)$. 任给 $\sigma \in S_n$，σ 诱导了环 $F[x_1, x_2, \cdots, x_n]$到自身的一个映射 $\tilde{\sigma}$:

$$\tilde{\sigma}: h(x_1, x_2, \cdots, x_n) \longmapsto h(x_{\sigma(1)}, x_{\sigma(2)}, \cdots, x_{\sigma(n)}).$$

显然 $\tilde{\sigma}$ 是满射，且是单射. 据 n 元多项式环的通用性质（参看参考文献[1]下册第 52 页的定理 4 或参考文献[4]下册第 89 页的定理 3）得，$\tilde{\sigma}$ 保持加法和乘法运算，从而 $\tilde{\sigma}$ 是环 $F[x_1, x_2, \cdots, x_n]$的一个自同构. $\tilde{\sigma}$ 能够用唯一的一种方式开拓成域 $F(x_1, x_2, \cdots, x_n)$的一个自同构，仍记做 $\tilde{\sigma}$. 对于 $\sigma, \tau \in S_n$，易证在 $F[x_1, x_2, \cdots, x_n]$中有 $\widetilde{\sigma\tau} = \tilde{\sigma}\tilde{\tau}$. 从而在 $F(x_1, x_2, \cdots, x_n)$中也有 $\widetilde{\sigma\tau} = \tilde{\sigma}\tilde{\tau}$. 于是 $\widetilde{G} = \{\tilde{\sigma} \mid \sigma \in S_n\}$ 是域 $F(x_1, x_2, \cdots, x_n)$的一个 F-自同构群. 显然 $\sigma \longmapsto \tilde{\sigma}$ 是 S_n 到 $\widetilde{G}$ 的双射，且 $\widetilde{\sigma\tau} = \tilde{\sigma}\tilde{\tau}$ 表明这个映射保持乘法运算，因此 S_n 与 $\widetilde{G}$ 同构. 在群 $\widetilde{G}$ 的作用下不动的元素称为**对称有理式**（或**对称分式**），并且 $\widetilde{G}$ 的不动域 $\mathrm{Inv}(\widetilde{G})$称为**对称有理式域**（或**对称分式域**）. 记 $\widetilde{E} = F(x_1, x_2, \cdots, x_n)$，令

$$g(x) = (x - x_1)(x - x_2)\cdots(x - x_n). \tag{65}$$

把 $g(x)$展开写成

$$g(x) = x^n - b_1 x^{n-1} + b_2 x^{n-2} - \cdots + (-1)^n b_n, \tag{66}$$

比较(65)和(66)式得

$$b_1 = \sum_{i=1}^{n} x_i, \quad b_2 = \sum_{1 \leqslant j < i \leqslant n} x_i x_j, \quad \cdots, \quad b_n = x_1 x_2 \cdots x_n. \tag{67}$$

任给 $\tilde{\sigma}\in\widetilde{G}$，$\tilde{\sigma}$ 是 $\widetilde{E}=F(x_1,x_2,\cdots,x_n)$ 的一个自同构，它能被开拓成 $\widetilde{E}[x]$ 的一个自同构 $\tilde{\sigma}'$，它固定 x：

$$\tilde{\sigma}'[g(x)]=(x-x_{\sigma(1)})(x-x_{\sigma(2)})\cdots(x-x_{\sigma(n)}). \tag{68}$$

由于 $\sigma\in S_n$，因此 $\tilde{\sigma}'[g(x)]=g(x)$，$\forall\sigma\in S_n$. 于是

$$\tilde{\sigma}(b_i)=b_i\quad(i=1,2,\cdots,n),\quad\forall\sigma\in S_n. \tag{69}$$

从而 $b_i\in\mathrm{Inv}(\widetilde{G})$，$i=1,2,\cdots,n$. 因此 $F(b_1,b_2,\cdots,b_n)\subseteq\mathrm{Inv}(\widetilde{G})$. 从(67)式得出，$\widetilde{E}=F(x_1,x_2,\cdots,x_n)=F(b_1,b_2,\cdots,b_n,x_1,x_2,\cdots,x_n)$. 结合(65)式得出，$\widetilde{E}$ 是 $g(x)$ 在 $F(b_1,b_2,\cdots,b_n)$ 上的分裂域，并且 $g(x)$ 有不同的根. 据附录2§2.2中定理6得，$\widetilde{E}/F(b_1,b_2,\cdots,b_n)$ 是有限伽罗瓦扩张. 上述讨论表明：$\tilde{\sigma}\in\mathrm{Gal}(\widetilde{E}/F(b_1,b_2,\cdots,b_n))$. 于是 $\widetilde{G}\subseteq\mathrm{Gal}(\widetilde{E}/F(b_1,b_2,\cdots,b_n))$. 任给 $\zeta\in\mathrm{Gal}(\widetilde{E}/F(b_1,b_2,\cdots,b_n))$，任给 $x_i(i\in\{1,2,\cdots,n\})$，由于 $g(x_i)=0$，因此 $x_i^n-b_1x_i^{n-1}+b_2x_i^{n-2}-\cdots+(-1)^nb_n=0$. 从而 $\zeta(x_i)^n-b_1\zeta(x_i)^{n-1}+\cdots+(-1)^nb_n=0$. 这表明 $\zeta(x_i)$ 是 $g(x)$ 在 $\widetilde{E}$ 中的一个根，$i=1,2,\cdots,n$. 由于 ζ 是域 $\widetilde{E}$ 到自身的一个双射，因此 ζ 引起了集合 $\Omega=\{x_1,x_2,\cdots,x_n\}$ 上的一个置换. 从而 ζ 等于某个 $\tilde{\sigma}$. 于是 $\zeta\in\widetilde{G}$. 由此得出 $\mathrm{Gal}(\widetilde{E}/F(b_1,b_2,\cdots,b_n))\subseteq\widetilde{G}$. 因此 $\mathrm{Gal}(\widetilde{E}/F(b_1,b_2,\cdots,b_n))=\widetilde{G}$. 由于 $\widetilde{E}/F(b_1,b_2,\cdots,b_n)$ 是有限伽罗瓦扩张，因此 $\mathrm{Inv}(\widetilde{G})=F(b_1,b_2,\cdots,b_n)$. 于是 $F(b_1,b_2,\cdots,b_n)$ 是对称有理式域. 从(67)式看出，$b_1,b_2,\cdots,b_n$ 是 $x_1,x_2,\cdots,x_n$ 的 n 个初等对称多项式. 由于 $\widetilde{G}\cong S_n$，因此，$\mathrm{Gal}(\widetilde{E}/F(b_1,b_2,\cdots,b_n))\cong S_n$.

现在我们想建立域 $F(y_1,y_2,\cdots,y_n)$ 到 $F(x_1,x_2,\cdots,x_n)$ 的一个同构，它把 $F(t_1,t_2,\cdots,t_n)$ 映成 $F(b_1,b_2,\cdots,b_n)$. 由于 $t_1,t_2,\cdots,t_n$ 是无关不定元，且 $F[b_1,b_2,\cdots,b_n]$ 是 F 的一个扩环，因此据 n 元多项式环的通用性质得，$t_1,t_2,\cdots,t_n$ 分别用 $b_1,b_2,\cdots,b_n$ 代入，这是环 $F[t_1,t_2,\cdots,t_n]$ 到环 $F[b_1,b_2,\cdots,b_n]$ 的一个同态，记做 ψ，$\psi(a)=a$，$\forall a\in F$；$\psi(t_i)=b_i(i=1,2,\cdots,n)$. 同理，由于 $x_1,x_2,\cdots,x_n$ 是无关不定元，且 $F[y_1,y_2,\cdots,y_n]$ 是 F 的一个扩环，因此有 $F[x_1,x_2,\cdots,x_n]$ 到 $F[y_1,y_2,\cdots,y_n]$ 的一个同态 φ，$\varphi(a)=a$，$\forall a\in F$，并且 $\varphi(x_i)=y_i(i=1,2,\cdots,n)$. 我们有下述一个图：

$$\begin{array}{ccc} F[x_1,x_2,\cdots,x_n] & \xrightarrow{\varphi} & F[y_1,y_2,\cdots,y_n] \\ \cup & & \cup \\ F[b_1,b_2,\cdots,b_n] & \xleftarrow{\psi} & F[t_1,t_2,\cdots,t_n]. \end{array}$$

显然 $\varphi\psi$ 被定义，并且

$$\varphi\psi(t_i)=\varphi(b_i)=\varphi\Big(\sum_{1\leqslant j_1<\cdots<j_i\leqslant n}x_{j_1}x_{j_2}\cdots x_{j_i}\Big)=\sum_{1\leqslant j_1<\cdots<j_i\leqslant n}y_{j_1}y_{j_2}\cdots y_{j_i}=t_i,$$

其中 $i=1,2,\cdots,n$. 由此得出，任给 $h(t_1,t_2,\cdots,t_n)\in F[t_1,t_2,\cdots,t_n]$，有 $\varphi\psi[h(t_1,t_2,\cdots,t_n)]=h(t_1,t_2,\cdots,t_n)$. 设 $h(t_1,t_2,\cdots,t_n)\in\mathrm{Ker}\psi$，则 $\psi[h(t_1,t_2,\cdots,t_n)]=0$. 从而 $\varphi\psi[h(t_1,t_2,\cdots,t_n)]=0$. 于是 $h(t_1,t_2,\cdots,t_n)=0$. 因此 $\mathrm{Ker}\psi=\{0\}$，这证明了 ψ 是单射. 任给 $h(b_1,b_2,\cdots,b_n)\in F[b_1,b_2,\cdots,b_n]$，有 $\psi[h(t_1,t_2,\cdots,t_n)]=h(b_1,b_2,\cdots,b_n)$. 因此 ψ 是满射. 从而 ψ 是环

$F[t_1,t_2,\cdots,t_n]$到$F[b_1,b_2,\cdots,b_n]$的一个同构. ψ可以开拓成域$F(t_1,t_2,\cdots,t_n)$到域$F(b_1,b_2,\cdots,b_n)$的一个同构,仍记做ψ. 进一步地,ψ可以扩充成环$F(t_1,t_2,\cdots,t_n)[x]$到环$F(b_1,b_2,\cdots,b_n)[x]$的一个同构ψ',它固定x:

$$\psi'(f(x)) = \psi'(x^n - t_1x^{n-1} + \cdots + (-1)^n t_n) = x^n - b_1x^{n-1} + \cdots + (-1)^n b_n = g(x). \tag{70}$$

由于$F(y_1,y_2,\cdots,y_n)$是$f(x)$在$F(t_1,t_2,\cdots,t_n)$上的分裂域,并且$F(x_1,x_2,\cdots,x_n)$是$g(x)$在$F(b_1,b_2,\cdots,b_n)$上的分裂域,因此据附录2§2.2中定理5得,ψ可以开拓成域$F(y_1,y_2,\cdots,y_n)$到$F(x_1,x_2,\cdots,x_n)$的一个同构ρ. 于是ρ是域E到$\widetilde{E}$的一个同构,并且ρ把$F(t_1,t_2,\cdots,t_n)$映成$F(b_1,b_2,\cdots,b_n)$. 任取$\eta\in G=\mathrm{Gal}(E/F(t_1,t_2,\cdots,t_n))$,则$\eta$是$E$的$F(t_1,t_2,\cdots,t_n)$-自同构. 从而$\rho\eta\rho^{-1}$是$\widetilde{E}$的自同构. 任给$\beta\in F(b_1,b_2,\cdots,b_n)$,由于$\rho$在$F(t_1,t_2,\cdots,t_n)$上的限制$\rho|F(t_1,t_2,\cdots,t_n)=\psi$,因此存在$\alpha\in F(t_1,t_2,\cdots,t_n)$,使得$\rho(\alpha)=\psi(\alpha)=\beta$. 从而$\rho\eta\rho^{-1}(\beta)=\rho\eta(\alpha)=\rho(\alpha)=\beta$. 因此$\rho\eta\rho^{-1}$是$\widetilde{E}$的$F(b_1,b_2,\cdots,b_n)$-自同构. 从而$\rho\eta\rho^{-1}\in\mathrm{Gal}(\widetilde{E}/F(b_1,b_2,\cdots,b_n))$. 由于$\mathrm{Gal}(\widetilde{E}/F(b_1,b_2,\cdots,b_n))=\widetilde{G}$,因此$\rho\eta\rho^{-1}\in\widetilde{G}$. 于是

$$G \to \widetilde{G}$$
$$\eta \mapsto \rho\eta\rho^{-1}$$

是G到$\widetilde{G}$的一个映射. 显然是单射. 任取$\tilde{\eta}\in\widetilde{G}$,易验证$\rho^{-1}\tilde{\eta}\rho\in G$. 因此$\eta\mapsto\rho\eta\rho^{-1}$是满射,从而是双射. 显然这个映射保持乘法运算,因此$G\cong\widetilde{G}$. 又由于$\widetilde{G}\cong S_n$,因此$G\cong S_n$. 由于$g(x)$在$\widetilde{E}$中的n个根$x_1,x_2,\cdots,x_n$两两不等,且$\psi'(f(x))=g(x)$,因此$f(x)$在E中的n个根$y_1,y_2,\cdots,y_n$两两不等. □

定理5(阿贝尔-鲁菲尼定理) 特征为0的域F上的n次一般方程当$n>4$时不是根式可解的.

证明 设$f(x)=0$是域F上的n次一般方程. 据定理4得,$f(x)=0$在$F(t_1,t_2,\cdots,t_n)$上的伽罗瓦群$G\cong S_n$. 当$n\geqslant3$时,$S_n'=A_n$;当$n\geqslant5$时,$A_n'=A_n$(参看附录1§1.2中例3和例2). 因此当$n\geqslant5$时,S_n是不可解群,从而G是不可解群. 据定理3得,当$n\geqslant5$时,$f(x)=0$不是根式可解的. □

至此彻底解决了方程根式可解的问题. 这归功于伽罗瓦提出并且证明了方程根式可解的判别准则,在证明方程根式可解的判别准则时,伽罗瓦理论的基本定理发挥了关键作用.

4.3.7 伽罗瓦理论的创立给我们的启迪

伽罗瓦理论的创立是数学发展史上的一个重大创新. 这给了我们许多宝贵的启迪.

第一点,要吸取前人的思想,但是不要停止不前,而应当创造性地加以发展. 伽罗瓦吸取了拉格朗日考虑方程的根的置换的思想,但不是停留在各个置换上,而是进一步考虑了由方程的根的这样一些置换组成的集合,这些置换使得域F上的方程$f(x)=0$的根之间具有域F中的元素为系数的全部关系不变,这个集合对于置换的乘法和求逆运算封闭,伽罗瓦称它

为方程 $f(x)=0$ 关于域 F 的群.提出群的概念(这里是置换群,不是抽象群),这是伽罗瓦作出的一个创新.

第二点,“解剖麻雀”,细心发现可能有的规律,并且提出有关的重要概念.伽罗瓦悉心研究了四次一般方程可用根式求解的特征,发现从方程的系数域 K 出发,每次添加一个元素进行扩充,添加的元素的平方属于前面一个域,便得到域的升链:$K\subseteq K_1\subseteq K_2\subseteq K_3$,其中 K_3 包含了四次方程的全部根 x_1,x_2,x_3,x_4.这表明四次方程的根能够通过对方程的系数作加、减、乘、除和开平方运算得到,即四次方程可用根式求解.相应地,四次方程关于域 K,K_1,K_2,K_3 的群分别是 G,H_1,H_2,H_3,它们有如下关系:$G>H_1>H_2>H_3$,其中 H_3 是单位子群.由此伽罗瓦发现域 K 对于 K_3 的根式升链与群 G 的递降子群列之间有密切联系,并且提出了多项式的分裂域的概念,给出了方程 $f(x)=0$ 在域 F 上根式可解的定义,提出了域 L 在域 F 上的伽罗瓦群的概念、伽罗瓦扩张的概念以及可解群的概念,研究了可解群的性质.

第三点,对于从具体例子探索出来的可能有的规律抽象出一个命题,然后进行严密论证.伽罗瓦在发现了四次一般方程的根式升链与群 G 的递降子群列之间有密切联系后,抽象出有限伽罗瓦扩张 E/F 的中间域集与伽罗瓦群 $G=\mathrm{Gal}(E/F)$ 的子群集之间存在一一对应,然后进行了严密论证,得出了伽罗瓦理论的基本定理.

第四点,运用深刻的理论去解决所研究的问题.伽罗瓦从四次一般方程的根式升链与群 G 的递降子群列的联系,提出了方程根式可解的判别准则:特征为 0 的域 F 上的方程 $f(x)=0$ 根式可解的充分必要条件是它在 F 上的伽罗瓦群是可解群.伽罗瓦运用他自己创立的伽罗瓦理论证明了这一判别准则,其中基本定理起了关键的作用.这充分体现了深刻的理论的重要性.没有深刻的理论就不可能解决长时期都未解决的问题.

第五点,“会当凌绝顶,一览众山小”.居高临下,关键问题解决了,其他问题就迎刃而解了.伽罗瓦提出并且证明了方程根式可解的判别准则后,他就水到渠成地证明了:“特征为 0 的域 F 上的 n 次一般方程当 $n>4$ 时不是根式可解的.”这一定理原来是阿贝尔和鲁菲尼证明的,但是他们的证明太复杂.

第六点,深刻的理论一旦创立,其影响之深远不是当时的人们所能预料到的.伽罗瓦理论是非常深刻的理论,伽罗瓦创立这理论是为了研究什么样的方程可用根式求解,而什么样的方程不能用根式求解?伽罗瓦理论不仅彻底解决了方程根式可解的问题,而且由此引发了代数学的革命性变化.古典代数学以研究方程的根为中心.伽罗瓦理论创立以后,人们发现研究群的结构,研究域扩张的理论是多么的重要.从此代数学转变为以研究各种代数系统的结构及其态射(保持运算的映射)为中心,由此创立了近世代数学(或称为抽象代数学).抽象代数学研究结构和态射的观点已经深入到现代数学的各个分支中.

附录 1 研究群的结构的途径

我们在第一章的第 7 节讲了群的概念. 在这个附录 1 中,我们来探索如何研究群的结构. 研究群的结构有两个途径：一个是利用子群和商群；另一个是运用群的同态.

§1.1 子群,正规子群,商群

在第一章的第 7 节中我们讲了模 m 剩余类环 $\mathbf{Z}_m$ 的所有可逆元组成的集合 $\mathbf{Z}_m^*$ 对于乘法成为一个群. 当 p 是素数时, $\mathbf{Z}_p$ 是一个域,它的所有非零元都是可逆元,从而 $\mathbf{Z}_p^*$ 是 $\mathbf{Z}_p$ 的所有非零元组成的集合. 例如,

$$\mathbf{Z}_7^* = \{\overline{1},\overline{2},\overline{3},\overline{4},\overline{5},\overline{6}\}.$$

在 $\mathbf{Z}_7$ 中, $\overline{2}^2=\overline{4}$, $\overline{2}^3=\overline{1}$,令 $H=\{\overline{1},\overline{2},\overline{4}\}$, H 是 $\mathbf{Z}_7^*$ 的一个子集. 容易看出, H 对于模 7 剩余类的乘法封闭. 从而模 7 剩余类的乘法是 H 的一种运算. 显然它满足结合律, $\overline{1}$ 是单位元, $\overline{2}^{-1}=\overline{4}$, $\overline{4}^{-1}=\overline{2}$. 因此, H 对于模 7 剩余类的乘法也成为一个群. 自然可以把 H 叫做 $\mathbf{Z}_7^*$ 的一个子群. 由此引出下述概念：

定义 1 群 G 的一个非空子集 H 如果对于 G 的运算也成为一个群,那么称 H 是群 G 的一个**子群**,记做 $H<G$.

群 G 的一个非空子集 H 要能成为 G 的一个子群,首先要求 H 对于 G 的乘法封闭,即"$a,b\in H\Rightarrow ab\in H$"；其次要求 G 的单位元 $e\in H$,这可以使得 H 有单位元 e；再次要求 H 对 G 的求逆封闭,即"$a\in H\Rightarrow a^{-1}\in H$",这可以使 H 的每个元素都是可逆元. 至于结合律既然对于 G 的所有元素都成立,当然对于 H 的所有元素也成立. 上述三条要求,可以合并成一条. 即我们有下述判定子群的方法：

命题 1 设 H 是群 G 的一非空子集,如果 H 满足：

$$\text{"}a,b\in H\Rightarrow ab^{-1}\in H\text{"}, \tag{1}$$

那么 H 是 G 的一个子群.

证明 由于 H 不是空集,因此存在 $a\in H$. 由条件(1)得 $aa^{-1}\in H$.

从而 $e\in H$.

任取 $b\in H$,由条件(1)得,$eb^{-1}\in H$.从而 $b^{-1}\in H$.

任取 $c,b\in H$,由于 $b^{-1}\in H$,因此由条件(1)得,$c(b^{-1})^{-1}\in H$.从而 $cb\in H$.

由于 H 满足上述三条要求,因此 H 是 G 的一个子群. □

设 H 和 K 都是群 G 的子群,则用命题 1 容易判断 $H\cap K$ 也是 G 的一个子群.

设 $\{H_i \mid i\in I\}$(其中 I 是指标集)是群 G 的一族子群,则用命题 1 容易证得,它们的交 $\bigcap_{i\in I} H_i$ 仍是 G 的子群.

从群 G 的一个非空子集 S 出发,我们可以构造出一个包含 S 的最小的子群.自然的想法是,取 G 的包含 S 的所有子群的交

$$\bigcap_{S\subseteq H<G} H, \tag{2}$$

这是 G 的一个子群,并且它是 G 的包含 S 的最小的子群(若群 G 的子群 K 包含 S,则 K 当然包含(2)式中的交集).称(2)式中的交集是**由 S 生成的子群**,记做 $\langle S\rangle$.此时称 S 是子群 $\langle S\rangle$ 的生成元集.特别地,如果 $\langle S\rangle=G$,那么称 S 是**群 G 的一个生成元集**,或者说 **S 的所有元素生成 G**.

利用子群可以研究群的结构,方法是利用子群可以给出群的一个划分,然后通过这个划分来研究群的结构.

设 H 是群 G 的一个子群,为了给出集合 G 的一个划分,根据第一章的第 1 节讲的方法,只要在集合 G 上建立一个二元关系并且它是等价关系,那么所有等价类组成的集合就给出了 G 的一个划分.例如,在整数集 $\mathbf{Z}$ 中,建立模 m 同余关系:

$$a\equiv b \pmod m \Longleftrightarrow a-b \text{ 是 } m \text{ 的整数倍},$$

则模 m 剩余类组成的集合是 $\mathbf{Z}$ 的一个划分.类比模 m 同余关系,利用子群 H 可以定义 G 上的一个二元关系如下:对于 $a,b\in G$,规定

$$a\sim b \Longleftrightarrow b^{-1}a\in H. \tag{3}$$

由(3)式定义的二元关系 $\sim$ 是一个等价关系,证明如下:

(1) 任取 $a\in G$,由于 $a^{-1}a=e\in H$,因此 $a\sim a$.这证明了反身性.

(2) 设 $a\sim b$,则 $b^{-1}a\in H$.从而 $(b^{-1}a)^{-1}\in H$,于是 $a^{-1}b\in H$,因此 $b\sim a$.这证明了对称性.

(3) 设 $a\sim b$ 且 $b\sim c$,则 $b^{-1}a\in H$ 且 $c^{-1}b\in H$.从而 $(c^{-1}b)(b^{-1}a)\in H$,于是 $(c^{-1}a)\in H$,因此 $a\sim c$.这证明了传递性.

上述等价关系下的所有等价类组成的集合就给出了 G 的一个划分.为此我们来求 G 的任一元素 a 的等价类 $\bar{a}$:

$$\begin{aligned}\bar{a}&=\{x\in G \mid x\sim a\}=\{x\in G \mid a^{-1}x\in H\}\\&=\{x\in G \mid a^{-1}x=h,h\in H\}\end{aligned}$$

$$= \{x \in G \mid x = ah, h \in H\}$$
$$= \{ah \mid h \in H\}. \tag{4}$$

令

$$aH := \{ah \mid h \in H\}, \tag{5}$$

称 aH 是子群 H 的一个**左陪集**，a 称为 aH 的一个代表. 因此 a 的等价类 $\bar{a}$ 就是以 a 为代表的左陪集 aH，从等价类的性质立即得出左陪集的性质：

性质 1 $aH=bH \Longleftrightarrow b^{-1}a \in H$； (6)

性质 2 子群 H 的任意两个左陪集或者相等，或者不相交(即它们的交集为空集).

从性质 1 看出，同一个左陪集的任何一个元素都可以作为这个左陪集的代表.

群 G 的子群 H 的所有左陪集组成的集合就是 G 的一个划分，这个集合称为 G 关于 H 的**左商集**，记做 $(G/H)_l$.

类似地，对于 $a,b \in G$，规定

$$a \sim b \Longleftrightarrow ab^{-1} \in H,$$

则这个二元关系～也是一个等价关系. 此时容易推出

$$\tilde{a} = \{ha \mid h \in H\}.$$

令

$$Ha := \{ha \mid h \in H\}, \tag{7}$$

称 Ha 是子群 H 的一个右陪集. 从等价类的性质可得出：

$$Ha = Hb \Longleftrightarrow ab^{-1} \in H. \tag{8}$$

群 G 的子群 H 的所有右陪集组成的集合也是 G 的一个划分，这个集合称为 G 关于 H 的**右商集**，记做 $(G/H)_r$. 令

$$f: (G/H)_l \longrightarrow (G/H)_r$$
$$aH \longmapsto Ha^{-1},$$

由于

$$aH = bH \Longleftrightarrow b^{-1}a \in H \Longleftrightarrow (b^{-1})(a^{-1})^{-1} \in H \Longleftrightarrow Hb^{-1} = Ha^{-1},$$

因此 f 是 $(G/H)_l$ 到 $(G/H)_r$ 的一个映射，并且是单射. 显然 f 是满射. 从而 f 是双射. 由此得出，$(G/H)_l$ 与 $(G/H)_r$ 的基数相同. 于是引出下述概念：

定义 2 设 H 是群 G 的一个子群，则 G 关于 H 的左商集(或右商集)的基数称为 H 在 G 中的**指数**，记做 $[G:H]$.

如果群 G 的子群 H 在 G 中的指数 $[G:H]=r$，那么由于 H 的所有左陪集组成的集合是 G 的一个划分，因此有

$$G = a_1H \cup a_2H \cup \cdots \cup a_rH, \tag{9}$$

其中 $a_1H, a_2H, \cdots, a_rH$ 两两不相交，$a_1=e$，$\{a_1,a_2,\cdots,a_r\}$ 称为 H 在 G 中的一个**左陪集代表系**，(9)式称为群 G 关于子群 H 的**左陪集分解式**.

显然,在子群 H 与它的任意一个左陪集 aH 之间有一个双射:$h \longmapsto ah$,因此 $|H| = |aH|$,$\forall a \in G$. 利用这个结论和(9)式可以得出下述重要结论:

定理 1(拉格朗日定理) 设 G 是有限群,$H < G$,则

$$|G| = |H|[G:H], \tag{10}$$

从而 G 的任一子群 H 的阶必为群 G 的阶的因子.

证明 从群 G 关于子群 H 的左陪集分解式(9)得

$$|G| = \sum_{i=1}^{r} |a_i H| = \sum_{i=0}^{r} |H| = |H| r = |H|[G:H]. \qquad \square$$

推论 1 有限群 G 的每个元素的阶是 G 的阶的因子,设群 G 的阶为 n,则对于任意 $a \in G$,有 $a^n = e$.

证明 任取 $a \in G$,设 a 的阶为 s,则 $a^s = e$. 于是 $\langle a \rangle = \{e, a, a^2, \cdots, a^{s-1}\}$. 从而 $\langle a \rangle$ 的阶为 s. 据定理 1 得,s 是 n 的因子. 从而 $s \mid n$. 于是 $a^n = e$. $\square$

推论 1 表明,第一章第 7 节的命题 1 对于任意有限群都成立.

推论 2 素数阶群一定是循环群.

证明 设群 G 的阶为素数 p. 于是 G 中有非单位元 a. 据推论 1 得,$|a| \mid p$. 由于 p 是素数,因此 $|a| = p$. 从而 $\langle a \rangle$ 的阶为 p. 于是 $\langle a \rangle = G$. 这表明 G 是循环群. $\square$

推论 2 是利用子群研究群的结构获得的一个结果.

现在来探索 n 阶循环群 $G = \langle a \rangle$ 的子群的结构. 设 H 是 G 的任一非单位子群,H 所含的 a 的最低方幂为 a^k,任取 $a^q \in H$,设 $q = lk + r$,$0 \leqslant r < k$,则

$$a^r = a^{q-lk} = a^q (a^k)^{-l} \in H.$$

由 a^k 的选取得,$r = 0$. 因此 $a^q = (a^k)^l$. 从而 $H = \langle a^k \rangle$. 于是我们证明了下述定理 2:

定理 2 有限循环群 G 的任一子群都是循环群. $\square$

试问:对于有限循环群 $G = \langle a \rangle$ 的阶 n 的每一个正因数 s,是否存在 s 阶子群?如果存在,有多少个 s 阶子群?设 $n = ds$. 由于 a 的阶为 n,因此据第一章第 7 节的命题 3 得

$$|a^d| = \frac{n}{(n,d)} = \frac{n}{d} = s,$$

于是 $\langle a^d \rangle$ 是 G 的一个 s 阶子群. 这表明 G 有 s 阶子群.

设 H 是 G 的任意一个 s 阶子群. 据定理 2 得,H 是循环群. 设 $H = \langle a^k \rangle$. 则 $s = |H| = |a^k| = \dfrac{n}{(n,k)}$. 又 $s = \dfrac{n}{d}$,因此 $(n,k) = d$. 于是存在 $u, v \in \mathbf{Z}$,使得 $un + vk = d$. 从而

$$a^d = a^{un} a^{vk} = (a^k)^v \in H.$$

因此 $\langle a^d \rangle \subseteq H$. 又由于 $|\langle a^d \rangle| = s = |H|$,因此 $\langle a^d \rangle = H$. 这表明 G 的 s 阶子群只有一个 $\langle a^d \rangle$,其中 $d = \dfrac{n}{s}$. 于是我们证明了下述定理 3:

定理 3 设 G 是 n 阶循环群,则对于 n 的每一个正因数 s,存在唯一的一个 s 阶子群. 它

们就是 G 的全部子群. □

探索：设 H 是群 G 的一个子群，在什么条件下，左商集 $(G/H)_l$ 能成为一个群？它的运算应当如何定义？

由于左商集 $(G/H)_l$ 的元素是 H 的左陪集，因此要想定义左商集上的乘法运算，首先我们来规定群 G 的任意两个子集 H 和 K 的乘积 HK 为

$$HK := \{hk \mid h \in H, k \in K\}. \tag{11}$$

于是 H 的左陪集 $aH = \{ah \mid h \in H\} = \{a\}H$. 容易看出，群 G 的子集的乘积满足结合律：$(HK)L = H(KL)$. 其次为了使 H 的两个左陪集 aH 与 bH 的乘积仍为 H 的左陪集，需要对子群 H 加一个条件："对任意 $a \in H$，有 $aH = Ha$." 有了这个条件，则有

$$(aH)(bH) = a(Hb)H = a(bH)H = (ab)(HH) = abH. \tag{12}$$

由此引出下述概念：

定义 3 设 H 是群 G 的一个子群，如果对任意 $a \in G$，都有 $aH = Ha$，那么称 H 是 G 的一个**正规子群**，记做 $H \lhd G$.

从定义 3 看出，阿贝尔群（即交换群）的每一个子群都是正规子群.

显然对于任一群 G，$\{e\}$ 和 G 都是 G 的正规子群. 称它们为**平凡的正规子群**.

我们来分析群 G 的子群 H 是正规子群的等价条件.

$$\begin{aligned} H \lhd G &\Longleftrightarrow aH = Ha, \quad \forall a \in G \\ &\Longleftrightarrow aHa^{-1} = H, \quad \forall a \in G \\ &\Longleftrightarrow \text{对于任意 } a \in G, \text{任取 } h \in H, \text{有} \\ &\qquad aha^{-1} \in H. \end{aligned}$$

最后一个"$\Longleftrightarrow$"的充分性的证明如下：在所说的条件下，有 $aHa^{-1} \subseteq H$，$\forall a \in G$. 从而有 $a^{-1}H(a^{-1})^{-1} \subseteq H$，$\forall a \in G$. 由此推出，$H \subseteq aHa^{-1}$，$\forall a \in G$. 因此 $aHa^{-1} = H$，$\forall a \in G$.

设 $H < G$，对于任意 $a \in G$，易验证 aHa^{-1} 仍是 G 的一个子群，称 aHa^{-1} 是 H 在 G 中的一个**共轭子群**.

从上述分析得出：

命题 2 设 H 是群 G 的一个子群，则下述条件等价：

(1) H 是 G 的一个正规子群；

(2) H 在 G 中的任一共轭子群都等于 H 自身；

(3) 对于任意 $a \in G$，任取 $h \in H$，有 $aha^{-1} \in H$. □

推论 3 如果 H 是群 G 的指数为 2 的子群，那么 H 是 G 的正规子群.

证明 任取 $a \in G$，若 $a \in H$，则 $aH = H = Ha$. 下面设 $a \notin H$. 此时有

$$G = H \cup aH, \quad G = H \cup Ha.$$

由此得出，$aH = Ha$. 因此 $H \lhd G$. □

设 N 是群 G 的一个正规子群，则 $(G/N)_l = (G/N)_r$. 从而可以把群 G 关于正规子群 N

的左(右)商集统称为**商集**,记做 G/N. 据(12)式,在商集 G/N 中有乘法运算:

$$(aN)(bN)=abN. \tag{13}$$

容易看出,商集 G/N 中的乘法运算满足结合律,N 是 G/N 的单位元,任给 $aN\in G/N$,有 $(aN)(a^{-1}N)=aa^{-1}N=eN=N$,因此 aN 是可逆元,aN 的逆元为 $a^{-1}N$. 从而商集 G/N 成为一个群,称它为 G 对于正规子群 N 的**商群**.

命题 3 设 G 是有限群,N 是 G 的一个正规子群,则

$$|G/N|=\frac{|G|}{|N|}. \tag{14}$$

证明 据拉格朗日定理,$|G|=|N|[G:N]=|N||G/N|$. 由此立即得出(14)式. □

从命题 3 看到,G 对于正规子群 N 的商群 G/N 的阶比 G 的阶小,这使得我们在研究群 G 的结构时,可以利用商群. 特别是当群 G 的有些性质是商群能继承下来时,可以对群的阶作数学归纳法,通过商群来证明群 G 有这些性质.

在第一章我们讲了整数集 $\mathbf{Z}$ 对于加法成为一个群,它是由 1 生成的无限循环群. 模 m 剩余类环 $\mathbf{Z}_m$ 对于加法成为一个群,它是由 $\overline{1}$ 生成的 m 阶循环群. $\mathbf{Z}_m$ 的所有可逆元组成的集合 $\mathbf{Z}_m^*$ 是交换群,它的阶为 $\varphi(m)$. 在第一章的第 7 节的定理 6 证明了: $\mathbf{Z}^m$ 为循环群当且仅当 m 为下列情形之一: $2,4,p^r,2p^r$(p 是奇素数,$r\in\mathbf{N}^*$).

现在我们介绍一类重要的群.

根据韦达定理,一元二次方程 $ax^2+bx+c=0$ 的两个根 x_1,x_2 满足下述关系式:

$$x_1+x_2=-\frac{b}{a},\quad x_1x_2=\frac{c}{a}. \tag{15}$$

这两个根组成一个集合 $\{x_1,x_2\}$. 把 x_1 与 x_2 对换,则得到

$$x_2+x_1=-\frac{b}{a},\quad x_2x_1=\frac{c}{a}. \tag{16}$$

这说明表达式 x_1+x_2 与 x_1x_2 都具有"对称性". 我们是通过把集合 $\{x_1,x_2\}$ 中的元素 x_1 与 x_2 对换来刻画这一对称性的. 由此得到启发,引出下述概念:

定义 4 设 Ω 是含 n 个元素的集合,则把 Ω 到自身的一个双射叫做一个 n **元置换**. 所有 n 元置换组成的集合对于映射的乘法成为一个群,称为 n **元对称群**,记做 S_n.

不妨设 $\Omega=\{1,2,\cdots,n\}$,设一个 n 元置换 σ 把 i 映成 $a_i(i=1,2,\cdots,n)$,则 $a_1a_2\cdots a_n$ 是一个 n 元排列. 通常把 σ 写成下述形式:

$$\sigma=\begin{bmatrix}1 & 2 & \cdots & n\\ a_1 & a_2 & \cdots & a_n\end{bmatrix}. \tag{17}$$

由于 n 元排列的总数为 $n!$,因此 S_n 的阶为 $n!$. 当 $a_1a_2\cdots a_n$ 为偶排列时,σ 称为**偶置换**;当 $a_1a_2\cdots a_n$ 为奇排列时,σ 称为**奇置换**.

例如,S_5 中的一个置换 σ 为

$$\sigma=\begin{bmatrix}1 & 2 & 3 & 4 & 5\\3 & 4 & 1 & 5 & 2\end{bmatrix}, \tag{18}$$

由于 5 元排列 34152 的逆序数为 5，因此 σ 是奇置换. 我们还可以用一种更节省的方式写出 σ. 由于 σ 把 $1\longmapsto 3, 3\longmapsto 1, 2\longmapsto 4, 4\longmapsto 5, 5\longmapsto 2$，因此可以把 σ 写成：

$$\sigma=(13)(245), \tag{19}$$

其中(13)，(245)这种形式的置换称为**轮换**. 轮换中元素的个数称为轮换的**长度**. 例如，(245)是长度为 3 的轮换，简称为 3-轮换；(13)是长度为 2 的轮换，简称为 2-轮换，2-轮换也称为**对换**. (13)与(245)没有公共的元素，称它们为不相交的轮换. 在 S_5 中的恒等置换把 $i\longmapsto i(i=1,2,3,4,5)$，因此可写成(1)(2)(3)(4)(5)，简记做(1).

按照映射的乘法的定义，S_5 中两个置换 $\sigma=(13)(245)$ 与 $\tau=(1425)(3)$ 的乘积 $\sigma\tau$ 为

$$\sigma\tau=(13)(245)(1425)(3)=(153)(2)(4),$$

(153)(2)(4)可以简记成(153)，即 1-轮换可以省略不写.

从上述例子，不难看出并且可以证明下述结论：

命题 4　S_n 中任一非恒等置换都能表示成一些两两不相交的轮换的乘积，并且除了轮换的排列次序外，表示法是唯一的.

由于

$$(1234)(1432)=(1)(2)(3)(4)=(1),$$

因此 $(1234)^{-1}=(1432)$. 类似地可证：

$$(i_1 i_2 \cdots i_{r-1} i_r)^{-1}=(i_1 i_r i_{r-1}\cdots i_2). \tag{20}$$

通过直接计算可知，(1234)=(14)(13)(12). 类似地，有

$$(i_1 i_2 i_3 \cdots i_{r-1} i_r)=(i_1 i_r)(i_1 i_{r-1})\cdots(i_1 i_3)(i_1 i_2). \tag{21}$$

(21)式表明，每一个轮换可以表示成一些对换的乘积.

$$(1234)=\begin{bmatrix}1 & 2 & 3 & 4\\2 & 3 & 4 & 1\end{bmatrix},$$

4 元排列 2341 是奇排列，它可以从 4 元自然序排列 1234 依次作对换(14)，(34)，(23)得到. 于是

$$(23)(34)(14)(1)=(1234).$$

这表明(1234)表示成对换的乘积的方式不唯一，但是都表示成了奇数个对换的乘积. 一般地，由于 n 元排列 $j_1 j_2\cdots j_n$ 可以从 n 元自然序排列 $123\cdots n$ 经过若干次对换得到，并且作对换的次数与 n 元排列 $j_1 j_2\cdots j_n$ 有相同的奇偶性. 因此偶置换(它相应的排列为偶排列)可以表示成偶数个对换的乘积；奇置换(它相应的排列为奇排列)可以表示成奇数个对换的乘积. 于是我们证明了下述命题：

命题 5　每一个置换都可以表示成一些对换的乘积，并且置换 σ 是偶(奇)置换当且仅当 σ 的对换分解式中对换的个数为偶(奇)数. □

从(21)式看出,r-轮换是偶置换当且仅当 r 为奇数. 于是每个对换都是奇置换;每个 3-轮换都是偶置换.

从命题 5 立即得到,两个偶置换的乘积仍是偶置换. 从(20)式看出,偶置换的逆还是偶置换. 因此 S_n 中所有偶置换组成的集合是 S_n 的一个子群,称它为 **n 元交错群**,记做 A_n.

由于任一偶置换 σ 与(12)的乘积是奇置换,任一奇置换与(12)的乘积是偶置换,因此 A_n 与 S_n 的所有奇置换组成的集合之间有一个双射: $\sigma \longmapsto (12)\sigma$. 从而 $|A_n| = \frac{1}{2}|S_n| = \frac{n!}{2}$. 于是 $[S_n : A_n] = 2$. 据推论 3 得,A_n 是 S_n 的一个正规子群.

在 S_n 中,设 $\sigma = (i_1 i_2 \cdots i_r)$,任给 $\tau \in S_n$,对于 $1 \leqslant k < r$,$(\tau\sigma\tau^{-1})[\tau(i_k)] = (\tau\sigma)(i_k) = \tau(i_{k+1})$;又 $(\tau\sigma\tau^{-1})[\tau(i_r)] = \tau\sigma(i_r) = \tau(i_1)$. 因此

$$\tau\sigma\tau^{-1} = (\tau(i_1)\ \tau(i_2)\ \cdots\ \tau(i_r)). \tag{22}$$

4 元交错群 A_4 有一个子集 V 为

$$V = \{(1),(12)(34),(13)(24),(14)(23)\}.$$

直接计算可知 V 中任意两个置换的乘积还属于 V,显然 V 中每个置换的逆是它自身,因此 V 是 A_4 的一个子群. 对于任意 $(a_1a_2)(a_3a_4) \in V$,任给 $\tau \in A_4$,据(22)式有

$$\begin{aligned}\tau(a_1a_2)(a_3a_4)\tau^{-1} &= \tau(a_1a_2)\tau^{-1}\tau(a_3a_4)\tau^{-1}\\ &= (\tau(a_1)\ \tau(a_2))(\tau(a_3)\ \tau(a_4)) \in V.\end{aligned}$$

因此据命题 2 得,V 是 A_4 的正规子群.

§1.2 群的同态,可解群

研究群的结构的另一个途径是:通过研究一个群到另一个群的保持运算的映射来研究群的结构.

定义 1 设 G 和 $\widetilde{G}$ 是两个群,如果 G 到 $\widetilde{G}$ 有一个映射 σ,使得对于 G 中任意两个元素 a,b,都有

$$\sigma(ab) = \sigma(a)\sigma(b), \tag{1}$$

那么称 σ 是群 G 的群 $\widetilde{G}$ 的一个**同态映射**,简称为**同态**. 如果同态 σ 还是 G 到 $\widetilde{G}$ 的一个双射,那么称 σ 是群 G 到 $\widetilde{G}$ 的一个**同构映射**,简称为**同构**,此时称群 G 与 $\widetilde{G}$ 是**同构的**,记做 $G \cong \widetilde{G}$. 如果同态 σ 是单射(或满射),那么称 σ 是**单(或满)同态**.

同态映射是保持运算的映射,因此猜测有下述命题:

命题 1 设 σ 是群 G 到群 $\widetilde{G}$ 的一个同态,则

(1) σ 把 G 的单位元 e 映成 $\widetilde{G}$ 的单位元 $\tilde{e}$;

(2) $\sigma(a^{-1}) = \sigma(a)^{-1}$, $\forall\, a \in G$;

(3) G 的子群 H 在 σ 下的像 $\sigma(H)$ 是 $\widetilde{G}$ 的一个子群;

(4) G 在 σ 下的像 $\mathrm{Im}\sigma$ 是 $\widetilde{G}$ 的一个子群，称 $\mathrm{Im}\sigma$ 是同态 σ 的**像**.

证明 (1) $\sigma(e)=\sigma(ee)=\sigma(e)\sigma(e)$. 在等式两边左乘 $\sigma(e)^{-1}$，得 $\tilde{e}=\sigma(e)$.

(2) 任给 $a\in G$，有

$$\sigma(a)\sigma(a^{-1})=\sigma(aa^{-1})=\sigma(e)=\tilde{e}.$$

在上式两边左乘 $\sigma(a)^{-1}$，得 $\sigma(a^{-1})=\sigma(a)^{-1}$.

(3) 由于 $\sigma(e)=\tilde{e}$，因此 $\tilde{e}\in\sigma(H)$. 对于 $\sigma(a),\sigma(b)\in\sigma(H)$，

$$\sigma(a)[\sigma(b)]^{-1}=\sigma(a)\sigma(b^{-1})=\sigma(ab^{-1})\in\sigma(H).$$

因此 $\sigma(H)$ 是 $\widetilde{G}$ 的一个子群.

(4) 由 G 是的子群，因此据(3)得，$\mathrm{Im}\sigma$ 是 $\widetilde{G}$ 的子群. □

命题2 若 σ 是群 G 到群 $\widetilde{G}$ 的一个同构，则对于任意 $a\in G$，a 与 $\sigma(a)$ 的阶相同(即，或者同为无限阶元素，或者它们的阶是同一个正整数).

证明 由于 σ 是单射并且保持运算，因此对于任意正整数 n，有

$$a^n=e\Longleftrightarrow\sigma(a^n)=\sigma(e)\Longleftrightarrow[\sigma(a)]^n=\tilde{e}.$$

由此推出，a 与 $\sigma(a)$ 或者都为无限阶元素，或者它们的阶是同一个正整数. □

群的同构是所有群组成的集合上的一个二元关系，容易验证，同构关系具有反身性、对称性和传递性，因此同构关系是一个等价关系. 此时，等价类称为同构类. 同一个同构类里的群，它们从运算的角度看，本质上是一样的，因此对于同一个同构类里的群，只要选一个最简单的群作为代表去研究它的结构就可以了.

定理1 任意一个无限循环群都与整数加法群 $\mathbf{Z}$ 同构；任意一个 m 阶循环群都与 $\mathbf{Z}_m$ 的加法群同构，其中 m 是任给的一个大于1的正整数.

证明 设 $G=\langle a\rangle$ 是无限循环群，则

$$G=\{a^k\mid k\in\mathbf{Z}\}. \tag{2}$$

建立 G 到 $\mathbf{Z}$ 的一个映射 $\sigma\colon a^k\longmapsto k$. 显然 σ 是双射，并且有

$$\sigma(a^ka^l)=\sigma(a^{k+l})=k+l=\sigma(a^k)+\sigma(a_l).$$

因此 G 与整数加法群 $\mathbf{Z}$ 同构.

现在设 $G=\langle a\rangle$ 是 m 阶循环群，则

$$G=\{e,a,a^2,\cdots,a^{m-1}\}, \tag{3}$$

其中 $a^m=e$. 令

$$\tau\colon G\longrightarrow\mathbf{Z}_m$$
$$a^k\longmapsto\bar{k},$$

显然 τ 是双射. 设 $0\leqslant k,l<m$，$k+l=qm+r$，$0\leqslant r<m$，则

$$\begin{aligned}\tau(a^ka^l)&=\tau(a^{k+l})=\tau(a^{qm+r})=\tau(a^r)=\bar{r}=\overline{k+l}\\&=\bar{k}+\bar{l}=\tau(a^k)+\tau(a^l).\end{aligned}$$

因此 G 与 $\mathbf{Z}_m$ 的加法群同构. □

在第一章的第 6 节我们讲了环 $\mathbf{Z}_{m_1}$ 与 $\mathbf{Z}_{m_2}$ 的直和的概念，即在 $\mathbf{Z}_{m_1}\times\mathbf{Z}_{m_2}$ 中规定加法和乘法运算如下：

$$(\widetilde{a}_1,\widetilde{\widetilde{a}}_2)+(\widetilde{b}_1,\widetilde{\widetilde{b}}_2):=(\widetilde{a}_1+\widetilde{b}_1,\widetilde{\widetilde{a}}_2+\widetilde{\widetilde{b}}_2),$$

$$(\widetilde{a}_1,\widetilde{\widetilde{a}}_2)(\widetilde{b}_1,\widetilde{\widetilde{b}}_2):=(\widetilde{a}_1\widetilde{b}_1,\widetilde{\widetilde{a}}_2\widetilde{\widetilde{b}}_2).$$

容易验证，$\mathbf{Z}_{m_1}\times\mathbf{Z}_{m_2}$ 成为一个交换环，称这个环是 $\mathbf{Z}_{m_1}$ 与 $\mathbf{Z}_{m_2}$ 的直和，记做 $\mathbf{Z}_{m_1}\oplus\mathbf{Z}_{m_2}$. 类似地，我们引进下述概念：

定义 2 设 G_1 和 G_2 是两个群，在 $G_1\times G_2$ 中规定乘法运算如下：

$$(a_1,a_2)(b_1,b_2):=(a_1b_1,a_2b_2), \tag{4}$$

易验证 $G_1\times G_2$ 成为一个群，称它为群 G_1 与 G_2 的**直积**，记做 $G_1\times G_2$. 如果群 G_1 与 G_2 的运算都记成加法，那么在 $G_1\times G_2$ 中规定加法运算如下：

$$(a_1,a_2)+(b_1,b_2):=(a_1+b_1,a_2+b_2), \tag{5}$$

此时 G_1 与 G_2 的直积 $G_1\times G_2$ 是 G_1 与 G_2 的**直和**，可记成 $G_1\oplus G_2$.

例如，$\mathbf{Z}_{m_1}$ 的加法群与 $\mathbf{Z}_{m_2}$ 的加法群的直和为 $\mathbf{Z}_{m_1}\oplus\mathbf{Z}_{m_2}$. 我们在第一章的第 6 节的定理 3 证明了：设 $m=m_1m_2$，且 m_1 与 m_2 是互素的大于 1 的整数，则 $\sigma:\ \overline{x}\longmapsto(\widetilde{x},\widetilde{\widetilde{x}})$ 是环 $\mathbf{Z}_m$ 到环 $\mathbf{Z}_{m_1}\oplus\mathbf{Z}_{m_2}$ 的一个同构映射，从而环 $\mathbf{Z}_m$ 与 $\mathbf{Z}_{m_1}\oplus\mathbf{Z}_{m_2}$ 同构. 由此立即得出：

命题 3 设 $m=m_1m_2$ 且 $(m_1,m_2)=1$，则加法群 $\mathbf{Z}_m$ 与加法群 $\mathbf{Z}_{m_1}\oplus\mathbf{Z}_{m_2}$ 同构，从而当 $(m_1,m_2)=1$ 时，$\mathbf{Z}_{m_1}\oplus\mathbf{Z}_{m_2}$ 是循环群. □

命题 3 的逆命题也成立，即我们有下述命题：

命题 4 如果 $\mathbf{Z}_{m_1}\oplus\mathbf{Z}_{m_2}$ 是循环群，那么 $(m_1,m_2)=1$.

证明 设 $\mathbf{Z}_{m_1}\oplus\mathbf{Z}_{m_2}$ 是循环群，显然它的阶为 m_1m_2. 假如 $(m_1,m_2)=d>1$，则 $m_1=r_1d$，$m_2=r_2d$，其中 $r_1,r_2\in\mathbf{N}^*$. 任取 $(\widetilde{a}_1,\widetilde{\widetilde{a}}_2)\in\mathbf{Z}_{m_1}\oplus\mathbf{Z}_{m_2}$，有

$$r_1dr_2(\widetilde{a}_1,\widetilde{\widetilde{a}}_2)=(m_1r_2\widetilde{a}_1,r_1m_2\widetilde{\widetilde{a}}_2)=(\widetilde{0},\widetilde{\widetilde{0}}).$$

从而 $(\widetilde{a}_1,\widetilde{\widetilde{a}}_2)$ 的阶是 r_1dr_2 的因子. 由于 $r_1dr_2<m_1m_2$，因此，$\mathbf{Z}_{m_1}\oplus\mathbf{Z}_{m_2}$ 中任一元素的阶都小于 m_1m_2. 这与 $\mathbf{Z}_{m_1}\oplus\mathbf{Z}_{m_2}$ 是 m_1m_2 阶循环群矛盾. 因此 $(m_1,m_2)=1$. □

群的直积的概念可以用来研究群的结构.

定理 2 设 G 是一个群，H,K 是 G 的两个子群. 如果

(1) $G=HK$；

(2) $H\cap K=\{e\}$；

(3) H 中每个元素与 K 中每个元素可交换，即

$$hk=kh,\quad\forall h\in H,k\in K,$$

那么

$$G\cong H\times K.$$

证明 令

$$\sigma: H \times K \longrightarrow G$$
$$(h,k) \longmapsto hk.$$

由于 $G=HK$，因此 G 中每个元素可写成 hk 这种形式，从而 σ 是满射. 现在来证 σ 是单射. 设 $h_1k_1=h_2k_2$，则

$$h_2^{-1}h_1 = k_2k_1^{-1} \in H \cap K.$$

由于 $H \cap K=\{e\}$，因此 $h_2^{-1}h_1=k_2k_1^{-1}=e$. 从而 $h_1=h_2$，$k_1=k_2$. 于是 σ 是单射. 由于 H 的元素与 K 的元素可交换，因此

$$\begin{aligned}\sigma[(h_1,k_1)(h_2,k_2)] &= \sigma(h_1h_2,k_1k_2) = (h_1h_2)(k_1k_2) = (h_1k_1)(h_2k_2) \\ &= \sigma(h_1,k_1)\sigma(h_2,k_2).\end{aligned}$$

这证明了 σ 是 $H\times K$ 到 G 的一个同构. 从而 $H\times K\cong G$. □

在定理 2 的条件下，$G\cong H\times K$. 此时称 G 是它的两个子群 H 与 K 的**内直积**，习惯上也可记做 $G=H\times K$. 此时，群 G 的结构就比较清晰了.

群的同构在研究群的结构中起的作用是对同一个同构类里的群只要选取一个代表来研究它的结构就可以了. 进一步要探讨的是如何把群进行同构分类？对同构类的代表如何研究它的结构？在这些研究课题中起主线作用的就是群的同态.

定义 3 设 σ 是群 G 到群 $\widetilde{G}$ 的一个同态. $\widetilde{G}$ 的单位元 $\tilde{e}$ 在 σ 下的原像集称为同态 σ 的**核**，记做 $\mathrm{Ker}\sigma$，即

$$\mathrm{Ker}\sigma := \{a \in G \mid \sigma(a) = \tilde{e}\}. \tag{6}$$

命题 5 群 G 到 $\widetilde{G}$ 的同态 σ 的核 $\mathrm{Ker}\sigma$ 是 G 的一个正规子群.

证明 由于 $\sigma(e)=\tilde{e}$，因此 $e\in\mathrm{Ker}\sigma$. 任取 $a,b\in\mathrm{Ker}\sigma$，有

$$\sigma(ab^{-1}) = \sigma(a)\sigma(b)^{-1} = \tilde{e}\tilde{e}^{-1} = \tilde{e},$$

因此 $ab^{-1}\in\mathrm{Ker}\sigma$. 从而 $\mathrm{Ker}\sigma<G$.

对于任意 $g\in G$，任取 $a\in\mathrm{Ker}\sigma$，有

$$\sigma(gag^{-1}) = \sigma(g)\sigma(a)\sigma(g)^{-1} = \sigma(g)\tilde{e}\sigma(g)^{-1} = \tilde{e}.$$

因此 $gag^{-1}\in\mathrm{Ker}\sigma$，从而 $\mathrm{Ker}\sigma\lhd G$. □

命题 6 设 σ 是群 G 到群 $\widetilde{G}$ 的一个同态，则 σ 是单射当且仅当 $\mathrm{Ker}\sigma=\{e\}$.

证明 必要性是显然的. 现在来证充分性. 设 $a,b\in G$. 若 $\sigma(a)=\sigma(b)$，则 $\sigma(ab^{-1})=\sigma(a)\sigma(b)^{-1}=\tilde{e}$. 从而 $ab^{-1}\in\mathrm{Ker}\sigma$. 由于 $\mathrm{Ker}\sigma=\{e\}$，因此 $ab^{-1}=e$. 从而 $a=b$. 于是 σ 是单射. □

命题 7 设 N 是群 G 的一个正规子群，令

$$\pi: G \longrightarrow G/N$$
$$a \longmapsto aN,$$

则 π 是群 G 到商群 G/N 的一个满同态，并且 $\mathrm{Ker}\pi=N$.

证明 任给 $a,b\in G$，有

$$\pi(ab)=abN=(aN)(bN)=\pi(a)\pi(b),$$

因此 π 是群 G 到 G/N 的一个同态. 显然 π 是满射. 由于

$$a\in \mathrm{Ker}\pi \Longleftrightarrow \pi(a)=N \Longleftrightarrow aN=N \Longleftrightarrow a\in N,$$

因此 $\mathrm{Ker}\pi=N$. □

命题 7 中的同态 $\pi: a\longmapsto aN$ 称为**自然同态**. 命题 7 告诉我们: 商群 G/N 是群 G 在自然同态下的像,正规子群 N 是自然同态的核. 而命题 5 告诉我们: 群 G 到群 $\widetilde{G}$ 的任一同态 σ 的核是 G 的正规子群. 我们要问: 同态 σ 的像 $\mathrm{Im}\sigma$ 与 G 对于同态核的商群 $G/\mathrm{Ker}\sigma$ 有什么关系? 下面的定理 3 回答了这个问题.

定理 3(群同态基本定理) 设 σ 是群 G 到群 $\widetilde{G}$ 的一个同态,则 $G/\mathrm{Ker}\sigma\cong \mathrm{Im}\sigma$.

证明 设 $N=\mathrm{Ker}\sigma$,则 $N\lhd G$. 令

$$\psi: G/N\longrightarrow \mathrm{Im}\sigma$$
$$aN\longmapsto \sigma(a).$$

由于

$$\begin{aligned} aN=bN &\Longleftrightarrow b^{-1}a\in N \\ &\Longleftrightarrow \sigma(b^{-1}a)=\tilde{e} \\ &\Longleftrightarrow \sigma(a)=\sigma(b), \end{aligned}$$

因此 ψ 是 G/N 到 $\mathrm{Im}\sigma$ 的一个映射,并且 ψ 是单射. 显然 ψ 是满射. 从而 ψ 是双射. 对于任意 $aN,bN\in G/N$,有

$$\psi[(aN)(bN)]=\psi(abN)=\sigma(ab)=\sigma(a)\sigma(b)=\psi(aN)\psi(bN).$$

因此 ψ 是 G/N 到 $\mathrm{Im}\sigma$ 的一个同构. 从而 $G/N\cong \mathrm{Im}\sigma$. □

利用群同态基本定理可以推导出一些群是同构的. 首先要建立一个合适的映射,证明它是满同态,然后去求同态的核,于是同态像同构于商群.

定理 4(第一同构定理) 设 G 是群,$H<G,N\lhd G$,则

(1) $HN<G$;

(2) $H\cap N\lhd H$,且 $H/H\cap N\cong HN/N$.

证明 (1) 显然 HN 非空集. 任取 $h_1n_1,h_2n_2\in HN$,由于 $H<G,N\lhd G$,因此有

$$(h_1n_1)(h_2n_2)^{-1}=h_1n_1n_2^{-1}h_2^{-1}=(h_1h_2^{-1})[h_2(n_1n_2^{-1})h_2^{-1}]\in HN.$$

从而 $HN<G$.

(2) 由于 $N\lhd G$,因此 $N\lhd HN$. 令

$$\sigma: H\longrightarrow HN/N$$
$$h\longmapsto hN.$$

在 HN/N 中任取 $(hn)N=hN$,则 $\sigma(h)=hN=(hn)N$. 因此 σ 是满射. 对于任意 $h_1,h_2\in H$,有

$$\sigma(h_1h_2)=h_1h_2N=(h_1N)(h_2N)=\sigma(h_1)\sigma(h_2).$$

因此 σ 是 H 到 HN/N 的一个满同态. 我们有

$$h \in \mathrm{Ker}\sigma \Longleftrightarrow hN = N \Longleftrightarrow h \in H \cap N,$$

因此 $\mathrm{Ker}\sigma = H \cap N$. 从而 $H \cap N \lhd H$. 据群同态基本定理得,

$$H/H \cap N \cong HN/N.$$

□

设 N 是群 G 的一个正规子群, 商群 G/N 的子群 S 是什么样子呢? S 是由 N 的一些左陪集组成的集合, 设 S 中的所有左陪集的代表组成的集合为 H, 则

$$S = \{bN \mid b \in H\}.$$

任给 $b_1, b_2 \in H$, 则 $b_1N, b_2N \in S$. 从而 $(b_1N)(b_2N)^{-1} \in S$, 即 $b_1b_2^{-1}N \in S$. 于是 $b_1b_2^{-1} \in H$. 因此 $H < G$. 这证明了商群 G/N 的任一子群 $S = H/N$, 其中 $H < G$. 又由于对任意 $n \in N$, 有 $nN = N \in S$, 因此 $n \in H$. 从而 $N \subseteq H$. 因此 H 是 G 的包含 N 的子群.

设 H/N 是商群 G/N 的一个正规子群, 则对于任意 $gN \in G/N$, 任取 $hN \in H/N$, 有

$$(gN)(hN)(gN)^{-1} \in H/N,$$

从而 $ghg^{-1}N \in H/N$. 于是 $ghg^{-1} \in H$. 因此 $H \lhd G$. 这证明了商群 G/N 的正规子群形如 H/N, 其中 $H \lhd G$, 且 $H \supseteq N$. 我们把所证明的结果写成下述命题:

命题 8 设 N 是群 G 的一个正规子群, 则商群 G/N 的任一子群形如 H/N, 其中 $H < G$ 且 $H \supseteq N$; 商群 G/N 的任一正规子群形如 H/N, 其中 $H \lhd G$ 且 $H \supseteq N$. □

命题 8 的逆命题也成立, 即我们有下述定理:

定理 5(第二同构定理) 设 G 是一个群, $N \lhd G$, $H \lhd G$, 且 $H \supseteq N$, 则 $H/N \lhd G/N$, 且

$$(G/N)/(H/N) \cong G/H. \tag{7}$$

证明 令

$$\sigma: G/N \to G/H$$
$$aN \mapsto aH.$$

若 $aN = bN$, 则 $b^{-1}a \in N$. 由于 $N \subseteq H$, 因此 $b^{-1}a \in H$. 从而 $aH = bH$. 这表明 σ 是 G/N 到 G/H 的一个映射. 显然 σ 是满射. 对于任意 $aN, bN \in G/N$, 有

$$\sigma[(aN)(bN)] = \sigma(abN) = abH = (aH)(bH) = \sigma(aN)\sigma(bN).$$

因此 σ 是 G/N 到 G/H 的一个满同态. 我们有

$$aN \in \mathrm{Ker}\sigma \Longleftrightarrow aH = H \Longleftrightarrow a \in H \Longleftrightarrow aN \in H/N,$$

因此 $\mathrm{Ker}\sigma = H/N$. 从而 $H/N \lhd G/N$. 据群同态基本定理得

$$(G/N)/(H/N) \cong G/H.$$

□

为了研究一个群 G 的结构, 我们可以找出 G 的不同的同态像, 然后把这些同态像综合起来分析群 G 的结构. 现在我们来探讨群 G 到群 $\widetilde{G}$ 的同态 σ 满足什么条件才能使同态像 $\mathrm{Im}\sigma$ 为阿贝尔群?

设 σ 是群 G 到群 $\widetilde{G}$ 的一个同态, 则

$$
\begin{aligned}
&\mathrm{Im}\sigma \text{ 为阿贝尔群}\\
&\Longleftrightarrow \sigma(x)\sigma(y)=\sigma(y)\sigma(x),\quad \forall\,\sigma(x),\sigma(y)\in \mathrm{Im}\sigma\\
&\Longleftrightarrow \sigma(xy)[\sigma(yx)]^{-1}=\tilde{e},\quad \forall\,\sigma(x),\sigma(y)\in \mathrm{Im}\sigma\\
&\Longleftrightarrow \sigma(xyx^{-1}y^{-1})=\tilde{e},\quad \forall\,x,y\in G\\
&\Longleftrightarrow xyx^{-1}y^{-1}\in \mathrm{Ker}\sigma,\quad \forall\,x,y\in G\\
&\Longleftrightarrow \{xyx^{-1}y^{-1}\mid x,y\in G\}\subseteq \mathrm{Ker}\sigma.
\end{aligned}
\tag{8}
$$

我们把 $xyx^{-1}y^{-1}$ 称为 x 与 y 的**换位子**,记做$[x,y]$. 显然

$$
xy=yx\Longleftrightarrow xyx^{-1}y^{-1}=e. \tag{9}
$$

定义 4 群 G 的所有换位子生成的子群称为 G 的**换位子群**,记做 G' 或 $G^{(1)}$.

从上面的推导过程立即得到:

命题 9 设 σ 是群 G 到群 $\widetilde{G}$ 的一个同态,则 $\mathrm{Im}\sigma$ 为阿贝尔群当且仅当 $G'\subseteq\mathrm{Ker}\sigma$. □

从(9)式立即得到:

命题 10 群 G 为阿贝尔群当且仅当 $G'=\{e\}$. □

命题 11 群 G 的换位子群 G' 是 G 的一个正规子群.

证明 任意给定 $g\in G$,任取 $z\in G'$,有

$$
gzg^{-1}=(gzg^{-1}z^{-1})z\in G',
$$

因此 $G'\lhd G$. □

命题 12 设 G 是一个群,则 G/G' 是阿贝尔群.

证明 由于 $G'\lhd G$,因此 π: $a\longmapsto aG'$ 是 G 到 G/G' 的满同态,且 $\mathrm{Ker}\pi=G'$. 于是据命题 9 得,同态 π 的像 G/G' 是阿贝尔群. □

命题 13 设 N 是群 G 的一个正规子群,则 G/N 为阿贝尔群当且仅当 $N\supseteq G'$.

证明 由于 $N\lhd G$,因此 π: $a\longmapsto aN$ 是 G 到 G/N 的满同态,且 $\mathrm{Ker}\pi=N$. 于是据命题 9 得,同态 π 的像 G/N 为阿贝尔群当且仅当 $G'\subseteq N$. □

从命题 12 和命题 13 看出,群 G 的所有阿贝尔商群中,G/G' 是最大的一个.

例 1 求交错群 A_4 的换位子群.

解 从本附录的 1.1 小节的最后一段知道,A_4 有一个正规子群 $V=\{(1),(12)(34),(13)(24),(14)(23)\}$. 于是有商群 A_4/V. 由于 $|A_4/V|=\dfrac{12}{4}=3$,因此 A_4/V 是 3 阶循环群. 从而 $A_4'\subseteq V$. 由于$(123)(12)(34)(123)^{-1}=(23)(14)$,因此$\langle(12)(34)\rangle$不是 A_4 的正规子群,同理$\langle(13)(24)\rangle$,$\langle(14)(23)\rangle$也不是 A_4 的正规子群. 又 A_4 是非阿贝尔群,因此 $A_4'\neq\{(1)\}$. 从而 $A_4'=V$.

$A_4'=V$ 是 4 阶群,易验证它是阿贝尔群. 因此 $V'=\{(1)\}$. 于是 A_4 有一个递降的子群列:

$$
A_4\rhd A_4'\rhd(A_4')'=\{(1)\}. \tag{10}
$$

一般地，设 G 是一个群，我们把 G' 的换位子群记做 $G^{(2)}$，…，把 $G^{(k-1)}$ 的换位子群记做 $G^{(k)}$.

定义 5 设 G 是一个群，如果有一个正整数 k，使得 $G^{(k)}=\{e\}$，那么称 G 是**可解群**；否则，称 G 是**不可解群**.

对于任一阿贝尔群 G，由于 $G'=\{e\}$，因此任一阿贝尔群 G 是可解群.

从(10)式看出，由于 $A_4^{(2)}=\{(1)\}$，因此交错群 A_4 是可解群.

例 2 证明：当 $n\geqslant 5$ 时，A_n 是不可解群.

证明 A_n 的元素都是偶置换，它可以表示成偶数个对换的乘积. 考虑两个对换的乘积. 若这两个对换有公共元素，则$(ij)(ij)=(1)$，$(ij)(ik)=(ikj)$. 若这两个对换没有公共元素：$(ij)(kl)$，则$(ikj)(ij)(kl)=(i)(jkl)$，从而$(ij)(kl)=(ikj)^{-1}(jkl)=(ijk)(jkl)$. 因此 $A_n(n\geqslant 3)$可以由 3-轮换生成.

当 $n\geqslant 5$ 时，对于 A_n 中任意一个 3-轮换$(a_1a_2a_3)$，取 $\sigma=(a_1a_3a_4a_2a_5)\in A_n$，$\tau=(a_1a_5a_2)\in A_n$，则

$$\sigma\tau\sigma^{-1}\tau^{-1}=(a_3a_1a_5)(a_1a_2a_5)=(a_1a_2a_3).$$

因此$(a_1a_2a_3)\in A_n'$. 由于 A_n 可以由 3-轮换生成，因此 $A_n\subseteq A_n'$. 显然 $A_n'\subseteq A_n$. 因此 $A_n'=A_n$. 于是对一切正整数 k，都有 $A_n^{(k)}=A_n$. 这证明了当 $n\geqslant 5$ 时，A_n 是不可解群. □

例 3 求 $S_n(n\geqslant 3)$的换位子群.

解 由于 $A_n\lhd S_n$，因此有商群 S_n/A_n，其阶为 2. 从而 S_n/A_n 是 2 阶循环群. 于是 $S_n'\subseteq A_n$. 由于 $A_n(n\geqslant 3)$可以由 3-轮换生成，而对于每一个 3-轮换(ijk)，有

$$(ijk)=(ikj)^2=[(ij)(ik)]^2=(ij)(ik)(ij)^{-1}(ik)^{-1}\in S_n',$$

因此 $A_n\subseteq S_n'$，从而 $S_n'=A_n$.

从例 3 和例 2 得出，当 $n\geqslant 5$ 时，S_n 是不可解群.

由于 $S_4'=A_4$，$A_4^{(2)}=\{(1)\}$，因此 $S_4^{(3)}=\{(1)\}$. 从而 S_4 是可解群.

从(10)式受到启发，我们猜测可解群的下述判别准则：

定理 6 群 G 是可解群当且仅当存在递降的子群列：

$$G=G_0\rhd G_1\rhd G_2\rhd\cdots\rhd G_s=\{e\},\tag{11}$$

其中每个商群 G_{i-1}/G_i 都是阿贝尔群，$i=1,2,\cdots,s$.

证明 *必要性* 设 G 是可解群，则存在正整数 k，使得 $G^{(k)}=\{e\}$. 从而 G 有递降的子群列：

$$G\rhd G'\rhd G^{(2)}\rhd\cdots\rhd G^{(k)}=\{e\},$$

且由于 $G^{(i)}$ 是 $G^{(i-1)}$ 的换位子群，因此 $G^{(i-1)}/G^{(i)}$ $(i=1,2,\cdots,k)$是阿贝尔群，其中 $G^{(0)}=G$.

充分性 设群 G 有递降的子群列(11)使得商群 G_{i-1}/G_i $(i=1,2,\cdots,s)$是阿贝尔群. 由

于 $G_1 \lhd G_0$，且 G_0/G_1 是阿贝尔群，因此 $G' \subseteq G_1$. 由于 $G_2 \lhd G_1$，且 G_1/G_2 是阿贝尔群，因此 $G_1' \subseteq G_2$. 从而 $G^{(2)}=(G')' \subseteq G_1' \subseteq G_2$. 用数学归纳法，假设 $G^{(t)} \subseteq G_t$ 成立. 由于 $G_{t+1} \lhd G_t$，且 G_t/G_{t+1}是阿贝尔群，因此 $G_t' \subseteq G_{t+1}$. 从而 $G^{(t+1)}=(G^{(t)})' \subseteq G_t' \subseteq G_{t+1}$. 由数学归纳法原理，对于 $i=1,2,\cdots,s$ 都有 $G^{(i)} \subseteq G_i$. 于是 $G^{(s)} \subseteq G_s=\{e\}$，从而 $G^{(s)}=\{e\}$，因此 G 是可解群. □

定理 7 可解群的每个子群和同态像是可解群.

证明 设 G 是可解群，则有一个正整数 k，使得 $G^{(k)}=\{e\}$. 设 H 是 G 的任一子群，则 $H' \subseteq G'$. 依次下去可得，$H^{(k)} \subseteq G^{(k)}$. 因此 $H^{(k)}=\{e\}$. 从而 H 是可解群.

设 σ 是群 G 到群 $\widetilde{G}$ 的一个同态. 则对任意 $x,y \in G$，有

$$\sigma[x,y]=\sigma(xyx^{-1}y^{-1})=\sigma(x)\sigma(y)\sigma(x)^{-1}\sigma(y)^{-1}=[\sigma(x),\sigma(y)]. \tag{12}$$

因此 $\sigma(G') \subseteq (\mathrm{Im}\sigma)'$.

任取 $\sigma(x),\sigma(y) \in \mathrm{Im}\sigma$，则由(12)式得，$[\sigma(x),\sigma(y)]=\sigma[x,y]$. 因此$(\mathrm{Im}\sigma)' \subseteq \sigma(G')$. 从而 $\sigma(G')=(\mathrm{Im}\sigma)'$. 于是 σ 限制到 G' 上是 G' 到$(\mathrm{Im}\sigma)'$的一个满同态. 同理有

$$\sigma(G^{(2)})=\sigma((G')')=((\mathrm{Im}\sigma)')'=(\mathrm{Im}\sigma)^{(2)}.$$

用数学归纳法可证得，$\sigma(G^{(t)})=(\mathrm{Im}\sigma)^{(t)}, t=1,2,\cdots,k$. 从而 $\sigma(G^{(k)})=(\mathrm{Im}\sigma)^{(k)}$. 由于 $G^{(k)}=\{e\}$，因此$\{\tilde{e}\}=(\mathrm{Im}\sigma)^{(k)}$. 这证明了 $\mathrm{Im}\sigma$ 是可解群. □

推论 1 可解群的商群是可解群.

证明 设 N 是群 G 的任一正规子群，则 $\pi: a \longmapsto aN$ 是群 G 到商群 G/N 的一个满同态. 据定理 7 得，$\mathrm{Im}\pi$ 是可解群. 从而 G/N 是可解群. □

定理 8 设 N 是群 G 的正规子群，若 N 和 G/N 都是可解群，则 G 是可解群.

证明 由于 $N \lhd G$，因此 $\pi: a \longmapsto aN$ 是 G 到 G/N 的满同态. 据定理 7 的证明过程得，$\pi(G^{(t)})=(G/N)^{(t)}$. 由于 G/N 是可解群，因此有正整数 k 使得$(G/N)^{(k)}=\{N\}$. 从而 $\pi(G^{(k)})=\{N\}$. 由此得出，$G^{(k)} \subseteq N$. 由于 N 是可解群，因此有正整数 l 使得 $N^{(l)}=\{e\}$. 由于$(G^{(k)})^{(l)} \subseteq N^{(l)}$，因此 $G^{(k+l)}=\{e\}$. 从而 G 是可解群. □

定义 6 如果群 G 只有平凡的正规子群：$\{e\}$和 G，那么称 G 是**单群**.

单群是群的结构中的基本构件. 犹如素数是整数环的结构中的基本构件一样.

由于子群的阶是群的阶的因子，因此素数阶群(它是循环的)是单群.

设 G 是阿贝尔群. 若 G 是单群，则 G 的子群只有$\{e\}$和 G. 对于 $a \in G$ 且 $a \neq e$，有$\langle a\rangle$是 G 的子群. 于是$\langle a\rangle=G$. 因此 G 是循环群. 若 G 是无限循环群，则 G 同构于整数加法群 $\mathbf{Z}$，显然偶数集 $2\mathbf{Z}$ 是 $\mathbf{Z}$ 的子群. 因此 $\mathbf{Z}$ 不是单群. 从而 G 不是无限循环群. 于是 G 是 m 阶循环群，从而 G 同构于 $\mathbf{Z}_m$ 的加法群. 若 m 是合数，设 $m=m_1m_2$，且$(m_1,m_2)=1$，则 $\mathbf{Z}_m \cong \mathbf{Z}_{m_1} \oplus \mathbf{Z}_{m_2}$. 于是 $\mathbf{Z}_m$ 有 m_1 阶子群. 因此 G 不是合数阶循环群. 从而 G 必为素数阶循环群. 这样我们证明了下述结论：

定理 9 阿贝尔群 G 是单群当且仅当 G 是素数阶循环群. □

命题 14 非阿贝尔群可解群不是单群.

证明 设G是非阿贝尔群可解群,则$G'\neq\{e\}$,且$G'\neq G$(假如$G'=G$,则对一切正整数k都有$G^{(k)}=G$.这与G是可解群矛盾).因此G有非平凡的正规子群G',从而G不是单群. □

现在我们给出有限群G的可解性的另一个判别准则:

定理10 有限群G是可解群当且仅当存在一个递降的子群列:

$$G=H_0\triangleright H_1\triangleright H_2\triangleright\cdots\triangleright H_r=\{e\},\tag{13}$$

其中每一个商群H_{i-1}/H_i都是素数阶循环群,$j=1,2,\cdots,r$.

证明 充分性由定理6立即得到.下面来证必要性.

设有限群G是可解群,则据定理6得,有一个递降的子群列:

$$G=G_0\triangleright G_1\triangleright G_2\triangleright\cdots\triangleright G_s=\{e\},\tag{14}$$

其中每一个商群$G_{i-1}/G_i(i=1,2,\cdots,s)$都是阿贝尔群.

若G_{i-1}/G_i不是素数阶循环群,则G_{i-1}/G_i不是单群.于是G_{i-1}/G_i有非平凡的正规子群K_i/G_i,其中$K_i\triangleleft G_{i-1}$且$K_i\supsetneqq G_i$,$K_i\neq G_{i-1}$.从而有

$$G_{i-1}\triangleright K_i\triangleright G_i.\tag{15}$$

由于K_i/G_i是阿贝尔群G_{i-1}/G_i的子群,因此K_i/G_i是阿贝尔群.又根据第二同构定理得

$$(G_{i-1}/G_i)/(K_i/G_i)\cong G_{i-1}/K_i.$$

因此G_{i-1}/K_i也是阿贝尔群.这证明了:只要G_{i-1}/G_i不是素数阶循环群,就可以在G_{i-1}与G_i之间插入一个子群K_i,使得(15)式成立,且G_{i-1}/K_i和K_i/G_i都是阿贝尔群.由于G是有限群,因此这种递降的子群列的长度是有限的.从而经过若干次插入之后,我们总可以得到一个递降的子群列:

$$G=H_0\triangleright H_1\triangleright H_2\triangleright\cdots\triangleright H_r=\{e\},$$

它不能再插入新的项.此时每个商群$H_{i-1}/H_i(i=1,2,\cdots,r)$就都是素数阶循环群了. □

定理10中,对于有限可解群G,它的递降子群列不是唯一的.设子群列(13)中的商群H_{i-1}/H_i的阶为素数p_i,其中$i=1,2,\cdots,r$.显然有

$$|G|=|H_0|=|H_1||H_0/H_1|=|H_0/H_1||H_1/H_2||H_2|=\cdots=p_1p_2\cdots p_r.$$

这表明子群列的长度r等于$|G|$的素因子的个数(重复的素因子按重数计算),从而是唯一决定的.同时商群的阶,即素数组$p_1,p_2,\cdots,p_r$是唯一决定的.

运用群的同态,我们把一大类群——可解群的结构研究清楚了.任意一个可解群G都有一个递降的子群列:

$$G=G_0\triangleright G_1\triangleright G_2\triangleright\cdots\triangleright G_s=\{e\},$$

其中每一个商群$G_{i-1}/G_i(i=1,2,\cdots,s)$都是阿贝尔群.任意一个有限可解群$G$都有一个递降的子群列:

$$G=H_0\triangleright H_1\triangleright H_2\triangleright\cdots\triangleright H_r=\{e\},$$

其中每一个商群$H_{i-1}/H_i(i=1,2,\cdots,r)$都是素数阶循环群,并且商群的个数$r$,以及这些商群的阶组成的素数组(不考虑先后次序)是由G唯一决定的.

附录 2

域扩张的途径及其性质

我们在第一章的第 2 节讲了环和域的概念. 在本附录 2 中，我们来探索如何从一个域出发构造新的较大的域，称为域扩张. 由于域是一种特殊类型的环：有单位元的交换环且每个非零元都是可逆元，因此在 §2.1 中先介绍环的理想，商环，环同态，极大理想的概念和性质，然后探索从一个域 F 出发构造新的较大的域的途径. 在 §2.2 中研究域扩张的性质，多项式的分裂域，以及伽罗瓦扩张.

§2.1 理想，商环，环同态，极大理想，域扩张的途径

整数环 $\mathbf{Z}$，偶数环 $2\mathbf{Z}$ 都是环，由于 $2\mathbf{Z}\subseteq\mathbf{Z}$，因此自然可以把 $2\mathbf{Z}$ 叫做 $\mathbf{Z}$ 的一个子环.

定义 1 如果环 R 的一个非空子集 R_1 对于 R 的加法和乘法也成为一个环，那么称 R_1 是 R 的一个**子环**.

显然，环 R 对于加法运算成为一个交换群. 因此环 R 的非空子集 R_1 要想对于 R 的加法和乘法成为一个环. 首先 R_1 对于 R 的加法运算要成为一个群. 为此要求 R_1 对于环 R 的减法封闭，即若 $a,b\in R_1$，则 $a-b\in R_1$. 其次 R_1 对于 R 的乘法应当封闭，即若 $a,b\in R_1$，则 $ab\in R_1$. 于是容易证明下述结论：

命题 1 设 R_1 是环 R 的一个非空子集，如果 R_1 对于 R 的减法和乘法都封闭，即

$$a,b\in R_1\Longrightarrow a-b\in R_1,\ ab\in R_1,$$

那么 R_1 是 R 的一个子环.

设 m 是大于 1 的整数，m 的整数倍组成的集合记做 $m\mathbf{Z}$，即

$$m\mathbf{Z}:=\{km\mid k\in\mathbf{Z}\}.$$

显然 $m\mathbf{Z}$ 对于整数的减法和乘法都封闭，因此 $m\mathbf{Z}$ 是整数环 $\mathbf{Z}$ 的一个子环. $m\mathbf{Z}$ 还具有进一步的性质：任给 $km\in m\mathbf{Z}$，对于任意 $l\in\mathbf{Z}$，有 $l(km)=$

$(lk)m\in m\mathbf{Z}$，$(km)l=(kl)m\in m\mathbf{Z}$. 由此得到启发，引出下述概念：

定义 2 设 R 是一个环，I 是 R 的一个非空子集，如果 I 对于 R 的减法封闭，即

$$a\in I, b\in I\Longrightarrow a-b\in I;$$

并且 I 对于 R 的乘法具有“吸引性”，即

$$a\in I, r\in R\Longrightarrow ra\in I, ar\in I,$$

那么称 I 是 R 的一个**理想**.

例如，$m\mathbf{Z}$ 是 $\mathbf{Z}$ 的一个理想. 在域 F 上的一元多项式环 $F[x]$ 中，一个多项式 $f(x)$ 的所有倍式组成的集合是 $F[x]$ 的一个理想.

显然，$\{0\}$ 和 R 都是环 R 的理想，称它们为平凡的理想.

从定义 2 看出，环 R 的一个理想 I 一定是 R 的一个子环. 但是反之不成立.

容易看出，若 $\{I_j \mid j\in J\}$ 是环 R 的一族理想，则 $\bigcap\limits_{j\in J} I_j$ 也是 R 的一个理想.

定义 3 设 S 是环 R 的一个非空子集，环 R 的包含 S 的所有理想的交称为**由 S 生成的理想**，记做 (S). 如果 $S=\{a_1, a_2, \cdots, a_n\}$，那么称理想 (S) 是**有限生成的**，记成 $(a_1, a_2, \cdots, a_n)$. 环 R 中由一个元素 a 生成的理想 (a) 称为**主理想**.

设 R 是有单位元的交换环，对于 $a\in R$，把集合 $\{ra \mid r\in R\}$ 记做 Ra. 容易看出，Ra 是 R 的一个理想，并且它是由一个元素 a 生成的理想，于是 $Ra=(a)$，它是主理想. 特别地，整数环 $\mathbf{Z}$ 的理想 $m\mathbf{Z}=(m)$，它是主理想；在 $F[x]$ 中，一个多项式 $f(x)$ 的所有倍式组成的集合是由 $f(x)$ 生成的理想 $(f(x))$，它是主理想.

命题 2 整数环 $\mathbf{Z}$ 的每一个理想都是由一个非负整数生成的主理想.

证明 设 I 是 $\mathbf{Z}$ 的一个理想. 若 $I=\{0\}$，则 I 是主理想 (0). 下面设 $I\neq(0)$. 于是存在 $a\in I$ 且 $a\neq 0$. 如果 a 是负整数，那么 $-a=(-1)a\in I$. 因此 I 必含有正整数. 在 I 里的正整数中取一个最小的数，设为 m. 则 $(m)\subseteq I$. 任取 $b\in I$. 作带余除法：

$$b=qm+r,\quad 0\leqslant r<m.$$

于是 $r=b-qm\in I$. 假如 $r\neq 0$，则与 m 的取法矛盾. 因此 $r=0$. 从而 $b=qm\in(m)$. 因此 $I\subseteq(m)$. 于是 $I=(m)$. □

类似于命题 2 的证明方法，可以证明下述命题 3：

命题 3 域 F 上一元多项式环 $F[x]$ 的每一个理想都是主理想，并且非零的主理想可以由首项系数为 1 的多项式生成.

设 I 是环 R 的一个理想，则 I 是 R 的加法群的一个子群. 由于 R 的加法群是阿贝尔群，因此 I 是 R 的正规子群，从而有商群 R/I，它的元素是 I 的陪集 $r+I$，其中 I 是商群 R/I 的零元. 能不能在 R/I 中规定乘法运算，使它成为一个环呢？对于 $r_1+I, r_2+I\in R/I$，规定

$$(r_1+I)(r_2+I):=r_1r_2+I. \tag{1}$$

这样的规定是否合理？设 $r_1+I=r_1'+I$，$r_2+I=r_2'+I$，则

$$-r_1'+r_1\in I,\quad -r_2'+r_2\in I.$$

由于 I 是 R 的理想,因此有

$$\begin{aligned}-r_1'r_2'+r_1r_2&=r_1r_2-r_1'r_2+r_1'r_2-r_1'r_2'\\&=(r_1-r_1')r_2+r_1'(r_2-r_2')\in I,\end{aligned}$$

从而

$$r_1r_2+I=r_1'r_2'+I.$$

这表明(1)式中定义的陪集的乘法是合理的.

显然,陪集的乘法满足结合律,以及左、右分配律,因此 R/I 成为一个环,称为 R 对于理想 I 的**商环**. 商环 R/I 中的元素 $r+I$ 称为**模 I 的剩余类**.

容易看出,如果 R 有单位元 1,那么商环 R/I 有单位元 $1+I$. 如果 R 是交换环,那么商环 R/I 也是交换环.

例如,在整数环 $\mathbf{Z}$ 中,(m)是 $\mathbf{Z}$ 的一个理想,因此有商环 $\mathbf{Z}/(m)$,它的元素是陪集 $a+(m)$. 由于

$$a+(m)=\{a+km\mid k\in\mathbf{Z}\}=\bar{a},$$

因此 $\mathbf{Z}/(m)=\mathbf{Z}_m$. 即商环 $\mathbf{Z}/(m)$就是摸 m 剩余类环 $\mathbf{Z}_m$.

定义 4 设 R 和 $\widetilde{R}$ 是两个环,如果 R 到 $\widetilde{R}$ 有一个映射 σ 具有下列性质:对于任意 $a,b\in R$,有

$$\sigma(a+b)=\sigma(a)+\sigma(b),\tag{2}$$

$$\sigma(ab)=\sigma(a)\sigma(b),\tag{3}$$

$$\sigma(1)=\widetilde{1}.\tag{4}$$

那么称 σ 是环 R 到环 $\widetilde{R}$ 的一个**同态**(注:对于没有单位元的环,不要求(4)式).

设 σ 是环 R 到环 $\widetilde{R}$ 的一个同态,显然 σ 是加法群 R 到加法群 $\widetilde{R}$ 的一个同态,因此有

$$\sigma(0)=\widetilde{0},\quad \sigma(-a)=-\sigma(a),\quad \forall a\in R.\tag{5}$$

σ 作为加法群 R 到 $\widetilde{R}$ 的同态的核称为环同态 σ 的**核**,仍记做 $\mathrm{Ker}\sigma$. 即

$$\mathrm{Ker}\sigma=\{a\in R\mid\sigma(a)=\widetilde{0}\}.\tag{6}$$

命题 4 设 σ 是环 R 到环 $\widetilde{R}$ 的一个同态,则 $\mathrm{Ker}\sigma$ 是环 R 的一个理想.

证明 由于 σ 是 R 的加法群 R 到 $\widetilde{R}$ 的加法群的一个同态,因此 $\mathrm{Ker}\sigma$ 是 R 的加法群的一个子群. 任取 $a\in\mathrm{Ker}\sigma$,对于任意 $r\in R$,有

$$\sigma(ra)=\sigma(r)\sigma(a)=\sigma(r)\widetilde{0}=\widetilde{0},$$

因此 $ra\in\mathrm{Ker}\sigma$. 同理可证 $ar\in\mathrm{Ker}\sigma$. 所以 $\mathrm{Ker}\sigma$ 是环 R 的一个理想. □

环同态 σ 的像 $\mathrm{Im}\sigma$ 不仅是 $\widetilde{R}$ 的加法群的子群,而且是环 $\widetilde{R}$ 的子环(因为 $\mathrm{Im}\sigma$ 对于环 $\widetilde{R}$ 的乘法封闭). 如果环 R 和 $\widetilde{R}$ 分别有单位元 1 和 $\widetilde{1}$,那么 $\widetilde{1}\in\mathrm{Im}\sigma$.

命题 5 设 I 是环 R 的一个理想,令

$$\pi: R \longrightarrow R/I$$
$$r \longmapsto r + I,$$

则 π 是环 R 到商环 R/I 的一个满同态，并且 $\mathrm{Ker}\sigma = I$.

证明 π 是 R 的加法群到 R/I 的加法群的一个满同态，并且 $\mathrm{Ker}\sigma = I$. 对于任意 $r_1, r_2 \in R$，有

$$\pi(r_1 r_2) = r_1 r_2 + I = (r_1 + I)(r_2 + I) = \pi(r_1)\pi(r_2).$$

若 R 有单位元 1，则 $\pi(1) = 1 + I$，它是 R/I 的单位元. 因此 π 是环 R 到商环 R/I 的一个满同态. □

命题 5 中的环同态 π 称为 R 到 R/I 的**自然环同态**.

定理 1(环同态基本定理) 设 σ 是环 R 到环 $\widetilde{R}$ 的一个同态，则 $R/\mathrm{Ker}\sigma \cong \mathrm{Im}\sigma$.

证明 由于 σ 是 R 的加法群到 $\widetilde{R}$ 的加法群的一个同态，因此 $R/\mathrm{Ker}\sigma$ 的加法群与 $\mathrm{Im}\sigma$ 的加法群同构，它的一个同构映射是：

$$\psi: r + \mathrm{Ker}\sigma \longmapsto \sigma(r).$$

任取 $r_1 + \mathrm{Ker}\sigma, r_2 + \mathrm{Ker}\sigma \in R/\mathrm{Ker}\sigma$，我们有

$$\begin{aligned}\psi[(r_1 + \mathrm{Ker}\sigma)(r_2 + \mathrm{Ker}\sigma)] &= \psi(r_1 r_2 + \mathrm{Ker}\sigma) = \sigma(r_1 r_2) = \sigma(r_1)\sigma(r_2) \\ &= \psi(r_1 + \mathrm{Ker}\sigma)\psi(r_2 + \mathrm{Ker}\sigma).\end{aligned}$$

若 R 和 $\widetilde{R}$ 分别有单位元 1 和 $\widetilde{1}$，则 $R/\mathrm{Ker}\sigma$ 有单位元 $1 + \mathrm{Ker}\sigma$，并且

$$\psi(1 + \mathrm{Ker}\sigma) = \sigma(1) = \widetilde{1}.$$

因此 ψ 是 $R/\mathrm{Ker}\sigma$ 到环 $\mathrm{Im}\sigma$ 的一个同态. 从而环 $R/\mathrm{Ker}\sigma \cong \mathrm{Im}\sigma$. □

设 R 是一个环，I 是 R 的一个理想. 商环 R/I 的任一理想 S 是 R/I 的加法群的一个子群. 从而 $S = K/I$，其中 K 是 R 的加法群的一个子群，且 $K \supseteq I$. 想证 K 是 R 的一个理想. 任给 $k \in K, r \in R$. 由于 K/I 是 R/I 的一个理想，因此有 $(r+I)(k+I) \in K/I$，从而 $rk + I \in K/I$，于是 $rk \in K$. 同理可证 $kr \in K$. 因此 K 是环 R 的一个理想. 反之，若 K 是环 R 的一个理想，且 $K \supseteq I$，则容易验证 K/I 是商环 R/I 的一个理想. 这样我们证明了下述命题：

命题 6 设 R 是一个环，I 是 R 的一个理想，则商环 R/I 的所有理想组成的集合为

$$\{K/I \mid K \text{ 是 } R \text{ 的理想，且 } K \supseteq I\}.$$ □

命题 7 设 R 是一个有单位元 $1(\neq 0)$ 的交换环，则 R 为一个域当且仅当 R 没有非平凡的理想.

证明 *必要性* 说 R 是一个域，任取 R 的一个非零理想 I，则有 $a \in I$ 且 $a \neq 0$. 由于 a 是可逆元，因此 $1 = a^{-1}a \in I$. 从而对任意 $r \in R$，有 $r = r1 \in I$. 于是 $R \subseteq I$. 因此 $I = R$.

充分性 任取 R 的一个非零元 a. 由于 R 没有非平凡的理想，因此 $(a) = R$. 于是 $1 \in (a)$. 由于 R 是有单位元的交换环，因此 $(a) = Ra$. 从而存在 $r \in R$ 使得 $ra = 1$. 于是 a 是可逆元. 这证明了 R 是一个域. □

设 R 是一个有单位元 $1(\neq 0)$ 的交换环，R 的理想 $I(\neq R)$ 满足什么条件才能使商环 R/I 为一个域？由于商环 R/I 是有单位元 $1+I(\neq I)$ 的交换环，因此从命题 7 和命题 6 得出：

R/I 为一个域

$\Longleftrightarrow R/I$ 没有非平凡的理想

$\Longleftrightarrow R/I$ 的理想只有零理想 I/I 和 R/I

$\Longleftrightarrow R$ 中包含 I 的理想只有 I 和 R.

由此引出下述概念：

定义 5 设 R 是一个环，M 是 R 的一个理想，且 $M\neq R$. 如果 R 中包含 M 的理想只有 M 和 R，那么称 M 是环 R 的一个**极大理想**.

从上面的分析立即得出下述结论：

定理 2 设 R 是一个有单位元 $1(\neq 0)$ 的交换环，则 R 的理想 $M(\neq R)$ 为极大理想当且仅当商环 R/M 是一个域. □

命题 8 在域 F 上的一元多项式环 $F[x]$ 中，M 是 $F[x]$ 的一个极大理想当且仅当 M 是由一个不可约多项式 $p(x)$ 生成的理想 $(p(x))$.

证明 *必要性* 设 M 是 $F[x]$ 的一个极大理想. 则 $M\neq F[x]$，并且据命题 3 得，$M=(g(x))$，其中 $g(x)$ 是一个次数大于 0 的多项式. 假如 $g(x)$ 可约，则 $g(x)=g_1(x)g_2(x)$，$\deg g_i(x)<\deg g(x)$，$i=1,2$. 于是 $(g_1(x))\supsetneqq(g(x))$，且 $(g_1(x))\neq F[x]$. 这与 M 是极大理想矛盾. 因此 $g(x)$ 不可约.

充分性 设 $M=(p(x))$，其中 $p(x)$ 是域 F 上一个不可约多项式. 设 $F[x]$ 的一个理想 $J\supseteq(p(x))$. 据命题 3 得，$J=(f(x))$，于是 $(f(x))\supseteq(p(x))$. 从而 $p(x)\in(f(x))$. 因此 $f(x)\mid p(x)$. 由于 $p(x)$ 不可约，因此 $f(x)=c\in F^*$ 或 $f(x)=bp(x)$，其中 $b\in F^*$. 从而 $J=(c)=F[x]$ 或 $J=(bp(x))=(p(x))$. 因此 $(p(x))$ 是 $F[x]$ 的一个极大理想. □

推论 1 设 $p(x)$ 是域 F 上的一个不可约多项式，则商环 $F[x]/(p(x))$ 是一个域.

证明 由于 $p(x)$ 在 F 上不可约，因此据命题 8 得，$(p(x))$ 是 $F[x]$ 的一个极大理想. 再据定理 2 得，商环 $F[x]/(p(x))$ 是一个域. □

定理 2 给出了从一个有单位元 $1(\neq 0)$ 的交换环 R 出发，构造一个域的一种方法：找出 R 的一个极大理想 $M(\neq R)$，然后作商环 R/M，它就是一个域.

推论 1 给出了从域 F 出发构造一个新的较大的域的一种方法：找出域 F 上的一个不可约多项式 $p(x)$，然后作商环 $F[x]/(p(x))$，它就是一个域.

例 1 构造含 4 个元素的域.

解 很自然地从域 $\mathbf{Z}_2$ 出发，为了得到含 4 个元素的域，直觉判断利用 $\mathbf{Z}_2$ 上的二次不可约多项式 $x^2+x+\bar{1}$. 于是商环 $\mathbf{Z}_2[x]/(x^2+x+\bar{1})$ 是一个域，它的每一个元素形如

$$f(x)+(x^2+x+\bar{1}).$$

作带余除法：

$$f(x)=h(x)(x^2+x+\bar{1})+r(x),\quad \deg r(x)<2.$$

由于$(x^2+x+\bar{1})$是$\mathbf{Z}_2[x]/(x^2+x+\bar{1})$的零元,因此有

$$\begin{aligned}f(x)+(x^2+x+\bar{1})&=[h(x)(x^2+x+\bar{1})+r(x)]+(x^2+x+\bar{1})\\&=[h(x)+(x^2+x+\bar{1})][x^2+x+\bar{1}+(x^2+x+\bar{1})]\\&\quad+[r(x)+(x^2+x+\bar{1})]\\&=r(x)+(x^2+x+\bar{1}).\end{aligned}$$

由于 $\deg r(x)<2$,因此 $r(x)=c_0+c_1x$,其中 $c_0,c_1\in\mathbf{Z}_2$. 从而

$$f(x)+(x^2+x+\bar{1})=c_0+c_1x+(x^2+x+\bar{1}).$$

容易证明:$\mathbf{Z}_2[x]/(x^2+x+\bar{1})$的每个元素表示成

$$c_0+c_1x+(x^2+x+\bar{1}) \tag{7}$$

的表法唯一. 因此 $\mathbf{Z}_2[x]/(x^2+x+\bar{1})$恰好含有 4 个元素. 下面我们来把(7)式表示的元素写得简洁一些. 令

$$u=x+(x^2+x+\bar{1}). \tag{8}$$

又容易验证:σ: $a\mapsto a+(x^2+x+\bar{1})$是 $\mathbf{Z}_2$ 到 $\mathbf{Z}_2[x]/(x^2+x+\bar{1})$的一个环同态,且是单射,因此可以把 a 与 $a+(x^2+x+\bar{1})$等同. 于是

$$\begin{aligned}c_0+c_1x+(x^2+x+\bar{1})&=c_0+(x^2+x+\bar{1})+[c_1+(x^2+x+\bar{1})][x+(x^2+x+\bar{1})]\\&=c_0+c_1u.\end{aligned} \tag{9}$$

因此

$$\begin{aligned}\mathbf{Z}_2[x]/(x^2+x+\bar{1})&=\{c_0+c_1u\mid c_0,c_1\in\mathbf{Z}_2\} &(10)\\&=\{\bar{0},\bar{1},u,\bar{1}+u\}. &(11)\end{aligned}$$

由于

$$\begin{aligned}u^2+u+\bar{1}&=[x+(x^2+x+\bar{1})]^2+[x+(x^2+x+\bar{1})]+[\bar{1}+(x^2+x+\bar{1})]\\&=x^2+x+\bar{1}+(x^2+x+\bar{1})=(x^2+x+\bar{1}),\end{aligned}$$

因此

$$u^2+u+\bar{1}=0. \tag{12}$$

从例 1 看到,我们从 $\mathbf{Z}_2$ 出发,构造了一个含 4 个元素的域$\{\bar{0},\bar{1},u,\bar{1}+u\}$,在把 a 与 $a+(x^2+x+\bar{1})$等同的意义下,这个 4 元域包含了 $\mathbf{Z}_2$,因此它可看成是 $\mathbf{Z}_2$ 的一个扩域.

与例 1 的方法类似,可以证明下述命题:

命题 9 设 $p(x)=x^r+b_{r-1}x^{r-1}+\cdots+b_1x+b_0$ 是域 F 上的一个不可约多项式,则 $F[x]/(p(x))$是一个域,它的每一个元素可唯一地表示成形如

$$c_0+c_1u+\cdots+c_{r-1}u^{r-1},\quad c_i\in F,\quad i=0,1,\cdots,r-1, \tag{13}$$

其中 $u=x+(p(x))$,且有

$$u^r+b_{r-1}u^{r-1}+\cdots+b_1u+b_0=0, \tag{14}$$

即

$$p(u)=0. \tag{15}$$

证明 由于$p(x)$在F上不可约,因此$F[x]/(p(x))$是一个域,它的每一个元素形如$f(x)+(p(x))$. 作带余除法:

$$f(x)=h(x)p(x)+r(x),\quad \deg r(x)<\deg p(x)=r,$$

则
$$f(x)+(p(x))=[h(x)p(x)+r(x)]+(p(x))=r(x)+(p(x)). \tag{16}$$

由于$\deg r(x)<r$,因此

$$r(x)=c_0+c_1x+\cdots+c_{r-1}x^{r-1},\quad c_i\in F, i=0,1,\cdots,r-1. \tag{17}$$

从而$F[x]/(p(x))$的每一个元素可以表示成形如

$$c_0+c_1x+\cdots+c_{r-1}x^{r-1}+(p(x)),\quad c_i\in F, i=0,1,\cdots,r-1, \tag{18}$$

且这样的表法唯一. 令

$$u=x+(p(x)), \tag{19}$$

又由于容易验证:$\sigma: a\longmapsto a+(p(x))$是$F$到$F[x]/(p(x))$的一个单同态,因此可以把$a$与$a+(p(x))$等同,于是

$$c_0+c_1x+\cdots+c_{r-1}x^{r-1}+(p(x))=c_0+c_1u+\cdots+c_{r-1}u^{r-1}, \tag{20}$$

因此

$$F[x]/(p(x))=\{c_0+c_1u+\cdots+c_{r-1}u^{r-1}\mid c_i\in F, i=0,1,2,\cdots,r-1\}, \tag{21}$$

并且有

$$\begin{aligned}p(u)&=u^r+\cdots+b_1u+b_0\\&=[x^r+(p(x))]+\cdots+[b_1+(p(x))][x+(p(x))]+[b_0+(p(x))]\\&=x^r+\cdots+b_1x+b_0+(p(x))=(p(x)).\end{aligned}$$

因此
$$p(u)=0.$$
□

根据命题9,从域F出发,利用域F上的一个首一不可约多项式$p(x)$,可构造出一个新的域$F[x]/(p(x))$,它可看成是F的一个扩域. 这是从域F出发构造一个扩域的一种方法.

从域F出发,还有没有其他方法构造F的一个扩域?我们来"解剖麻雀":

给定域F上的一个n级矩阵$\boldsymbol{A}$,令

$$F[\boldsymbol{A}]=\{b_m\boldsymbol{A}^m+\cdots+b_1\boldsymbol{A}+b_0\boldsymbol{I}\mid b_i\in F, i=0,1,\cdots,m; m\in\mathbf{N}\},$$

容易验证$F[\boldsymbol{A}]$对于矩阵的减法封闭,对于矩阵的乘法封闭,因此$F[\boldsymbol{A}]$是环$M_n(F)$的一个子环,并且容易验证$F[\boldsymbol{A}]$是交换环,它有单位元$\boldsymbol{I}$. $F[\boldsymbol{A}]$中所有纯量矩阵组成的集合W是$F[\boldsymbol{A}]$的一个子环,且$\tau: a\longmapsto aI$是F到W的一个环同构,于是$F[\boldsymbol{A}]$可看成是F的一个扩环(参看参考文献[1]下册的第7页或参考文献[4]下册的第5页).

对于域F上的一个n级矩阵$\boldsymbol{A}$,如果存在域F上的一个一元多项式$g(x)$使得$g(\boldsymbol{A})=0$,那么称$g(x)$是矩阵$\boldsymbol{A}$的一个**零化多项式**. 换句话说,在$F[x]$中,以矩阵$\boldsymbol{A}$为根的多项式称为$\boldsymbol{A}$的一个零化多项式. 对于域F上的任一n级矩阵$\boldsymbol{A}$一定存在$\boldsymbol{A}$的零化多项式. 譬如,$\boldsymbol{A}$的特征多项式就是$\boldsymbol{A}$的一个零化多项式. 在$\boldsymbol{A}$的所有非零的零化多项式中,次数最低且首项系数为1的多项式称为$\boldsymbol{A}$的**最小多项式**. 容易证明:$F[x]$中的多项式$g(x)$是$\boldsymbol{A}$的零化多

项式当且仅当 $g(x)$ 是 $\mathbf{A}$ 的最小多项式 $m(x)$ 的倍式.

给定域 F 上的一个 n 级矩阵 $\mathbf{A}$，满足什么条件才能使环 $F[\mathbf{A}]$ 成为一个域?

命题 10 设 $\mathbf{A}$ 是域 F 上的一个 n 级矩阵，如果 $\mathbf{A}$ 的最小多项式 $m(x)$ 在 F 上不可约，那么 $F[\mathbf{A}]$ 是一个域.

证明 上面已指出 $F[\mathbf{A}]$ 是一个有单位元的交换环. 任取 $F[\mathbf{A}]$ 的一个非零元 $g(\mathbf{A})$. 由于 $g(\mathbf{A})\neq\mathbf{0}$，因此 $g(x)$ 不是 $\mathbf{A}$ 的零化多项式. 从而 $\mathbf{A}$ 的最小多项式 $m(x)\nmid g(x)$. 由于 $m(x)$ 在 F 上不可约，因此 $(g(x),m(x))=1$. 从而存在 $u(x),v(x)\in F[x]$，使得

$$u(x)g(x)+v(x)m(x)=1. \tag{22}$$

不定元 x 用矩阵 $\mathbf{A}$ 代入，从(22)式得

$$u(\mathbf{A})g(\mathbf{A})+v(\mathbf{A})m(\mathbf{A})=\boldsymbol{I}. \tag{23}$$

由于 $m(\mathbf{A})=0$，因此从(23)式得，$u(\mathbf{A})g(\mathbf{A})=\boldsymbol{I}$. 从而 $g(\mathbf{A})$ 是 $F[\mathbf{A}]$ 中的可逆元. 于是 $F[\mathbf{A}]$ 是一个域. □

命题 10 表明：从域 F 出发，如果有域 F 上一个 n 级矩阵 $\mathbf{A}$，它的最小多项式 $m(x)$ 在 F 上不可约，那么就可构造一个域 $F[\mathbf{A}]$，由此受到启发，我们可得到从域 F 出发构造新的域的第二种方法.

定义 6 设 R 是一个有单位元的交换环，它可以看成是域 F 的一个扩环(即 R 有一个子环 R_1 与 F 同构，且 R 的单位元属于 R_1，此时把 R_1 与 F 等同). 任意取定 $t\in R$，我们把 R 中包含 F 和 t 的所有子环的交称为 t **在 F 上生成的子环**，或者称为 F **添加 t 得到的子环**，记做 $F[t]$.

容易证明

$$F[t]=\{a_nt^n+\cdots+a_1t+a_0\mid a_i\in F,i=0,1,\cdots,n;n\in\mathbf{N}\}.$$

由定义 6 知道，$F[t]$ 是 R 的包含 F 和 t 的最小的子环. 显然，$F[t]$ 是有单位元的交换环.

定义 7 设 R 是一个有单位元的交换环，且 R 可看成是域 F 的一个扩环. 对于 $t\in R$，如果 t 是 $F[x]$ 中一个非零多项式在 R 中的根，那么称 t 是 F 上的一个**代数元**；否则，称 t 是 F 上的一个**超越元**.

定义 8 设 R 是一个有单位元的交换环，且 R 可看成是域 F 的一个扩环，设 $t\in R$ 且 t 是 F 上的一个代数元，则在 $F[x]$ 的以 t 为根的所有非零多项式中，次数最低且首项系数为 1 的多项式称为 t 在 F 上的**极小多项式**.

条件同定义 8. 设 $m(x)$ 是 t 在 F 上的极小多项式，则用带余除法容易证明：$F[x]$ 中的多项式 $g(x)$ 以 t 为根当且仅当 $g(x)$ 是 $m(x)$ 的一个倍式. 从而 $F[x]$ 中以 t 为根的所有多项式组成的集合是由 $m(x)$ 生成的理想 $(m(x))$.

与命题 10 的证明方法一样可以证明下述命题：

命题 11 设 R 是一个有单位元的交换环，且 R 可看成是域 F 的一个扩环，设 $t\in R$ 是 F 上的一个代数元. 如果 t 在 F 上的极小多项式 $m(x)=x^r+b_{r-1}x^{r-1}+\cdots+b_1x+b_0$ 在 F 上不

可约,那么 $F[t]$ 是一个域,且 $F[t]$ 的每一个元素可唯一地表示成形如

$$c_0+c_1t+\cdots+c_{r-1}t^{r-1},\quad c_i\in F,\ i=0,1,\cdots,r-1. \tag{24}$$

证明 上面已指出 $F[t]$ 是一个有单位元的交换环. 任取 $F[t]$ 中的一个非零元 $g(t)$. 由于 $g(t)\neq 0$,因此在 $F[x]$ 中,$m(x)\nmid g(x)$. 又由于 $m(x)$ 在 F 上不可约,因此 $(g(x),m(x))=1$. 从而存在 $u(x),v(x)\in F[x]$,使得 $u(x)g(x)+v(x)m(x)=1$,不定元 x 用 t 代入,得 $u(t)g(t)+v(t)m(t)=1$(注:由于 R 有一个子环 R_1 与 F 同构,且 R 的单位元属于 R_1,因此可把 F 的单位元 1 与 R 的单位元等同). 由子 $m(t)=0$,因此 $u(t)g(t)=1$. 从而 $g(t)$ 是 $F[t]$ 的可逆元,于是 $F[t]$ 是一个域.

任取 $F[t]$ 的一个元素 $a_nt^n+\cdots+a_1t+a_0$,令

$$f(x)=a_nx^n+\cdots+a_1x+a_0,$$

则 $f(x)\in F[x]$. 在 $F[x]$ 中作带余除法:

$$f(x)=h(x)m(x)+r(x),\quad \deg r(x)<\deg m(x). \tag{25}$$

x 用 t 代入,从(25)式得,$f(t)=h(t)m(t)+r(t)=r(t)$,即 $a_nt^n+\cdots+a_1t+a_0=r(t)$. 由于 $\deg r(x)<\deg m(x)=r$,因此 $r(x)=c_0+c_1x+\cdots+c_{r-1}x^{r-1}$,其中 $c_i\in F,i=0,1,\cdots,r-1$. 于是 $r(t)=c_0+c_1t+\cdots+c_{r-1}t^{r-1}$. 从而 $F[t]$ 中每个元素可表示成形如

$$c_0+c_1t+\cdots+c_{r-1}t^{r-1},\quad c_1\in F,i=0,1,\cdots,r-1. \tag{26}$$

假设 $F[t]$ 中一个元素有形如(26)式的两种表示方式:

$$c_0+c_1t+\cdots+c_{r-1}t^{r-1}=d_0+d_1t+\cdots+d_{r-1}t^{r-1},$$

则
$$(c_0-d_0)+(c_1-d_1)t+\cdots+(c_{r-1}-d_{r-1})t^{r-1}=0.$$

令 $h(x)=(c_0-d_0)+(c_1-d_1)x+\cdots+(c_{r-1}-d_{r-1})x^{r-1}$,则 $h(t)=0$. 从而 $h(x)$ 以 t 为根. 假如 $h(x)\neq 0$,由于 $\deg h(x)\leqslant r-1<\deg m(x)$,这与 $m(x)$ 是 t 在 F 上的极小多项式矛盾. 因此 $h(x)=0$. 从而 $c_0=d_0,c_1=d_1,\cdots,c_{r-1}=d_{r-1}$. 于是我们证明了 $F[t]$ 中每个元素可唯一地表示成(26)式的形式. □

当 $F[t]$ 是一个域时,可以把 $F[t]$ 记成 $F(t)$.

命题 12 设 R 是一个整环,且 R 可看成是域 F 的一个扩环,又设 $t\in R$ 是 F 上的一个代数元,则 t 在 F 上的极小多项式 $m(x)$ 在 F 上不可约,从而 $F[t]$ 是一个域.

证明 假如 $m(x)$ 在 F 上可约,则在 $F[x]$ 中,有

$$m(x)=m_1(x)m_2(x),\quad \deg m_i(x)<\deg m(x),\ i=1,2. \tag{27}$$

x 用 t 代入,从(27)式得,$0=m(t)=m_1(t)m_2(t)$. 由于 R 是整环,因此 $m_1(t)=0$ 或 $m_2(t)=0$. 从而 t 是 $m_1(x)$ 或 $m_2(x)$ 的一个根. 这与 $m(x)$ 是 t 在 F 上的极小多项式矛盾. 因此 $m(x)$ 在 F 上不可约. 据命题 11 得,$F[t]$ 是一个域. □

命题 11(或命题 12)给出了从域 F 出发构造新的域的第二种方法:先找一个有单位元的交换环(或整环)R,且 R 可看成是域 F 的扩环. 然后在 R 中找出一个 F 上的代数元 t,且 t 在 F 上的极小多项式 $m(x)=x^r+\cdots+b_1x+b_0$ 在 F 上不可约(若 R 是整环,则 $m(x)$ 一定在

F 上不可约),则 F 添加 t 得到的 R 的子环 $F[t]$ 就是一个域,它的每一个元素可唯一地表示成形如

$$c_0 + c_1 t + \cdots + c_{r-1} t^{r-1}, \quad c_i \in F,\ i = 0,1,2,\cdots,r-1.$$

从域 F 出发,找一个 F 上的不可约多项式 $p(x)$,则商环 $F[x]/(p(x))$ 是一个域,这是构造新的域的第一种方法.从域 F 出发,找一个整环 R,且 R 可看成是 F 的一个扩环,F 添加 R 中一个 F 上的代数元 t 得到 R 的一个子环 $F[t]$ 是一个域,这是构造新的域的第二种方示.这第二种方法与第一种方法之间有什么联系?

设 R 是一个整环,且 R 可看成域 F 的一个扩环,$t\in R$ 是 F 上的一个代数元,t 在 F 上的极小多项式 $m(x)$ 为

$$m(x) = x^r + \cdots + b_1 x + b_0. \tag{28}$$

令

$$\sigma_t:\ F[x] \longrightarrow R$$

$$f(x) = \sum_{i=0}^{n} a_i x^i \longmapsto \sum_{i=0}^{n} a_i t^i =: f(t), \tag{29}$$

由于 R 可看成是 F 的一个扩环(即 R 有一个子环 R_1 与 F 同构,且 R 的单位元属于 R_1.在(29)式中我们把 R_1 的元素与它在此同构映射下的像等同),因此根据域 F 上一元多项式环 $F[x]$ 的通用性质(参看参考文献[1]下册第 6 页的定理 3 或参考文献[4]下册第 5~6 页的定理 1)得,σ_t 是 $F[x]$ 到 R 的一个环同态,且 $\sigma_t(x)=t$.显然 $\mathrm{Im}\sigma_t = F[t]$.根据环同态基本定理得

$$F[x]/\mathrm{Ker}\sigma_t \cong F[t], \tag{30}$$

这里的同构映射为 ψ: $f(x)+\mathrm{Ker}\sigma_t \longmapsto f(t)$,特别地,有

$$\psi(x + \mathrm{Ker}\sigma_t) = t. \tag{31}$$

由于

$$\begin{aligned} f(x) \in \mathrm{Ker}\sigma_t &\Longleftrightarrow f(t) = 0 \\ &\Longleftrightarrow f(x) \text{ 以 } t \text{ 为根} \\ &\Longleftrightarrow f(x) \in (m(x)), \end{aligned}$$

因此 $\mathrm{Ker}\sigma_t = (m(x))$.于是(30)式成为

$$F[x]/(m(x)) \cong F[t]. \tag{32}$$

由于 t 在 F 上的极小多项式 $m(x)$ 在 F 上不可约,因此 $F[x]/(m(x))$ 是一个域,从而 $F[t]$ 也是一个域(这给出了命题 11 的第二种证法).(32)式表明从域 F 出发用第一种方法构造的域 $F[x]/(m(x))$ 与用第二种方法构造的域 $F[x]$ 是同构的.

在第一种方法中,令 $u = x + (m(x))$,则 $F[x]/(m(x))$ 的每一个元素可唯一地表示成形如

$$c_0 + c_1 u + \cdots + c_{r-1} u^{r-1}, \quad c_i \in F,\ i = 0,1,\cdots,r-1, \tag{33}$$

且 $m(u)=0$.从(31)式看出,$\psi(u)=\psi[x+(m(x))]=t$.由于 ψ 是同构映射,因此可以把 u 与

t 等同. 于是 $F[x]/(m(x))$ 的每一个元素可唯一地表示成形如

$$c_0 + c_1 t + \cdots + c_{r-1} t^{r-1}, \quad c_i \in F,\ i = 0,1,\cdots,r-1. \tag{34}$$

(34)式就是 $F[t]$ 中每一个元素的表示方式. 因此有时我们干脆写成 $F[x]/(m(x)) = F[t]$, 其中 $m(x)$ 是 t 在 F 上的极小多项式;或者写成 $F[x]/(m(x))=F[u]$,其中 $u=x+(m(x))$, $m(x)$ 是域 F 上的一个不可约多项式. 当 $F[t]$ 是域时,可以把 $F[t]$ 写成 $F(t)$. 同样,当 $F[u]$ 是域时,可以把 $F[u]$ 写成 $F(u)$.

§ 2.2 域扩张的性质,分裂域,伽罗瓦扩张

在上一小节的倒数第二段,我们指出: 域 F 添加一个 F 上的代数元 α 可得到一个域 $F(\alpha)$,它同构于 $F[x]/(m(x))$,其中 $m(x)$ 是 α 在 F 上的极小多项式. 设 $\deg m(x)=n$,则 $F(\alpha)$ 的每个元素形如 $c_0+c_1\alpha+\cdots+c_{n-1}\alpha^{n-1}$,其中 $c_0,c_1,\cdots,c_{n-1}\in F$. 显然 $F\subseteq F(\alpha)$. 这样我们从域 F 出发,通过添加一个 F 上的代数元 α 得到一个包含 F 的域 $F(\alpha)$. 很自然地称 $F(\alpha)$ 是 F 的一个扩域;也可以称 $F(\alpha)$ 是 F 上的域扩张,记做 $F(\alpha)/F$. 由此受到启发,抽象出下述概念:

定义 1 设 F 和 E 都是域,并且 $F\subseteq E$,则称 F 是 E 的一个**子域**,称 E 是 F 的一个**扩域**,或者称 E 是 F 上的一个**域扩张**,记做 E/F. E 的包含 F 的任一子域称为域扩张 E/F 的**中间域**.

如果域 F 到域 E 有一个单的环同态,那么 E 也可看成是 F 的一个扩域.

如果 F 上的一个域扩张 K/F 可以在 F 上添加一个元素 α 得到: $K=F(\alpha)$,那么称 K 是 F 上的一个**单扩张**.

本小节来探索域扩张的性质和结构.

我们首先从域上的线性空间的角度研究域扩张的性质.

设 E/F 是一个域扩张,则 E 可看成是域 F 上的一个线性空间,它的加法运算是域 E 中的加法,它的纯量乘法运算是域 F 的元素与 E 的元素做 E 中的乘法. E 作为域 F 上的线性空间的维数称为 E 在 F 上的**次数**,记做 $[E:F]$. 如果 $[E:F]$ 是有限的,那么称 E 是 F 上的**有限扩张**,此时 E 作为 F 上的线性空间的一个基也叫做域扩张 E/F 的一个**基**. 利用这个看法,我们可以揭示域扩张的下列性质.

定理 1 设 E/F 为有限扩张,则 E 的每个元素都是 F 上的代数元.

证明 设 $[E:F]=n$. 任取 $\beta\in E$,则 $1,\beta,\beta^2,\cdots,\beta^n$ 在 F 上必定线性相关. 从而存在 F 中不全为 0 的元素 $a_0,a_1,\cdots,a_n$,使得

$$a_0 + a_1\beta + a_2\beta^2 + \cdots + a_n\beta^n = 0.$$

令 $f(x)=a_0+a_1x+\cdots+a_nx^n\in F[x]$,则 $F(\beta)=0$. 由于 $f(x)\neq 0$,因此 β 是在 F 上的代数元.

□

域扩张 E/F 称为**代数扩张**,如果 E 的每一个元素都是 F 上的代数元.

定理 1 表明:有限扩张一定是代数扩张.

定理 2 设 E/F 是域扩张,$\alpha\in E$,且 α 是 F 上的代数元.如果 α 在 F 上的极小多项式 $m(x)$ 的次数为 n,那么

$$[F(\alpha):F]=n, \tag{1}$$

并且 $1,\alpha,\alpha^2,\cdots,\alpha^{n-1}$ 是 $F(\alpha)/F$ 的一个基.

证明 假如 $1,\alpha,\cdots,\alpha^{n-1}$ 在 F 上线性相关,则有 F 中不全为 0 的元素 $b_0,b_1,\cdots,b_{n-1}$ 使得

$$b_0+b_1\alpha+\cdots+b_{n-1}\alpha^{n-1}=0.$$

令 $g(x)=b_0+b_1x+\cdots+b_{n-1}x^{n-1}$,则 $g(\alpha)=0$.这与 $m(x)$ 是 α 在 F 上的极小多项式矛盾.因此 $1,\alpha,\cdots,\alpha^{n-1}$ 线性无关.又由于 $F(\alpha)$ 中每个元素形如 $c_0+c_1\alpha+\cdots+c_{n-1}\alpha^{n-1}$,其中 $c_i\in F$,$i=0,1,\cdots,n-1$,因此 $1,\alpha,\cdots,\alpha^{n-1}$ 是 $F(\alpha)/F$ 的一个基.从而 $[F(\alpha):F]=n$. □

定理 2 表明:域 F 添加一个在 F 上的代数元 α 得到的单扩张 $F(\alpha)$ 一定是有限扩张,从而它是代数扩张.于是称 $F(\alpha)/F$ 是**单代数扩张**.

定理 3 设有三个域:$E\supseteq L\supseteq F$,则 $[E:F]$ 有限当且仅当 $[E:L]$ 和 $[L:F]$ 都有限,此时有

$$[E:F]=[E:L][L:F]. \tag{2}$$

证明 *必要性* 设 $[E:F]$ 有限.由于 L 是 E 的一个子空间,因此 $[L:F]$ 有限.设 $\alpha_1,\alpha_2,\cdots,\alpha_n$ 是域 F 上线性空间 E 的一个基,任取 $\beta\in E$,有

$$\beta=\sum_{i=1}^{n}b_i\alpha_i,\quad b_i\in F(i=1,2,\cdots,n).$$

由于 $F\subseteq L$,因此 $b_i\in L(i=1,2,\cdots,n)$.从而 $\alpha_1,\alpha_2,\cdots,\alpha_n$ 是域 L 上线性空间 E 的一组生成元.因此 $[E:L]$ 有限.

充分性 设 $[E:L]=m$,$[L:F]=s$,$\beta_1,\beta_2,\cdots,\beta_m$ 和 $\gamma_1,\gamma_2,\cdots,\gamma_s$ 分别是 E/L 和 L/F 的一个基.任取 $\alpha\in E$,有

$$\alpha=\sum_{i=1}^{m}a_i\beta_i,\quad a_i\in L(i=1,2,\cdots,m).$$

从而有

$$a_i=\sum_{j=1}^{s}b_{ij}\gamma_j,\quad b_{ij}\in F(1\leqslant j\leqslant s,i=1,2,\cdots,m).$$

因此

$$\alpha=\sum_{i=1}^{m}\sum_{j=1}^{s}b_{ij}(\gamma_j\beta_i). \tag{3}$$

容易验证,E 的子集

$$\{\gamma_j\beta_i\mid 1\leqslant i\leqslant m,1\leqslant j\leqslant s\} \tag{4}$$

在 F 上线性无关,因此 E 的子集(4)就是域 F 上线性空间 E 的一个基. 于是

$$[E:F]=ms=[E:L][L:F].$$ □

历史上研究域扩张的推动力来自研究代数方程可用根式求解的条件,伽罗瓦于 1830 年前后彻底解决了这一问题. 他的想法的出发点是:把数域 F 上代数方程 $f(x)=0$ 左端多项式 $f(x)$ 的所有复根与 F 一起,形成复数域的一个子域,而且使这个子域是包含 F 和 $f(x)$ 的所有复根的域中最小的一个. 从这个想法引出下列概念:

定义 2 设 E/F 是一个域扩张,S 是 E 的一个非空子集. 我们把 E 中包含 F 和 S 的一切子域的交称为 **F 添加 S 得到的子域**,或 **S 在 F 上生成的子域**,记做 $F(S)$. 如果 $S=\{\alpha_1,\alpha_2,\cdots,\alpha_n\}$,那么把 $F(S)$ 写成 $F(\alpha_1,\alpha_2,\cdots,\alpha_n)$,把它称为 **$F$ 添加 $\alpha_1,\alpha_2,\cdots,\alpha_n$ 得到的子域**.

显然,$F(S)$ 是域 E 里包含 F 和 S 的所有子域中最小的一个.

定义 3 设 $f(x)$ 是域 F 上的一个 $n(n\geqslant 1)$ 次多项式. 如果有一个域扩张 E/F 满足:

(1) $f(x)$ 在 $E[x]$ 中能完全分解成一次因式的乘积

$$f(x)=a(x-\alpha_1)(x-\alpha_2)\cdots(x-\alpha_n);$$

(2) $E=F(\alpha_1,\alpha_2,\cdots,\alpha_n)$,

那么 E/F 称为 $f(x)$ 在 F 上的一个**分裂域**.

任给一个域 F 上的正次数多项式 $f(x)$,$f(x)$ 在 F 上的分裂域是否存在? 如果存在,是否唯一? 为了探索这些问题,我们首先对于定义 2 中的 $F(\alpha_1,\alpha_2,\cdots,\alpha_n)$ 稍作一点调查.

由于 $F(\alpha_1,\cdots,\alpha_{n-1})(\alpha_n)$ 是 E 中包含 $F(\alpha_1,\cdots,\alpha_{n-1})$ 和 α_n 的一切子域的交,因此

$$F(\alpha_1,\cdots,\alpha_{n-1})(\alpha_n)\subseteq F(\alpha_1,\alpha_2,\cdots,\alpha_n). \tag{5}$$

又由于 $F(\alpha_1,\cdots,\alpha_{n-1})(\alpha_n)$ 是 E 中包含 F 和 $\alpha_1,\cdots,\alpha_{n-1},\alpha_n$ 的一个子域,因此

$$F(\alpha_1,\cdots,\alpha_{n-1})(\alpha_n)\supseteq F(\alpha_1,\cdots,\alpha_{n-1},\alpha_n). \tag{6}$$

从(5)和(6)式得,$F(\alpha_1,\cdots,\alpha_{n-1},\alpha_n)=F(\alpha_1,\cdots,\alpha_{n-1})(\alpha_n)$. 用数学归纳法容易得出

$$F(\alpha_1,\cdots,\alpha_{n-1},\alpha_n)=F(\alpha_1)(\alpha_2)\cdots(\alpha_{n-1})(\alpha_n). \tag{7}$$

从(7)式又可得出

$$F(\alpha_1,\cdots,\alpha_r,\beta_1,\cdots,\beta_s)=F(\alpha_1,\cdots,\alpha_r)(\beta_1,\cdots,\beta_s). \tag{8}$$

定理 4 任一域 F 上每一个 $n(n\geqslant 1)$ 次多项式 $f(x)$ 在 F 上有一个分裂域 E,并且

$$[E:F]\leqslant n!.$$

证明 对于任意域上的多项式的次数 n 作数学归纳法.

当 $n=1$ 时,域 F 上的 1 次多项式 $f(x)=a(x-c)$. 由于 $f(x)$ 的唯一的一个根 $c\in F$,因此 F 本身就是 $f(x)$ 的一个分裂域,并且 $[F:F]=1\leqslant 1!$.

假设任意域上次数 $r(r\geqslant 1)$ 小于 n 的多项式有分裂域,而且域扩张的次数小于 $r!$,现在来看域 F 上 $n(n>1)$ 次多项式 $f(x)$. 任取 $f(x)$ 的一个不可约因式 $p(x)$,则 $F[x]/(p(x))$ 是一个域. 令 $\alpha_1=x+(p(x))$,则 $F[x]/(p(x))=F[\alpha_1]=F(\alpha_1)$,并且 $p(\alpha_1)=0$. 从而 $f(\alpha_1)=0$. 因此 α_1 是 $f(x)$ 在 $F(\alpha_1)$ 中的一个根,记 $E_1=F(\alpha_1)$,则可设

$$f(x)=(x-\alpha_1)\cdots(x-\alpha_l)f_1(x),\quad \alpha_i\in E_1,1\leqslant i\leqslant l,$$

其中 $f_1(x)\in E_1[x]$. 如果 $\deg f_1(x)=0$,那么容易看出 E_1 就是 $f(x)$在 F 上的一个分裂域. 下面设 $\deg f_1(x)\geqslant 1$. 由于 $\deg f_1(x)=n-l<n$,因此根据归纳假设得,域 E_1 上的多项式 $f_1(x)$在 E_1 上有一个分裂域 E,并且$[E:E_1]\leqslant(n-l)!\leqslant(n-1)!$. 于是 $f_1(x)$在 $E[x]$中能完全分解成一次因式的乘积:

$$f_1(x)=b(x-\beta_1)\cdots(x-\beta_{n-l}),$$

并且 $E=E_1(\beta_1,\cdots,\beta_{n-l})$. 由于 $\alpha_i\in E_1(1\leqslant i\leqslant l)$,因此 $F(\alpha_1,\cdots,\alpha_l)\subseteq E_1=F(\alpha_1)$. 又显然有 $F(\alpha_1,\cdots,\alpha_l)\supseteq F(\alpha_1)$. 因此 $F(\alpha_1,\cdots,\alpha_l)=F(\alpha_1)$. 于是

$$\begin{aligned}E&=E_1(\beta_1,\cdots,\beta_{n-l})=F(\alpha_1)(\beta_1,\cdots,\beta_{n-l})\\&=F(\alpha_1,\cdots,\alpha_l)(\beta_1,\cdots,\beta_{n-l})\\&=F(\alpha_1,\cdots,\alpha_l,\beta_1,\cdots,\beta_{n-l}).\end{aligned}$$

又由于 $f(x)$在 $E[x]$中完全分解成了一次因式的乘积:

$$f(x)=b(x-\alpha_1)\cdots(x-\alpha_l)(x-\beta_1)\cdots(x-\beta_{n-l}),$$

因此 E 是 $f(x)$在 F 上的一个分裂域,并且

$$\begin{aligned}[E:F]&=[E:E_1][E_1:F]\leqslant(n-1)!\deg p(x)\\&\leqslant(n-1)!n=n!.\end{aligned}$$

根据数学归纳法原理,对于一切 $n\geqslant 1$,命题成立. □

$f(x)$的分裂域在同构的意义下是否唯一?

下面我们来探讨这个问题.

定理 5 设域 F 到域 F'有一个同构σ. 设域 F 上的 $n(n\geqslant 1)$次多项式 $f(x)=\sum_{i=0}^{n}a_ix^i$ 在 F 上的一个分裂域是 E. 令

$$f^\sigma(x)=\sum_{i=0}^{n}\sigma(a_i)x^i\in F'[x],$$

并且设 $f^\sigma(x)$在 F'上的一个分裂域是 E',则 σ 可以开拓成域 E 到 E'的一个同构;并且从 σ 开拓成的 E 到 E'的同构的数目小于或等于$[E:F]$,当 $f^\sigma(x)$在 E'中的根各不相同时,它等于$[E:F]$.

为了证明定理 5,我们先证一个引理:

引理 1 设域 F 到 F'有一个同构σ,并且设 E 和 E'分别是 F 和 F'的一个扩域. 设 $\alpha\in E$ 是在 F 上的一个代数元,它在 F 上的极小多项式为 $m(x)=x^r+b_{r-1}x^{r-1}+\cdots+b_1x+b_0$. 令 $m^\sigma(x)=x^r+\sigma(b_{r-1})x^{r-1}+\cdots+\sigma(b_0)$,则 σ 能开拓成 $F(\alpha)$到 E'的一个单同态 ζ 当且仅当 $m^\sigma(x)$在 E'中有根,此时这样的开拓的数目等于 $m^\sigma(x)$在 E'中的不同的根的数目.

证明 必要性 设 σ 能开拓成 $F(\alpha)$到 E'的一个单同态ζ,则ζ在 F 上的限制为σ. 由于 $m(\alpha)=0$,即 $\alpha^r+b_{r-1}\alpha^{r-1}+\cdots+b_1\alpha+b_0=0$,因此

$$m^{\sigma}(\zeta(\alpha)) = \zeta(\alpha)^r + \sigma(b_{r-1})\zeta(\alpha)^{r-1} + \cdots + \sigma(b_1)\zeta(\alpha) + \sigma(b_0)$$
$$= \zeta(\alpha^r + b_{r-1}\alpha^{r-1} + \cdots + b_1\alpha + b_0) = 0'.$$

于是 $\zeta(\alpha)$ 是 $m^{\sigma}(x)$ 在 E' 中的一个根.

充分性　设 β 是 $m^{\sigma}(x)$ 在 E' 中的一个根. 由于 E' 有一个子环 F' 与 F 同构，因此 E' 可看成是 F 的一个扩环，据一元多项式环 $F[x]$ 的通用性质得，存在 $F[x]$ 到 E' 的一个同态 η_β：

$$\eta_\beta:\ F[x] \longrightarrow E'$$
$$h(x) = \sum_{i=0}^{s} c_i x^i \longmapsto \sum_{i=0}^{s} \sigma(c_i)\beta^i =: h^{\sigma}(\beta).$$

由此得出：

$$g(x) \in \mathrm{Ker}\,\eta_\beta \Longleftrightarrow g^{\sigma}(\beta) = 0'.$$

由于 $m^{\sigma}(\beta) = 0'$，因此 $m(x) \in \mathrm{Ker}\,\eta_\beta$. 从而理想 $(m(x)) \subseteq \mathrm{Ker}\,\eta_\beta$. 于是 η_β 可以诱导出 $F[x]/(m(x))$ 到 E' 的一个同态 $\tilde{\eta}_\beta$：$h(x) + (m(x)) \longmapsto h^{\sigma}(\beta)$. 由于 $m(x)$ 在 F 上不可约，因此 $F[x]/(m(x))$ 是一个域. 由于域的理想只有平凡的理想，因此 $\mathrm{Ker}\,\tilde{\eta}_\beta = (0)$ 或 $\mathrm{Ker}\,\tilde{\eta}_\beta = F[x]/(m(x))$，后者是不可能的(因为 $\eta_\beta(x) = \beta$，而 $\beta \neq 0'$，否则，$\sigma(b_0) = 0$，从而 $b_0 = 0$，这与 $m(x)$ 不可约矛盾). 从而 $\tilde{\eta}_\beta$ 是单同态. 在本附录的 2.1 小节的倒数第二段已指出，$F[x]/(m(x)) \cong F(\alpha)$，其同构映射为：$h(x) + (m(x)) \longmapsto h(\alpha)$. 这个同构映射的逆映射与 $\tilde{\eta}_\beta$ 的乘积为 $F(\alpha)$ 到 E' 的一个单同态 ψ_β：

$$\psi_\beta:\ h(\alpha) \longmapsto h^{\sigma}(\beta).$$

由于 $F(\alpha) = F[\alpha] = \{c_0 + c_1\alpha + \cdots + c_{r-1}\alpha^{r-1} \mid c_i \in F, i = 0, 1, \cdots, r-1\}$，且 $F[\alpha]$ 中每个元素表示成 $c_0 + c_1\alpha + \cdots + c_{r-1}\alpha^{r-1}$ 的表法唯一，因此 $h(\alpha)$ 可唯一地表示成 $c_0 + c_1\alpha + \cdots + c_{r-1}\alpha^{r-1}$. 此时

$$h^{\sigma}(\beta) = \sigma(c_0) + \sigma(c_1)\beta + \cdots + \sigma(c_{r-1})\beta^{r-1}.$$

显然 ψ_β 在 F 上的限制等于 σ，且 $\psi_\beta(\alpha) = \beta$. 假如从 $F(\alpha)$ 到 E' 还有一个单同态 φ 使得 φ 在 F 上的限制等于 σ，且 $\varphi(\alpha) = \beta$，则

$$\varphi(h(\alpha)) = \varphi(c_0 + c_1\alpha + \cdots + c_{r-1}\alpha^{r-1}) = \sigma(c_0) + \sigma(c_1)\beta + \cdots + \sigma(c_{r-1})\beta^{r-1} = h^{\sigma}(\beta).$$

从而 $\varphi = \psi_\beta$. 这证明了：给了 $m^{\sigma}(x)$ 在 E' 中的一个根 β，则 σ 可唯一地开拓成 $F(\alpha)$ 到 E' 的一个单同态 ψ_β，从而这样的开拓的数目等于 $m^{\sigma}(x)$ 在 E' 中的不同的根的数目. □

定理 5 的证明　对 E 在 F 上的次数 $[E:F]$ 作数学归纳法.

当 $[E:F] = 1$ 时，$E = F$. 从而 $f(x)$ 在 $F[x]$ 中就能分解成一次因式的乘积：

$$f(x) = a_n(x - c_1)(x - c_2)\cdots(x - c_n).$$

于是

$$f^{\sigma}(x) = \sigma(a_n)(x - \sigma(c_1))(x - \sigma(c_2))\cdots(x - \sigma(c_n)),$$

其中 $\sigma(a_n), \sigma(c_1), \cdots, \sigma(c_n) \in F'$. 因此 F' 就是 $f^{\sigma}(x)$ 在 F' 上的一个分裂域，即 $E' = F'$. 从而 σ 已经是 E 到 E' 的一个同构. 于是从 σ 开拓成的 E 到 E' 的同构的数目等于 1，它等于 $[E:F]$.

假设 $[E:F] < m$ 时命题成立，其中 $m > 1$. 现在来看 $[E:F] = m$ 的情形. 因为 $m > 1$，所

以 $f(x)$ 有一个次数 $r>1$ 的不可约因式 $p(x)$. 由于 $p(x)\mid f(x)$，因此存在 $h(x)\in F[x]$ 使得 $f(x)=h(x)p(x)$. 由此可以推出，$f^{\sigma}(x)=h^{\sigma}(x)p^{\sigma}(x)$，因此在 $F'[x]$ 中有 $p^{\sigma}(x)\mid f^{\sigma}(x)$，且 $\deg p^{\sigma}(x)=\deg p(x)$. 由于 E 是 $f(x)$ 的分裂域，因此在 $E[x]$ 中有

$$p(x)=\prod_{i=1}^{r}(x-\alpha_i),\quad f(x)=a_n\prod_{j=1}^{n}(x-\alpha_j).$$

由于 E' 是 $f^{\sigma}(x)$ 的分裂域，因此在 $E'[x]$ 中有

$$p^{\sigma}(x)=\prod_{i=1}^{r}(x-\beta_i),\quad f^{\sigma}(x)=\sigma(a_n)\prod_{j=1}^{n}(x-\beta_j).$$

令 $K=F(\alpha_1)$. 由于 $p(x)$ 是不可约的，因此 $p(x)$ 是 α_1 在 F 上的极小多项式，从而 $[K:F]=\deg p(x)=r$. 据引理 1，σ 能开拓成 K 到 E' 的 k 个单同态 $\zeta_1,\zeta_2,\cdots,\zeta_k$，其中 k 等于 $p^{\sigma}(x)$ 在 E' 中的不同的根的数目. 于是当 $\beta_1,\beta_2,\cdots,\beta_r$ 两两不等时，$k=r$. 由于 $f(x)$ 也可看成是 K 上的多项式，并且

$$\begin{aligned}E&=F(\alpha_1,\cdots,\alpha_r,\alpha_{r+1},\cdots,\alpha_n)\\&=F(\alpha_1)(\alpha_2,\cdots,\alpha_r,\alpha_{r+1},\cdots,\alpha_n)\\&=K(\alpha_2,\cdots,\alpha_r,\alpha_{r+1},\cdots,\alpha_n),\end{aligned}$$

因此 E 是 $f(x)$ 在 K 上的一个分裂域. 任给 $i\in\{1,2,\cdots,k\}$，由于 ζ_i 是 K 到 E' 的一个单同态，因此 ζ_i 是 K 到 $\zeta_i(K)$ 的一个同构，且 ζ_i 在 F 上的限制等于 σ. 从而 $f^{\sigma}(x)$ 可看成是 $\zeta_i(K)$ 上的多项式. 于是 $f^{\sigma}(x)$ 在 F' 上的分裂域 E' 也可看成是 $f^{\sigma}(x)$ 在 $\zeta_i(K)$ 上的一个分裂域. 由于 $[E:K]=[E:F]/[K:F]=[E:F]/r=m/r<m$，因此据归纳假设得，$K$ 到 $\zeta_i(K)$ 的同构 ζ_i 可以开拓成 E 到 E' 的同构，并且这样的开拓的数目小于或等于 $[E:K]$，当 $f^{\sigma}(x)$ 在 E' 中的根各不相同时，这样的开拓的数目等于 $[E:K]$. 每一个这样的同构是 F 到 F' 的同构 σ 的一种开拓. 当 $i=1,2,\cdots,k$ 时，不同的 ζ_i 开拓成的 E 到 E' 的同构，把它看成 σ 开拓成的 E 到 E' 的同构也是不同的. 因此用这种方式我们得到的从 σ 开拓成的 E 到 E' 的同构的数目 $\leqslant k[E:K]\leqslant r[E:K]=[K:F][E:K]=[E:F]$，并且当 $f^{\sigma}(x)$ 在 E' 中的根各不相同时（此时 $p^{\sigma}(x)$ 在 E' 中的根当然也各不相同），用这种方式得到的 σ 开拓成 E 到 E' 的同构的数目等于 $[E:F]$. 如果我们还有其他方式把 σ 开拓成 E 到 E' 的同构 ψ，那么 ψ 在 K 上的限制 $\psi|K$ 是 K 到 E' 的单同态，而前面已指出，σ 开拓成的 K 到 E' 的单同态有 $\zeta_1,\zeta_2,\cdots,\zeta_k$，总共 k 个. 因此 $\psi|K=\zeta_j$，对于某个 $j\in\{1,2,\cdots,k\}$. 这表明 ψ 就是用上面的方式从 σ 开拓出来的.

据数学归纳法原理，定理 5 得证. □

推论 1 设 $f(x)$ 是域 F 上的 $n(n\geqslant1)$ 次多项式，E 和 E' 都是 $f(x)$ 在 F 上的分裂域，则 $E\cong E'$，并且存在 E 到 E' 的一个同构 η，使得 η 在 F 上的限制 $\eta|F$ 为恒等映射.

证明 在定理 5 中，取 $F'=F$，取 σ 为 F 上的恒等映射，则 σ 可以开拓成 E 到 E' 的一个同构 η，并且 $\eta|F$ 等于 σ，即 $\eta|F$ 等于 F 上的恒等映射. □

定义 4 设 E/F 和 E'/F 是两个域扩张，如果存在域 E 到域 E' 的一个同构（或同态）η，

使得 η 在 F 上的限制 $\eta|F$ 为恒等映射，那么称 η 为一个 F-同构(或 F-同态).

注 (1) 如果 $f(x)\in F[x]$ 在 F 上的两个分裂域 E 和 E' 是 F 的同一个扩域 L 的两个子域，那么 $E=E'$. 理由如下：

由于 E 是 $f(x)$ 在 F 上的分裂域，因此在 $E[x]$ 中有

$$f(x)=a(x-\alpha_1)(x-\alpha_2)\cdots(x-\alpha_n). \tag{9}$$

又由于 E' 是 $f(x)$ 在 F 上的分裂域，因此在 $E'[x]$ 中有

$$f(x)=a(x-\beta_1)(x-\beta_2)\cdots(x-\beta_n). \tag{10}$$

又由于 $E\subseteq L, E'\subseteq L$，因此(9)，(10)式都是 $f(x)$ 在 $L[x]$ 中的因式分解. 据唯一因式分解定理得，$\beta_1,\beta_2,\cdots,\beta_n$ 是 $\alpha_1,\alpha_2,\cdots,\alpha_n$ 的一个排列，从而

$$E=F(\alpha_1,\alpha_2,\cdots,\alpha_n)=F(\beta_1,\beta_2,\cdots,\beta_n)=E'.$$ □

(2) 如果域扩张 L/F 的一个中间域是一个多项式 $f(x)\in F[x]$ 在 F 上的分裂域，那么，对于 L 的任意一个 F-自同构 η 有，$\eta(E)=E$. 理由如下：

由于 E 是 $f(x)$ 在 F 上的一个分裂域，因此在 $E[x]$ 中有

$$f(x)=a(x-\alpha_1)(x-\alpha_2)\cdots(x-\alpha_n)=a\sum_{i=0}^{n}b_ix^i, \tag{11}$$

其中 $b_i\in F, i=0,1,\cdots,n$. 又由于 η 是 L 的一个 F-自同构，因此据一元多项式的根与系数的关系可得

$$f^{\eta}(x)=a\sum_{i=0}^{n}\eta(b_i)x^i=a(x-\eta(\alpha_1))(x-\eta(\alpha_2))\cdots(x-\eta(\alpha_n)), \tag{12}$$

其中 $\eta(\alpha_i)\in\eta(E), i=1,2,\cdots,n$. 由于 η 是 L 的 F-自同构，因此 $\eta(b_i)=b_i, i=1,2,\cdots,n$. 从而

$$f^{\eta}(x)=a\sum_{i=0}^{n}b_ix^i=f(x). \tag{13}$$

于是从(12)式看出，$f(x)$ 在 $\eta(E)[x]$ 中完全分解成一次因式的乘积，又由于 $E=F(\alpha_1,\alpha_2,\cdots,\alpha_n)$，因此 $\eta(E)=F(\eta(\alpha_1),\eta(\alpha_2),\cdots,\eta(\alpha_n))$. 从而 $\eta(E)$ 是 $f(x)$ 在 F 上的一个分裂域. 由于 E 和 $\eta(E)$ 都是 L 的子域，因此据注(1)得，$\eta(E)=E$.

设 E 是域 F 上的一个 $n(n\geqslant 1)$ 次多项式 $f(x)$ 在 F 上的分裂域，我们来探索 E 有什么性质？$f(x)$ 在 $E[x]$ 中能完全分解成一次因式的乘积，于是 $f(x)$ 的每一个不可约因式在 $E[x]$ 中当然能完全分解成一次因式的乘积. 大胆地设想一下：域 F 上的任意一个不可约多项式 $p(x)$ 如果在 E 中有根，那么 $p(x)$ 是否也能在 $E[x]$ 中完全分解成一次因式的乘积？我们来探讨这个问题. 设 $p(x)$ 在 E 中有一个根 α，把 $p(x)$ 看成 $E[x]$ 中的多项式，设 L/E 是 $p(x)$ 在 E 上的一个分裂域，则在 $L[x]$ 中有

$$p(x)=c(x-\alpha)(x-\beta_1)\cdots(x-\beta_r), \tag{14}$$

其中 $c\in F, \alpha\in E, \beta_1,\cdots,\beta_r\in L$，且 $L=E(\beta_1,\cdots,\beta_r)$. 由于 E 是 $f(x)$ 在 F 上的一个分裂域，因此在 $E[x]$ 中有

$$f(x) = a(x-\gamma_1)(x-\gamma_2)\cdots(x-\gamma_n), \tag{15}$$

其中 $a\in F,\gamma_1,\gamma_2,\cdots,\gamma_n\in E$,且 $E=F(\gamma_1,\gamma_2,\cdots,\gamma_n)$. 令 $g(x)=f(x)p(x)$,则从(14),(15)式得

$$g(x) = ac(x-\gamma_1)(x-\gamma_2)\cdots(x-\gamma_n)(x-\alpha)(x-\beta_1)\cdots(x-\beta_r), \tag{16}$$

且 $L=E(\beta_1,\cdots,\beta_r)=F(\gamma_1,\gamma_2,\cdots,\gamma_n)(\beta_1,\cdots,\beta_r)=F(\gamma_1,\gamma_2,\cdots,\gamma_n,\alpha,\beta_1,\cdots,\beta_r)$. 因此 L 是 $g(x)$ 在 F 上的一个分裂域. 由于 $p(x)$ 在 F 上不可约,因此 $p(x)$ 是 α 在 F 上的极小多项式,$p(x)$ 也是 β_i 在 F 上的极小多项式,其中 $i\in\{1,2,\cdots,r\}$. 于是 $F[x]/(p(x))\cong F(\alpha)$,且 $F[x]/(p(x))\cong F(\beta_i)$. 由此得出 $F(\alpha)\cong F(\beta_i)$,并且有一个同构映射 η 满足 $\eta(\alpha)=\beta_i$,以及 $\eta(b)=b,\forall b\in F$. 由于 $F(\alpha)$ 和 $F(\beta_i)$ 均包含 F,因此 $g(x)$ 可看成是 $F(\alpha)$ 上的多项式,也可看成是 $F(\beta_i)$ 上的多项式. 设 $g(x)=\sum_{i=0}^{m+1}d_ix^i$,其中 $d_i\in F,i=0,1,\cdots,m+1$,则 $g^\eta(x)=\sum_{i=0}^{m+1}d_ix^i=g(x)$. 于是根据定理 5 得,$\eta$ 可以开拓成 $g(x)$ 在 $F(\alpha)$ 上的分裂域 L 到 $g^\eta(x)$ 在 $F(\beta_i)$ 上的分裂域 L 的一个同构 ψ,即 L 的一个 F-自同构 ψ. 由于 E/F 是 L/F 的一个中间域,且 E/F 是 $f(x)$ 的分裂域,因此据注(2)得,$\psi(E)=E$. 由于 $\alpha\in E$,因此 $\beta_i=\eta(\alpha)=\psi(\alpha)\in E$. 由于 $i=1,2,\cdots,r$,因此(14)式是 $p(x)$ 在 $E[x]$ 中的分解式. 于是我们证明了下述命题:

命题 1 设 E 是域 F 上一个 $n(n\geqslant1)$ 次多项式 $f(x)$ 在 F 上的一个分裂域,则 $F[x]$ 中任一在 E 中有根的不可约多项式都可以在 $E[x]$ 中完全分解成一次因式的乘积. □

从命题 1 受到启发,引出下述概念.

定义 5 一个代数扩张 E/F 称为**正规扩张**,如果 $F[x]$ 的任一在 E 中有根的不可约多项式都可以在 $E[x]$ 中完全分解成一次因式的乘积.

命题 1 可叙述为

命题 1′ 设 E 是域 F 上一个 $n(n\geqslant1)$ 次多项式 $f(x)$ 在 F 上的一个分裂域,则 E/F 是正规扩张. □

反之,我们可以证明下述结论:

命题 2 如果有限扩张 E/F 为正规扩张,那么 E 是域 F 上某个正次数多项式在 F 上的分裂域.

证明 设 E/F 是一个有限正规扩张. 若 $[E:F]=1$,则 $E=F$,没什么可证的. 下面设 $[E:F]>1$. 于是存在 $\alpha_1\in E$,且 $\alpha_1\overline{\in}F$. 令 $F_1=F(\alpha_1)$,则 F_1/F 是单代数扩张,且 $[F_1:F]>1$. 据定理 3 得,$[E:F_1]<[E:F]$,从而可以用第二数学归纳法证明,E/F 有一个中间域的有限升链:

$$F=F_0\subsetneqq F_1\subsetneqq F_2\subsetneqq\cdots\subsetneqq F_{s-1}\subsetneqq F_s=E,$$

使得 $F_{i+1}/F_i(i=0,1,\cdots,s-1)$ 为单代数扩张. 从而存在 $\alpha_1,\alpha_2,\cdots,\alpha_s\in E$,使得

$$E=F(\alpha_1)(\alpha_2)\cdots(\alpha_{s-1})(\alpha_s)=F(\alpha_1,\alpha_2,\cdots,\alpha_s),$$

其中 $\alpha_i(i=1,2,\cdots,s)$ 是 F 上的代数元. 设 $p_i(x)$ 是 $\alpha_i(i=1,2,\cdots,s)$ 在 F 上的极小多项式,令

$$f(x)=p_1(x)p_2(x)\cdots p_s(x).$$

由于 E/F 是正规扩张,因此每个不可约多项式 $p_i(x)$ 在 $E[x]$ 中能完全分解成一次因式的乘积,从而 $f(x)$ 在 $E[x]$ 中能完全分解成一次因式的乘积:

$$f(x)=(x-\beta_1)(x-\beta_2)\cdots(x-\beta_n).$$

于是 $\beta_i\in E,i=1,2,\cdots,n$. 从而 $F(\beta_1,\beta_2,\cdots,\beta_n)\subseteq E$. 由于 α_i 是 $p_i(x)$ 在 E 中的根,当然也是 $f(x)$ 在 E 中的根,$i=1,2,\cdots,s$. 因此 $\{\alpha_1,\alpha_2,\cdots,\alpha_s\}\subseteq\{\beta_1,\beta_2,\cdots,\beta_n\}$. 从而

$$E=F(\alpha_1,\alpha_2,\cdots,\alpha_s)\subseteq F(\beta_1,\beta_2,\cdots,\beta_n).$$

因此 $E=F(\beta_1,\beta_2,\cdots,\beta_n)$. 于是 E 是 $f(x)$ 在 F 上的一个分裂域. □

设 $f(x)$ 是域 F 上的一个 $n(n\geqslant 1)$ 次多项式,则在 $F[x]$ 中有

$$f(x)=ap_1^{l_1}(x)p_2^{l_2}(x)\cdots p_s^{l_s}(x),\tag{17}$$

其中 $p_1(x),p_2(x),\cdots,p_s(x)$ 是域 F 上的两两不等的首一不可约多项式,$l_i>0(i=1,2,\cdots,s)$. 令

$$f_0(x)=ap_1(x)p_2(x)\cdots p_s(x),\tag{18}$$

显然,E 是 $f(x)$ 在 F 上的分裂域当且仅当 E 是 $f_0(x)$ 在 F 上的分裂域. 在涉及 $f(x)$ 的分裂域的问题时,可以用 $f_0(x)$ 代替 $f(x)$,其好处是 $f_0(x)$ 的每一个不可约因式 $p_i(x)(i=1,2,\cdots,s)$ 都是单因式.

定义 6 $F[x]$ 中一个不可约多项式 $p(x)$ 称为**可分的**,如果 $p(x)$ 在它的分裂域中只有单根;$F[x]$ 中一个次数大于 0 的多项式 $f(x)$ 称为**可分的**,如果 $f(x)$ 在 $F[x]$ 中的每一个不可约因式都是可分的.

定义 7 设 E/F 是一个代数扩张,如果 E 的每一个元素在 F 上的极小多项式都是可分的,那么称 E/F 是**可分扩张**.

命题 3 如果有限扩张 E/F 是可分正规的,那么 $F[x]$ 中每一个在 E 中有根的不可约多项式 $p(x)$ 都可以在 $E[x]$ 中分解成不同的一次因式的乘积.

证明 由于 E/F 是正规的,因此在 E 中有根的不可约多项式 $p(x)$ 在 $E[x]$ 中能完全分解成一次因式的乘积. 从而 E 包含 $p(x)$ 的分裂域. 显然不可约多项式 $p(x)$ 是它在 E 中的一个根 α 的极小多项式. 由于 E/F 是有限扩张,从而 E/F 是代数扩张. 由于 E/F 是可分的,因此 α 的极小多项式 $p(x)$ 是可分的. 从而 $p(x)$ 在它的分裂域中只有单根,于是 $p(x)$ 在 $E[x]$ 中分解成了不同的一次因式的乘积. □

伽罗瓦是通过域扩张的自同构群来研究代数方程可用根式求解的问题. 因此引出下述概念:

定义 8 设 E/F 为任一域扩张,E 的所有 F-自同构组成的集合对于映射的乘法成为一个群,称它为 E 在 F 上的**伽罗瓦群**,记做 $\mathrm{Gal}(E/F)$.

从定理 5 可得到：

命题 4 设 E 是域 F 上的一个可分多项式 $f(x)$ 在 F 上的一个分裂域，则

$$|\mathrm{Gal}(E/F)| = [E:F]. \tag{19}$$

证明 设 $f(x)$ 在 $F[x]$ 中的分解式为(17)式，$f_0(x)$ 的分解式为(18)式. 则 E 也是 $f_0(x)$ 在 F 上的分裂域. 在定理 5 中取 $F'=F$，σ 为 F 上的恒等映射，则 $f_0^{\sigma}(x)=f_0(x)$，$E'=E$. 由于 $f(x)$ 是可分的，因此 $f_0(x)$ 在 E 中的根各不相同. 从而由 F 上的恒等映射开拓成的 E 的自同构(即 E 的 F-自同构)的数目等于 $[E:F]$，即 $|\mathrm{Gal}(E/F)|=[E:F]$. □

设 E 是一个域，G 是 E 的一个自同构群，令

$$\mathrm{Inv}(G) := \{\alpha \in E \mid \eta(\alpha) = \alpha, \forall \eta \in G\}.$$

任取 $\alpha,\beta\in \mathrm{Inv}(G)$，$\forall \eta\in G$，有

$$\eta(\alpha-\beta) = \eta(\alpha) - \eta(\beta) = \alpha - \beta,$$
$$\eta(\alpha\beta) = \eta(\alpha)\eta(\beta) = \alpha\beta,$$

因此 $\alpha-\beta, \alpha\beta\in \mathrm{Inv}(G)$. 从而 $\mathrm{Inv}(G)$ 是 E 的一个子域. 称 $\mathrm{Inv}(G)$ 是 E 的 G-**不动域**，或者称 $\mathrm{Inv}(G)$ 是 G 的**不动域**.

引理 2(Artin) 设 G 是域 E 的有限自同构群，$F=\mathrm{Inv}(G)$，则

$$[E:F] \leqslant |G|. \tag{20}$$

证明 设 $n=|G|$. 由于 $[E:F]$ 是域 F 上线性空间 E 的维数，因此只要证 E 中任意 $n+1$ 个元素都在 F 上线性相关，那么 $\dim_F E\leqslant n$. 用反证法. 假如 E 中存在 $n+1$ 个元素 $\alpha_0,\alpha_1,\cdots,\alpha_n$ 在 F 上线性无关. 设 $G=\{\eta_1,\eta_2,\cdots,\eta_n\}$，其中 η_1 是 G 的单位元. 考虑域 E 上 $n+1$ 个未知量 $x_0,x_1,\cdots x_n$ 的齐次线性方程组：

$$\begin{cases} \eta_1(\alpha_0)x_0 + \eta_1(\alpha_1)x_1 + \cdots + \eta_1(\alpha_n)x_n = 0, \\ \eta_2(\alpha_0)x_0 + \eta_2(\alpha_1)x_1 + \cdots + \eta_2(\alpha_n)x_n = 0, \\ \cdots\cdots\cdots\cdots\cdots\cdots\cdots\cdots\cdots\cdots \\ \eta_n(\alpha_0)x_0 + \eta_n(\alpha_1)x_1 + \cdots + \eta_n(\alpha_n)x_n = 0. \end{cases} \tag{21}$$

由于齐次线性方程组(21)的方程个数 n 小于未知量个数 $n+1$，因此它必有非零解. 取一个非零解 $(c_0,c_1,\cdots,c_n)\in E^{n+1}$，且它具有最少的非零分量. 不妨设 $c_0\neq 0$. 任给 $j\in\{1,2,\cdots,n\}$，从

$$\eta_j(\alpha_0)c_0 + \eta_j(\alpha_1)c_1 + \cdots + \eta_j(\alpha_n)c_n = 0 \tag{22}$$

可以解出

$$\eta_j(\alpha_0) = -\sum_{i=1}^{n}\eta_j(\alpha_i)c_i c_0^{-1}. \tag{23}$$

记 $b_i=-c_i c_0^{-1}$ $(1\leqslant i\leqslant n)$. G 中的单位元为 η_1，于是从(23)式得

$$\alpha_0 = \eta_1(\alpha_0) = \sum_{i=1}^{n}\alpha_i b_i. \tag{24}$$

由于 $\alpha_0,\alpha_1,\cdots,\alpha_n$ 在 F 上线性无关，因此 $b_1,\cdots,b_n$ 不能全属于 F. 不妨设 $b_1\notin F$，于是存在 η_l

$\in G$ 使得 $\eta_l(b_1)\neq b_1$. 由于 $\eta_l^{-1}\eta_j\in G$,因此把(23)中 η_j 换成 $\eta_l^{-1}\eta_j$,得

$$(\eta_l^{-1}\eta_j)(\alpha_0) = \sum_{i=1}^{n}[\eta_l^{-1}\eta_j(\alpha_i)]b_i, \tag{25}$$

两边用 η_l 作用得

$$\eta_j(\alpha_0) = \sum_{i=1}^{n}\eta_j(\alpha_i)\eta_l(b_i), \tag{26}$$

(23)式减去(26)式,得

$$0 = \sum_{i=1}^{n}\eta_j(\alpha_i)[b_i - \eta_l(b_i)]. \tag{27}$$

于是 n 元齐次线性方程组

$$0 = \sum_{i=1}^{n}\eta_j(\alpha_i)y_i \quad (j = 1,2,\cdots,n) \tag{28}$$

有非零解 $(b_1-\eta_l(b_1),\cdots,b_n-\eta_l(b_n))$. 在最前面添上一个分量 0,则得到 $n+1$ 元齐次线性方程组(21)的一个非零解. 把 $(c_0,c_1,\cdots,c_n)$ 与 $(0,b_1-\eta_l(b_1),\cdots,b_n-\eta_l(b_n))$ 比较,对于 $i\in\{1,2,\cdots,n\}$,当 $c_i=0$ 时,有 $b_i=-c_ic_0^{-1}=0$,从而必有 $b_i-\eta_l(b_i)=0$;而当 $c_i\neq 0$ 时,有 $b_i-\eta_l(b_i)=-c_ic_0^{-1}-\eta_l(-c_ic_0^{-1})$,它可能为 0,也可能不为 0. 又由于 $c_0\neq 0$,因此 $(0,b_1-\eta_l(b_1),\cdots,b_n-\eta_l(b_n))$ 的非零分量数目少于 $(c_0,c_1,\cdots,c_n)$ 的非零分量数目,这与 $(c_0,c_1,\cdots,c_n)$ 的取法矛盾. 因此 E 中任意 $n+1$ 个元素都在 F 上线性相关. 从而 $\dim_F E\leqslant n$,即 $[E:F]\leqslant n=|G|$. □

定义 9 如果域扩张 E/F 的伽罗瓦群 $\mathrm{Gal}(E/F)$ 的不动域恰好等于 F,那么称 E/F 是一个**伽罗瓦扩张**.

有限伽罗瓦扩张与多项式的分裂域有什么联系?下面的定理 6 回答了这个问题.

定理 6 设 E 是域 F 的一个扩域,则在 E/F 上的下列条件是等价的:

(1) E 是 $F[x]$ 的一个可分多项式 $f(x)$ 在 F 上的分裂域;

(2) E/F 是有限伽罗瓦扩张;

(3) E/F 是有限可分正规扩张.

证明 (1)⟹(2). 设 $G=\mathrm{Gal}(E/F)$,由于 E 是 $F[x]$ 的多项式 $f(x)$ 在 F 上的分裂域,因此,据定理 4 得 $[E:F]$ 是有限的. 从而 E/F 是有限扩张. 又由于 $f(x)$ 是可分的,因此据命题 4 得

$$|G| = |\mathrm{Gal}(E/F)| = [E:F].$$

设 $\mathrm{Inv}(G)=F'$,则 F' 是 E 的包含 F 的一个子域,从而 $f(x)$ 可看成是 $F'[x]$ 的多项式,于是 E 可以看成是 $f(x)$ 在 F' 上的分裂域. 由于 $f(x)$ 是 $F[x]$ 的一个可分多项式,因此 $f(x)$ 也是 $F'[x]$ 的一个可分多项式. 据命题 4 得,$|\mathrm{Gal}(E/F')|=[E:F']$.

由于 $\mathrm{Inv}(G)=F'$,因此 G 中元素都是域 E 的 F'-自同构. 从而 $G\subseteq\mathrm{Gal}(E/F')$. 于是 $|G|\leqslant|\mathrm{Gal}(E/F')|$,因此 $[E:F]\leqslant[E:F']$. 由于 $F'\supseteq F$,因此 $[E:F]=[E:F'][F':F]\geqslant$

$[E:F']$. 从而$[E:F]=[E:F']$. 由此得出$[F':F]=1$. 于是 $F'=F$. 因此 $\mathrm{Inv}(G)=F$. 从而 E/F 是伽罗瓦扩张.

(2)$\Longrightarrow$(3). 设 E/F 是有限伽罗瓦扩张. 设 $G=\mathrm{Gal}(E/F)$，则 G 的不动域是 F. 设 $p(x)$ 是 $F[x]$的任一不可约多项式，它在 E 中有一个根 α_1. 不妨设 $p(x)$的首项系数为 1. 设 $\Omega=\{\alpha_1,\alpha_2,\cdots,\alpha_m\}$是 α_1 在 G 作用下得到的所有像组成的集合(作为集合的元素，$\alpha_1,\alpha_2,\cdots,\alpha_m$ 两两不等). 对于任一 $\sigma\in G$，由 Ω 的定义知道，$(\sigma(\alpha_1),\sigma(\alpha_2),\cdots,\sigma(\alpha_m))$是$(\alpha_1,\alpha_2,\cdots,\alpha_n)$的一个排列. 令

$$g(x)=(x-\alpha_1)(x-\alpha_2)\cdots(x-\alpha_m), \tag{29}$$

则 $g(x)$的系数在 σ 作用下不变. 于是 $g(x)$的系数属于 F，即 $g(x)\in F[x]$. 下面证明 $g(x)=p(x)$. 设 $p(x)=\sum\limits_{i=0}^{n}b_ix^i$. 由于 $p(\alpha_1)=0$，因此$\sum\limits_{i=0}^{n}b_i\alpha_1^i=0$. 两边用$\sigma$作用得$\sum\limits_{i=0}^{n}b_i\sigma(\alpha_1)^i=0$. 由于$\sigma$是$G$ 的任一元素，且由 Ω 的定义得，对于任意 $\alpha_j\,(j=1,2,\cdots,m)$ 都有$\sum\limits_{i=0}^{n}b_i\alpha_j^i=0$，即 $p(\alpha_j)=0$. 从而在 $E[x]$中，$x-\alpha_j\mid p(x)$，$j=1,2,\cdots,m$. 由于 $x-\alpha_1,x-\alpha_2,\cdots,x-\alpha_m$ 两两互素，因此 $\prod\limits_{j=1}^{m}(x-\alpha_j)\mid p(x)$，即 $g(x)\mid p(x)$. 由于整除性不随域的扩大而改变，因此在 $F[x]$中 $g(x)\mid p(x)$. 由于 $p(x)$是 $F[x]$的不可约多项式，因此 $g(x)=p(x)$. 从而 $p(x)$在 $E[x]$中完全分解成了一次因式的乘积. 因此 E/F 是正规的.

任取 E 的一个元素 β，设 β 在 F 上的极小多项式为 $m(x)$，则 $m(x)$是 $F[x]$的首项系数为 1 的不可约多项式. 由上面一段的证明知道，$m(x)$在 $E[x]$中完全分解成了一次因式的乘积，且没有重根，因此 $m(x)$是可分多项式. 从而 E/F 是可分的.

(3)$\Longrightarrow$(1). 由于 E/F 是有限扩张，因此可以设 $E=F(\alpha_1,\alpha_2,\cdots,\alpha_k)$且每个 α_i 是在 F 上的代数元. 设 $p_i(x)$是 α_i 在 F 上的极小多项式. $p_i(x)$在 F 上一定不可约. 由于 E/F 是可分正规的，因此据命题 3 得，$p_i(x)$在 $E[x]$中能完全分解成不同的一次因式的乘积，$i=1,2,\cdots,k$. 当 $i\neq j$ 时，若 $p_i(x)$与 $p_j(x)$在 $E[x]$中有公共的一次因式，则 $p_i(x)$与 $p_j(x)$在 $E[x]$中不互素. 由于互素性不随域的扩大而改变，因此 $p_i(x)$与 $p_j(x)$在 $F[x]$中也不互素，由于 $p_i(x)$在 F 上不可约，因此 $p_i(x)\mid p_j(x)$. 由于 $p_j(x)$在 F 上不可约，因此 $p_i(x)$与 $p_j(x)$相伴. 由于它们的首项系数都为 1，因此 $p_i(x)=p_j(x)$. 这表明：有可能 $\alpha_i\neq\alpha_j$，但是它们的极小多项式可能相等. 因此我们把 $\alpha_1,\alpha_2,\cdots,\alpha_k$ 重新编下标写成

$$\alpha_{11},\cdots,\alpha_{1r_1},\alpha_{21},\cdots,\alpha_{2r_2},\cdots,\alpha_{s1},\cdots,\alpha_{sr_s}, \tag{30}$$

其中 $\alpha_{i1},\cdots,\alpha_{ir_s}$ 在 F 上的极小多项式都是 $p_i(x)\,(i=1,2,\cdots,s)$，且 $p_1(x),p_2(x),\cdots,p_s(x)$ 两两不等. 令

$$f(x)=p_1(x)p_2(x)\cdots p_s(x), \tag{31}$$

则 $f(x)$在 $E[x]$中分解成了不同的一次因式的乘积：

$$f(x)=(x-\beta_1)(x-\beta_2)\cdots(x-\beta_n). \tag{32}$$

从(31)式和(32)式看出,$\{\beta_1,\beta_2,\cdots,\beta_n\}$等于 $p_1(x),p_2(x),\cdots,p_s(x)$的在 E 中的全部根组成的集合,因此 $F(\beta_1,\beta_2,\cdots,\beta_n)\subseteq E$. 又由于

$$\{\alpha_{11},\cdots,\alpha_{1r_1},\cdots,\alpha_{s1},\cdots,\alpha_{sr_s}\}\subseteq\{\beta_1,\beta_2,\cdots,\beta_n\}, \tag{33}$$

因此 $E=F(\alpha_1,\alpha_2,\cdots,\alpha_k)=F(\alpha_{11},\cdots,\alpha_{1r_1},\cdots,\alpha_{s1},\cdots,\alpha_{sr_s})\subseteq F(\beta_1,\beta_2,\cdots,\beta_n)$. 从而 $F(\beta_1,\beta_2,\cdots,\beta_n)=E$. 因此 E 是 $f(x)$在 F 上的分裂域,且 $f(x)\in F[x]$是可分多项式. □

推论 2 如果有限扩张 E/F 是伽罗瓦扩张,那么

$$|\mathrm{Gal}(E/F)|=[E:F]. \tag{34}$$

证明 由于 E/F 是有限伽罗瓦扩张,因此据定理 6 得,E 是域 F 上的一个可分多项式 $f(x)$在 F 上的分裂域. 再据命题 4 得,$|\mathrm{Gal}(E/F)|=[E:F]$. □

哪些域扩张是有限伽罗瓦扩张?下面来探讨这个问题.

命题 5 设域 E 有一个有限自同构群 G,且 G 的不动域为 F,则 E/F 是有限伽罗瓦扩张,并且 $G=\mathrm{Gal}(E/F)$.

证明 由于 G 的不动域为 F,因此 $G\subseteq\mathrm{Gal}(E/F)$,从而 $\mathrm{Inv}(\mathrm{Gal}(E/F))\subseteq\mathrm{Inv}(G)=F$. 另一方面,$\mathrm{Inv}(\mathrm{Gal}(E/F))\supseteq F$. 因此 $\mathrm{Inv}(\mathrm{Gal}(E/F))=F$. 据定义 9 得,$E/F$ 是伽罗瓦扩张.

由于 G 是域 E 的有限自同构群,且 $\mathrm{Inv}(G)=F$,因此据 Artin 引理得,$[E:F]\leqslant|G|$. 从而 E/F 是有限扩张. 于是 E/F 是有限伽罗瓦扩张. 再据推论 2 得,$|\mathrm{Gal}(E/F)|=[E:F]$,从而$|\mathrm{Gal}(E/F)|\leqslant|G|$. 又由于 $G\subseteq\mathrm{Gal}(E/F)$,因此 $G=\mathrm{Gal}(E/F)$. □

命题 6 设 E/F 为一个有限伽罗瓦扩张,$G=\mathrm{Gal}(E/F)$. 设 K 为 E/F 的任一中间域,则 E/K 是有限伽罗瓦扩张,并且 $\mathrm{Gal}(E/K)$是 G 的一个子群 H,从而 $\mathrm{Inv}(H)=K$.

证明 令 $H=\mathrm{Gal}(E/K)$,则 $H\subseteq\mathrm{Gal}(E/F)=G$,因此 H 是G 的一个子群. 由于 E/F 是有限伽罗瓦扩张,因此据定理 6 得,E 是域 F 上一个可分多项式 $f(x)$在 F 上的分裂域. 由于 $K\supseteq F$,因此 $f(x)$可以看成是域 K 上的多项式,从而 E 也可以看成是域 K 上的多项式 $f(x)$在 K 上的分裂域. 由于 F 上的多项式 $f(x)$是可分的,因此 $f(x)$在 $F[x]$中的每一个不可约因式在 E 中只有单根,从而 $f(x)$在 $K[x]$中的每一个不可约因式在 E 中只有单根. 于是域 K 上的多项式 $f(x)$也是可分的. 这表明 E 是 $K[x]$中的可分多项式 $f(x)$在 K 上的一个分裂域. 据定理 6 得,E/K 是有限伽罗瓦扩张. 从而 $\mathrm{Gal}(E/K)$的不动域等于 K,即 $\mathrm{Inv}(H)=K$. □

运用本小节的知识可以证明伽罗瓦理论的基本定理,详见第四章第 4.3 节的 4.3.4 小节. 本小节的定理 6 在证明方程式可解的判别准则中也起着重要作用,详见第四章第 4.3 节的 4.3.5 小节.

习题解答

引言的习题

1. 存在. 例如, $f(x)=\sin x$.

2. 存在. 例如, $g(x)=-\cos x$.

* **3.** 存在. 例如, $h(x)=\dfrac{1}{2}+\dfrac{1}{\pi}\arctan x$.

习　题　1.1

1. 不是, 因为不满足对称性.

2. 容易验证 $\sim$ 具有反身性, 对称性, 传递性.

3. $\mathbf{Z}_2=\{\overline{0},\overline{1}\}$, 其中 $\overline{0}=\{2k\mid k\in\mathbf{Z}\}$, $\overline{1}=\{2k+1\mid k\in\mathbf{Z}\}$.

$\mathbf{Z}_3=\{\overline{0},\overline{1},\overline{2}\}$, 其中 $\overline{0}=\{3k\mid k\in\mathbf{Z}\}$, $\overline{1}=\{3k+1\mid k\in\mathbf{Z}\}$, $\overline{2}=\{3k+2\mid k\in\mathbf{Z}\}$.

$\mathbf{Z}_4=\{\overline{0},\overline{1},\overline{2},\overline{3}\}$, 其中 $\overline{i}=\{4k+i\mid k\in\mathbf{Z}\}$, $i=0,1,2,3$.

$\mathbf{Z}_5=\{\overline{0},\overline{1},\overline{2},\overline{3},\overline{4}\}$, 其中 $\overline{j}=\{5k+j\mid k\in\mathbf{Z}\}$, $j=0,1,2,3,4$.

$\mathbf{Z}_6=\{\overline{0},\overline{1},\overline{2},\overline{3},\overline{4},\overline{5}\}$, 其中 $\overline{i}=\{6k+i\mid k\in\mathbf{Z}\}$, $i=0,1,2,3,4,5$.

4. 例如, $2\times 2\equiv 2\times 5 \pmod 6$, 但是 $2\not\equiv 5 \pmod 6$.

习　题　1.2

1. $\overline{5}+\overline{102}=\overline{5}+\overline{4}=\overline{2}$, 星期二; $\overline{5}+\overline{365}=\overline{5}+\overline{1}=\overline{6}$, 星期六.

2. $\overline{3}+\overline{368}=\overline{3}+\overline{4}=\overline{0}$, 星期日.

3. $\mathbf{Z}_{10}$ 中, $\overline{6}+\overline{9}=\overline{5}$, $\overline{2}\,\overline{5}=\overline{0}$, $\overline{3}\,\overline{7}=\overline{1}$, $\overline{9}\,\overline{9}=\overline{1}$.

4. $\mathbf{Z}_7$ 中, $\overline{1}^2=\overline{1}$, $\overline{2}^2=\overline{4}$, $\overline{3}^2=\overline{2}$, $\overline{4}^2=\overline{2}$, $\overline{5}^2=\overline{4}$, $\overline{6}^2=\overline{1}$.

$\mathbf{Z}_{11}$ 中, $\overline{1}^2=\overline{1}$, $\overline{2}^2=\overline{4}$, $\overline{3}^2=\overline{9}$, $\overline{4}^2=\overline{5}$, $\overline{5}^2=\overline{3}$, $\overline{6}^2=\overline{3}$, $\overline{7}^2=\overline{5}$, $\overline{8}^2=\overline{9}$, $\overline{9}^2=\overline{4}$, $\overline{10}^2=\overline{1}$.

$\mathbf{Z}_{13}$ 中, $\overline{1}^2=\overline{1}$, $\overline{2}^2=\overline{4}$, $\overline{3}^2=\overline{9}$, $\overline{4}^2=\overline{3}$, $\overline{5}^2=\overline{12}$, $\overline{6}^2=\overline{10}$, $\overline{7}^2=\overline{10}$, $\overline{8}^2=\overline{12}$, $\overline{9}^2=\overline{3}$, $\overline{10}^2=\overline{9}$, $\overline{11}^2=\overline{4}$, $\overline{12}^2=\overline{1}$.

5. $\mathbf{Z}_7$ 中, $\overline{1}-\overline{2}=\overline{6}$, $\overline{1}-\overline{4}=\overline{4}$, $\overline{2}-\overline{1}=\overline{1}$, $\overline{2}-\overline{4}=\overline{5}$, $\overline{4}-\overline{1}=\overline{3}$, $\overline{4}-\overline{2}=\overline{2}$. 每个非零元恰好出现一次.

6. $\mathbf{Z}_{11}$ 中, $\overline{1}-\overline{3}=\overline{9}$, $\overline{3}-\overline{1}=\overline{2}$, $\overline{1}-\overline{4}=\overline{8}$, $\overline{4}-\overline{1}=\overline{3}$, $\overline{1}-\overline{5}=\overline{7}$, $\overline{5}-\overline{1}=\overline{4}$, $\overline{1}-\overline{9}=\overline{3}$, $\overline{9}-\overline{1}=\overline{8}$, $\overline{3}-\overline{4}=\overline{10}$, $\overline{4}-\overline{3}=\overline{1}$, $\overline{3}-\overline{5}=\overline{9}$, $\overline{5}-\overline{3}=\overline{2}$, $\overline{3}-\overline{9}=\overline{5}$, $\overline{9}-\overline{3}=\overline{6}$, $\overline{4}-\overline{5}=\overline{10}$, $\overline{5}-\overline{4}=\overline{1}$, $\overline{4}-\overline{9}=\overline{6}$, $\overline{9}-\overline{4}=\overline{5}$, $\overline{5}-\overline{9}=\overline{7}$, $\overline{9}-\overline{5}=\overline{4}$. 每个非零元恰好出现两次.

7. $\mathbf{Z}_8$, $\mathbf{Z}_9$, $\mathbf{Z}_{10}$, $\mathbf{Z}_{12}$ 不是域; $\mathbf{Z}_{11}$, $\mathbf{Z}_{13}$ 是域.

习　题　1.3

1. 设 $a\mid b$ 且 $b\mid c$, 则存在整数 k,l, 使得 $b=ka$ 且 $c=lb$. 于是 $c=l(ka)=(lk)a$. 因此 $a\mid c$.

2. 在 $\mathbf{Z}_8$ 中，$\overline{9^n-1}=\overline{9}^n-\overline{1}=\overline{1}^n-\overline{1}=\overline{0}$. 因此 $8\mid 9^n-1$.

3. 在 $\mathbf{Z}_3$ 中，$\{\overline{n},\overline{n+1},\overline{n+2}\}=\{\overline{0},\overline{1},\overline{2}\}$. 于是 $\overline{n(n+1)(n+2)}=\overline{n}\,\overline{n+1}\,\overline{n+2}=\overline{0}\;\overline{1}\;\overline{2}=\overline{0}$. 从而

$$3\mid n(n+1)(n+2).$$

4. (1) $126=1\times 99+27$，$99=3\times 27+18$，$27=1\times 18+9$，$18=2\times 9+0$. 因此 $(126,99)=9$.

$$\begin{aligned}9&=27-1\times 18=27-1\times(99-3\times 27)=(-1)\times 99+4\times 27\\&=(-1)\times 99+4\times(126-1\times 99)=4\times 126+(-5)\times 99.\end{aligned}$$

(2) $(183,567)=3$，$3=31\times 183+(-10)\times 567$.

(3) $(1023,31)=31$，$31=0\times 1023+1\times 31$.

(4) $(127,2047)=1$，$1=(-274)\times 127+17\times 2047$.

5. 设 $a=a_1(a,b)$，$b=b_1(a,b)$. 由于存在整数 u,v，使得 $ua+vb=(a,b)$，因此

$$ua_1(a,b)+vb_1(a,b)=(a,b).$$

由于 a 与 b 不全为 0，因此 $(a,b)\neq 0$. 由上式得

$$ua_1+vb_1=1.$$

于是 $(a_1,b_1)=1$，即 $\left(\dfrac{a}{(a,b)},\dfrac{b}{(a,b)}\right)=1$.

6. 若 $(a,b)=1$，则存在整数 u,v，使得 $ua+vb=1$. 从而 $1=ua+v(a+b-a)=(u-v)a+v(a+b)$. 因此 $(a,a+b)=1$. 从而 $(b,a+b)=1$. 于是 $(ab,a+b)=1$.

7. $234=2\times 3^2\times 13$；$678=2\times 3\times 113$；$2345=5\times 7\times 67$.

8.

n	2	3	4	5	6	7	8	9	10	11
2^n-1	3	7	15	31	63	127	255	511	1023	2047

当 $n=2,3,5,7$ 时，2^n-1 是素数；当 $n=4,6,8,9,10,11$ 时，2^n-1 不是素数. 由此猜测：$2^n-1(n>1)$ 为素数的必要条件是 n 为素数. 证明如下：设 2^n-1 为素数. 假如 n 为合数，则 $n=kl$，$1<k<n$，$1<l<n$. 于是

$$2^n-1=(2^k)^l-1=(2^k-1)(2^{k(l-1)}+2^{k(l-2)}+\cdots+2^k+1).$$

从而 2^n-1 为合数，矛盾. 因此 n 为素数.

注意：上述必要条件不是充分条件. 例如，11 是素数，但是 $2^{11}-1=2047=23\times 89$.

习 题 1.4

1. $\mathbf{Z}_{18}$ 的可逆元有 $\overline{1},\overline{5},\overline{7},\overline{11},\overline{13},\overline{17}$；零因子有 $\overline{0},\overline{2},\overline{3},\overline{4},\overline{6},\overline{8},\overline{9},\overline{10},\overline{12},\overline{14},\overline{15},\overline{16}$. $\mathbf{Z}_{36}$ 的可逆元有 $\overline{1},\overline{5},\overline{7},\overline{11},\overline{13},\overline{17},\overline{19},\overline{23},\overline{25},\overline{29},\overline{31},\overline{35}$；零因子有 $\overline{0},\overline{2},\overline{3},\overline{4},\overline{6},\overline{8},\overline{9},\overline{10},\overline{12},\overline{14},\overline{15},\overline{16},\overline{18},\overline{20},\overline{21},\overline{22},\overline{24},\overline{26},\overline{27},\overline{28},\overline{30},\overline{32},\overline{33},\overline{34}$.

2. 由于 $(3,86)=1$，$(35,86)=1$，因此 $\overline{3},\overline{35}$ 都是 $\mathbf{Z}_{86}$ 的可逆元. 由于

$$86=28\times 3+2,\quad 3=1\times 2+1,$$

$$1=3-1\times 2=3-1\times(86-28\times 3)=(-1)\times 86+29\times 3,$$

于是在 $\mathbf{Z}_{86}$ 中，$\overline{1}=\overline{29}\times\overline{3}$. 因此 $\overline{3}^{-1}=\overline{29}$. 由于

$$86=2\times 35+16,\quad 35=2\times 16+3,\quad 16=5\times 3+1,$$

$$1 = 16 - 5 \times 3 = 16 - 5 \times (35 - 2 \times 16) = (-5) \times 35 + 11 \times 16$$
$$= (-5) \times 35 + 11 \times (86 - 2 \times 35) = 11 \times 86 - 27 \times 35,$$

于是在 $\mathbf{Z}_{86}$ 中，$\overline{1} = \overline{-27} \times \overline{35} = \overline{59} \times \overline{35}$. 因此 $\overline{35}^{-1} = \overline{59}$.

3. 由于 $89 = 44 \times 2 + 1, 1 = 89 - 44 \times 2$，于是在 $\mathbf{Z}_{89}$ 中，$\overline{1} = \overline{-44} \times \overline{2} = \overline{45} \times \overline{2}$. 因此 $\overline{2}^{-1} = \overline{45}$. 由于

$$89 = 1 \times 86 + 3, \quad 86 = 28 \times 3 + 2, \quad 3 = 1 \times 2 + 1,$$
$$1 = 3 - 1 \times 2 = 3 - 1 \times (86 - 28 \times 3) = (-1) \times 86 + 29 \times (89 - 1 \times 86)$$
$$= 29 \times 89 - 30 \times 86,$$

于是在 $\mathbf{Z}_{89}$ 中，$\overline{1} = \overline{-30} \times \overline{86} = \overline{59} \times \overline{86}$. 因此 $\overline{86}^{-1} = \overline{59}$.

4. 由于 $113 = 3 \times 36 + 5, 36 = 7 \times 5 + 1$，

$$1 = 36 - 7 \times 5 = 36 - 7 \times (113 - 3 \times 36) = -7 \times 113 + 22 \times 36,$$

于是在 $\mathbf{Z}_{113}$ 中，$\overline{1} = \overline{22} \times \overline{36}$. 因此 $\overline{36}^{-1} = \overline{22}$.

类似的方法可求出在 $\mathbf{Z}_{113}$ 中，$\overline{48}^{-1} = \overline{73}$.

5. 设 F 是特征为 2 的域，则 $(a+b)^2 = a^2 + b^2$，

$$(a+b)^4 = [(a+b)^2]^2 = (a^2+b^2)^2 = (a^2)^2 + (b^2)^2 = a^4 + b^4,$$
$$(a+b)^8 = [(a+b)^4]^2 = (a^4+b^4)^2 = (a^4)^2 + (b^4)^2 = a^8 + b^8.$$

猜测 $(a+b)^{2^r} = a^{2^r} + b^{2^r}$. 用数学归纳法证明. 当 $r=1$ 时，$(a+b)^2 = a^2 + b^2$. 假设对于 $r-1$ 时命题成立，来看 r 的情形.

$$(a+b)^{2^r} = [(a+b)^{2^{r-1}}]^2 = (a^{2^{r-1}} + b^{2^{r-1}})^2 = (a^{2^{r-1}})^2 + (b^{2^{r-1}})^2 = a^{2^r} + b^{2^r}.$$

据数学归纳法原理，对一切正整数 r 命题都成立.

6. 由于 113 是素数，因此据费马小定理得

$$2^{113} \equiv 2 \pmod{113}, \quad 100^{113} \equiv 100 \pmod{113},$$
$$2^{118} \equiv 2^{113} \times 2^5 \equiv 2 \times 32 \pmod{113}，即\ 2^{118} \equiv 64 \pmod{113}.$$

7. 由于 79，127 都是素数，因此据费马小定理得

$$2010^{79} \equiv 2010 \equiv 35 \pmod{79}, \quad 2010^{127} \equiv 2010 \equiv 105 \pmod{127}.$$

习 题 1.5

1. $35 = 11 \times 3 + 2, 3 = 1 \times 2 + 1$，

$$1 = 3 - 1 \times 2 = 3 - 1 \times (35 - 11 \times 3) = (-1) \times 35 + 12 \times 3, \quad v_1 = -1;$$
$$21 = 4 \times 5 + 1, \quad 1 = 21 - 4 \times 5, \quad v_2 = 1;$$
$$15 = 2 \times 7 + 1, \quad 1 = 15 - 2 \times 7, \quad v_3 = 1;$$
$$c = 2 \times (-1) \times 35 + 3 \times 1 \times 21 + 2 \times 1 \times 15 = 23.$$

全部解是 $23 + 105k, k \in \mathbf{Z}$.

2. $c = 2 \times (-1) \times 35 + 1 \times 1 \times 21 + 4 \times 1 \times 15 = 11$.

同余方程组的全部解是 $11 + 105k, k \in \mathbf{Z}$. 这队士兵的人数根据实际问题来选取合适的正整数 k.

3. $c = 1 \times (-1) \times 35 + 2 \times 1 \times 21 + 3 \times 1 \times 15 = 52$. 这个连的士兵有 $52 + 105 = 157$ 人.

4. $20 = 6 \times 3 + 2, 3 = 1 \times 2 + 1$，

$$1 = 3 - 1 \times 2 = 3 - 1 \times (20 - 6 \times 3) = (-1) \times 20 + 7 \times 3, \quad v_1 = -1;$$

$$15 = 3 \times 4 + 3,\quad 4 = 1 \times 3 + 1,$$

$$1 = 4 - 1 \times 3 = 4 - 1 \times (15 - 3 \times 4) = (-1) \times 15 + 4 \times 4,\quad v_2 = -1;$$

$$12 = 2 \times 5 + 2,\quad 5 = 2 \times 2 + 1,$$

$$1 = 5 - 2 \times 2 = 5 - 2 \times (12 - 2 \times 5) = (-2) \times 12 + 5 \times 5,\quad v_3 = -2;$$

$$c = 1 \times (-1) \times 20 + 3 \times (-1) \times 15 + 2 \times (-2) \times 12 = -113.$$

这个连的士兵的人数为$-113+60\times 4=127$.

5. 必要性　由于a,b都是同余方程组

$$\begin{cases} x \equiv b \pmod{m_1}, \\ x \equiv b \pmod{m_2} \end{cases}$$

的解,因此据中国剩余定理得,$a=b+km_1m_2$,对某个整数k,从而$a\equiv b(\mathrm{mod}\ m_1m_2)$.

充分性　若$a\equiv b(\mathrm{mod}\ m_1m_2)$,则$m_1m_2\mid a-b$.从而$m_i\mid a-b$.于是$a\equiv b(\mathrm{mod}\ m_i)$,$i=1,2$.

习　题　1.6

1. $\varphi(2^5)=2^4\times(2-1)=16$,　　$\varphi(3^4)=3^3\times(3-1)=54$,

$\varphi(5^3)=5^2\times(5-1)=100$.

2. $\mathbf{Z}_4\oplus\mathbf{Z}_9$ 的可逆元有$(\tilde{1},\tilde{\tilde{1}})$,$(\tilde{1},\tilde{\tilde{2}})$,$(\tilde{1},\tilde{\tilde{4}})$,$(\tilde{1},\tilde{\tilde{5}})$,$(\tilde{1},\tilde{\tilde{7}})$,$(\tilde{1},\tilde{\tilde{8}})$,$(\tilde{3},\tilde{\tilde{1}})$,$(\tilde{3},\tilde{\tilde{2}})$,$(\tilde{3},\tilde{\tilde{4}})$,

$(\tilde{3},\tilde{\tilde{5}})$,$(\tilde{3},\tilde{\tilde{7}})$,$(\tilde{3},\tilde{\tilde{8}})$.

3. $\mathbf{Z}_8\oplus\mathbf{Z}_{25}$的可逆元个数为$\varphi(8)\varphi(25)=2^2\times5\times(5-1)=80$.

4. $\mathbf{Z}_{27}\oplus\mathbf{Z}_{49}$的可逆元个数为$\varphi(27)\varphi(49)=3^2\times(3-1)\times7\times(7-1)=756$.

5. 设$(\tilde{3},\tilde{\tilde{7}})$在$\sigma$下的原象为$\bar{x}$,则$\tilde{x}=\tilde{3}$且$\tilde{\tilde{x}}=\tilde{\tilde{7}}$.于是

$$\begin{cases} x \equiv 3 \pmod{4}, \\ x \equiv 7 \pmod{25}. \end{cases}$$

$$25 = 6 \times 4 + 1,\quad 1 = 25 - 6 \times 4.$$

$$c = 3 \times 25 + 7 \times (-24) = -93.$$

在$\mathbf{Z}_{100}$中,$\bar{x}=\overline{-93}=\bar{7}$.

6. $\varphi(100)=\varphi(4\times25)=\varphi(4)\varphi(25)=2\times5\times(5-1)=40$,

$\varphi(225)=\varphi(3^2\times5^2)=\varphi(3^2)\varphi(5^2)=3\times(3-1)\times5\times(5-1)=120$,

$\varphi(56)=\varphi(2^3\times7)=\varphi(2^3)\varphi(7)=2^2\times6=24$.

7. $\varphi(60)=\varphi(2^2\times3\times5)=2\times2\times4=16$,

$\varphi(1360)=\varphi(2^4\times5\times17)=2^3\times4\times16=512$,

$\varphi(420)=\varphi(2^2\times3\times5\times7)=2\times2\times4\times6=96$.

8. $$\begin{aligned}\varphi(m)&=\varphi(p_1^{r_1}p_2^{r_2}\cdots p_s^{r_s})=p_1^{r_1-1}(p_1-1)p_2^{r_2-1}(p_2-1)\cdots p_s^{r_s-1}(p_s-1)\\ &=p_1^{r_1}\left(1-\frac{1}{p_1}\right)p_2^{r_2}\left(1-\frac{1}{p_2}\right)\cdots p_s^{r_s}\left(1-\frac{1}{p_s}\right)\\ &=m\left(1-\frac{1}{p_1}\right)\left(1-\frac{1}{p_2}\right)\cdots\left(1-\frac{1}{p_s}\right).\end{aligned}$$

9.

$\mathbf{Z}_{15}$	$\overline{0}$	$\overline{1}$	$\overline{2}$	$\overline{3}$	$\overline{4}$	$\overline{5}$	$\overline{6}$
$\sigma(\mathbf{Z}_{15})$	$(\widetilde{0},\approx{0})$	$(\widetilde{1},\approx{1})$	$(\widetilde{2},\approx{2})$	$(\widetilde{0},\approx{3})$	$(\widetilde{1},\approx{4})$	$(\widetilde{2},\approx{0})$	$(\widetilde{0},\approx{1})$

$\mathbf{Z}_{15}$	$\overline{7}$	$\overline{8}$	$\overline{9}$	$\overline{10}$	$\overline{11}$	$\overline{12}$	$\overline{13}$	$\overline{14}$
$\sigma(\mathbf{Z}_{15})$	$(\widetilde{1},\approx{2})$	$(\widetilde{2},\approx{3})$	$(\widetilde{0},\approx{4})$	$(\widetilde{1},\approx{0})$	$(\widetilde{2},\approx{1})$	$(\widetilde{0},\approx{2})$	$(\widetilde{1},\approx{3})$	$(\widetilde{2},\approx{4})$

10.

x	$\overline{1}$	$\overline{2}$	$\overline{3}$	$\overline{4}$
x^2	$\overline{1}$	$\overline{4}$	$\overline{9}$	$\overline{3}$

$\mathbf{Z}_{13}$中,$\overline{3}$的平方根存在,恰有两个:$\pm\overline{4}$,即$\overline{4}$和$\overline{9}$.

11. $91=7\times13$.于是σ:$\overline{x}\longmapsto(\widetilde{x},\approx{x})$是$\mathbf{Z}_{91}$到$\mathbf{Z}_7\oplus\mathbf{Z}_{13}$的一个同构映射,$\mathbf{Z}_7$和$\mathbf{Z}_{13}$都是域.

$$\overline{x}^2=\overline{1}\Longleftrightarrow(\widetilde{x},\approx{x})^2=(\widetilde{1},\approx{1})\Longleftrightarrow\widetilde{x}^2=\widetilde{1}\text{ 且 }\approx{x}^2=\approx{1}$$

$$\Longleftrightarrow\widetilde{x}=\pm\widetilde{1}\text{ 且 }\approx{x}=\pm\approx{1}$$

$$\Longleftrightarrow\begin{cases}x\equiv1\pmod 7,\\x\equiv1\pmod{13};\end{cases}\text{或}\begin{cases}x\equiv1\pmod 7,\\x\equiv-1\pmod{13};\end{cases}$$

$$\text{或}\begin{cases}x\equiv-1\pmod 7,\\x\equiv1\pmod{13};\end{cases}\text{或}\begin{cases}x\equiv-1\pmod 7,\\x\equiv-1\pmod{13}.\end{cases}$$

由于$13=1\times7+6$,$7=1\times6+1$,因此

$$1=7-1\times6=7-1\times(13-1\times7)=(-1)\times13+2\times7.$$

上述四个同余方程组的一个解分列是

$$c_1=1\times(-1)\times13+1\times2\times7=1,\quad c_2=1\times(-1)\times13+(-1)\times2\times7=-27,$$

$$c_3=(-1)\times(-1)\times13+1\times2\times7=27,$$

$$c_4=(-1)\times(-1)\times13+(-1)\times2\times7=-1.$$

因此在$\mathbf{Z}_{91}$中,$\overline{1}$的平方根恰有四个:$\pm\overline{1}$,$\pm\overline{27}$,即$\overline{1}$,$\overline{90}$,$\overline{27}$,$\overline{64}$.

类似的方法可求出$\overline{4}$的平方根恰有四个:$\pm\overline{2}$,$\pm\overline{54}$,即$\overline{2}$,$\overline{89}$,$\overline{54}$,$\overline{37}$.

在$\mathbf{Z}_7$中,$\widetilde{3}$的平方根不存在.从而在$\mathbf{Z}_{91}$中,$\overline{3}$的平方根不存在(因为$\overline{x}^2=\overline{3}\Longleftrightarrow\widetilde{x}^2=\widetilde{3}$且$\approx{x}^2=\approx{3}$).

12. $100=4\times25$.由于$(4,25)=1$,因此σ:$\overline{x}\longmapsto(\widetilde{x},\approx{x})$是$\mathbf{Z}_{100}$到$\mathbf{Z}_4\oplus\mathbf{Z}_{25}$的一个同构映射.在$\mathbf{Z}_4$中,$\widetilde{4}$的平方根恰有两个:$\widetilde{2}$,$\widetilde{0}$.在$\mathbf{Z}_{25}$中:

x	$\approx{1}$	$\approx{2}$	$\approx{3}$	$\approx{4}$	$\approx{5}$	$\approx{6}$	$\approx{7}$	$\approx{8}$	$\approx{9}$	$\approx{10}$	$\approx{11}$	$\approx{12}$
x^2	$\approx{1}$	$\approx{4}$	$\approx{9}$	$\approx{16}$	$\approx{0}$	$\approx{11}$	$\approx{24}$	$\approx{14}$	$\approx{6}$	$\approx{0}$	$\approx{21}$	$\approx{19}$

$\approx{4}$的平方根恰有两个:$\pm\approx{2}$.

$$\overline{x}^2=\overline{4}\Longleftrightarrow\widetilde{x}^2=\widetilde{4},\text{且}\approx{x}^2=\approx{4}\Longleftrightarrow\widetilde{x}=\widetilde{2}\text{ 或 }\widetilde{0},\text{且}\approx{x}=\pm\approx{2}$$

$$\Longleftrightarrow\begin{cases}x\equiv 2(\bmod 4),\\ x\equiv 2(\bmod 25);\end{cases}\quad 或\quad \begin{cases}x\equiv 2(\bmod 4),\\ x\equiv -2(\bmod 25);\end{cases}$$

$$或\quad\begin{cases}x\equiv 0(\bmod 4),\\ x\equiv 2(\bmod 25);\end{cases}\quad 或\quad \begin{cases}x\equiv 0(\bmod 4),\\ x\equiv -2(\bmod 25).\end{cases}$$

$$25=6\times 4+1,\quad 1=25-6\times 4.$$

$$c_1=2\times 25+2\times(-6)\times 4=2,\qquad c_2=2\times 25+(-2)\times(-6)\times 4=98,$$

$$c_3=0\times 25+2\times(-6)\times 4=-48,\qquad c_4=0\times 25+(-2)\times(-6)\times 4=48.$$

因此在 $\mathbf{Z}_{100}$ 中，$\overline{4}$ 的平方根恰有四个：$\overline{2},\overline{98},\overline{-48}=\overline{52},\overline{48}$. 在 $\mathbf{Z}_{25}$ 中，$\overline{\overline{\overline{5}}}$ 没有平方根，因此在 $\mathbf{Z}_{100}$ 中，$\overline{5}$ 没有平方根.

习　题　1.7

1. $\mathbf{Z}_{18}^*=\{\overline{1},\overline{5},\overline{7},\overline{11},\overline{13},\overline{17}\}$. $\overline{1}\overline{a}=\overline{a}$, $\forall\,\overline{a}\in\mathbf{Z}_{18}^*$; $\overline{5}\,\overline{5}=\overline{7}$, $\overline{5}\,\overline{7}=\overline{17}$, $\overline{5}\,\overline{11}=\overline{1}$, $\overline{5}\,\overline{13}=\overline{11}$, $\overline{5}\,\overline{17}=\overline{13}$, $\overline{7}\,\overline{7}=\overline{13}$, $\overline{7}\,\overline{11}=\overline{5}$, $\overline{7}\,\overline{13}=\overline{1}$, $\overline{7}\,\overline{17}=\overline{11}$, $\overline{11}\,\overline{11}=\overline{13}$, $\overline{11}\,\overline{13}=\overline{17}$, $\overline{11}\,\overline{17}=\overline{7}$, $\overline{13}\,\overline{13}=\overline{7}$, $\overline{13}\,\overline{17}=\overline{5}$, $\overline{17}\,\overline{17}=\overline{1}$.

2. $\mathbf{Z}_{15}^*=\{\overline{1},\overline{2},\overline{4},\overline{7},\overline{8},\overline{11},\overline{13},\overline{14}\}$.

$\overline{a}$	$\overline{a}^2$	$\overline{a}^3$	$\overline{a}^4$	$\overline{a}^5$	$\overline{a}^6$	$\overline{a}^7$	$\overline{a}^8$	阶
$\overline{1}$	$\overline{1}$	$\overline{1}$	$\overline{1}$	$\overline{1}$	$\overline{1}$	$\overline{1}$	$\overline{1}$	1
$\overline{2}$	$\overline{4}$	$\overline{8}$	$\overline{1}$	$\overline{2}$	$\overline{4}$	$\overline{8}$	$\overline{1}$	4
$\overline{4}$	$\overline{1}$	$\overline{4}$	$\overline{1}$	$\overline{4}$	$\overline{1}$	$\overline{4}$	$\overline{1}$	2
$\overline{7}$	$\overline{4}$	$\overline{13}$	$\overline{1}$	$\overline{7}$	$\overline{4}$	$\overline{13}$	$\overline{1}$	4
$\overline{8}$	$\overline{4}$	$\overline{2}$	$\overline{1}$	$\overline{8}$	$\overline{4}$	$\overline{2}$	$\overline{1}$	4
$\overline{11}$	$\overline{1}$	$\overline{11}$	$\overline{1}$	$\overline{1}$	$\overline{11}$	$\overline{1}$	$\overline{11}$	2
$\overline{13}$	$\overline{4}$	$\overline{7}$	$\overline{1}$	$\overline{13}$	$\overline{4}$	$\overline{7}$	$\overline{1}$	4
$\overline{14}$	$\overline{1}$	$\overline{14}$	$\overline{1}$	$\overline{14}$	$\overline{1}$	$\overline{14}$	$\overline{1}$	2

$\mathbf{Z}_{24}^*=\{\overline{1},\overline{5},\overline{7},\overline{11},\overline{13},\overline{17},\overline{19},\overline{23}\}$，$\overline{1}$ 的阶为 1.

$\overline{a}$	$\overline{a}^2$	$\overline{a}^3$	$\overline{a}^4$	$\overline{a}^5$	$\overline{a}^6$	$\overline{a}^7$	$\overline{a}^8$	阶
$\overline{5}$	$\overline{1}$	$\overline{5}$	$\overline{1}$	$\overline{5}$	$\overline{1}$	$\overline{5}$	$\overline{1}$	2
$\overline{7}$	$\overline{1}$	$\overline{7}$	$\overline{1}$	$\overline{7}$	$\overline{1}$	$\overline{7}$	$\overline{1}$	2
$\overline{11}$	$\overline{1}$	$\overline{11}$	$\overline{1}$	$\overline{11}$	$\overline{1}$	$\overline{11}$	$\overline{1}$	2
$\overline{13}$	$\overline{1}$	$\overline{13}$	$\overline{1}$	$\overline{13}$	$\overline{1}$	$\overline{13}$	$\overline{1}$	2
$\overline{17}$	$\overline{1}$	$\overline{17}$	$\overline{1}$	$\overline{17}$	$\overline{1}$	$\overline{17}$	$\overline{1}$	2
$\overline{19}$	$\overline{1}$	$\overline{19}$	$\overline{1}$	$\overline{19}$	$\overline{1}$	$\overline{19}$	$\overline{1}$	2
$\overline{23}$	$\overline{1}$	$\overline{23}$	$\overline{1}$	$\overline{23}$	$\overline{1}$	$\overline{23}$	$\overline{1}$	2

3. $\varphi(n)=\varphi(17\times 23)=\varphi(17)\times\varphi(23)=16\times 22=352$.

$$352=117\times 3+1,\quad 1=352-117\times 3.$$

在 $\mathbf{Z}_{352}$ 中，$\overline{1}=\overline{-117}\times\overline{3}=\overline{235}\times\overline{3}$. 因此 $3\times 235\equiv 1(\bmod 352)$. 从而 $b=235$.

4. 据第 3 题，$ab\equiv 1(\bmod \varphi(n))$. 因此存在整数 k，使得 $ab=1+k\varphi(n)$. 由于 $\mathbf{Z}_n^*$ 的阶为 $\varphi(n)$，因此对于 $\bar{x}\in\mathbf{Z}_n^*$，有

$$\bar{x}^{ab}=\bar{x}^{1+k\varphi(n)}=\bar{x}(\bar{x}^{\varphi(n)})^k=\bar{x}\ \overline{1}^k=\bar{x}.$$

5. $\mathbf{Z}_7^*$ 中，$\overline{2}^2=\overline{4},\overline{2}^3=\overline{1}$. $\overline{3}^2=\overline{2},\overline{3}^3=\overline{6},\overline{3}^4=\overline{4},\overline{3}^5=\overline{5},\overline{3}^6=\overline{1}$. 因此 $\overline{3}$ 是 $\mathbf{Z}_7^*$ 的一个生成元. 对于 $1\leqslant k\leqslant 6$，$\overline{3}^k$ 是生成元当且仅当 $|\overline{3}^k|=\varphi(7)$. 由于 $|\overline{3}^k|=\dfrac{\varphi(7)}{(k,\varphi(7))}$，因此 $\overline{3}^k$ 是生成元当且仅当 $(k,\varphi(7))=1$，即 $(k,6)=1$，此时 $k=1,5$. 因此 $\mathbf{Z}_7^*$ 恰有两个生成元：$\overline{3},\overline{3}^5=\overline{5}$.

$\mathbf{Z}_{11}^*$ 中，$\overline{2}^2=\overline{4},\overline{2}^3=\overline{8},\overline{2}^4=\overline{5},\overline{2}^5=\overline{10},\overline{2}^6=\overline{9},\overline{2}^7=\overline{7},\overline{2}^8=\overline{3},\overline{2}^9=\overline{6},\overline{2}^{10}=\overline{1}$. 因此 $\overline{2}$ 是 $\mathbf{Z}_{11}^*$ 的一个生成元. $\varphi(11)=10$. 对于 $1\leqslant k\leqslant 10$，$\overline{2}^k$ 是生成元 $\Longleftrightarrow (k,\varphi(11))=1 \Longleftrightarrow k=1,3,7,9$. 因此 $\mathbf{Z}_{11}^*$ 的生成元恰有四个：$\overline{2},\overline{2}^3,\overline{2}^7,\overline{2}^9$，即 $\overline{2},\overline{8},\overline{7},\overline{6}$.

6. 设 $\bar{a}$ 是 $\mathbf{Z}_{13}^*$ 的一个生成元，则 $|\bar{a}|=\varphi(13)$. 对于 $1\leqslant k\leqslant 12$，由于 $\bar{a}^k$ 是生成元 $\Longleftrightarrow (k,\varphi(13))=1$，因此 $\mathbf{Z}_{13}^*$ 的生成元的个数为 $\varphi(\varphi(13))=\varphi(12)=\varphi(2^2\times 3)=4$.

同理，$\mathbf{Z}_{17}^*$ 的生成元个数为 $\varphi(\varphi(17))=\varphi(16)=\varphi(2^4)=8$；$\mathbf{Z}_{19}^*$ 的生成元个数为

$$\varphi(\varphi(19))=\varphi(18)=\varphi(2\times 3^2)=6.$$

7. 猜测 $\mathbf{Z}_p^*$（p 是素数）的生成元的个数为 $\varphi(\varphi(p))$. 证明如下：设 $\bar{a}$ 是 $\mathbf{Z}_p^*$ 的一个生成元，则 $|\bar{a}|=\varphi(p)$. 从而对于 $1\leqslant k\leqslant p-1$，$\bar{a}^k$ 是生成元 $\Longleftrightarrow |\bar{a}^k|=\varphi(p) \Longleftrightarrow \dfrac{\varphi(p)}{(k,\varphi(p))}=\varphi(p) \Longleftrightarrow (k,\varphi(p))=1$. 因此 $\mathbf{Z}_p^*$ 的生成元的个数为 $\varphi(\varphi(p))$.

8. $\mathbf{Z}_{18}^*$ 中，$\overline{5}^2=\overline{7},\overline{5}^3=\overline{17},\overline{5}^4=\overline{13},\overline{5}^5=\overline{11},\overline{5}^6=\overline{1}$. 由于 $|\mathbf{Z}_{18}^*|=\mathscr{P}(18)=6$，因此 $\overline{5}$ 是 $\mathbf{Z}_{18}^*$ 的一个生成元. 从而 $\mathbf{Z}_{18}^*$ 是循环群. $\overline{1}$ 的阶是 1，$\overline{5}$ 的阶是 6. $|\overline{7}|=|\overline{5}^2|=\dfrac{6}{(2,6)}=3$，$|\overline{11}|=|\overline{5}^5|=\dfrac{6}{(5,6)}=6$，$|\overline{13}|=|\overline{5}^4|=\dfrac{6}{(4,6)}=3$，$|\overline{17}|=|\overline{5}^3|=\dfrac{6}{(3,6)}=2$.

9. $\mathbf{Z}_{27}^*=\varphi(27)=18$. $\overline{2}^2=\overline{4},\overline{2}^3=\overline{8},\overline{2}^4=\overline{16},\overline{2}^5=\overline{5},\overline{2}^6=\overline{10},\overline{2}^7=\overline{20},\overline{2}^8=\overline{13},\overline{2}^9=\overline{26},\overline{2}^{10}=\overline{25},\overline{2}^{11}=\overline{23},\overline{2}^{12}=\overline{19}$，$\overline{2}^{13}=\overline{11},\overline{2}^{14}=\overline{22},\overline{2}^{15}=\overline{17},\overline{2}^{16}=\overline{7},\overline{2}^{17}=\overline{14},\overline{2}^{18}=\overline{1}$. 因此 $\mathbf{Z}_{27}^*$ 是循环群，$\overline{2}$ 是它的一个生成元. 对于 $1\leqslant k\leqslant 18$，$\overline{2}^k$ 是生成元 $\Longleftrightarrow (k,18)=1 \Longleftrightarrow k=1,5,7,11,13,17$. 于是 $\mathbf{Z}_{27}^*$ 恰有六个生成元：$\overline{2},\overline{2}^5,\overline{2}^7,\overline{2}^{11},\overline{2}^{13},\overline{2}^{17}$，即 $\overline{2},\overline{5},\overline{20},\overline{23},\overline{11},\overline{14}$.

习　题　1.8

1. 101,103,105,107,109,111,113,115,117,119,121,123,125,127,129,131,133,135,137,139,141,143,145,147,149,151,153,155,157,159,161,163,165,167,169,171,173,175,177,179,181,183,185,187,189,191,193,195,197,199.

2. (101,103),(107,109),(137,139),(149,151),(179,181),(191,193),(197,199).

3. (29,41,53),(11,17,23),(19,31,43),(41,47,53),(61,67,73);(11,17,23,29),(41,47,53,59);(7,37,67,97,127).

4. (7,37,67,97,127,157)，公差 30 能被素数 2,3,5 整除.

5. (1) (3,5,7).

(2) 不存在长度大于 3 且公差为 2 的素数等差数列，因为长度大于 3 的素数等差数列的公差 d 能被 2,3 整除，从而 d 至少应为 6.

6. 长度为 8 的素数等差数列的公差至少应为 $2\times3\times5\times7=210$.

7. 大于 100 且小于 150 的素数有 101,103,107,109,113,127,131,137,139,149.

x	110	120	130	140	150
$\pi(x)$	29	30	31	34	35
$\frac{x}{\pi(x)}$	3.793	4	4.194	4.118	4.286
$\ln x$	4.700	4.787	4.868	4.942	5.011

8. 5,11,17,23,29,41,47,53,59,71,83,89,101,107,113.

9.

n	10	10^2	10^3	10^4	10^5	10^6
$\pi(n)$	4	25	168	1229	9592	78498
$\frac{\pi(n)}{n}$	0.4	0.25	0.168	0.1229	0.09592	0.078498

猜测：$\lim\limits_{n\to+\infty}\frac{\pi(n)}{n}=0$. 证明如下：

据素数定理，$\lim\limits_{n\to+\infty}\frac{\pi(n)}{\frac{n}{\ln n}}=1$，从而 $\lim\limits_{n\to+\infty}\frac{\pi(n)}{n}\ln n=1$. 于是任给 $\varepsilon>0$(不妨设 $\varepsilon<1$)，存在 N_1，使得只要 $n>N_1$，就有 $\left|\frac{\pi(n)}{n}\ln n-1\right|<\varepsilon$. 从而 $\left|\frac{\pi(n)}{n}\ln n\right|<1+\varepsilon$，于是 $\left|\frac{\pi(n)}{n}\right|<\frac{1+\varepsilon}{|\ln n|}$. 由于 $\lim\limits_{n\to+\infty}\frac{1}{\ln n}=0$，因此存在 N_2，使得只要 $n>N_2$，就有 $\left|\frac{1}{\ln n}\right|<\frac{\varepsilon}{2}$. 取 $N=\max\{N_1,N_2\}$，则只要 $n>N$，就有 $\left|\frac{\pi(n)}{n}\right|<\frac{1+\varepsilon}{|\ln n|}<\frac{\varepsilon}{2}(1+\varepsilon)<\varepsilon$. 因此 $\lim\limits_{n\to+\infty}\frac{\pi(n)}{n}=0$.

习 题 2.1

1. $\deg f(x)=\deg c+\deg g(x)=0+\deg g(x)=\deg g(x)$.

2. $\deg f(x)+\deg g(x)=0$. 由此得出，$\deg f(x)=\deg g(x)=0$.

3. 不一定. 例如，设 $f(x)=2x^3+x-1$，$g(x)=-2x^3+3x^2+4$，则 $f(x)+g(x)=3x^2+x+3$. 于是

$$\deg(f(x)+g(x))=2.$$

4. $f(x)$是可逆元$\Longleftrightarrow$存在 $g(x)\in F[x]$，使得 $f(x)g(x)=1\Longrightarrow\deg f(x)=0$. 反之，设 $f(x)=a$，其中 $a\in F^*$，由于 $aa^{-1}=1$，因此 $f(x)$是可逆元.

5. (1) $x^4-4=(x^2-2)(x^2+2)=(x+\sqrt{2})(x-\sqrt{2})(x+\sqrt{2}\mathrm{i})(x-\sqrt{2}\mathrm{i})$. 因此 $x^4-4=0$ 的根是 $x_1=-\sqrt{2}$，$x_2=\sqrt{2}$，$x_3=-\sqrt{2}\mathrm{i}$，$x_4=\sqrt{2}\mathrm{i}$.

(2) $x^3+1=(x+1)(x^2-x+1)$，因此 $x^3+1=0$ 的根是：

$$x_1=-1,\quad x_2=\frac{1}{2}(1+\sqrt{3}\mathrm{i}),\quad x_3=\frac{1}{2}(1-\sqrt{3}\mathrm{i}).$$

6. (1) 在 $\mathbf{Z}_2[x]$中，$(x+\bar{1})^2=x^2+2\bar{1}x+\bar{1}^2=x^2+\bar{1}$.

(2) 在 $\mathbf{Z}_2[x]$中，$x(x+\bar{1})(x^2+x+\bar{1})=x(x^3+2\bar{1}x^2+2\bar{1}x+\bar{1})=x(x^3+\bar{1})=x^4+x$.

7. (1) 在 $\mathbf{Z}_2[x]$中，$x^2+\bar{1}=(x+\bar{1})^2$.

(2) 在 $\mathbf{Z}_2[x]$中，$x^4+x=x(x+\bar{1})(x^2+x+\bar{1})$.

(3) 在 $\mathbf{Z}_2[x]$中，$x^3+x^2+x+\bar{1}=x^2(x+\bar{1})+(x+\bar{1})=(x^2+\bar{1})(x+\bar{1})=(x+\bar{1})^2(x+\bar{1})=(x+\bar{1})^3$.

习　题　2.2

1. 商式是 x^2+2x-4，余式是 $-20x+19$.

2. 在 $\mathbf{Z}_2[x]$中，用 $g(x)=x^4+x^2+\bar{1}$ 去除 $f(x)=x^{10}+x^5+\bar{1}$，商式是 $x^6+x^4+x+\bar{1}$，余式是 x^3+x^2+x.

3. 若 $h(x)\mid g(x)$且 $g(x)\mid f(x)$，则存在 $q_1(x),q_2(x)\in F[x]$，使得 $g(x)=q_1(x)h(x)$，$f(x)=q_2(x)g(x)$. 从而 $f(x)=[q_2(x)q_1(x)]h(x)$. 因此 $h(x)\mid f(x)$.

4. 设 $g(x)\mid f_i(x)(i=1,2,\cdots,s)$，则存在 $q_i(x)\in F[x]$，使得 $f_i(x)=q_i(x)g(x)(i=1,2,\cdots,s)$. 从而对任意 $u_i(x)\in F[x](i=1,2,\cdots,s)$，有

$$\begin{aligned}u_1(x)f_1(x)+\cdots+u_s(x)f_s(x)&=u_1(x)q_1(x)g(x)+\cdots+u_s(x)q_s(x)g(x)\\&=[u_1(x)q_1(x)+\cdots+u_s(x)q_s(x)]g(x).\end{aligned}$$

因此

$$g(x)\mid u_1(x)f_1(x)+\cdots+u_s(x)f_s(x).$$

5. (1) 商式是 $3x^3+12x^2+43x+174$，余式是 695.

(2) 商式是 $5x^2-10x+17$，余式是 -30.

习　题　2.3

1. (1) $(f(x),g(x))=x-1$，$x-1=\dfrac{1}{300}(x+10)f(x)-\dfrac{1}{300}(x^2+15x+46)g(x)$.

(2) $(f(x),g(x))=x+3$，$x+3=\left(\dfrac{3}{5}x-1\right)f(x)-\dfrac{1}{5}(x^2-2x)g(x)$.

2. 任取 $f(x)$与 $g(x)$的一个公因式 $c(x)$，由已知的等式得，$c(x)\mid d(x)$. 从而 $d(x)$是 $f(x)$与 $g(x)$的一个最大公因式.

3. 存在 $u(x),u(x)\in F[x]$，使得 $u(x)f(x)+v(x)g(x)=(f(x),g(x))$. 从而

$$u(x)f(x)h(x)+v(x)g(x)\,h(x)=(f(x),g(x))h(x).$$

由于

$$(f(x),g(x))h(x)\mid f(x)h(x),\quad (f(x),g(x))h(x)\mid g(x)h(x),$$

因此据第 2 题得，$(f(x),g(x))h(x)$是 $f(x)h(x)$与 $g(x)h(x)$的一个最大公因式. 由于 $h(x)$的首项系数为 1，因此 $(f(x)h(x),g(x)h(x))=(f(x),g(x))h(x)$.

4. 性质 1 的证明：设在 $F[x]$中，$f(x)\mid g(x)h(x)$，且 $(f(x),g(x))=1$. 则存在 $u(x),v(x)\in F[x]$，使得 $u(x)f(x)+v(x)g(x)=1$，从而

$$u(x)f(x)h(x)+v(x)g(x)h(x)=h(x).$$

由于 $f(x)\mid g(x)h(x)$，且 $f(x)\mid f(x)$，因此从上式得 $f(x)\mid h(x)$.

性质 2 的证明：设在 $F[x]$中，$f(x)\mid h(x)$，$g(x)\mid h(x)$，且 $(f(x),g(x))=1$，则存在 $p(x)\in F[x]$，使得

$h(x)=p(x)f(x)$. 由于 $g(x)\mid h(x)$，因此 $g(x)\mid p(x)f(x)$. 由于 $(f(x),g(x))=1$，因此 $g(x)\mid p(x)$. 从而存在 $q(x)\in F[x]$，使得 $p(x)=q(x)g(x)$. 从而 $h(x)=q(x)g(x)f(x)$. 因此 $f(x)g(x)\mid h(x)$.

性质 3 的证明：设在 $F[x]$中，$(f(x),h(x))=1$ 且 $(g(x),h(x))=1$，则存在 $u_i(x),v_i(x)\in F[x]$，$i=1,2$，使得

$$u_1(x)f(x)+v_1(x)h(x)=1,\quad u_2(x)g(x)+v_2(x)h(x)=1.$$

把上面两个等式相乘得，$[u_1(x)f(x)+v_1(x)h(x)][u_2(x)g(x)+v_2(x)h(x)]=1$. 即

$$[u_1(x)u_2(x)]f(x)g(x)+[u_1(x)v_2(x)f(x)+v_1(x)u_2(x)g(x)+v_1(x)v_2(x)h(x)]h(x)=1.$$

因此 $(f(x)g(x),h(x))=1$.

5. 设 $f(x)=f_1(x)(f(x),g(x))$，$g(x)=g_1(x)(f(x),g(x))$. 由于存在 $u(x),v(x)\in F[x]$，使得 $u(x)f(x)+v(x)g(x)=(f(x),g(x))$，即

$$u(x)f_1(x)(f(x),g(x))+v(x)g_1(x)(f(x),g(x))=(f(x),g(x)),$$

因此用消去律得，$u(x)f_1(x)+v(x)g_1(x)=1$. 从而 $(f_1(x),g_1(x))=1$.

6. 显然，$c(x)\mid f(x)$ 且 $c(x)\mid g(x)\Longleftrightarrow c(x)\mid f(x)$ 且 $c(x)\mid f(x)+g(x)$. 由此得出，$(f(x),g(x))=(f(x),f(x)+g(x))$. 同理 $(f(x),g(x))=(g(x),f(x)+g(x))$. 由于 $(f(x),g(x))=1$，因此 $(f(x),f(x)+g(x))=1$ 且 $(g(x),f(x)+g(x))=1$. 从而据互素的性质 3 得，$(f(x)g(x),f(x)+g(x))=1$.

习　题　2.4

1. (1) $x^4+x^2+1=x^4+2x^2+1-x^2=(x^2+1)^2-x^2$

$=(x^2+x+1)(x^2-x+1)$　　　在 **R** 上

$=\left(x-\frac{-1+\sqrt{3}\mathrm{i}}{2}\right)\left(x-\frac{-1-\sqrt{3}\mathrm{i}}{2}\right)\left(x-\frac{1+\sqrt{3}\mathrm{i}}{2}\right)\left(x-\frac{1-\sqrt{3}\mathrm{i}}{2}\right)$.　　　在 **C** 上

(2) $x^3-1=(x-1)(x^2+x+1)$　　　在 **R** 上

$=(x-1)\left(x-\frac{-1+\sqrt{3}\mathrm{i}}{2}\right)\left(x-\frac{-1-\sqrt{3}\mathrm{i}}{2}\right)$.　　　在 **C** 上

(3) $x^6-1=(x^3-1)(x^3+1)=(x-1)(x^2+x+1)(x+1)(x^2-x+1)$　　　在 **R** 上

$=(x-1)(x+1)\left(x-\frac{-1+\sqrt{3}\mathrm{i}}{2}\right)\left(x+\frac{1+\sqrt{3}\mathrm{i}}{2}\right)\left(x-\frac{1+\sqrt{3}\mathrm{i}}{2}\right)\left(x-\frac{1-\sqrt{3}\mathrm{i}}{2}\right)$.　　　在 **C** 上

(4) $x^4+4=x^4+4x^2+4-4x^2=(x^2+2)^2-(2x)^2$

$=(x^2+2x+2)(x^2-2x+2)$　　　在 **R** 上

$=[x-(-1+\mathrm{i})][x-(-1-\mathrm{i})][x-(1+\mathrm{i})][x-(1-\mathrm{i})]$.　　　在 **C** 上

(5) $x^6+1=(x^2+1)(x^4-x^2+1)=(x^2+1)(x^4+2x^2+1-3x^2)$

$=(x^2+1)(x^2+\sqrt{3}x+1)(x^2-\sqrt{3}x+1)$　　　在 **R** 上

$=(x+\mathrm{i})(x-\mathrm{i})\left(x-\frac{-\sqrt{3}+\mathrm{i}}{2}\right)\left(x+\frac{\sqrt{3}+\mathrm{i}}{2}\right)\left(x-\frac{\sqrt{3}+\mathrm{i}}{2}\right)\left(x-\frac{\sqrt{3}-\mathrm{i}}{2}\right)$.　　　在 **C** 上

(6) $x^{12}-1=(x^6-1)(x^6+1)$

$=(x-1)(x+1)(x^2+x+1)(x^2-x+1)(x^2+1)(x^2+\sqrt{3}x+1)(x^2-\sqrt{3}x+1)$　　　在 **R** 上

$=(x-1)(x+1)(x+\mathrm{i})(x-\mathrm{i})\left(x-\frac{-1+\sqrt{3}\mathrm{i}}{2}\right)\left(x+\frac{1+\sqrt{3}\mathrm{i}}{2}\right)\left(x-\frac{1+\sqrt{3}\mathrm{i}}{2}\right)\left(x-\frac{1-\sqrt{3}\mathrm{i}}{2}\right)$

$$\cdot\left(x-\frac{-\sqrt{3}+\mathrm{i}}{2}\right)\left(x+\frac{\sqrt{3}+\mathrm{i}}{2}\right)\left(x-\frac{\sqrt{3}+\mathrm{i}}{2}\right)\left(x-\frac{\sqrt{3}-\mathrm{i}}{2}\right).\qquad 在\mathbf{C}上$$

2. (1) $x^3+x^2+x+1=x^2(x+1)+(x+1)=(x^2+1)(x+1)$, 在 $\mathbf{Q}$ 上可约.

(2) $x^5+x^4+x^3+x^2+x+1=x^3(x^2+x+1)+(x^2+x+1)=(x^3+1)(x^2+x+1)$, 在 $\mathbf{Q}$ 上可约.

(3) $x^7+x^6+x^5+x^4+x^3+x^2+x+1=x^4(x^3+x^2+x+1)+(x^3+x^2+x+1)$
$=(x^4+1)(x^3+x^2+x+1)$, 在 $\mathbf{Q}$ 上可约.

(4) $x^8+x^7+x^6+x^5+x^4+x^3+x^2+x+1=x^6(x^2+x+1)+x^3(x^2+x+1)+(x^2+x+1)$
$=(x^6+x^3+1)(x^2+x+1)$, 在 $\mathbf{Q}$ 上可约.

3. 第2题的第(1),(2),(3),(4)题中的 n 分别等于4,6,8,9. 猜测当 n 是合数时, $x^{n-1}+x^{n-2}+\cdots+x+1$ 在 $\mathbf{Q}$ 上可约. 证明如下：设 $n=kl$, $1<k<n$, $1<l<n$, 则

$$\begin{aligned}&x^{n-1}+x^{n-2}+\cdots+x+1\\&=(x^{kl-1}+x^{kl-2}+\cdots+x^{kl-k})+(x^{kl-k-1}+x^{kl-k-2}+\cdots+x^{kl-2k})+\cdots\\&\quad+(x^{2k-1}+x^{2k-2}+\cdots+x^{k})+(x^{k-1}+x^{k-2}+\cdots+x+1)\\&=(x^{k(l-1)}+x^{k(l-2)}+\cdots+x^{k}+1)(x^{k-1}+x^{k-2}+\cdots+x+1).\end{aligned}$$

因此 $x^{n-1}+x^{n-2}+\cdots+x+1$ 在 $\mathbf{Q}$ 上可约.

习 题 2.5

1. -2 是 $f(x)$ 的3重根.

2. $\mathbf{Z}_2[x]$ 中所有一次多项式为 $x, x+\bar{1}$；所有二次多项式为 $x^2, x^2+\bar{1}, x^2+x, x^2+x+\bar{1}$，其中 $x^2, x^2+\bar{1}, x^2+x$ 都是可约的(注意 $x^2+\bar{1}=(x+\bar{1})^2$)；$x^2+x+\bar{1}$ 是不可约的(因为 $\bar{0},\bar{1}$ 都不是 $x^2+x+\bar{1}$ 的根，从而 $x^2+x+\bar{1}$ 没有一次因式).

3. 由于 $f(\bar{0})=\bar{1}, f(\bar{1})=\bar{1}$，因此 $f(x)$ 在 $\mathbf{Z}_2$ 中没有根，从而 $f(x)$ 没有一次因式. 又由于 $f(x)$ 的次数为3，因此 $f(x)$ 在 $\mathbf{Z}_2$ 上不可约.

4. $\mathbf{Z}_3[x]$ 中，$f(\bar{0})=\bar{0}=g(\bar{0}), f(\bar{1})=\bar{1}=g(\bar{1}), f(\bar{2})=\bar{2}=g(\bar{2})$，因此函数 $f=g$.

5. $\mathbf{Z}_3[x]$ 中，$f(\bar{0})=\bar{1}=g(\bar{0}), f(\bar{1})=\bar{1}=g(\bar{1})$,

$$f(\bar{2})=\bar{2}^4+\bar{2}^3+\bar{2}+\bar{1}=\bar{1}+\bar{2}=\bar{0},\quad g(\bar{2})=\bar{2}^2+\bar{2}\,\bar{2}+\bar{1}=\bar{0},$$

因此函数 $f=g$.

6. 猜测 $\mathbf{Z}_3$ 上的多项式函数可以从 $\mathbf{Z}_3$ 上的次数小于3的多项式诱导出来. 证明如下：在 $\mathbf{Z}_3$ 中，任给 $\bar{a}$ 有 $\bar{a}^3=\bar{a}$，从而在 $\mathbf{Z}_3[x]$ 中，x^3 与 x 诱导的多项式函数相等. 于是 x^4 与 x^2 诱导的多项式函数相等，x^5 与 x 诱导的多项式函数相等，x^6 与 x^2 诱导的多项式函数相等，由此猜测，当 $k\geqslant1$ 时，x^{2k} 与 x^2 诱导的多项式函数相等，x^{2k+1} 与 x 诱导的多项式函数相等，用数学归纳法证明如下：$k=1$ 时，x^2 与 x^2 诱导的多项式函数相等. 假设对于 k 时命题成立，来看 $k+1$ 的情形. 由于 x^{2k} 与 x^2 诱导的多项式函数相等，因此 $x^{2(k+1)}$ 与 x^2x^2 诱导的多项式函数相等，于是 $x^{2(k+1)}$ 与 x^2 诱导的多项式函数相等. 据数学归纳法原理，对一切 $k\geqslant1$，x^{2k} 与 x^2 诱导的多项式函数相等. 从而 x^{2k+1} 与 x^2x 诱导的多项式函数相等. 因此 x^{2k+1} 与 x 诱导的多项式函数相等. 由此得出，$\mathbf{Z}_3$ 上的任一多项式函数都可以从次数小于3的多项式诱导出来.

7. 猜测 $\mathbf{Z}_3$ 上的 $\mathbf{Z}_3$ 值函数都是由 $\mathbf{Z}_3$ 上次数小于3的多项式诱导出来的多项式函数. 证明如下：$\mathbf{Z}_3$ 上的 $\mathbf{Z}_3$ 值函数 f 完全被3元有序组 $(f(\bar{0}), f(\bar{1}), f(\bar{2}))$ 决定. 于是存在 $\mathbf{Z}_3$ 上的 $\mathbf{Z}_3$ 值函数组成的集合 S 到 $\mathbf{Z}_3$ 上

的 3 元有序组形成的集合 $\mathbf{Z}_3^3$ 的一个映射 σ：$f \longmapsto (f(\bar{0}), f(\bar{1}), f(\bar{2}))$. 显然 σ 是单射，易知 σ 是满射. 从而 σ 是双射. 由于 $\mathbf{Z}_3^3$ 共有 $3\times3\times3=27$ 个元素，因此 S 有 27 个元素. 即 $\mathbf{Z}_3$ 上的 $\mathbf{Z}_3$ 值函数共有 27 个. 考虑 $\mathbf{Z}_3$ 上的次数小于 3 的一元多项式组成的集合 W. 显然 $|W|=3\times3\times3=27$. 设 $f(x)=a_2x^2+a_1x+a_0$，$g(x)=b_2x^2+b_1x+b_0$. 若它们分别诱导的多项式函数 f 与 g 相等. 则 $f(\bar{i})=g(\bar{i})$，$\bar{i}=\bar{0},\bar{1},\bar{2}$. 令 $h(x)=f(x)-g(x)$，则 $\deg h(x)\leqslant 2$，$h(\bar{i})=\bar{0}$，$\bar{i}=\bar{0},\bar{1},\bar{2}$. 于是 $h(x)$ 在 $\mathbf{Z}_3$ 中有 3 个根. 从而 $h(x)=0$，即 $f(x)=g(x)$. 因此若 $f(x)\neq g(x)$，则 $f(x)$ 与 $g(x)$ 诱导的多项式函数 f 与 g 不相等. 从而由 W 中的多项式诱导的多项式函数共有 27 个. 因此 $\mathbf{Z}_3$ 上的 $\mathbf{Z}_3$ 值函数都是由 $\mathbf{Z}_3$ 上次数小于 3 的多项式诱导出来的多项式函数.

8. 猜测 $\mathbf{Z}_p$ 上的 $\mathbf{Z}_p$ 值函数都是由 $\mathbf{Z}_p$ 上次数小于 p 的一元多项式诱导出来的多项式函数. 证明与第 7 题类似.

9. 先求 x^n+1 的全部复根.

$$
\begin{aligned}
& z=r(\cos\theta+\mathrm{i}\sin\theta)\text{ 是 } x^n+1 \text{ 的复根}\\
\Longleftrightarrow\ & r^n(\cos n\theta+\mathrm{i}\sin n\theta)=\cos\pi+\mathrm{i}\sin\pi\\
\Longleftrightarrow\ & r^n=1 \text{ 且 } n\theta=\pi+2k\pi, k\in\mathbf{Z}\\
\Longleftrightarrow\ & r=1 \text{ 且 } \theta=\frac{(2k+1)\pi}{n}, k\in\mathbf{Z}\\
\Longleftrightarrow\ & z=\cos\frac{(2k+1)\pi}{n}+\mathrm{i}\sin\frac{(2k+1)\pi}{n}, k\in\mathbf{Z}.
\end{aligned}
$$

令 $\omega_k=\mathrm{e}^{\mathrm{i}\frac{(2k+1)\pi}{n}}$ $(k=0,1,2,\cdots,n-1)$. 易证 $\omega_0,\omega_1,\cdots,\omega_{n-1}$ 两两不等，从而它们是 x^n+1 的全部复根. 因此 x^n+1 在复数域上的标准分解式为

$$x^n+1=(x-\omega_0)(x-\omega_1)\cdots(x-\omega_{n-1}).$$

10. $x^n-a^n=a^n\left[\left(\frac{x}{a}\right)^n-1\right]$. x 用 $\frac{x}{a}$ 代入，从 x^n-1 的标准分解式得

$$\left(\frac{x}{a}\right)^n-1=\left(\frac{x}{a}-1\right)\left(\frac{x}{a}-\xi\right)\left(\frac{x}{a}-\xi^2\right)\cdots\left(\frac{x}{a}-\xi^{n-1}\right),$$

从而 $x^n-a^n=(x-a)(x-a\xi)(x-a\xi^2)\cdots(x-a\xi^{n-1})$，其中 $\xi=\mathrm{e}^{\mathrm{i}\frac{2\pi}{n}}$.

习　题　2.6

1. 从实系数多项式 $f(x)$ 的分解式看出，如果虚数 z 是 $f(x)$ 的一个虚根，那么 $\bar{z}$ 也是 $f(x)$ 的一个虚根，且它们的重数相同. 因此 $f(x)$ 的虚根共轭成对出现. 从而实系数奇次多项式至少有一个实根.

2. x^n+1 在复数域上的标准分解式为

$$x^n+1=(x-\omega_0)(x-\omega_1)\cdots(x-\omega_{n-1}),$$

其中 $\omega_k=\mathrm{e}^{\mathrm{i}\frac{(2k+1)\pi}{n}}$ $(k=0,1,2,\cdots,n-1)$.

当 $0\leqslant k<n$ 时，有

$$\omega_k\omega_{n-k-1}=\mathrm{e}^{\mathrm{i}\frac{(2k+1)\pi+[2(n-k-1)+1]\pi}{n}}=1.$$

从而 $\bar{\omega}_k=\omega_{n-k-1}$. 于是 $\omega_k+\omega_{n-k-1}=2\cos\frac{(2k+1)\pi}{n}$.

情形 1：$n=2m+1$. 此时有 $\omega_m=e^{i\frac{(2m+1)\pi}{2m+1}}=-1$. 从而在实数域上 $x^{2m+1}+1$ 的标准分解式为

$$
\begin{aligned}
x^{2m+1}+1&=(x-\omega_0)(x-\omega_{2m})\cdots(x-\omega_{m-1})(x-\omega_{m+1})(x-\omega_m)\\
&=(x+1)\prod_{k=1}^{m}\left(x^2-2x\cos\frac{(2k-1)\pi}{2m+1}+1\right).
\end{aligned}
$$

情形 2：$n=2m$. 此时在实数域上 $x^{2m}+1$ 的标准分解式为

$$
\begin{aligned}
x^{2m}+1&=(x-\omega_0)(x-\omega_{2m-1})\cdots(x-\omega_{m-2})(x-\omega_{m+1})(x-\omega_{m-1})(x-\omega_m)\\
&=\prod_{k=1}^{m}\left(x^2-2x\cos\frac{(2k-1)\pi}{2m}+1\right).
\end{aligned}
$$

3. $x^n+a^n=a^n\left[\left(\frac{x}{a}\right)^n+1\right]$，$x$ 用 $\frac{x}{a}$ 代入，从 x^n+1 在复数域上和实数域上的标准分解式得出，x^n+a^n 的标准分解式分别为

$$x^n+a^n=(x-a\omega_0)(x-a\omega_1)\cdots(x-a\omega_{n-1}),$$

$$x^{2m+1}+a^{2m+1}=(x+a)\prod_{k=1}^{m}\left(x^2-2ax\cos\frac{(2k-1)\pi}{2m+1}+a^2\right),$$

$$x^{2m}+a^{2m}=\prod_{k=1}^{m}\left(x^2-2ax\cos\frac{(2k-1)\pi}{2m}+a^2\right).$$

4. $x^{2m}+1=\prod\limits_{k=1}^{m}\left(x^2-2x\cos\frac{(2k-1)\pi}{2m}+1\right)$. x 用 -1 代入，从前式得

$$
\begin{aligned}
2&=\prod_{k=1}^{m}\left(2+2\cos\frac{(2k-1)\pi}{2m}\right)=2^m\prod_{k=1}^{m}\left(1+\cos\frac{(2k-1)\pi}{2m}\right)\\
&=2^m\cdot\prod_{k=1}^{m}2\cos^2\frac{(2k-1)\pi}{4m}=(2^m)^2\prod_{k=1}^{m}\cos^2\frac{(2k-1)\pi}{4m}.
\end{aligned}
$$

因此

$$\prod_{k=1}^{m}\cos\frac{(2k-1)\pi}{4m}=\frac{\sqrt{2}}{2^m}.$$

习　题　2.7

1. (1) $-2,\frac{1}{3}$，它们都是单根.　(2) $\frac{1}{2}$，它是单根.

2. (1) $\pm1,\pm3$ 都不是根，判断为不可约.

(2) 取素数 2，判断为不可约.

(3) 用素数 3，判断为不可约.

(4) x 用 $x+1$ 代入，然后用素数 2，判断为不可约.

(5) x 用 $x-1$ 代入，判断为不可约.

(6) x 用 $x-1$ 代入，判断为不可约.

(7) x 用 $x+1$ 代入，判断为不可约.

3. (1) 系数模 2 得，$\bar{f}(x)=x^4+x+\bar{1}=x(x^3+\bar{1})+\bar{1}=x(x+\bar{1})(x^2+x+\bar{1})+\bar{1}$. $x,x+\bar{1},x^2+x+\bar{1}$ 都不是

$\overline{f}(x)$的因式,因此 $\overline{f}(x)$在 $\mathbf{Z}_2$ 上不可约.从而 $f(x)$在 $\mathbf{Q}$ 上不可约.

(2) 系数模 2 得,$\overline{f}(x)=x^5+x^2+\overline{1}=x^2(x^3+\overline{1})+\overline{1}=x^2(x+\overline{1})(x^2+x+\overline{1})+\overline{1}$.

同第(1)小题,$f(x)$在 $\mathbf{Q}$ 上不可约.

(3) 系数模 2 得,$\overline{f}(x)=x^4+x^3+x^2+\overline{1}=x^3(x+\overline{1})+(x+\overline{1})^2=(x+\overline{1})(x^3+x+\overline{1})$.由于 $x^3+x+\overline{1}$ 在 $\mathbf{Z}_2$ 上不可约,因此上式是 $\overline{f}(x)$在 $\mathbf{Z}_2[x]$中的唯一因式分解式.假如 $f(x)$在 $\mathbf{Q}$ 上可约,则

$$f(x)=f_1(x)f_2(x),\quad \deg f_i(x)<\deg f(x),\quad i=1,2.$$

各项系数模 2,从上式得 $\overline{f}(x)=\overline{f}_1(x)\overline{f}_2(x)$.$\overline{f}_1(x)$与 $\overline{f}_2(x)$必有一个是一次因式,从而 $f_1(x)$与 $f_2(x)$必有一个是一次因式.由此推出 $f(x)$有有理根.$f(x)$的有理根只可能是$\pm1,\pm5$.$f(1)=2,f(-1)=-4,\dfrac{f(1)}{1-5}=\dfrac{2}{-4}=-\dfrac{1}{2}\notin\mathbf{Z},\dfrac{f(1)}{1-(-5)}=\dfrac{2}{6}\notin\mathbf{Z}$,因此$\pm1,\pm5$ 都不是 $f(x)$的根,矛盾.所以 $f(x)$在 $\mathbf{Q}$ 上不可约.

(4) 系数模 3 得,$\overline{f}(x)=x^3+\overline{2}x+\overline{2},\overline{f}(\overline{0})=\overline{2},\overline{f}(\overline{1})=\overline{2},\overline{f}(\overline{2})=\overline{2}$,因此 $\overline{f}(x)$在 $\mathbf{Z}_3$ 中没有根,从而 $\overline{f}(x)$在 $\mathbf{Z}_3$ 上不可约.于是 $f(x)$在 $\mathbf{Q}$ 上不可约.

4. 在有理数域上因式分解:

$$\begin{aligned}&x^8+x^7+x^6+x^5+x^4+x^3+x^2+x+1\\&\quad=x^6(x^2+x+1)+x^3(x^2+x+1)+(x^2+x+1)\\&\quad=(x^6+x^3+1)(x^2+x+1),\end{aligned}$$

$$x^6-1=(x^3-1)(x^3+1)=(x-1)(x^2+x+1)(x+1)(x^2-x+1),$$

$$x^6+1=(x^2+1)(x^4-x^2+1),$$

$$x^{12}-1=(x^6-1)(x^6+1)=(x-1)(x+1)(x^2+1)(x^2+x+1)(x^2-x+1)(x^4-x^2+1).$$

注意:据第 2 题的第(7)小题知道,x^6+x^3+1 在 $\mathbf{Q}$ 上不可约.x^4-x^2+1 没有有理根,因此它没有一次因式.假如 x^4-x^2+1 在 $\mathbf{Q}$ 上可约,则它必分解成两个 2 次多项式的乘积,这个分解式可看成是 x^4-x^2+1 在 $\mathbf{R}[x]$中的分解式.但是在 $\mathbf{R}[x]$中

$$x^4-x^2+1=(x^2+\sqrt{3}x+1)(x^2-\sqrt{3}x+1).$$

由因式分解的唯一性知,x^4-x^2+1 不可能分解成两个有理系数的 2 次多项式的乘积.因此 x^4-x^2+1 在 $\mathbf{Q}$ 上不可约.

习 题 3.1

1. (1) study $\overline{18}\,\overline{19}\,\overline{20}\,\overline{3}\,\overline{24}$.

10010 10011 10100 00011 11000

(2) I am a student $\overline{8}\,\overline{0}\,\overline{12}\,\overline{0}\,\overline{18}\,\overline{19}\,\overline{20}\,\overline{3}\,\overline{4}\,\overline{13}\,\overline{19}$.

01000 00000 01100 00000 10010 10011 10100 00011 00100 01101 10011

2. 明文序列:10010 10011 10100 00011 11000;

密钥序列:10010 11100 10111 00101 11001;

密文序列:00000 01111 00011 00110 00001.

接收者把密文序列与密钥序列的对应值相加,便还原成明文序列.

明文序列:01000 00000 01100 00000 10010 10011 10100 00011 00100 01101 10011;

密钥序列：10010 11100 10111 00101 11001 01110 01011 10010 11100 10111 00101；

密文序列：11010 11100 11011 00101 01011 11101 11111 10001 11000 11010 10110.

解密方法与上述相同.

明文序列：10010 10011 10100 00011 11000；

密钥序列：01011 10001 00101 11000 10010；

密文序列：11001 00010 10001 11011 01010.

解密方法与上述相同.

明文序列：01000 00000 01100 00000 10010 10011 10100 00011 00100 01101 10011；

密钥序列：01011 10001 00101 11000 10010 11100 01001 01110 00100 10111 00010；

密文序列：00011 10001 01001 11000 00000 01111 11101 01101 00000 11010 10001.

解密方法与上述相同.

3. $\alpha=1001011$,

$\alpha_1=0010111$, $C_\alpha(1)=3-4=-1$,

$\alpha_2=0101110$, $C_\alpha(2)=3-4=-1$,

$\alpha_3=1011100$, $C_\alpha(3)=3-4=-1$,

$\alpha_4=0111001$, $C_\alpha(4)=3-4=-1$,

$\alpha_5=1110010$, $C_\alpha(5)=3-4=-1$,

$\alpha_6=1100101$, $C_\alpha(6)=3-4=-1$.

α 是拟完美序列.

4. $\alpha=1000$,

$\alpha_1=0001$, $C_\alpha(1)=2-2=0$,

$\alpha_2=0010$, $C_\alpha(2)=2-2=0$,

$\alpha_3=0100$, $C_\alpha(3)=2-2=0$.

α 是完美序列.

5. 类似第3题的方法，可计算出 $C_\alpha(i)=-1, 0<i<11$. 因此 α 是拟完美序列. α 的支撑集 $D=\{\overline{0},\overline{2},\overline{3},\overline{4},\overline{8}\}$.

$\overline{0}-\overline{2}=\overline{9}$, $\overline{2}-\overline{0}=\overline{2}$, $\overline{0}-\overline{3}=\overline{8}$, $\overline{3}-\overline{0}=\overline{3}$, $\overline{0}-\overline{4}=\overline{7}$, $\overline{4}-\overline{0}=\overline{4}$,

$\overline{0}-\overline{8}=\overline{3}$, $\overline{8}-\overline{0}=\overline{8}$, $\overline{2}-\overline{3}=\overline{10}$, $\overline{3}-\overline{2}=\overline{1}$, $\overline{2}-\overline{4}=\overline{9}$, $\overline{4}-\overline{2}=\overline{2}$,

$\overline{2}-\overline{8}=\overline{5}$, $\overline{8}-\overline{2}=\overline{6}$, $\overline{3}-\overline{4}=\overline{10}$, $\overline{4}-\overline{3}=\overline{1}$, $\overline{3}-\overline{8}=\overline{6}$, $\overline{8}-\overline{3}=\overline{5}$,

$\overline{4}-\overline{8}=\overline{7}$, $\overline{8}-\overline{4}=\overline{4}$.

$\mathbf{Z}_{11}$ 的每个非零元恰好出现两次.

6. $D=\{\overline{0},\overline{3},\overline{5},\overline{6}\}$.

$\overline{0}-\overline{3}=\overline{4}$, $\overline{3}-\overline{0}=\overline{3}$, $\overline{0}-\overline{5}=\overline{2}$, $\overline{5}-\overline{0}=\overline{5}$, $\overline{0}-\overline{6}=\overline{1}$, $\overline{6}-\overline{0}=\overline{6}$,

$\overline{3}-\overline{5}=\overline{5}$, $\overline{5}-\overline{3}=\overline{2}$, $\overline{3}-\overline{6}=\overline{4}$, $\overline{6}-\overline{3}=\overline{3}$, $\overline{5}-\overline{6}=\overline{6}$, $\overline{6}-\overline{5}=\overline{1}$,

$\mathbf{Z}_7$ 的每个非零元恰好出现两次. 因此 D 是 $\mathbf{Z}_7$ 的一个差集，参数组为(7,4,2).

7. D 是 $\mathbf{Z}_{11}$ 的一个差集，参数组是(11,5,2).

8. $\mathbf{Z}_{19}$ 中，

x	$\overline{1}$	$\overline{2}$	$\overline{3}$	$\overline{4}$	$\overline{5}$	$\overline{6}$	$\overline{7}$	$\overline{8}$	$\overline{9}$	…
x^2	$\overline{1}$	$\overline{4}$	$\overline{9}$	$\overline{16}$	$\overline{6}$	$\overline{17}$	$\overline{11}$	$\overline{7}$	$\overline{5}$	…

19 是素数，且 $19\equiv -1(\mathrm{mod}\ 4)$，因此

$$D=\{\overline{1},\overline{4},\overline{5},\overline{6},\overline{7},\overline{9},\overline{11},\overline{16},\overline{17}\}$$

是 $\mathbf{Z}_{19}$ 的一个差集，参数组为(19,9,4).

9. $\mathbf{Z}_{23}$ 中，

x	$\overline{1}$	$\overline{2}$	$\overline{3}$	$\overline{4}$	$\overline{5}$	$\overline{6}$	$\overline{7}$	$\overline{8}$	$\overline{9}$	$\overline{10}$	$\overline{11}$	…
x^2	$\overline{1}$	$\overline{4}$	$\overline{9}$	$\overline{16}$	$\overline{2}$	$\overline{13}$	$\overline{3}$	$\overline{18}$	$\overline{12}$	$\overline{8}$	$\overline{6}$	…

23 是素数，且 $23\equiv -1(\mathrm{mod}\ 4)$. 因此

$$D=\{\overline{1},\overline{2},\overline{3},\overline{4},\overline{6},\overline{8},\overline{9},\overline{12},\overline{13},\overline{16},\overline{18}\}$$

是 $\mathbf{Z}_{23}$ 的一个差集，参数组为(23,11,5).

10. 以第 8 题中 $\mathbf{Z}_{19}$ 的差集 D 为支撑集的周期为 19 的拟完美序列为

$$\alpha=0100111101010000110\cdots.$$

11. 以第 9 题中 $\mathbf{Z}_{23}$ 的差集 D 为支撑集的周期为 23 的拟完美序列为

$$\alpha=01111010110011001010000.$$

12. $S_1=\{\widetilde{1}\}$，$U_1=\{\widetilde{2}\}$；$S_2=\{\overset{\approx}{1},\overset{\approx}{4}\}$，$U_2=\{\overset{\approx}{2},\overset{\approx}{3}\}$.

$$D=\{(\widetilde{0},\overset{\approx}{0}),(\widetilde{1},\overset{\approx}{0}),(\widetilde{2},\overset{\approx}{0}),(\widetilde{1},\overset{\approx}{1}),(\widetilde{1},\overset{\approx}{4}),(\widetilde{2},\overset{\approx}{2}),(\widetilde{2},\overset{\approx}{3})\}.$$

$$(\widetilde{0},\overset{\approx}{0})-(\widetilde{1},\overset{\approx}{0})=(\widetilde{2},\overset{\approx}{0}),\quad (\widetilde{1},\overset{\approx}{0})-(\widetilde{0},\overset{\approx}{0})=(\widetilde{1},\overset{\approx}{0}),$$

$$(\widetilde{0},\overset{\approx}{0})-(\widetilde{2},\overset{\approx}{0})=(\widetilde{1},\overset{\approx}{0}),\quad (\widetilde{2},\overset{\approx}{0})-(\widetilde{0},\overset{\approx}{0})=(\widetilde{2},\overset{\approx}{0}),$$

$$(\widetilde{0},\overset{\approx}{0})-(\widetilde{1},\overset{\approx}{1})=(\widetilde{2},\overset{\approx}{4}),\quad (\widetilde{1},\overset{\approx}{1})-(\widetilde{0},\overset{\approx}{0})=(\widetilde{1},\overset{\approx}{1}),$$

$$(\widetilde{0},\overset{\approx}{0})-(\widetilde{1},\overset{\approx}{4})=(\widetilde{2},\overset{\approx}{1}),\quad (\widetilde{1},\overset{\approx}{4})-(\widetilde{0},\overset{\approx}{0})=(\widetilde{1},\overset{\approx}{4}),$$

$$(\widetilde{0},\overset{\approx}{0})-(\widetilde{2},\overset{\approx}{2})=(\widetilde{1},\overset{\approx}{3}),\quad (\widetilde{2},\overset{\approx}{2})-(\widetilde{0},\overset{\approx}{0})=(\widetilde{2},\overset{\approx}{2}),$$

$$(\widetilde{0},\overset{\approx}{0})-(\widetilde{2},\overset{\approx}{3})=(\widetilde{1},\overset{\approx}{2}),\quad (\widetilde{2},\overset{\approx}{3})-(\widetilde{0},\overset{\approx}{0})=(\widetilde{2},\overset{\approx}{3}),$$

$$(\widetilde{1},\overset{\approx}{0})-(\widetilde{2},\overset{\approx}{0})=(\widetilde{2},\overset{\approx}{0}),\quad (\widetilde{2},\overset{\approx}{0})-(\widetilde{1},\overset{\approx}{0})=(\widetilde{1},\overset{\approx}{0}),$$

$$(\widetilde{1},\overset{\approx}{0})-(\widetilde{1},\overset{\approx}{1})=(\widetilde{0},\overset{\approx}{4}),\quad (\widetilde{1},\overset{\approx}{1})-(\widetilde{1},\overset{\approx}{0})=(\widetilde{0},\overset{\approx}{1}),$$

$$(\widetilde{1},\overset{\approx}{0})-(\widetilde{1},\overset{\approx}{4})=(\widetilde{0},\overset{\approx}{1}),\quad (\widetilde{1},\overset{\approx}{4})-(\widetilde{1},\overset{\approx}{0})=(\widetilde{0},\overset{\approx}{4}),$$

$$(\widetilde{1},\overset{\approx}{0})-(\widetilde{2},\overset{\approx}{2})=(\widetilde{2},\overset{\approx}{3}),\quad (\widetilde{2},\overset{\approx}{2})-(\widetilde{1},\overset{\approx}{0})=(\widetilde{1},\overset{\approx}{2}),$$

$$(\widetilde{1},\overset{\approx}{0})-(\widetilde{2},\overset{\approx}{3})=(\widetilde{2},\overset{\approx}{2}),\quad (\widetilde{2},\overset{\approx}{3})-(\widetilde{1},\overset{\approx}{0})=(\widetilde{1},\overset{\approx}{3}),$$

$$(\widetilde{2},\overset{\approx}{0})-(\widetilde{1},\overset{\approx}{1})=(\widetilde{1},\overset{\approx}{4}),\quad (\widetilde{1},\overset{\approx}{1})-(\widetilde{2},\overset{\approx}{0})=(\widetilde{2},\overset{\approx}{1}),$$

$$(\widetilde{2},\overset{\approx}{0})-(\widetilde{1},\overset{\approx}{4})=(\widetilde{1},\overset{\approx}{1}),\quad (\widetilde{1},\overset{\approx}{4})-(\widetilde{2},\overset{\approx}{0})=(\widetilde{2},\overset{\approx}{4}),$$

$$(\widetilde{2},\overset{\approx}{\widetilde{0}})-(\widetilde{2},\overset{\approx}{\widetilde{2}})=(\widetilde{0},\overset{\approx}{\widetilde{3}}),\quad (\widetilde{2},\overset{\approx}{\widetilde{2}})-(\widetilde{2},\overset{\approx}{\widetilde{0}})=(\widetilde{0},\overset{\approx}{\widetilde{2}}),$$

$$(\widetilde{2},\overset{\approx}{\widetilde{0}})-(\widetilde{2},\overset{\approx}{\widetilde{3}})=(\widetilde{0},\overset{\approx}{\widetilde{2}}),\quad (\widetilde{2},\overset{\approx}{\widetilde{3}})-(\widetilde{2},\overset{\approx}{\widetilde{0}})=(\widetilde{0},\overset{\approx}{\widetilde{3}}),$$

$$(\widetilde{1},\overset{\approx}{\widetilde{1}})-(\widetilde{1},\overset{\approx}{\widetilde{4}})=(\widetilde{0},\overset{\approx}{\widetilde{2}}),\quad (\widetilde{1},\overset{\approx}{\widetilde{4}})-(\widetilde{1},\overset{\approx}{\widetilde{1}})=(\widetilde{0},\overset{\approx}{\widetilde{3}}),$$

$$(\widetilde{1},\overset{\approx}{\widetilde{1}})-(\widetilde{2},\overset{\approx}{\widetilde{2}})=(\widetilde{2},\overset{\approx}{\widetilde{4}}),\quad (\widetilde{2},\overset{\approx}{\widetilde{2}})-(\widetilde{1},\overset{\approx}{\widetilde{1}})=(\widetilde{1},\overset{\approx}{\widetilde{1}}),$$

$$(\widetilde{1},\overset{\approx}{\widetilde{1}})-(\widetilde{2},\overset{\approx}{\widetilde{3}})=(\widetilde{2},\overset{\approx}{\widetilde{3}}),\quad (\widetilde{2},\overset{\approx}{\widetilde{3}})-(\widetilde{1},\overset{\approx}{\widetilde{1}})=(\widetilde{1},\overset{\approx}{\widetilde{2}}),$$

$$(\widetilde{1},\overset{\approx}{\widetilde{4}})-(\widetilde{2},\overset{\approx}{\widetilde{2}})=(\widetilde{2},\overset{\approx}{\widetilde{2}}),\quad (\widetilde{2},\overset{\approx}{\widetilde{2}})-(\widetilde{1},\overset{\approx}{\widetilde{4}})=(\widetilde{1},\overset{\approx}{\widetilde{3}}),$$

$$(\widetilde{1},\overset{\approx}{\widetilde{4}})-(\widetilde{2},\overset{\approx}{\widetilde{3}})=(\widetilde{2},\overset{\approx}{\widetilde{1}}),\quad (\widetilde{2},\overset{\approx}{\widetilde{3}})-(\widetilde{1},\overset{\approx}{\widetilde{4}})=(\widetilde{1},\overset{\approx}{\widetilde{4}}),$$

$$(\widetilde{2},\overset{\approx}{\widetilde{2}})-(\widetilde{2},\overset{\approx}{\widetilde{3}})=(\widetilde{0},\overset{\approx}{\widetilde{4}}),\quad (\widetilde{2},\overset{\approx}{\widetilde{3}})-(\widetilde{2},\overset{\approx}{\widetilde{2}})=(\widetilde{0},\overset{\approx}{\widetilde{1}}).$$

$\mathbf{Z}_3\oplus\mathbf{Z}_5$ 中每个非零元在上述差中恰好出现三次，因此 D 是 $\mathbf{Z}_3\oplus\mathbf{Z}_5$ 的一个差集，参数组是(15,7,3).

13. $(\widetilde{0},\overset{\approx}{\widetilde{0}})$在 σ 下的原像是 $\bar{0}$，设$(\bar{1},\bar{0})$的原像是 $\bar{x}$，则

$$\begin{cases} x\equiv 1(\mathrm{mod}\ 3),\\ x\equiv 0(\mathrm{mod}\ 5).\end{cases}$$

解得 $x=10$. 因此$(\bar{1},\overset{\approx}{\widetilde{0}})$在 σ 下的原像是$\overline{10}$. 同理可求出$(\widetilde{2},\overset{\approx}{\widetilde{0}})$，$(\widetilde{1},\overset{\approx}{\widetilde{1}})$，$(\widetilde{1},\overset{\approx}{\widetilde{4}})$，$(\widetilde{2},\overset{\approx}{\widetilde{2}})$，$(\widetilde{2},\overset{\approx}{\widetilde{3}})$在 σ 下的原像分别是 $\bar{5},\bar{1},\bar{4},\bar{2},\bar{8}$. 因此 $\mathbf{Z}_{15}$ 的一个(15,7,3)-差集为

$$\{\bar{0},\bar{1},\bar{2},\bar{4},\bar{5},\bar{8},\overline{10}\}.$$

14. 猜测当 m_1 和 m_2 是孪生素数时，有可能在 $\mathbf{Z}_{m_1}\oplus\mathbf{Z}_{m_2}$ 中构造一个$(4n-1,2n-1,n-1)$-差集 D. 类比第12题，令 $D=D_0\cup D_1\cup D_2$，其中 D_0,D_1,D_2 的定义类似于第12题，只要把 $\mathbf{Z}_3,\mathbf{Z}_5$ 分别换成 $\mathbf{Z}_{m_1},\mathbf{Z}_{m_2}$. 利用环 $\mathbf{Z}_{m_1m_2}$ 到环 $\mathbf{Z}_{m_1}\oplus\mathbf{Z}_{m_2}$ 的一个同构映射 σ: $\bar{a}\longmapsto(\widetilde{a},\overset{\approx}{\widetilde{a}})$，$D$ 中元素在 σ 下的原像组成的集合就是 $\mathbf{Z}_{m_1m_2}$ 的一个差集.

习　题　3.2

1. $\alpha=01001110100111\cdots$. 猜测 α 的最小正周期为 7. 证明如下：递推关系的特征多项式 $f(x)=x^3-x^2-\bar{1}$. 由于

$$x^7-\bar{1}=(x-\bar{1})(x^3+x+\bar{1})(x^3+x^2+\bar{1}),$$

因此 $f(x)\mid x^7-\bar{1}$. 从而 7 是 α 的一个周期. 7 的正因数只有 1 和 7. 显然 1 不是 α 的周期. 因此 7 是 α 的最小正周期.

2. $\alpha=111101011001000111101011001000\cdots$. 猜测 α 的最小正周期是 15. 证明如下：递推关系的特征多项式 $f(x)=x^4-x^3-\bar{1}$. 由于 $f(\bar{0})=\bar{1}$，$f(\bar{1})=\bar{1}$，因此 $f(x)$ 在 $\mathbf{Z}_2$ 中没有根，从而 $f(x)$ 没有一次因式. 又 $(x^2+x+\bar{1})^2=x^4+x^2+\bar{1}$，因此 $x^2+x+\bar{1}$ 不是 $f(x)$ 的因式. 于是 $f(x)$ 在 $\mathbf{Z}_2$ 上不可约. 由于

$$\begin{aligned} x^{15}-\bar{1}&=(x-\bar{1})(x^4+x^3+x^2+x+\bar{1})(x^{10}+x^5+\bar{1})\\ &=(x-\bar{1})(x^4+x^3+x^2+x+\bar{1})(x^6+x^5+x^4+x^3+\bar{1})(x^4+x^3+\bar{1}),\end{aligned}$$

因此 $f(x)\mid x^{15}-\bar{1}$. 显然，$f(x)\nmid x-\bar{1}$，$f(x)\nmid x^3-\bar{1}$. 由于

$$x^5-\bar{1}=(x-\bar{1})(x^4+x^3+x^2+x+\bar{1}),$$

因此 $f(x)\nmid x^5-\bar{1}$. 综上所述得，$f(x)$ 是 $\mathbf{Z}_2$ 上的本原多项式. 因此 α 的最小正周期是 15.

3. (1) $\alpha=000110001100011\cdots$.

猜测 α 的最小正周期是 5. 证明如下：递推关系的特征多项式 $f(x)=x^4-x^3-x^2-x-\bar{1}$. 由于 $x^5-\bar{1}=(x-\bar{1})(x^4+x^3+x^2+x+\bar{1})$，因此 $f(x)\mid x^5-\bar{1}$. 从而 5 是 α 的一个周期. 显然 1 不是 α 的周期，因此 5 是 α 的最小正周期.

(2) $\beta=111101111011110\cdots$.

猜测 β 最小正周期是 5. 证明同第(1)小题.

4. (1) $\alpha=111100111100111100\cdots$.

猜测 α 的最小正周期是 6. 证明如下：递推关系的特征多项式 $f(x)=x^4-x^2-\bar{1}$. 由于

$$x^6-\bar{1}=(x^2-\bar{1})(x^4+x^2+\bar{1}),$$

因此 $f(x)\mid x^6-\bar{1}$. 从而 6 是 α 的一个周期. 6 的正因数有 1,2,3,6. 显然 1,2,3 都不是 α 的周期. 因此 α 的最小正周期是 6.

(2) $\beta=101101101101\cdots$.

猜测 β 的最小正周期是 3. 证明如下：递推关系的生成矩阵 $\mathbf{A}$，及 $\mathbf{A}^2,\mathbf{A}^3$ 为

$$\mathbf{A}=\begin{bmatrix}0&1&0&1\\1&0&0&0\\0&1&0&0\\0&0&1&0\end{bmatrix},\quad \mathbf{A}^2=\begin{bmatrix}1&0&1&0\\0&1&0&1\\1&0&0&0\\0&1&0&0\end{bmatrix},\quad \mathbf{A}^3=\begin{bmatrix}0&0&0&1\\1&0&1&0\\0&1&0&1\\1&0&0&0\end{bmatrix},$$

$$(\mathbf{A}^3-\mathbf{I})\begin{bmatrix}a_3\\a_2\\a_1\\a_0\end{bmatrix}=\begin{bmatrix}1&0&0&1\\1&1&1&0\\0&1&1&1\\1&0&0&1\end{bmatrix}\begin{bmatrix}1\\1\\0\\1\end{bmatrix}=\begin{bmatrix}0\\0\\0\\0\end{bmatrix}.$$

因此 3 是 β 的一个周期. 显然 1 不是 β 的周期. 因此 β 的最小正周期是 3.

5. 第 1,2 题中的序列都是 m 序列，且是拟完美序列. 第 3,4 题中的序列不是 m 序列. 第 3 题第(1)小题中，$C_\alpha(1)=1$；第(2)小题中，$C_\beta(1)=1$；第 4 题第(1)小题中，$C_\alpha(1)=2$；因此它们都不是拟完美序列. 第 4 题第(2)小题中，$C_\beta(1)=C_\beta(2)=-1$，因此 β 是周期为 3 的拟完美序列.

习　题　3.3

1. $n=17\times23=391$，$a=3$. 公开密钥为(391,3). 下面求秘密密钥 b. $\varphi(n)=\varphi(17\times23)=16\times22=352$.

$$352=117\times3+1,\quad 1=352-117\times3.$$

在 $\mathbf{Z}_{352}$ 中，$\bar{1}=\overline{-117}\times\bar{3}=\overline{235}\times\bar{3}$. 因此 $235\times3\equiv1\pmod{352}$. 从而 $b=235$.

2. 在 $\mathbf{Z}_{391}$ 中，

$$\overline{29}\xmapsto{\text{加密}}\overline{29}^3=\overline{147},\qquad \text{密文是}\overline{147}.$$

$$\overline{147}\xmapsto{\text{解密}}\overline{147}^{235}=\overline{29}^{3\times235}=\overline{29}^{2\times352+1}=\overline{29}.$$

习　题　3.4

1. $n=91=7\times13$，$\varphi(n)=\varphi(7\times13)=72$. 对 72 和 5 作辗转相除法可求出 $b_1=29$. 李亮用自己的秘密密钥 29

对 $\overline{4}\in \mathbf{Z}_{91}$ 签名：

$$\overline{4}\longmapsto \overline{4}^{29}=\overline{4^{29}},$$

然后把签名后的文件$\overline{4^{29}}$传送给张明；张明收到后，用李亮的公开密钥 5 把经李亮签名后的文件$\overline{4^{29}}$还原成$\overline{4}$，并且验证这是经过李亮签名的：

$$\overline{4^{29}}\longmapsto (\overline{4^{29}})^{5}=\overline{4}^{29\times 5}=\overline{4}.$$

2. 对 72 和 11 作辗转相除法可求出 $b_2=59$. 李亮用自己的秘密密钥 29 对 $\overline{4}$ 签名：

$$\overline{4}\longmapsto \overline{4}^{29}=\overline{4^{29}},$$

然后用张明的公开密钥 11 对$\overline{4^{29}}$加密：

$$\overline{4^{29}}\longmapsto (\overline{4^{29}})^{11}=\overline{4^{29\times 11}}.$$

李亮把$\overline{4^{29\times 11}}$发送给张明. 张明收到后，用自己的秘密密钥 59 进行解密：

$$\overline{4^{29\times 11}}\longmapsto (\overline{4^{29\times 11}})^{59}=(\overline{4^{11\times 59}})^{29}=\overline{4}^{29}.$$

最后张明用李亮的公开密钥 5 把 $\overline{4}^{29}$ 还原成 $\overline{4}$，并且验证这是经过李亮签名的：

$$\overline{4}^{29}\longmapsto (\overline{4}^{29})^{5}=\overline{4}^{29\times 5}=\overline{4}.$$

参考文献

[1] 丘维声.高等代数(第二版)(上册、下册).北京:高等教育出版社,2002,2003.
[2] 丘维声.解析几何(第二版).北京:北京大学出版社,1996.
[3] 丘维声.抽象代数基础.北京:高等教育出版社,2003.
[4] 丘维声.高等代数(上册、下册)——大学高等代数课程创新教材.北京:清华大学出版社,2010.
[5] M.克莱因.古今数学思想(第一、二、三、四册).上海:上海科学技术出版社,1979,1980,1981.
[6] 李文林.数学史概论(第二版).北京:高等教育出版社,2002.
[7] 项武义,张海潮,姚珩.千古之谜与几何天文物理两千年——纪念开普勒《新天文学》问世四百周年.北京:高等教育出版社,2010.
[8] Jacobson N. Basic Algebra 1. San Francisco: W. H. Freeman and Company, 1974.
[9] 聂灵沼,丁石孙.代数学引论(第二版).北京:高等教育出版社,2000.
[10] 冯克勤.代数数论简史.长沙:湖南教育出版社,2002.

参考文献

[1] [illegible]
[2] [illegible]
[3] [illegible]
[4] [illegible]
[5] [illegible]
[6] Jacobson N. Basic Algebra I. San Francisco: W. H. Freeman and Company, 1974.
[7] [illegible]
[8] [illegible]